Elementare Numerik für die Sekundarstufe

Mathematik Primarstufe und Sekundarstufe I + II

Herausgegeben von
Prof. Dr. Friedhelm Padberg, Universität Bielefeld,
und Prof. Dr. Andreas Büchter, Universität Duisburg-Essen

Bisher erschienene Bände (Auswahl):

Didaktik der Mathematik

P. Bardy: Mathematisch begabte Grundschulkinder – Diagnostik und Förderung (P)
C. Benz/A. Peter-Koop/M. Grüßing: Frühe mathematische Bildung (P)
M. Franke: Didaktik der Geometrie (P)
M. Franke/S. Ruwisch: Didaktik des Sachrechnens in der Grundschule (P)
K. Hasemann/H. Gasteiger: Anfangsunterricht Mathematik (P)
K. Heckmann/F. Padberg: Unterrichtsentwürfe Mathematik Primarstufe (P)
K. Heckmann/F. Padberg: Unterrichtsentwürfe Mathematik Primarstufe, Band 2 (P)
F. Käpnick: Mathematiklernen in der Grundschule (P)
G. Krauthausen: Digitale Medien im Mathematikunterricht der Grundschule (P)
G. Krauthausen/P. Scherer: Einführung in die Mathematikdidaktik (P)
G. Krummheuer/M. Fetzer: Der Alltag im Mathematikunterricht (P)
F. Padberg/C. Benz: Didaktik der Arithmetik (P)
P. Scherer/E. Moser Opitz: Fördern im Mathematikunterricht der Primarstufe (P)
A.-S. Steinweg: Algebra in der Grundschule (P)

G. Hinrichs: Modellierung im Mathematikunterricht (P/S)

R. Danckwerts/D. Vogel: Analysis verständlich unterrichten (S)
G. Greefrath: Didaktik des Sachrechnens in der Sekundarstufe (S)
K. Heckmann/F. Padberg: Unterrichtsentwürfe Mathematik Sekundarstufe I (S)
F. Padberg: Didaktik der Bruchrechnung (S)
H.-J. Vollrath/H.-G. Weigand: Algebra in der Sekundarstufe (S)
H.-J. Vollrath/J. Roth: Grundlagen des Mathematikunterrichts in der Sekundarstufe (S)
H.-G. Weigand/T. Weth: Computer im Mathematikunterricht (S)
H.-G. Weigand et al.: Didaktik der Geometrie für die Sekundarstufe I (S)

Mathematik

F. Padberg/A. Büchter: Einführung Mathematik Primarstufe – Arithmetik (P)
F. Padberg/A. Büchter: Vertiefung Mathematik Primarstufe – Arithmetik/Zahlentheorie (P)

K. Appell/J. Appell: Mengen – Zahlen – Zahlbereiche (P/S)
A. Filler: Elementare Lineare Algebra (P/S)
S. Krauter/C. Bescherer: Erlebnis Elementargeometrie (P/S)
H. Kütting/M. Sauer: Elementare Stochastik (P/S)
T. Leuders: Erlebnis Arithmetik (P/S)
F. Padberg: Elementare Zahlentheorie (P/S)
F. Padberg/R. Danckwerts/M. Stein: Zahlbereiche (P/S)

A. Büchter/H.-W. Henn: Elementare Analysis (S)
G. Wittmann: Elementare Funktionen und ihre Anwendungen (S)
B. Schuppar/H. Humenberger: Elementare Numerik für die Sekundarstufe (S)

P: Schwerpunkt Primarstufe
S: Schwerpunkt Sekundarstufe

Weitere Bände in Vorbereitung

Berthold Schuppar · Hans Humenberger

Elementare Numerik für die Sekundarstufe

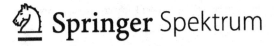

Berthold Schuppar
Institut für Entwicklung und Erforschung des
Mathematikunterrichts
Technische Universität Dortmund
Dortmund, Deutschland

Hans Humenberger
Fakultät für Mathematik
Universität Wien
Wien, Österreich

ISBN 978-3-662-43478-9   ISBN 978-3-662-43479-6 (eBook)
DOI 10.1007/978-3-662-43479-6

Die Deutsche Nationalbibliothek verzeichnet diese Publikation in der Deutschen Nationalbibliografie; detaillierte bibliografische Daten sind im Internet über http://dnb.d-nb.de abrufbar.

Springer Spektrum

Planung und Lektorat: Ulrike Schmickler-Hirzebruch, Stella Schmoll
Redaktion: Christine Hoffmeister
Abbildungen mit (©): Created with GeoGebra (www.geogebra.org).

Gedruckt auf säurefreiem und chlorfrei gebleichtem Papier.

Springer Spektrum ist eine Marke von Springer DE. Springer DE ist Teil der Fachverlagsgruppe Springer Science+Business Media
www.springer-spektrum.de

Vorwort

Da in den Anwendungen nur die Approximationsmathematik eine Rolle spielt, kann man, etwas krass ausgedrückt, auch sagen, dass man eigentlich nur diese Disziplin „braucht", während die Präzisionsmathematik bloß zum intellektuellen Vergnügen derer, die sich mit ihr beschäftigen, da ist und im übrigen für die Entwicklung der Approximationsmathematik eine wertvolle und wohl kaum entbehrliche Stütze abgibt.
Felix Klein (Vgl. [17], Bd. 1, S. 39)

Dieses Buch handelt vom Umgang mit fehlerbehafteten Größen und gerundeten Zahlen, von Zahlen im Alltag, vom praktischen Rechnen (mit und ohne Werkzeug), von numerischen Lösungsverfahren für Gleichungen, von numerischer Integration und numerischen Aspekten bei linearen Gleichungssystemen. Wir haben elementare Inhalte der numerischen Mathematik zusammengestellt, die uns als fachlicher Hintergrund für Lehrkräfte besonders wichtig erscheinen: Da in der Praxis des (auch schulischen!) Rechnens *Näherungen* und *Fehler* unvermeidbar sind, sollten angehende Lehrkräfte unbedingt diesbezügliches Grundlagenwissen erwerben. Anschaulichkeit und Phänomene stehen dabei im Vordergrund. Zu Beginn der jeweiligen Kapitel werden oft einzelne Phänomene geschildert, die dann im Anschluss genauer analysiert werden (oft auch mittels Computereinsatz), d. h., auch die zugehörigen theoretischen Aspekte sollen nicht zu kurz kommen. Dem in der Praxis und im Unterricht so wichtigen Überschlagsrechnen und praktischen Faustregeln wird viel Raum gegeben (ohne Computer). Denn gerade in einer Zeit steigender „Computerisierung" ist zwar das konkrete Rechnen mit vielstelligen Zahlen nicht mehr so wichtig, aber der Überblick über *Größenordnungen* wird dabei immer wichtiger.

Dieses Buch richtet sich primär an Lehrende und Studierende in Studiengängen für das Lehramt für die Sekundarstufe I bzw. an Haupt- und Realschulen, es kann die Basis für eine entsprechende Lehrveranstaltung zur *Elementaren Numerik* in einem solchen Studiengang sein. Aber auch für Studierende der Primarstufe kann eine solche Veranstaltung als vertiefter fachinhaltlicher Hintergrund dienen; die behandelten Themen sind zwar in der Regel nicht direkt in der Grundschule umsetzbar, aber die Idee des Schätzens und Überschlagens spielt auch dort eine große Rolle (vgl. [15], [21]). Zudem können (angehende und praktizierende) Lehrkräfte der Sekundarstufe II von diesem Buch profitieren, denn die genannten Themen sind ebenso für diese Stufe relevant; einige Kapitel beziehen

sich direkt auf den Stoff der Sekundarstufe II, auch um den Lehrkräften der Sekundarstufe I einen Ausblick zu geben, wie entsprechende Methoden später vertieft werden.

Zu jedem Abschnitt gibt es einen Anhang mit Aufgaben zum selbstständigen Weiterarbeiten (mit Ausnahme von Kap. 1, dort sind die Aufgaben in den Text integriert). Wir
haben jedoch absichtlich zu den Aufgaben keine Lösungen aufgenommen, sodass Lehrende diese Aufgaben wirklich als eigenständig zu lösende Übungen für die Studierenden
stellen können; dies wäre nur sehr eingeschränkt möglich, wenn Studierende Lösungen
direkt im Buch oder auf der Verlagshomepage finden könnten.

Eine konzeptionelle Grundlage war das Buch *Elementare Numerische Mathematik*
[27]. Wir haben allerdings aus diesem Buch nur wenige Textteile mit geringer Überarbei-
tung übernommen (so etwa Abschn. 3.3 und Teile von Kap. 6) und das meiste völlig neu
gefasst (insbesondere Kap. 1) oder wesentlich überarbeitet.

Es gibt natürlich andere Lehrbücher zur Numerischen Mathematik, die jedoch schwer-
punktmäßig für die Ausbildung von Mathematikern/-innen oder Ingenieuren/-innen kon-
zipiert sind, so dass sie in der Lehrerausbildung kaum einsetzbar sind.

Was ist nun „Elementare Numerik"? Was unterscheidet sie von dem Forschungs- und
Anwendungsgebiet „Numerische Mathematik" (kurz „Numerik")?

Ganz generell kann man die Elementarmathematik nicht nur als Reduktion der „Höheren" Mathematik verstehen, wie manchmal behauptet wird. Stattdessen bezieht sie ihre
Ziele, Inhalte und fachdidaktischen Prinzipien aus ihrer Rolle als Hintergrund des Unter-
richts. Aus dem allgemeinbildenden Anspruch der Schule ergibt sich nicht nur die Forderung nach Vereinfachung (ohne Verfälschung!), sondern vor allem nach einer breiteren
Auswahl der Themen und Methoden, nach anderen Zugängen und anderen Rechenwerk-
zeugen.

Das Ziel der professionellen Numerik ist, grob gesagt, die Entwicklung und theoretische Analyse von Algorithmen zum Lösen von (Anwendungs-)Problemen mittels Computern. Demgegenüber werden wir zunächst einmal die Ungenauigkeit von Zahlen als
zentrale Idee herausstellen und unter verschiedenen Aspekten hinterfragen. Wir nehmen
auf elementare Weise (auf dem Niveau der Schulmathematik) Phänomene rund um ungenaue Zahlen zum Anlass, um die Bedeutung von *Näherungswerten*, *Näherungsverfahren*
und *Fehlerfortpflanzung* deutlich zu machen.

Leider ist die Numerik (noch) nicht so explizit im Curriculum verankert wie z. B.
Arithmetik, Geometrie und Analysis und zunehmend auch die Stochastik. Jedoch wird immer wieder gefordert, auch numerische Aspekte stärker im Unterricht zu berücksichtigen,
einerseits wegen ihrer großen praktischen Bedeutung (für Handwerk, Technik, Wissenschaft), andererseits aus innermathematischen Erwägungen; das Zitat von Felix Klein über
die komplementären Rollen der *Präzisions- und Approximationsmathematik*, die zusammen erst ein ausgewogenes Bild der Mathematik ergeben, ist wohl eines der bekanntesten
Beispiele. Zudem erscheinen heute viele Probleme in einem neuen Licht, denn Taschenrechner und Computer sind in der Schule als mathematische Werkzeuge nicht mehr weg-
zudenken.

Das Einstiegskapitel 1 ist mit *Zahlen im Alltag* überschrieben. Hier werden in Abschn. 1.1 zunächst einige kurze Episoden geschildert, die zum Nachdenken anregen sollen. Dann folgen in den Abschn. 1.2 und 1.3 detaillierte Ausführungen zum oben schon als wichtig bezeichneten *Überschlagsrechnen* – eine oft sehr vernachlässigte Kulturtechnik – und zu bekannten Faustregeln. Spezielle Aspekte großer und kleiner Zahlen werden in Abschn. 1.4 behandelt. Das in letzter Zeit immer populärer werdende Benford-Gesetz (Schilderung der Phänomene, zugehöriger Anwendungen und eine ganz elementare Erklärung dafür) rundet das Kap. 1 ab. Dieses Gesetz beantwortet die Frage: Warum ist die 1 als führende Ziffer von Zahlen bevorzugt? Es ist ja in gewisser Weise ziemlich erstaunlich, dass das überhaupt so ist.

Im Kap. 2 geht es um *Mathematische Aspekte ungenauer Zahlen*, es werden viele in Kap. 1 angerissene Phänomene wieder aufgegriffen und exaktifiziert. Hierbei geht es primär um dazu nötige Grundbegriffe wie Fehlerarten, Fehlerschranken, signifikante Ziffern etc. und um mögliche Prinzipien der Fehlerfortpflanzung beim Rechnen mit fehlerbehafteten Größen.

Den Themen *Potenzen, Wurzeln, Pi-Berechnung, trigonometrische Funktionen* (hier wird u. a. ein antiker und ein moderner Algorithmus besprochen) ist das Kap. 3 gewidmet. Einerseits fragt man sich doch manchmal, was eigentlich passiert, wenn man auf dem Taschenrechner die Wurzel- oder Sinus-Taste drückt; wir werden auf elementarem Niveau zeigen, wie es gehen *könnte* (die Realität ist zumeist nicht so einfach). Andererseits ergeben sich zahlreiche reizvolle mathematische Probleme, wenn man auf die Werkzeuge ganz oder teilweise verzichtet. Auch historische Aspekte kommen nicht zu kurz, etwa bei der Berechnung von π.

Das Kap. 4 behandelt das *näherungsweise Lösen von nichtlinearen Gleichungen*; im Kap. 5 finden sich einige ausgewählte *Verfahren zur näherungsweisen Berechnung bestimmter Integrale*. Lineare Gleichungssysteme sind ein wichtiges Thema im Schulunterricht, sowohl in der späten Sekundarstufe 1 als auch in der Sekundarstufe 2; das Kap. 6 beschäftigt sich mit zugehörigen numerischen Phänomenen. Ein wichtiger Aspekt in diesen drei Kapiteln ist wiederum, die Werkzeuge ein wenig zu „entzaubern", denn viele Taschenrechner und Computer-Algebra-Systeme (diese sind zunehmend in Taschenrechnern vorhanden oder als Apps für Tablets und Smartphones zu haben) können auf Tastendruck u. a. Lösungen von Gleichungen und Integrale von Funktionen berechnen. Wir werden zwar nicht die tatsächlich implementierten Verfahren darstellen können (sie sind teils komplizierter, teils geheim), aber wir werden zeigen, wie es prinzipiell möglich ist, solche Berechnungen auszuführen.

Es gibt sicher noch weitere interessante Themen, auch in einem elementaren Kontext, etwa Differentialgleichungen oder Interpolation. Wir haben jedoch keine Vollständigkeit im Sinne einer umfassenden Einführung in die Numerische Mathematik angestrebt, wie man sie in der einschlägigen Literatur findet (diese setzen in aller Regel deutlich mehr mathematische Kenntnisse voraus).

Zu den Werkzeugen, die wir benutzen, gehören in erster Linie Taschenrechner (im Text mit TR abgekürzt), weil sie ständig verfügbar sind. Beim Computereinsatz haben sich in den letzten zwanzig Jahren einige Programme fest etabliert: Tabellenprogramme, Computer-Algebra-Systeme (CAS) inklusive Funktionenplotter sowie Dynamische-Geometrie-Software (DGS). Dem Thema entsprechend setzen wir vorrangig Tabellenprogramme und CAS ein; viele Zeichnungen sind zwar mit DGS erstellt, der Umgang damit ist jedoch nicht intendiert. Wir gehen davon aus, dass sich in naher Zukunft *inhaltlich* an diesen Werkzeugen wenig ändern wird. Wir können nicht antizipieren, in welcher Form sie in Zukunft technisch allgemein verfügbar sind; schon heute gibt es sie als grafische TR, als Tablet-Apps oder auf Smartboards. Im Prinzip ist das für unsere Zwecke zwar relativ belanglos, für den realen Mathematikunterricht können technische Weiterentwicklungen aber natürlich weitreichende Auswirkungen haben.

Abschließend sei noch einmal betont: Der elementare Charakter der im vorliegenden Buch behandelten Numerik zeigt sich auch und besonders in dem Verhältnis von Theorie zu Beispielen. Wir sind der Meinung, dass sich das eigentliche Verständnis für die Probleme und Verfahren erst mit der Analyse von typischen Beispielen entwickelt; somit ist die Interpretation von Tabellen und Grafiken eine höchst wichtige Aktivität. Die Beispiele sind nicht nur illustrierendes Beiwerk für die Theorie, sondern geradezu eine notwendige Bedingung für einen aktiven und forschenden Umgang mit der Materie.

Dortmund und Wien, im Herbst 2014   Berthold Schuppar und
                                                                                                      Hans Humenberger

Inhaltsverzeichnis

Zahlen im Alltag

1

1.1 Wie genau können (sollen, müssen) Zahlen sein?

Dieser Abschnitt enthält in loser Folge einige Episoden zum Sinn und Unsinn der (Un-) Genauigkeit von Zahlen; sie sollen ein wenig für die vorliegenden Probleme sensibel machen. Es sind durchweg alltägliche Situationen, die wir hier aufgreifen, also im engeren Sinne „außermathematisch" – wenn man allerdings die Allgegenwart der Mathematik im täglichen Leben zugesteht, dann sind es *echte* mathematische Probleme.

1.1.1 Gewinnchancen beim Lotto

In der Werbung für das deutsche Lotto *6 aus 49* heißt es „Gewinnchance eins zu 140 Millionen". Das bezieht sich ausschließlich auf den *Jackpot*, die Gewinnklasse 1, nämlich 6 Richtige plus Superzahl. (Die letzte Ziffer der 7-stelligen Losnummer ist entscheidend für die Superzahl, diese wird aus den Ziffern 0, 1, . . ., 9 gezogen.)

Unter den 140 Mio. möglichen Ergebnissen der Ziehung gibt es ein einziges, das den Lottospielern den heiß begehrten Hauptgewinn bringt. Offenbar ist die Zahl gerundet; die exakte Anzahl der Ergebnisse ist das Produkt der Auswahlmöglichkeiten für 6 aus 49 Zahlen (ohne Beachtung der Reihenfolge) und für die Superzahl:

$$\binom{49}{6} \cdot 10 = 139.838.160$$

Die Rundung auf 140 Mio. bringt also keinen großen Fehler mit sich, und sie ist sehr praktisch, denn einen Werbetext „Gewinnchance eins zu 139 Millionen 838 Tausend 160" kann man sich eigentlich nicht vorstellen.

Wer für sämtliche Gewinnklassen 1 bis 9 die „theoretischen Chancen" wissen möchte, kann sich im Internet informieren (www.westlotto.de $\rightarrow$ Lotto $\rightarrow$ Gewinnchancen), man

© Springer-Verlag Berlin Heidelberg 2015
B. Schuppar, H. Humenberger, *Elementare Numerik für die Sekundarstufe*,
Mathematik Primarstufe und Sekundarstufe I + II, DOI 10.1007/978-3-662-43479-6_1

Tab. 1.1 Zum Lotto *6 aus 49*

Gewinnklasse	Anzahl richtiger Voraussagen	Theoretische Chance 1 :	Theoretische Quote
1	6 + Superzahl	139.838.160	8.949.642,20 €
2	6	15.537.573	574.596,50 €
3	5 + Superzahl	542.008	10.022,00 €
4	5	60.223	3.340,60 €
5	4 + Superzahl	10.324	190,80 €
6	4	1.147	42,40 €
7	3 + Superzahl	567	20,90 €
8	3	63	10,40 €
9	2 + Superzahl	76	5,00 €
			(*feste Quote*)

findet dort die in der Tab. 1.1 aufgelisteten Gewinnklassen und die zugehörigen Chancen in der Form $1 : x$, wobei x eine ganze Zahl ist, z. B. $1 : 76$ für die Gewinnklasse 9, was man in naheliegender Weise so interpretiert: Unter 76 Tipps gibt es durchschnittlich einmal diesen Gewinn. (Die 4. Spalte lassen wir zunächst außer Acht.)

Die Angabe einer ganzen Zahl mit sämtlichen Stellen bis hinunter zur Einerziffer suggeriert Exaktheit, aber wie sich herausstellt, ist es nicht so: Bis auf eine einzige sind alle Zahlen in Spalte 3 gerundet.

Zur Abkürzung setzen wir $G = 139.838.160$, die Gesamtzahl aller möglichen Tipps inklusive der möglichen Losnummer-Endziffern ($\to$ Superzahl). In Gewinnklasse 1 fällt nur ein einziger Tipp, deshalb ist die Chance hierfür $1 : G$, das ist die einzige exakte Zahl. Beispiel Gewinnklasse 2: Es gibt neun mögliche Ergebnisse mit 6 Richtigen *ohne* Superzahl, also ist $9 : G$ die exakte Gewinnchance, sie soll aber in der Form $1 : x$ ausgedrückt werden. Somit muss gelten:

$$\frac{9}{G} = \frac{1}{x} \Rightarrow x = \frac{G}{9} = 15.537.573,333 \ldots$$

Der Tabellenwert ist ganzzahlig gerundet.

Allgemein wird x ermittelt, indem man G durch die Anzahl der für die jeweilige Gewinnklasse günstigen Fälle teilt. Diese Anzahlen sowie die Quotienten sind in der Tab. 1.2 mit zwei Nachkommastellen aufgelistet.

Bei „Wikipedia" (Stichwort *Lotto*) werden die Gewinnchancen tatsächlich in dieser Form, auf zwei Nachkommastellen gerundet angegeben.

Zwar hat vermutlich das Runden auf ganze Zahlen noch keinen Lottospieler ernsthaft gestört, aber warum rundet man nicht gleich auf handlichere Zahlen, z. B. bei der Gewinnklasse 2 auf $1 : 15,5$ Mio.? In manchen Fällen bietet es sich geradezu an, etwa bei den Klassen 4 und 5.

Tab. 1.2 Berechnung der Gewinnchancen

Gewinnklasse (SZ = Superzahl)	Anzahl a günstiger Tipps	$x = \frac{G}{a}$
2 (6 Ri. o. SZ)	9	15.537.573,33
3 (5 Ri. +SZ)	$\binom{6}{5} \cdot \binom{43}{1} = 258$	542.008,37
4 (5 Ri. o. SZ)	$\binom{6}{5} \cdot \binom{43}{1} \cdot 9 = 2322$	60.223,15
5 (4 Ri. +SZ)	$\binom{6}{4} \cdot \binom{43}{2} = 13.545$	10.323,97
6 (4 Ri. o. SZ)	$\binom{6}{4} \cdot \binom{43}{2} \cdot 9 = 121.905$	1147,11
7 (3 Ri. +SZ)	$\binom{6}{3} \cdot \binom{43}{3} = 246.820$	566,56
8 (3 Ri. o. SZ)	$\binom{6}{3} \cdot \binom{43}{3} \cdot 9 = 2.221.380$	62,95
9 (2 Ri. +SZ)	$\binom{6}{2} \cdot \binom{43}{4} = 1.851.150$	75,54

Zur Berechnung der realen Gewinne nur so viel: 50 % der Einnahmen eines Spieltages werden als Gewinn ausgeschüttet, dieser Betrag wird nach einem gewissen Schlüssel auf die Gewinnklassen verteilt, in der Regel zu festen Prozentsätzen. Dadurch kommt es zu großen Schwankungen bei den Gewinnen vor allem bei den höheren Klassen, weil dort die Anzahl der Gewinner recht klein ist und zufallsbedingt stärker variiert als in den kleineren Klassen. Wie die „theoretische Quote" in der 4. Spalte von Tab. 1.1 berechnet wurde, ist uns nicht klar, aber man fragt sich doch unwillkürlich: Was hat es für einen Sinn, die Beträge so genau hinzuschreiben, wenn die realen Gewinne so stark vom Zufall abhängen (und sich in der Tat stark ändern)?

Außerdem ist nicht ganz verständlich, warum an dieser Stelle das Wort *Quote* verwendet wird. Es handelt sich vermutlich um durchschnittliche Auszahlungswerte; unter einer *Quote* versteht man jedoch in der Regel einen in irgendeiner Weise *relativen* Wert. Hier sind es aber absolute Werte in Euro.

1.1.2 Wer den Cent nicht ehrt ...

Wenn man Prospekte von Warenhäusern durchblättert oder Zeitungsanzeigen überfliegt, findet man kaum noch Preise, die nicht mit der Ziffer 9 enden: Fernseher für 499,99 €, Reisen für 1299 €, Waschmittel für 9,99 €, Butter für 0,99 € ... (Vgl. die Collage in Abb. 1.1; Ausnahmen bestätigen die Regel, denn „Schnapszahl-Preise" wie 33 € oder 777 € sind auch nichts anderes als Hingucker.)

Können die Kunden eigentlich nicht runden?

Schwellenpreise, die knapp unterhalb einer „runden" Zahl liegen (je nach Größenordnung unterschiedlich), haben sich heute derart verbreitet, dass sich kaum noch ein Händler traut, runde Zahlen als Preise zu nehmen, obwohl man den Unterschied in aller Regel ver-

Abb. 1.1 Schwellenpreise

gessen kann. Selbst die Buchverlage, lange Zeit mit Preisen der Form $x,80 €$ eher moderat in dieser Hinsicht, haben sich größtenteils auf $x,99 €$ umgestellt.

Warum wird so ein Aufwand getrieben? Warum fixiert man sich auf sprachliche Monster wie „vierhundertneunundneunzig Euro neunundneunzig", statt einfach „fünfhundert Euro" zu sagen?

Mit Sicherheit beruhen die Schwellenpreise nicht auf scharfer Kalkulation; 1 ct mehr oder weniger macht den Kohl nicht fett. Offenbar sollen die Preise kleiner wirken, als sie tatsächlich sind. Aber das funktioniert doch nur, wenn die Kunden vornehmlich auf die Ziffer mit dem höchsten Stellenwert schauen!?

Ob sie das wirklich tun, müsste man einmal testen, etwa so: Zwei Elektronik-Fachmärkte, nennen wir sie Maxi-Markt und Jupiter, bieten den gleichen Fernseher an, der eine für $499,99 €$ und der andere für $500 €$. Werden bei Maxi-Markt mehr Geräte abgesetzt, oder sagen die Kunden „Ich bin doch nicht blöd" und gehen zu Jupiter?

Ursprünglich steckte hinter den Schwellenpreisen sicherlich die Idee, den Preis niedriger erscheinen zu lassen, als er in Wirklichkeit ist. In der Tat ist ja $499,99 < 500$. Praktisch wirkt sich das „Weniger" aber nicht aus, weder für den Kunden noch für den Händler, weil man die Differenz *relativ* zum Betrag sehen muss. Und wenn es alle so machen, wird dann die psychologische Wirkung nicht schnell verpuffen?

Tankstellen haben ein Privileg, das vielleicht einzigartig ist: Sie dürfen ihre Einzelpreise (d. h. Preise pro Liter Kraftstoff) mit Beträgen auszeichnen, die im Zahlungsverkehr unmöglich sind, nämlich mit Zehntel-Cent (vgl. Abb. 1.2).

Nehmen wir als Beispiel 149^9 ct: Das bedeutet nicht etwa „149 hoch 9", was für Mathematiker nicht sehr abwegig wäre. Allerdings wären das $36.197.319.879.620.191.349$ ct pro Liter, gerundet $3,6 \cdot 10^{19}$ ct; selbst angesichts der permanenten Gerüchte über Preistreiberei der Mineralölfirmen kommt dabei nur ein schwacher Kalauer heraus.

Abb. 1.2 Preise einer Tankstelle

Jetzt im Ernst: Welchen Unterschied würde es ausmachen, wenn die Tankstellen ihre
Literpreise in ehrlicher Weise auf Cent genau und nicht mit dem ominösen 0,9-Cent-
Anhängsel angeben würden? Ein paar Gedankenspiele seien gestattet.

Angenommen, Tankstelle A bietet 1ℓ Benzin für 1,50 € an, Tankstelle B hat den Preis
auf 1,499 € gesetzt. Lohnt es sich, mit einem Umweg von 1 km zu B zu fahren?

Bei einer Tankfüllung von 50 ℓ beträgt der Preisunterschied 5 ct. Bei einem Verbrauch
von 6,7 ℓ/100 km bezahlt man 10 € für 100 km (reine Spritkosten!), also 10 ct für 1 km.
Rechnet man die Fixkosten fürs Auto hinzu, dann würde sich nicht einmal ein Umweg
von 200 m lohnen.

Eine andere Rechnung zum gleichen Problem: Würde man bei beiden Tankstellen für
75 € tanken, hätte man bei B für 5 ct mehr Benzin bekommen; welcher Menge entspricht
das? Zwischenrechnung:

$$1\,l \cong 150\,\text{ct} \quad \Longrightarrow \quad 1\,\text{cl} \cong 1{,}5\,\text{ct} \quad \Longrightarrow \quad 3{,}3\,\text{cl} \cong 5\,\text{ct}$$

Das ist etwa ein großes Schnapsglas voll. Kann man eigentlich die gezapfte Menge Benzin
so genau messen? (Man beachte: Das Gesamtvolumen beträgt 50 l!)

Rechnen Ein anderer Grund für die Schwellenpreise im Supermarkt besteht vielleicht
darin, das Rechnen zu erschweren. Preisvergleiche sind inzwischen leicht möglich, weil
die Läden gezwungen sind, bei der Auszeichnung der Waren auch die Preise pro Einheit
(also pro kg, pro l usw.) anzugeben. Aber kann man während des Einkaufs ausrechnen,
was man hinterher an der Kasse bezahlen muss, zumindest ungefähr? So unwahrscheinlich
es für viele Menschen klingen mag, es geht mit einem einfachen Trick: Aufrunden! Die
glatten Preise lassen sich viel leichter addieren, und am Schluss zieht man so viele Cent ab,
wie man Teile im Einkaufswagen liegen hat (Schätzen ist erlaubt). Hinzu kommt natürlich
eine gewisse Fertigkeit im Kopfrechnen, aber das kann man trainieren. Probieren Sie es
beim nächsten Einkauf oder überprüfen Sie so Ihren letzten Kassenzettel; es funktioniert!

Kleine Münzen Ein weiterer Nachteil der Schwellenpreise ist der lästige Umgang mit dem Kleingeld. Wer mit Karte bezahlt, hat damit keine Probleme, aber oft genug ist Barzahlung unvermeidlich. Wenn man beim Bäcker ein Brot (750 g) für 2,99 € erwirbt, überreicht die freundliche Verkäuferin mit strahlendem Lächeln das Wechselgeld („. . . und ein Glückspfennig, bitte schön!"), obwohl auch sie insgeheim den Zusatzaufwand verflucht. Wenn der Bäcker nebenan ein Brot mit 752,5 g für 3 € anbieten würde, wäre es der gleiche Preis, und die Verkäuferin hätte weniger Arbeit. Aber die Kunden würden sich vermutlich von der Gewichtsangabe veralbert fühlen; so genau kann man das Gewicht beim Backen doch gar nicht festlegen!? Dagegen findet inzwischen (fast) jeder einen Preis von 2,99 € ganz normal.

Verzicht auf kleine Münzen Der Umgang mit Kleingeld ist nicht nur lästig, sondern auch aus einer anderen Perspektive problematisch: Die Herstellungskosten der 1-ct- und 2-ct-Münzen übersteigen ihren Wert. Holland und Finnland haben daraus Konsequenzen gezogen: Diese Münzen sind dort nicht mehr im Umlauf. Beim Einkauf mit Barzahlung wird die Endsumme auf 5-ct-Beträge gerundet, und zwar aufwärts oder abwärts. Beispiel: Bei der Endsumme 15,43 € bezahlt man 15,45 €, aber bei 15,42 € nur 15,40 €.

Manchmal muss man eben 1 oder 2 ct mehr bezahlen, manchmal aber auch weniger, und man braucht wohl keine großen stochastischen Untersuchungen um herauszufinden, dass der Erwartungswert für die so entstehenden Mehr- oder Minderkosten null ist. D. h., auf lange Sicht ändert sich gar nichts, weder für den Händler noch für den Kunden; der alltägliche Umgang mit Bargeld wird aber wesentlich vereinfacht, und der Staat spart Steuergelder, weil die Kosten für Herstellung, Verteilung und Verwaltung kleiner Münzen wegfallen.

Gleichwohl hat es theoretisch ein paar merkwürdige Konsequenzen, wenn man so mit den Preisen verfährt, insbesondere bei kleinen Beträgen, wenn 1 oder 2 ct *relativ* viel ausmachen: Angenommen, eine Flasche Wasser kostet 22 ct, und man kauft zwei Flaschen; dann bezahlt man 45 ct. Wenn man sie einzeln gekauft hätte, dann hätte man nur 40 ct bezahlt . . .

Zugegeben, reich werden kann man mit solchen Tricks nicht. Immerhin erzielt man bei Einzelkauf ohne Weiteres einen Rabatt von ca. 9 % – wo sonst gibt es solche Preisvorteile! Noch drastischer wird es, wenn man sich für die billige Sorte zum Preis von 12 ct pro Flasche entscheidet. Und Bonbons zu 2 ct das Stück kauft man am besten nicht tütenweise, sondern einzeln – spätestens an dieser Stelle wird es dem Händler vermutlich dann doch zu bunt.

1.1.3 Zeitmessung beim Sport

Wenn die Zeit für die Rangfolge bei einem Wettbewerb maßgebend ist, gibt es immer wieder knappe Entscheidungen, selten zwar, aber gerade sie werfen Fragen auf: Wie genau kann man messen? Was ist möglich, was ist sinnvoll? Grundsätzlich sind ja die Zeiten gerundet, je nach Wettbewerb unterschiedlich; außerdem sind Messungen immer mit Fehlern behaftet (das ist kein Manko, sondern eine natürliche Eigenschaft). Meistens sind die Platzierungen eindeutig zu bestimmen, aber manchmal wird es schwierig, eine gerechte Entscheidung zu treffen.

Beispiel 1 Bei den Olympischen Spielen München 1972 gab es so eine knappe Entscheidung im Schwimmen. In der Disziplin 400 m Lagen siegte Gunnar Larsson mit 4:31,981 min, Tim McKee kam mit 4:31,983 min auf den 2. Platz. Vor 1972 wurden die Zeiten noch auf Zehntelsekunden genau angegeben (dann hätten beide 4:32,0 min gehabt); ab 1972 war die Messtechnik so weit verbessert, dass man die Zeiten auf Tausendstelsekunden genau messen konnte; gleichwohl wurden die Ergebnisse normalerweise auf Hundertstelsekunden gerundet. Selbst dann hätten beide Schwimmer noch die gleiche Zeit gehabt. Daher zog man die genauere Messung zurate und fand einen Unterschied von 0,002 s, weshalb Larsson die Gold- und McKee die Silbermedaille bekam.

Aber was bedeuten 0,002 s? Welchem Längenabstand entspricht das? Bei 400 m in 272 s haben die Schwimmer ziemlich genau eine Durchschnittsgeschwindigkeit von 1,5 m/s; das macht 1,5 mm in $\frac{1}{1000}$ s oder 3 mm in 0,002 s. Hatte Larsson wirklich einen Vorsprung von 3 mm? Wer garantiert eigentlich, dass Larssons Bahn nicht 1 mm kürzer war als die Bahn von McKee? (So genau kann man doch ein Schwimmbecken von 50 m Länge gar nicht bauen!) Bei 400 m, also 8 Bahnen ergäbe das einen Vorsprung von 8 mm, also einen Zeitvorsprung von ca. 0,005 s! Es wäre gerechter gewesen, beiden die Goldmedaille zu geben. (Vgl. auch [10].)

Beispiel 2 Bei den Olympischen Winterspielen Nagano 1998 siegte Silke Kraushaar im Rodeln Einsitzer mit 3:23,779 min vor Barbara Niedernhuber mit 3:23,781 min. Auch hier betrug der Unterschied nur 0,002 s, was aber bei der viel höheren Geschwindigkeit einen größeren Streckenunterschied ausmacht: Die Bahnlänge wird mit 1194 m angegeben, und die Gesamtzeit wird ermittelt, indem die Zeiten von 4 Läufen addiert werden. Das ergibt überschlagsmäßig eine Gesamtstrecke von 4800 m, die in 200 s zurückgelegt wird, also durchschnittlich 24 m pro Sekunde oder 24 mm in 0,001 s. Der Zeitvorsprung von 0,002 s entspricht also einer Strecke von ca. 5 cm. So weit, so gut – nur ist die Situation hier völlig anders: Die Strecke wird von den Rodlerinnen *nacheinander* gefahren, die Messpunkte ändern sich nicht; wir können also davon ausgehen, dass die Strecke für alle Teilnehmerinnen exakt gleich lang ist, und daher scheint es berechtigt zu sein, die Zeiten auf $\frac{1}{1000}$ s genau zu messen.

Das Problem kommt jetzt aus einer ganz anderen Ecke. Auf Tausendstelsekunden genau zu messen heißt, dass die theoretisch exakten Zeiten (jenseits aller Messfehler) um maximal ±0,0005 s vom Messwert abweichen können. Bei vier Durchläufen können sich die Messfehler addieren! Was wäre, wenn die exakten Zeiten von Kraushaar bei *jedem* Lauf um 0,0005 s höher, die von Niedernhuber aber um 0,0005 s niedriger gewesen wären? Dann wäre *insgesamt* Kraushaar um 0,002 s langsamer und Niedernhuber um 0,002 s schneller gewesen, und Niedernhuber hätte gewonnen, und zwar mit derselben Differenz der Gesamtzeiten. Unwahrscheinlich, aber möglich!

Im Allgemeinen werden die Messfehler einander teilweise kompensieren, aber theoretisch ist bei den Plätzen 1 und 2 die umgekehrte Reihenfolge denkbar. Vielleicht wäre auch in diesem Fall eine doppelte Goldmedaille gerechter gewesen?

Wir rechnen jetzt zur Vereinfachung mit Tausendstelsekunden als Zeiteinheit (*Zeit-Lupe*). Die gemessene Zeit $\tilde{t}$ für einen einzigen Lauf ist dann eine ganze Zahl, und die exakte Zeit t liegt dann um 0,5 Einheiten darüber oder darunter, d. h. t liegt innerhalb eines Intervalls der Länge 1; genauer:

$$\tilde{t} - 0{,}5 \leq t < \tilde{t} + 0{,}5$$

Addiert man die Zeiten der 4 Läufe, dann gilt für die Summe T der 4 exakten Werte und die Summe $\tilde{T}$ der 4 Messwerte:

$$\tilde{T} - 2 \leq T < \tilde{T} + 2$$

T wird aber wesentlich häufiger nahe bei der Intervallmitte $\tilde{T}$ als an den Rändern des Intervalls liegen, weil in der Regel die Fehler mal positiv, mal negativ sind, sodass sie einander ausgleichen, zumindest teilweise. Jedoch unterscheiden sich die Gesamtzeiten $\tilde{T}_K$, $\tilde{T}_N$ für Kraushaar und Niedernhuber genau um zwei Einheiten, sodass die zugehörigen Intervalle für T_K, T_N einander überlappen. Es kann also durchaus sein, dass bei theoretisch exakter Zeitmessung die Zweitplatzierte gewonnen hätte. Die Frage ist: Wie oft würde das in einer solchen Situation passieren?

Wir haben eine Simulation durchgeführt, bei der die Abweichungen der exakten Zeit t von der gemessenen Zeit $\tilde{t}$ mit Zufallszahlen erzeugt wurden, und zwar für je vier Läufe der beiden Konkurrentinnen. (Dazu wurde das CAS Maple verwendet, mit Excel ginge es auch. Aus Platzgründen verzichten wir auf Details.) Kraushaar und Niedernhuber sind dabei 1 Mio. Mal gegeneinander angetreten, jeweils mit 0,002 s Vorsprung für Kraushaar in der Gesamtzeit. In ca. 0,6 % der Fälle hätte bei exakter Zeitmessung Niedernhuber gewonnen. Also war die Goldmedaille für Kraushaar wohl doch berechtigt!? Es war sozusagen kein reines Gold, sondern eines mit dem Feingehalt 994, aber die Entscheidung ist vertretbar.

Interessant ist auch eine Zeitungsmeldung zu diesem spannenden Rennen; vgl. hierzu auch [11], S. 43: „Rodeln für Mathematiker: 4,6874 Zentimeter Vorsprung" stand 1998 in der „Goslar'schen Zeitung" über den Frauen-Rodel-Krimi. Das klingt sehr genau, eben typisch für Mathematik(er). Weiter heißt es sinngemäß: „Zwei Tausendstelsekunden Vorsprung, eine kaum wahrzunehmende Winzigkeit nach vier Läufen über insgesamt 4776 Meter."

4,6874 cm bedeutet, dass der Vorsprung auf Mikrometer (μm) genau angegeben wird! (Zum Vergleich: Ein menschliches Haar hat einen Durchmesser von ca. 50 μm.) Woher diese Zahl kommt, ist leicht zu rekonstruieren: Man hat einfach die Durchschnittsgeschwindigkeit so genau berechnet, wie die Daten es zuließen, und dann mit 0,002 s

1		Nytra	7.80
2		Ofili	7.80
3		Vukicevic	7.83

Abb. 1.3 Zielfoto (© dpa)

multipliziert. Aber nicht nur im Hinblick auf die fragwürdige Genauigkeit des berechneten Vorsprungs, sondern vor allem wegen der obigen Überlegungen zur Zeitmessung muss
man fragen: Was soll das? Die Schlagzeile „Rodeln für Mathematiker" ist zwar berechtigt,
aber in einem völlig anderen Sinne!

Allgemein Bei *zeitabhängigen* Sportarten (Laufen, Radfahren, Schwimmen, Skifahren
usw.) werden die Zeiten auf Hundertstelsekunden genau angegeben; Rodeln und Bobfah-
ren gehören zu den wenigen Ausnahmen. So kann es vorkommen, dass der Sieger und
der Zweite gleiche Zeiten haben, obwohl die Rangfolge mit anderen Mitteln – z. B. auf
dem Zielfoto – deutlich zu erkennen ist. Beispiel 100-m-Lauf: Die Strecke wird in ca. 10 s
zurückgelegt, das macht 10 cm in $\frac{1}{100}$ s; bei Rundung der Zeiten auf Hundertstelsekunden
haben die Läufer also einen Abstand von maximal 10 cm. Auch geringere Abstände sind
in der Regel gut erkennbar, nur ganz selten gibt es strittige Situationen (vgl. das Zielfoto von einem 60-m-Hürdenlauf der Damen, Abb. 1.3), dann würde auch keine genauere
Zeitmessung helfen.

Runden Manchmal werden die Zeiten auf $\frac{1}{1000}$ s genau gemessen, dann wird nach einem
bestimmten Modus, der in den Regeln der jeweiligen Sportart festgelegt sein muss, zu
einem Ergebnis mit Hundertstelsekunden übergegangen.

Für dieses Runden gibt es verschiedene Möglichkeiten, die im Sport auch wirklich
angewandt werden. Beispielsweise sei die gemessene Zeit 45,236 s:

Tab. 1.3 Zeiten beim Ski-Slalom

	1. Durchgang		2. Durchgang		Gesamtwertung	
	„exakt"	gerundet	„exakt"	gerundet	„exakt"	gerundet
Fahrer A	47,165	47,17	52,226	52,23	99,391	99,40
Fahrer B	47,174	47,17	52,224	52,22	99,398	99,39

1. Abschneiden nach der Hundertstel-Stelle, d. h. die folgende Ziffer wird einfach weggelassen: 45,236 → 45,23
2. Auf- oder Abrunden, d. h. bei einer Tausendstel-Ziffer kleiner als 5 wird abgeschnitten, sonst wird die Hundertstel-Ziffer um 1 erhöht: 45,236 → 45,24
3. Unbedingtes Aufrunden, d. h. sobald ein Hundertstel auch nur „angebrochen" ist, wird es voll gezählt: 45,236 → 45,24 aber auch 45,231 → 45,24

Bei manchen Sportarten wird die Rangfolge erst nach mehreren Durchgängen entschieden, wobei die Zeiten nach jedem Durchgang auf $\frac{1}{100}$ s gerundet und anschließend addiert werden. Dabei kann es zu ungewollten, aber unvermeidlichen Problemen kommen, egal mit welchem Modus gerundet wird. Beispiel: Beim Ski-Slalom werden zwei Durchgänge gefahren, und wir nehmen an, dass die Zeiten auf $\frac{1}{1000}$ s genau gestoppt und dann auf- oder abgerundet werden (siehe oben: 2. Modus). Es kann dabei passieren, dass Fahrer A bei der Gesamtzeit hinter Fahrer B landet, obwohl er mit Beachtung der Tausendstel-Stellen schneller gewesen wäre (siehe Tab. 1.3, alle Zeiten in Sekunden).

Rechnet man auf Tausendstel genau, dann hat Fahrer A gewonnen, und zwar mit einem Vorsprung von 0,007 s; selbst wenn man die „exakte" Gesamtzeit auf Hundertstel runden würde, wäre A um 0,01 s schneller. Aber wenn man zuerst rundet und dann addiert (so ist die letzte Spalte entstanden), dann ist plötzlich Fahrer B der Gewinner mit 0,01 s Vorsprung!

Das Beispiel ist natürlich konstruiert, aber in der Praxis kann es ebenso gut passieren; hinzu kommt, dass man es meistens gar nicht merkt, weil auch für die einzelnen Durchgänge nur die auf zwei Nachkommastellen gerundeten Zeiten angegeben werden. Außerdem ist dieses Phänomen unabhängig von dem Rundungsmodus, es kann auch beim Abschneiden oder beim unbedingten Aufrunden vorkommen, zwar nicht mit den Zeiten von Tab. 1.3, aber in passenden Konstellationen. Konstruieren Sie selbst je ein Beispiel dazu!

Aktueller Nachtrag Bei den Olympischen Winterspielen 2014 in Sotschi gab es im Abfahrtslauf der Damen *zwei* Goldmedaillen. Hierzu eine Kurzmeldung auf der Internetseite der „Frankfurter Allgemeinen Zeitung" (www.faz.net) am 12.02.:

> „Zum ersten Mal gab es in einem Rennen gleich zwei Alpin-Olympiasiegerinnen. Die Schweizerin Dominique Gisin und Tina Maze aus Slowenien durften zeitgleich gemeinsam feiern. In 1:41,57 Minuten lag das Duo eine Zehntelsekunde vor der favorisierten Schweizerin Lara Gut. 2,67 Meter trennten die Gewinnerinnen von Gut."

Abb. 1.4 Info-Box zum Hengsteysee

Zahlen und Daten zum See

■ **Der Hengsteysee** ist ein 1929 fertiggestellter und vom Ruhrverband betriebener Stausee.

■ **Er ist** gut vier Kilometer lang,

im Schnitt 4,6 Meter tief und fasst 3,3 Millionen Kubikmeter Wasser – damit könnte man 27 500 durchschnittlich große Badewannen füllen.

Offenbar wurden die Tausendstelsekunden nicht bei der Wertung berücksichtigt, sicherlich eine sinnvolle Regelung. Gleichwohl könnten sich die *exakten* Zeiten um bis zu 0,01 s unterscheiden. (Hinweis für Theoretiker: Der Unterschied beträgt zwar *weniger* als 0,01 s, er kann aber dieser Obergrenze beliebig nahe kommen.) Wenn also Läuferin A tatsächlich den maximalen Zeitvorsprung von 0,01 s gegenüber Läuferin B gehabt hätte, welchen Streckenvorsprung hätte das bedeutet? Hier hilft die zweite Zahlenangabe: Der Abstand der Drittplatzierten betrug zeitlich eine Zehntelsekunde bzw. 2,67 m als Strecke, mithin entspricht 0,01 s einem maximalen Abstand von ca. 27 cm der beiden Erstplatzierten; wären sie parallel gelaufen, hätte ein Zielfoto wahrscheinlich eindeutig entschieden, aber bei dieser Sportart geht das leider nicht!

Zurück zum Abstand der Bronze-Gewinnerin von 2,67 m: Das ist zunächst einmal eine raffiniert versteckte Aufgabe, nämlich die Gesamtstrecke und die Durchschnittsgeschwindigkeit zu berechnen. Aber was bedeutet die Genauigkeit (Angabe auf cm genau)? Zwar ist das nicht so dramatisch wie beim obigen Rodel-Beispiel mit der auf Mikrometer genauen Differenz; aber auch hier beträgt der Zeitunterschied nicht exakt 0,1 s, sondern liegt irgendwo zwischen 0,09 s und 0,11 s. Dementsprechend könnte der Streckenunterschied ebenfalls um ca. 27 cm nach oben oder unten abweichen, er liegt also irgendwo zwischen 2,40 m und 2,94 m. Zugegeben: Für eine *Zeitungsmeldung* wäre das ein bisschen umständlich. Aber es kann nicht schaden, darüber nachzudenken.

1.1.4 Der Hengsteysee

Dieser Ruhr-Stausee liegt an der Stadtgrenze von Dortmund und Hagen. Am 09.10.2013 war in der „Westfälischen Rundschau" Dortmund ein Artikel über den See zu lesen, der mit einer kleinen Info-Box endete (vgl. Abb. 1.4).

27.500 Badewannen – das ist eine imponierende Anzahl. Aber wenn man die Größenordnung des Stausee-Volumens damit vergleicht (beim oberflächlichen Lesen klappt das nicht immer auf Anhieb), dann müsste eigentlich die rote Warnlampe angehen. 3,3 Mio. m^3 – ?!? Würde eine Badewanne einen Kubikmeter fassen, dann wären es bereits 3,3 Mio. Wannen! Ein solch riesiges Gefäß bräuchte aber schon eine spezielle Statik des Hauses, in Wirklichkeit kann man mit 1 m^3 Wasser vier bis fünf normale Wannen bis zum Überlauf füllen, also würde der Hengsteysee in ca. 15 Mio. Wannen passen! Wenn man allerdings noch drin baden möchte, lässt man ja die Badewanne nur halbvoll laufen, damit man selbst noch hineinpasst, ohne das Badezimmer zu fluten. Dann wären es sogar 30 Mio. Vollbäder – eine saubere Sache.

Was ist passiert? Um dem Fehler auf die Spur zu kommen, sollten wir untersuchen: Mit welcher Wannen-Füllmenge hat der Autor gerechnet?

$$\frac{3{,}3\,\text{Mio. m}^3}{27.500\,\text{Wannen}} = 120\,\text{m}^3/\text{Wanne}$$

Aha. Offenbar lag die Annahme eines durchschnittlichen Wasservolumens von 120 l pro Badewanne zugrunde, und die Rechnung verlief so:

$$\frac{3.300.000}{120} = 27.500$$

Dieses Phänomen ist bei Textaufgaben im Mathematikunterricht wohlbekannt: Man vergesse möglichst schnell den Kontext und setze die Zahlen möglichst sinnvoll zusammen, es wird schon etwas (hoffentlich Richtiges) herauskommen. Dummerweise passten die Maßeinheiten nicht zusammen – eigentlich ein unverzeihlicher Fehler, vor allem wegen der Verschiebung der Größenordnung um drei Zehnerpotenzen. Aber die Zeitung hat sich anderntags in einer Glosse dafür entschuldigt. So weit, so gut. Irren ist menschlich.

Die richtige Rechnung hätte also 27,5 Mio. Badewannen ergeben. Hier schließt sich die nächste kritische Frage an: Ist diese Genauigkeit eigentlich gerechtfertigt? „Wikipedia" gibt 140 l als durchschnittliche Füllmenge einer normalen Wanne an, und damit wäre die Anzahl nur $\frac{3{,}3\,\text{Mrd. l}}{140\,\text{l}} \approx 23{,}6\,\text{Mio.}$ Wannen; wenn man Wasser spart und 110 l oder sogar nur 100 l für ein Vollbad einfüllt, dann ergibt sich eine Anzahl von 30 Mio. bzw. 33 Mio. Wannen. Wäre dann nicht die Angabe „ca. 30 Mio." als *Größenordnung* wesentlich sinnvoller?

Zweifellos hat der Autor des Zeitungsartikels versucht, die Wassermenge im Hengsteysee zu veranschaulichen. Aber wie kann man sich 30 Mio. Badewannen vorstellen? Vielleicht alle der Länge nach aneinandergereiht, als „längstes Badezimmer der Welt"? Wie lang wäre die Reihe? Oder: Sind es alle Badewannen in Deutschland (von Baby-, Dusch-, Fußwannen o. Ä. abgesehen)? Das ist durchaus möglich.

Ausgehend vom Zahlenmaterial in der Info-Box kann man weitere Fragen stellen, etwa folgende: Länge, Tiefe und Volumen des Sees sind genannt, wie groß ist dann die durchschnittliche Breite? Dazu stellen wir uns den See quaderförmig vor, und wenn wir die Angabe „gut 4 km" als 4100 m interpretieren, dann ergibt sich:

$$\text{Breite} = \frac{\text{Volumen}}{\text{Länge} \cdot \text{Tiefe}} = \frac{3.300.000\,\text{m}^3}{4.100\,\text{m} \cdot 4{,}6\,\text{m}} \approx 175\,\text{m}$$

Wir prüfen das mit Hilfe einer Karte (Abb. 1.5).

An der breitesten Stelle misst man (maßstäblich umgerechnet) eine Entfernung von ca. 400 m vom Nord- zum Südufer – das passt nicht zusammen, denn die Breite variiert nicht sehr stark.

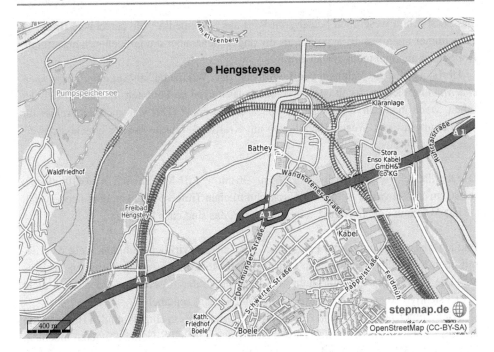

Abb. 1.5 Hengsteysee

„Wikipedia" gibt die Breite des Hengsteysees mit 296 m an, ohne die Information, ob es *Durchschnitt* oder *Maximum* bedeutet, aber das Kartenbild legt nahe, dass es die *durchschnittliche* Breite ist. Weitere Daten aus „Wikipedia":

Wasseroberfläche $1,36\,\text{km}^2$
Länge   4,2 km (o. k., das sind also „gut 4 km")
Stauhöhe   4,6 m

Wie bitte? In der Info-Box stand „durchschnittliche Tiefe 4,6 m", aber die Stauhöhe ist doch wohl die maximale Tiefe an der Staumauer?!

Mit den neuen Daten können wir eine neue Rechnung starten:

$$\text{Durchschnittliche Tiefe} = \frac{\text{Volumen}}{\text{Oberfläche}} = \frac{3.300.000\,\text{m}^3}{1.360.000\,\text{m}^2} = 2,43\,\text{m}$$

Das ist gut die Hälfte der maximalen Tiefe (= Stauhöhe), und das klingt durchaus plausibel. Für die Breite ergibt sich aus den neuen Zahlen Folgendes:

$$\text{Breite} = \frac{3.300.000\,\text{m}^3}{4.200\,\text{m} \cdot 2,43\,\text{m}} \approx 323\,\text{m}$$

Das passt schon wesentlich besser zum Wert aus „Wikipedia"; die berechnete Breite ist zwar immer noch fast 10 % größer als die angegebene, aber die Größenordnung stimmt. Der See ist nun mal nicht quaderförmig.

Übrigens wird das Volumen von 3,3 Mio. m^3 bei „Wikipedia" als *Stauinhalt* bzw. *Speicherraum* bezeichnet, somit ist es vermutlich das *maximale* Volumen. Wie ändert sich der Inhalt, wenn man den Wasserspiegel um 30 cm absenkt? (Das war auch der Anlass für den Zeitungsartikel: Wegen Bauarbeiten am Kraftwerk musste Wasser abgelassen werden.) Zwei Ansätze:

a) Oberfläche · Tiefenänderung = 1,36 km^2·30 cm = 1,36 Mio. m^2·0,3 m $\approx$ 410.000 m^3;

b) 30 cm sind etwa ein Achtel der durchschnittlichen Tiefe von 2,43 m, damit ändert sich das Volumen um ein Achtel von 3,3 Mio. m^3, das sind ca. 410.000 m^3.

Endlich mal zwei kompatible Ergebnisse! Aber ob sie wirklich stimmen, weiß man damit noch nicht, denn beide gehen vom gleichen Modell eines quaderförmigen Beckens aus. Die Krümmung der Uferlinien und die Schräge der Böschung werden dabei nicht berücksichtigt. Als grobe Näherung ist die Zahl wohl akzeptabel.

Wir kommen beim Stichwort *Geografische Koordinaten* nochmals auf den Hengsteysee zurück. (Falls Sie einmal hinfahren wollen und dazu Ihr GPS-Gerät aktivieren möchten, hier sind sie: 51° 24′ 50″ Nord, 7° 27′ 43″ Ost.)

Fazit Wir wollen keineswegs die Zeitungsmacher im Allgemeinen oder im Besonderen an den Pranger stellen. „Es irrt der Mensch, solang er strebt" (Goethe). Stattdessen wollen wir dazu anregen, wachsam zu sein, mit Zahlen unbefangen und kritisch umzugehen und Fragen zu stellen! Zugegeben: Das Thema war relativ unverfänglich, und die Fehler wurden unabsichtlich gemacht. Aber es gibt eben auch Beispiele, bei denen absichtlich Zahlen manipuliert werden; in der Regel ist eine vorsätzliche Täuschung wesentlich schwieriger auszumachen.

1.1.5 Geografische Koordinaten

Angenommen, Sie möchten mit Hilfe Ihres Navigationsgerätes ein bestimmtes Ziel ansteuern. In der Regel geben Sie dann Ort, Straße und Hausnummer ein, aber für größere „points of interest" (Museen, Hotels u. Ä.) finden Sie auf deren Internetseite in der Lagebeschreibung auch die geografischen Koordinaten, die man direkt in ein GPS-Gerät eingeben kann, beispielsweise für das Industriemuseum Kokerei Hansa in Dortmund:

$$51°32′26,52″ \text{ Nord}, \quad 7°24′43,97″ \text{ Ost}$$

Man muss nicht unbedingt über die Bedeutung dieser Zahlen nachdenken, um ans Ziel zu kommen, aber sie bieten einen schönen Anlass, um Fragen zu stellen:

Abb. 1.6 Zum Breitenkreisradius

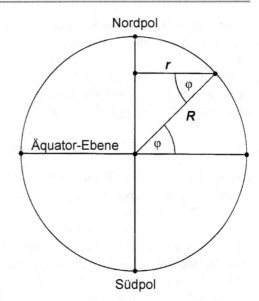

- Was bedeuten die geografischen Koordinaten?
- Sie werden in Grad angegeben (Winkelmaß). Die Teile eines Grades werden traditionell nicht dezimal, sondern als ′ und ″ geschrieben (sprich *Minuten* und *Sekunden*). Was heißt das, und woher kommt das?
- Jetzt unsere Hauptfrage: Die Winkelsekunden werden *dezimal* geteilt; eine Angabe auf Hundertstelsekunden genau ist durchaus geläufig. Was bedeutet diese Genauigkeit in Bezug auf die Positionsbestimmung?

Kurzinfo zu den ersten beiden Fragen:

Die geografische Breite φ beschreibt die Nord-Süd-Lage eines Ortes. Ein Meridian (Halbkreis auf der Erdoberfläche vom Nord- zum Südpol) wird in 180° eingeteilt, und φ ist der Abstand des Ortes vom Äquator (nördlich oder südlich), als Kreisbogen in Grad gemessen. Die Länge eines Meridians ist der halbe Erdumfang, also ca. 20.000 km, somit entspricht einer Breitendifferenz von 1° einer Nord-Süd-Entfernung von $\frac{20.000\,\text{km}}{180°} = 111,1\,\text{km}$.

Die geografische Länge λ ist der Bogen auf dem Breitenkreis von seinem Schnittpunkt mit dem Nullmeridian (= Meridian von Greenwich, London) bis zum fraglichen Ort. Der Breitenkreis ist jedoch gegenüber dem Äquator mit dem Faktor $\cos(\varphi)$ verkürzt (vgl. den Schnitt durch einen Meridian in Abb. 1.6): Ist R der Erdradius und r der Breitenkreisradius, dann gilt $r = R \cdot \cos(\varphi)$; das Gleiche gilt auch für die Umfänge.

Der Breitenkreis (Vollkreis von 360°) hat also auf der Breite von Dortmund einen Umfang von ca. 25.000 km, somit entspricht einer Längendifferenz von 1° eine Ost-West-Entfernung von $\frac{25.000\,\text{km}}{360°} \approx 70\,\text{km}$. Als Näherung kann man diesen Wert in ganz Mitteleuropa benutzen.

Die Teilung eines Grades in Minuten ($1' = \frac{1}{60}°$) und Sekunden ($1'' = \frac{1}{60}'$) ist das Relikt des babylonischen 60er-Systems, das bis heute bei Zeit- und Winkelmaßen überlebt hat.

Nun zur Hauptfrage: Die Winkelangabe auf Hundertstelsekunden genau bedeutet, dass die tatsächliche Breite bzw. Länge um maximal $0,005''$ vom angegebenen Wert abweichen kann. Welcher Entfernung entspricht das? Überschlagsrechnung für die Breite:

$$1° \mathrel{\widehat{=}} 111,1\,\text{km} \quad \xrightarrow{:60} \quad 1' \mathrel{\widehat{=}} \text{ ca. } 2\,\text{km} = 2000\,\text{m} \quad \xrightarrow{:60} \quad 1'' \mathrel{\widehat{=}} \text{ ca. } 30\,\text{m}$$

Daraus erhält man $0,005'' \mathrel{\widehat{=}}$ ca. 15 cm.

Bei der geografischen Länge ist es noch weniger, die analoge Rechnung mit $1° \mathrel{\widehat{=}}$ ca. 70 km ergibt $0,005'' \mathrel{\widehat{=}}$ ca. 10 cm

Das heißt: Wenn man die Mitte eines DIN-A4-Blattes auf die exakte Position mit den angegebenen, auf Hundertstelsekunden gerundeten Koordinaten legt (lange Seite in Nord-Süd-Richtung), dann liegt die tatsächliche Position innerhalb des Blattes. Das DIN-A4-Format hat nämlich die Maße 29,7 cm × 21 cm. Mit dieser Genauigkeit kann man also theoretisch nicht nur die Lage eines Museums beschreiben; jedes Ausstellungsobjekt, jeder Stuhl im Museumscafé hat andere Koordinaten. Kleine Einschränkung: Die Bestimmung der Position mit GPS ist mit Messfehlern behaftet, sodass man eine Abweichung von maximal 10 m einkalkulieren muss. Aber auch und besonders unter diesem Aspekt ist die Frage berechtigt: Sollte man die Koordinaten nicht auf ganze Winkelsekunden runden? Die theoretische Abweichung würde dann ±15 m in Nord-Süd-Richtung und ±10 m in Ost-West-Richtung betragen; das reicht doch wohl, um einen „point of interest" zu finden?!

Wir kommen noch einmal zum Hengsteysee zurück. Bei „Wikipedia" werden seine Koordinaten mit 51° 24′ 50″ Nord, 7° 27′ 43″ Ost angegeben. Sie sind mit einem Link zu einer Karte unterlegt, und wenn man darauf klickt, dann sieht man auf der Karte, dass die Mitte des Sees gemeint ist. Das ist durchaus sinnvoll und akzeptabel. Aber zusätzlich werden die Koordinaten dezimal angezeigt, und zwar mit sechs Nachkommastellen:

$$51,413889° \text{ N}, \quad 7,461944° \text{ O}$$

Die Rundung auf diese Genauigkeit bedeutet, dass die exakten Werte jeweils um maximal $0,5 \cdot 10^{-6}$ Grad abweichen können. Wie oben überlegen wir: Welcher Entfernung entspricht das? Zur Vereinfachung rechnen wir mit $1° \mathrel{\widehat{=}} 100$ km; damit ergibt sich:

$$0,001° \mathrel{\widehat{=}} 100\,\text{m} \quad \Rightarrow \quad 0,000001° \mathrel{\widehat{=}} 100\,\text{mm} = 10\,\text{cm}$$

Die Hälfte davon ist die maximale Abweichung, und das sind nur 5 cm, in Ost-West-Richtung sogar noch weniger!

Mit anderen Worten: Mit dieser Genauigkeit könnte man theoretisch die Position eines Bierdeckels beschreiben, d. h., zwei benachbarte Bierdeckel auf dem gleichen Tisch hätten verschiedene Koordinaten, wenn man sie mit sechs Nachkommastellen schreibt.

Der Rundung auf ganze Winkelsekunden wären 4 Nachkommastellen angemessen, denn:

$$1° = 60' = 3600'' \Rightarrow 0,5'' = {\frac{1}{2 \cdot 3600}}° \approx 0,00014°$$

Dieser maximale Rundungsfehler ist immer noch größer als der Maximalfehler von 0,00005° beim Runden auf vier Nachkommastellen, liegt aber in einer vergleichbaren Größenordnung. Der Größe des Sees angemessen wären sogar nur drei Nachkommastellen: 51,414° N, 7,462° O.

Warum also sechs Stellen nach dem Komma? Wenn man die dezimalen Teile in Minuten und Sekunden umrechnet, dann sieht man die Ursache, hier am Beispiel des gebrochenen Anteils der geografischen Breite gezeigt:

$$0,413889° \xrightarrow{\cdot 60} 24,83334'; \quad 0,83334' \xrightarrow{\cdot 60} 50,0004''$$

Somit ist ziemlich genau $51,413889° = 51° 24' 50''$, d. h., man hat die 60er-Teilung schlicht in Dezimalteile umgerechnet und dann vorsichtshalber sechs Nachkommastellen stehen gelassen.

Zur Ehrenrettung von „Wikipedia" sei gesagt, dass normalerweise die Genauigkeit einer Positionsangabe der Größe des Objektes angepasst wird. Beispiele:

Stephansdom 48° 12′ 30″ N, 16° 22′ 22″ O
Wien   48° 12′ N, 16° 22′ O
Österreich   48° N, 14° O

Das sind natürlich auch Mittelwerte, denn Österreich erstreckt sich z. B. über knapp acht Längengrade und ungefähr zweieinhalb Breitengrade. Die gerundeten Werte reichen aber in jedem Fall aus, um eines dieser Objekte auf einer passenden Karte zu lokalisieren.

1.1.6 IP-Adressen

Kurzinfo für Nicht-Computernerds: IP steht für Internet Protocol; eine IP-Adresse ist eine Gerätenummer, die beim Datenaustausch im Internet Sender und Empfänger von Datenpaketen identifiziert.

Die momentan verwendeten IP-Adressen werden in Form von vier ganzen Zahlen von 0 bis 255 angegeben, die durch Punkte voneinander getrennt werden, z. B.: 192.0.95.187

Intern werden sie durch vier Bytes, also 32 Bits codiert; somit gibt es 2^{32} verschiedene Adressen, das sind ungefähr 4,3 Mrd.

Trotz dieser großen Anzahl werden sie langsam knapp, denn die Zahl der Geräte, die mit dem Internet verbunden sind, wächst beständig. Deswegen soll demnächst ein neuer Standard namens IPv6 (Internet Protocol Version 6) eingeführt werden, bei dem die Adressen aus 128 Bits $\widehat{=}$ 16 Bytes bestehen. Sie werden codiert durch 32-stellige Zahlen im Hexadezimalsystem (wir übernehmen diese Bezeichnung für das Stellenwertsystem zur Basis 16, weil sie sich inzwischen durchgesetzt hat, obwohl *Sedezimalsystem* besser wäre); die 32 Ziffern schreibt man in acht Vierergruppen durch Doppelpunkt getrennt. Aber das nur nebenbei.

Die Hauptfrage ist: Werden die IP-Adressen nach dem neuen Standard für die Zukunft ausreichen? Man beachte: Irgendwann wird jeder Kühlschrank einen Internet-Anschluss haben, um selbsttätig Käse und Wurst nachbestellen zu können, wenn die Vorräte zur Neige gehen; die Zahnbürste wird automatisch dem Zahnarzt das Putzverhalten melden.

Wie viele Adressen nach IPv6 gibt es also? Hierzu ein Zitat aus „Wikipedia":

„. . . damit sind $2^{128} = 256^{16}$ (= 340.282.366.920.938.463.463.374.607.431.768.211.456 $\approx$ $3{,}4 \cdot 10^{38}$) Adressen darstellbar. Diese Anzahl reicht aus, um für jeden Quadratmillimeter der Erdoberfläche mindestens 665.570.793.348.866.944 (= $6{,}65 \cdot 10^{17}$) IP-Adressen bereitzustellen."

Die Rechnung ist zweifellos korrekt: 2^{128} bezieht sich auf die Bit-Darstellung (je 2 Möglichkeiten für jede der 128 Binärziffern) und 256^{16} auf die Zusammenfassung von je 8 Bits zu einem Byte (jedes der 16 Bytes kann $2^8 = 256$ Zahlen codieren). Aber diese Zahl mit allen 39 Dezimalstellen voll auszuschreiben, enthält praktisch keine sinnvolle Information bis auf die Länge und die ersten paar Ziffern, die ja dann auch in der Form $3{,}4 \cdot 10^{38}$ angegeben werden. Die komplette Ziffernfolge ist imponierend, aber nichtssagend. (Es gibt einen weiteren Trick, um mit großen Zahlen Eindruck zu machen, der hier allerdings nicht zum Einsatz kommt, und zwar das Zahlwort: Mit *ca. 340 Sextillionen* liegt man zwar richtig, aber wer weiß schon auf Anhieb, was das bedeutet?)

Es ist eben immens schwierig, sich solche großen Zahlen vorzustellen. Von diesem Standpunkt aus ist die Idee, die Erdoberfläche mit IP-Adressen zu bestücken, im Grunde ganz hübsch: Es bleibt immer noch eine Zahl in der Größenordnung von $6{,}65 \cdot 10^{17}$ Nummern pro Quadratmillimeter übrig (diese Näherung wird verschämt *in Klammern* angegeben, obwohl sie die eigentliche Information enthält; dazu ist sie falsch gerundet: $6{,}66 \cdot 10^{17}$ wäre besser gewesen). Auch diese Zahl wird mit vollen 18 Dezimalstellen hingeschrieben.

Eine solch eklatante Verletzung elementarer Regeln des Umgangs mit Zahlen findet man selten. Denn wenn die 18-stellige Zahl, wir bezeichnen sie mit x, bis hinunter zur Einerziffer richtig wäre, dann wäre x mit Hilfe der Erdoberfläche O (gemessen in mm²) wie folgt berechnet worden:

$$x = \frac{2^{128}}{O}$$

Umgekehrt könnte man, wenn x nun „exakt" (das heißt hier auf eine ganze Zahl gerundet) bekannt ist, die Erdoberfläche mit

$$O = \frac{2^{128}}{x}$$

auf mm² genau ausrechnen – eine absurde Vorstellung.

Woher x stammt, wird folgendermaßen erläutert:

„Berechnung ist 2^{128} Adressen pro 510 Millionen Quadratkilometer"

Das sieht so aus, als wäre O auf die zwei führenden Stellen gerundet – ein durchaus sinnvolles Vorgehen in diesem Zusammenhang. Wenn man allerdings nachrechnet, dann ergibt sich mit TR-Genauigkeit (man beachte: $1\,\text{km}^2 = 1\,\text{Mio.}\,\text{m}^2 = 1\,\text{Billion}\,\text{mm}^2 = 10^{12}\,\text{mm}^2$):

$$O \approx 510\,\text{Mio.}\,\text{km}^2 = 5{,}1 \cdot 10^{20}\,\text{mm}^2$$

$$\frac{2^{128}}{5{,}1 \cdot 10^{20}} = 6{,}672203273 \cdot 10^{17}$$

Das stimmt nur in den ersten zwei Ziffern mit $x = 665.570.793.348.866.944$ überein, also war der gerundete Wert von O gar nicht die Berechnungsgrundlage. Was war es denn?

Um das herauszufinden, dividieren wir 2^{128} durch x (manche TR akzeptieren alle 18 Ziffern als Eingabe; falls nicht, genügen die ersten zehn multipliziert mit 10^8) und erhalten:

$$O = \frac{2^{128}}{x} = 5{,}112639712 \cdot 10^{20}$$

Welcher Erdradius r steckt dahinter? Wegen $O = 4\pi r^2$ findet man:

$$r = \sqrt{\frac{O}{4\pi}} = 6.378.486.821$$

Das ist r in Millimetern, gerundet also $r = 6378{,}487\,\text{km}$. Ein durchaus vernünftiger Wert, so scheint es. Vergleich mit Tabellenwerten, diesmal aus dem „Brockhaus":

Äquatorradius   6378,137 km;
Polradius   6356,752 km;
Mittlerer Radius   6371,00 km;
Oberfläche $510{,}0656 \cdot 10^6\,\text{km}^2$

Die Erde ist bekanntlich nur näherungsweise eine Kugel, das Modell eines an den Polen abgeflachten Ellipsoids kommt der Wirklichkeit wesentlich näher. Selbst bei diesen Daten könnte man überlegen, ob es sinnvoll ist, die Radien auf Meter genau anzugeben, aber wir wollen hier nicht zu sehr ins Detail gehen. Eines ist klar: Der aus dem „exakten" Wert von x ermittelte Radius entspricht am ehesten dem Äquatorradius, was jedoch zu einem falschen Wert für die Oberfläche führt.

Fazit Bis auf die ersten zwei oder drei sind die Ziffern von x nicht nur überflüssig, sondern völlig unbrauchbar. Tröstlich ist immerhin, dass die IP-Adressen nach dem neuen Standard wohl für die Zukunft ausreichen werden. Man fragt sich sogar, ob nicht ein paar Bits weniger auch gereicht hätten, aber bei der heutigen Geschwindigkeit des Datentransfers kommt es offenbar nicht darauf an, in dieser Hinsicht sparsamer zu sein.

1.2   Überschlagsrechnen

Man wird heutzutage förmlich mit Zahlen überschüttet, aus verschiedenen Quellen (Internet, TV, Zeitungen, ...): Millionen Liter Öl flossen in den Golf von Mexiko, Millionen Tonnen CO_2 werden täglich in die Atmosphäre geblasen (oder waren es Milliarden?), Milliardenzuschüsse an marode Banken usw.; im ersten Moment kann man sich zumeist gar nichts darunter vorstellen, aber wenn die Angaben überhaupt einen Zweck erfüllen sollen, muss man sich doch fragen:

- Sind die Daten sinnvoll bzw. nützlich?
- Was folgt daraus? Sind die Konsequenzen plausibel oder überraschend?
- Wie kann ich mir die Zahlen vorstellen? (Spätestens dann, wenn man den Unterschied zwischen Millionen und Milliarden nicht mehr wahrnimmt, muss etwas passieren, denn sonst werden die Zahlen völlig sinnlos!)
- Wie kann ich Beziehungen der Zahlen untereinander und zu anderen Daten herstellen?
- ...

In solchen Fällen sind Überschlagsrechnungen notwendig. Die Ergebnisse sollen dabei keine hohe Genauigkeit aufweisen, sondern eine Größenordnung darstellen, die allerdings unbedingt korrekt sein muss, sonst kommt es im Kontext zu Fehlinterpretationen. Das heißt: Die Rechnung muss so genau wie nötig und so sicher wie möglich durchgeführt werden. Andererseits sollte der Aufwand möglichst gering (also mit Kopfrechnen oder „halbschriftlich" durchzuführen) und die Rechnung nachvollziehbar und in jedem Schritt kontrollierbar sein. Manchmal ist es sogar notwendig, solche Rechnungen *schnell* auszuführen (z. B. in Diskussionen, um Argumente zu bringen oder zu widerlegen), dann verbieten sich aufwendige Strategien sowieso.

Was damit genau gemeint ist, wird am ehesten exemplarisch klar, deshalb werden wir mit einer Reihe von Beispielen beginnen.

1.2.1   Erste Beispiele

PKW in Deutschland

Laut Angaben des Kraftfahrtbundesamtes waren am 01.01.2011 in Deutschland 42.301.563 PKW angemeldet. Über die Genauigkeit dieser Zahl werden wir hier nicht lange diskutieren, nur so viel: Am 03.01.2011 war es mit Sicherheit eine andere Zahl, die letzten drei Stellen sind täglichen Schwankungen unterworfen. Warum wird eine Zahl exakt angegeben, wenn man genau weiß, dass sie sich permanent ändert? Böswillig kann man das der Pingeligkeit der deutschen Beamten zuschreiben, gutwillig kann man sagen: Es ist zwar eine Momentaufnahme, aber jeder darf sie auf so viele Stellen runden, wie er braucht.

Also gehen wir mal von 42 Mio. PKW aus. Deutschland hat ca. 82 Mio. Einwohner, d. h.: Auf je zwei Einwohner kommt ein PKW! Eine verblüffend große Zahl, oder nicht?

Wenn man die Autos auf vierspurigen Autobahnen parkte, wie viele Streckenkilometer bräuchte man? Wenn man einen Platzbedarf von 5 m pro Fahrzeug annimmt und die Anzahl auf 40 Mio. abrundet, dann ergibt sich eine einfache Rechnung:

$$40\,\text{Mio.} \cdot 5\,\text{m} = 200\,\text{Mio.}\,\text{m} = 200.000\,\text{km}$$

Auf 4 Spuren verteilt bedeutet das 50.000 km Autobahn, das ist mehr als der Erdumfang. Reicht das deutsche Autobahnnetz dafür aus? (Diese neue Aufgabe sei Ihnen überlassen!)

Welche Fläche müsste ein Parkplatz für alle deutschen PKW haben? Hier ist ein Platzbedarf von $10\,\text{m}^2$ pro Fahrzeug eine einfache und realistische Annahme (Zufahrten nicht berücksichtigt). Damit hätte man:

$$40\,\text{Mio.} \cdot 10\,\text{m}^2 = 400\,\text{Mio.}\,\text{m}^2 = 400\,\text{km}^2,$$

denn $1\,\text{km}^2 = 1\,\text{Mio.}\,\text{m}^2$; der gesamte Parkplatz entspricht also der Fläche eines Quadrates mit 20 km Seitenlänge bzw. der Fläche der Stadt Köln. Das klingt vielleicht nicht so spektakulär wie der Autobahn-Vergleich, möglicherweise kann man sich einen so großen Parkplatz nicht so gut vorstellen.

Wie viel Kraftstoff verbrauchen die deutschen PKW jährlich? Hier muss man weitere Zahlen hineinstecken, etwa so:

Durchschnittliche jährliche Fahrleistung 15.000 km, Verbrauch 6 l/100 km Das führt zunächst zu einem jährlichen Verbrauch pro Fahrzeug von $150 \cdot 6\,\text{l} = 900\,\text{l}$. Wenn man den Verbrauch etwas höher ansetzt auf 6,7 l/100 km (das ist immer noch realistisch!), dann kommt man auf runde $1000\,\text{l} = 1\,\text{m}^3$ Verbrauch im Jahr, und das macht rund 40 Mio. m^3 Kraftstoff nur für PKW. (Wie viele Tankwagen sind das? Wie kann man sich diese Menge anders vorstellen? Welche Menge ist es pro Tag, pro Stunde? ...)

Eine wichtige Bemerkung: Wir haben hier Zahlen angenommen, die zwar vernünftig sind, die wir aber momentan nicht weiter kontrollieren können (oder wollen). Das ist allerdings kein großes Problem: Wenn z. B. jemand herausfindet, dass die durchschnittliche jährliche Fahrleistung nur 12.000 km beträgt, also 20 % weniger, dann müssen wir halt den Gesamtverbrauch ebenfalls um 20 % reduzieren, also auf 32 Mio. m^3!

Wie viel CO_2 erzeugen die Autos in Deutschland jährlich? Der CO_2-Ausstoß wird üblicherweise in g/km angegeben. Geht man von der obigen Fahrleistung und einem typischen Ausstoßwert aus (VW Golf mit 63 kW: 129 g/km), dann ergibt sich pro Fahrzeug jährlich:

$$15.000\,\text{km} \cdot 129\,\text{g/km} \approx 15.000 \cdot 130\,\text{g} = 15 \cdot 130\,\text{kg} \approx 2000\,\text{kg} = 2\,\text{t}$$

Insgesamt sind das für alle PKW 40 Mio. $\cdot\, 2\,\text{t} = 80\,\text{Mio.}\,\text{t}\,CO_2$ im Jahr.

Ist das viel oder wenig? Hier käme es auf einen Vergleich mit anderen Werten für den CO_2-Ausstoß an; immerhin haben wir jetzt eine Größenordnung zur Verfügung, mit der man weiterarbeiten kann.

Bleiben wir noch kurz beim Thema: In einer Radiosendung über CO_2 hat einmal ein Hörer angerufen, der den Benzinverbrauch eines PKW mit dem CO_2-Ausstoß verglichen hatte und sich wunderte. Typisches Beispiel: Ein VW Golf mit 63 kW-Motor verbraucht laut Werksangabe durchschnittlich 5,5 l/100 km und erzeugt 129 g/km CO_2. Das entspricht ca. 5 kg Benzin auf 100 km (Benzin ist bekanntlich etwas leichter als Wasser), aber dem steht die Menge von ca. $100 \cdot 130 \, g = 13 \, kg \, CO_2$ gegenüber, also fast die dreifache Menge! Um das zu erklären, muss man schon ein bisschen chemisches Grundwissen aktivieren. Es ist ein schönes Beispiel dafür, Zahlen nicht einfach hinzunehmen, sondern in Beziehung zu setzen.

Bevölkerungsdichte

Diese Größe wird üblicherweise gemessen in Einwohnern pro km^2 (kurz EW/km^2). Die Weltbevölkerung beträgt momentan gut 7 Mrd. Menschen. Wie groß ist die mittlere Bevölkerungsdichte der Erde?

Die Erde ist näherungsweise eine Kugel mit dem Radius 6370 km. Daraus ergibt sich die Oberfläche O wie folgt:

$$O = 4 \, \pi R^2 = 4\pi \cdot 6370^2 \, km^2 \approx 4\pi \cdot 6{,}37^2 \cdot 10^6 \, km^2$$

Setzt man $\pi \approx 3$ und $6{,}37^2 \approx 40$ ein, dann kommt man auf $O \approx 480$ Mio. km^2; da wir π etwas zu klein gewählt haben, dürfen wir aufrunden:

$$O \approx 500 \, \text{Mio.} \, km^2$$

Ab und zu kann man sich auch mal den Luxus erlauben, den Überschlagswert mit dem TR nachzuprüfen; in diesem Fall wird man feststellen, dass diese Näherung ziemlich gut ist! Auf größere Genauigkeit soll es schließlich nicht ankommen, und damit erübrigen sich auch weitere Einwände, etwa dass die Erde ja keine Kugel, sondern ein Ellipsoid ist, oder dass die Oberfläche nicht glatt ist.

Somit erhalten wir eine mittlere Bevölkerungsdichte von

$$\frac{7 \, \text{Mrd. EW}}{500 \, \text{Mio.} \, km^2} = \frac{7 \, \text{Mrd. EW}}{0{,}5 \, \text{Mrd.} \, km^2} = 14 \, \text{EW/}km^2.$$

Nun besteht die Erdoberfläche zu etwa $\frac{2}{3}$ aus Meer und nur zu $\frac{1}{3}$ aus Land; die Menschen sind eher Landbewohner, also müssen wir den Wert verdreifachen und kommen auf 42 EW/km^2.

Wenn wir den (tatsächlich viel genaueren) Wert von $30 \% = \frac{3}{10}$ für den Anteil des Landes an der Erdoberfläche zugrunde legen, dann erhalten wir:

$$14 \cdot \frac{10}{3} \approx 47 \, \text{EW/}km^2$$

Natürlich kann man die Daten auch gleich bei „Wikipedia" nachschlagen; so findet sich dort unter dem Stichwort *Weltbevölkerung* die folgende Angabe: „Die durchschnittliche Bevölkerungsdichte der Erde liegt bei etwa 50 EW/km^2 Landfläche (ohne Antarktis)".

Klar, in der Antarktis wohnt keiner so richtig, ihre Fläche kann man abziehen. Wie groß ist die Antarktis? Auch das kann man nachschlagen. Aber ehe wir uns in Recherchen verlieren, können wir uns mit dem Ergebnis durchaus zufrieden geben: Wenn wir die Fläche etwas verkleinern, wird sich der obige Wert von 47 EW/km^2 etwas vergrößern, und damit liegen wir auch bei ca. 50 EW/km^2, voll kompatibel mit dem Wert aus „Wikipedia".

Zwischenbemerkung: Wem es nur um die nackten Zahlen geht, der mag sich mit Nachschlagewerken jeglicher Art zufrieden geben, aber hier kommt es auch und vor allem darauf an, die Zahlen zu hinterfragen und zueinander in Beziehung zu setzen.

Zurück zur Bevölkerungsdichte: Wie kann man die Zahl interpretieren? Sind 50 EW/km^2 viel oder wenig? Man braucht Vergleiche. So findet sich bei „Wikipedia" an der gleichen Stelle: „Deutschland zählt 230 EW/km^2", das ist fast das Fünffache des Durchschnitts, aber immerhin gehört Deutschland zu den dicht besiedelten Ländern – sollte man meinen.

Weiter mit „Wikipedia": „Die größte Bevölkerungsdichte eines Flächenstaats hat Bangladesch mit mehr als 1000 EW/km^2." Das heißt: Bangladesch ist mehr als viermal so dicht besiedelt wie Deutschland; diese Tatsache mag doch etwas nachdenklich stimmen.

Können wir im Nachhinein den Wert für Deutschland bestätigen? Die gesamte Einwohnerzahl beträgt ca. 80 Mio., das sollte man wissen. Weniger bekannt ist die Größe der Fläche; so ergibt sich eine schöne Schätzaufgabe:

Wenn man als größte Nord-Süd-Entfernung (Luftlinie) in Deutschland ca. 800 km annimmt sowie als größte Ost-West-Entfernung ca. 600 km, dann hat ein Rechteck mit diesen Seitenlängen eine Fläche von ca. 500.000 km^2. Nun ist Deutschland kein Rechteck, also muss man etwas weniger nehmen. Die Schätzung kann zwischen 300.000 und 400.000 km^2 liegen; nimmt man davon den Mittelwert, nämlich 350.000 km^2, dann kommt man dem „exakten" Wert ziemlich nahe. Damit ist die Bevölkerungsdichte:

$$\frac{80\,\text{Mio. EW}}{350.000\,\text{km}^2} = \frac{8000}{35} = \frac{1600}{7} \approx 230\,\text{EW/km}^2$$

Siehe oben!

An dieser Stelle sei ein Einschub über die Genauigkeit von Einwohnerzahlen gestattet. Bei „Wikipedia" findet man dazu unter dem Stichwort *Liste der Staaten der Erde* die folgende Vorbemerkung:

„Um eine Vergleichbarkeit zu gewährleisten, wurden die Daten einheitlich dem CIA World Factbook (Stand: Juli 2010) entnommen. Die Einwohnerzahlen werden im Factbook zwar bis auf den Einwohner genau angegeben, sind aber als Schätzungen zu betrachten. Selbst Volkszählungen können die Einwohnerzahl eines Landes nie korrekt erfassen, da solche Erhebungen immer nur einen konkreten Zeitpunkt abbilden können. Durch Todesfälle und Geburten ändert sich die Bevölkerungszahl stetig. Da Angaben in einem Format, das nahelegt, die Angaben seien ‚auf den Einwohner genau‘, keinen Sinn haben, wurden die Angaben aus dem Factbook in der Regel auf volle 1000 Einwohner gerundet.“

In dieser Liste wird für Deutschland eine Einwohnerzahl von 82,283 Mio. angegeben (Bezugsdatum Juli 2010). Unter dem Stichwort *Deutschland* nennt „Wikipedia“ die Zahl 81,796 Mio. mit Bezug auf den 31.08.2011. Hierzu passt der folgende Auszug aus einem Zeitungsartikel („Westfälische Rundschau“, 18.04.2011, Titelseite, „Zensus lässt Städte schrumpfen“):

> „Das Statistische Bundesamt glaubt, dass die offizielle Einwohnerzahl Deutschlands – 82,3 Millionen – um mindestens 1,3 Mio. überhöht ist. Abteilungschefin Sabine Bechtold: „Gerade in den Großstädten ist die Einwohnerzahl sehr ungenau.“ [...] Die Städte und Gemeinden in Nordrhein-Westfalen erhalten – weitgehend auf Basis ihrer Einwohnerzahl – rund 7 Mrd. € pro Jahr vom Land als Zuschuss. [...] Auch schrumpfen die Gehälter der Bürgermeister, wenn die Zahl ihrer Bürger in Wahrheit geringer ist.“

Also scheint die *Rundung auf volle 1000 Einwohner* selbst für zivilisierte Länder viel zu genau zu sein – wie sieht es dann erst in Entwicklungsländern aus??

Wie schwer ist die Erde?

Physikalisch korrekt lautet die Frage: Welche Masse hat die Erde (in kg)? Und wir fragen gleich weiter: Welche Masse hat das Wasser im Meer, die Luft in der Atmosphäre?

Dieses Problem ist häufig mit Studierenden diskutiert worden, erstens weil man mit wenig Aufwand zu substanziellen Ergebnissen kommt, und zweitens weil grundsätzliche Fragen zu Modellannahmen und Genauigkeit angesprochen werden können. Beispielsweise warfen die Studierenden manchmal die Frage auf: „Wie ist es denn mit den Menschen, den Tieren: Gehören die mit zur Erdmasse, müssen wir sie ‚mitwiegen‘?“ – siehe unten!

Das Volumen V der Erde beträgt $V = \frac{4\pi}{3} R^3$, mit $R \approx 6370$ km (siehe oben).

Es ist $R^3 = 6{,}37^3 \cdot 10^9$ km$^3 \approx 250 \cdot 10^9$ km$^3 = 250 \cdot 10^{18}$ m^3 (das geht auch ohne TR!); kürzt man π gegen 3, dann ergibt sich wieder eine runde Zahl:

$$V \approx 4 \cdot 250 \cdot 10^{18}\,\text{m}^3 = 10^{21}\,\text{m}^3$$

Welche Masse hat ein Kubikmeter „Erde“ im Durchschnitt? Die Dichte von Materialien wird i. Allg. mit kg/l oder g/cm^3 angegeben, ebenso ist t/m^3 möglich, bei allen diesen Einheiten hat die Dichte die gleiche Maßzahl. Wie groß ist also die Dichte des Erdmaterials? Hier ist zunächst Schätzen gefordert, oder anders gesagt: Hier gehen Annahmen in die Rechnung ein.

Ungeübte Studierende gehen oft sehr zögerlich damit um, aus Angst, „etwas falsch zu machen“; gleichwohl ist hier klar und deutlich zu sehen, dass das Ergebnis einen *hypothetischen* Charakter hat und an welcher Stelle diese Hypothese eingeht. Beispielsweise hat Stein eine Dichte von (geschätzt) 3 t/m^3, daher kann man sagen: *Wenn* die Erde aus Stein (oder ähnlich dichten Materialien) besteht, *dann* beträgt ihre Masse $M = 3 \cdot 10^{21}$ t $= 3 \cdot 10^{24}$ kg.

Jetzt kann man „Wikipedia" als Schiedsrichter heranziehen und findet: $M = 5,974 \cdot 10^{24}$ kg.

Die Größenordnung (Zehnerpotenz) stimmt jedenfalls, und offenbar brauchen wir nur die Dichte zu ändern, um das „richtige" Ergebnis zu erhalten, denn das Volumen haben wir einigermaßen genau berechnet. Hier fällt möglicherweise jemandem ein, dass der Erdkern tatsächlich aus Metall besteht (Nickel-Eisen-Kern); weil dieser Kern einen großen Teil der Erdkugel ausmacht, dürfen wir getrost die mittlere Dichte mit 6 t/m^3 ansetzen. In diesem Fall ist das natürlich eine Korrektur der Hypothese vom Ergebnis her, ebenso gut könnte man aber die Dichte von Metall schätzen (für Eisen liegt sie z. B. bei ca. 8 t/m^3).

Zwischenbemerkung Hier kommt es bei der Rechnung vor allem darauf an, mit den Zehnerpotenzen sorgfältigst umzugehen, insbesondere beim Wechsel der Einheiten. Denn man kann das Ergebnis nicht auf Plausibilität überprüfen: Eine Masse von $6 \cdot 10^{27}$ kg würde uns genauso glaubwürdig erscheinen, wäre aber total falsch.

Eine andere Lösung geht von der Idee aus, die Erdkugel mit einer kleinen Kugel zu vergleichen, deren Maße bekannt sind: Beim Kugelstoßen (Männer) wird eine Metallkugel mit der Masse $7,257$ kg und einem Durchmesser von 110 bis 130 mm verwendet. Gehen wir von 130 mm aus, dann ist der Durchmesser der Erdkugel um den Faktor 10^8, das Volumen also um den Faktor $(10^8)^3 = 10^{24}$ größer. Die Masse ist zum Volumen proportional, und weil die Erde nicht durchweg aus Metall besteht, ist die Masse sicher etwas kleiner als $7,257 \cdot 10^{24}$ kg, vielleicht $6 \cdot 10^{24}$ kg? ...!!!

Selbst wenn man $5 \cdot 10^{24}$ kg annehmen würde, wäre man *sehr* nahe am „exakten" Wert.

Diese Lösung setzt voraus, dass die Maße der Vergleichskugel bekannt sind (notfalls könnte man sie auch schätzen), aber sie benutzt nichts anderes als die funktionalen Zusammenhänge zwischen Durchmesser, Volumen und Masse von Kugeln, man braucht noch nicht einmal die Formel für das Kugelvolumen zu kennen.

Zum Kontext *Erdmasse* passt noch eine Meldung von „SPIEGEL ONLINE" vom 29.01.2007:

„Deutschland wiegt 28.000.000.000.000 Tonnen"

Eine imponierende Anzahl von Nullen! Zwar wird im Text klar, wie das gemeint ist, aber es ist eine schöne Aufgabe zum Überschlagsrechnen, das herauszufinden. Tipp: Wie dick ist eine Steinplatte mit der Fläche von Deutschland und dieser Masse?

Nun zum Wasser im Meer: Wir haben die Oberfläche der Erde bereits ausgerechnet, nämlich ca. 500 Mio. km^2; 70% davon bestehen aus Meer, das sind 350 Mio. km^2. Wie tief ist das Meer durchschnittlich? Hier ist wieder eine Annahme zu machen! Wenn wir von 4 km Tiefe ausgehen, dann ergibt sich:

$$V_{\text{Meer}} = 4 \cdot 350 \text{ Mio. km}^3 = 1,4 \text{ Mrd. km}^3 = 1,4 \cdot 10^{18} \text{ m}^3$$

Im Anbetracht der stark hypothetischen Tiefe (vielleicht sind es ja nur 3 km, vielleicht aber auch 6 km?!) gehen wir einfach von $V_{\text{Meer}} = 10^{18}$ m^3 aus, mit der Masse

$M_{\text{Meer}} = 10^{18}$ t $= 10^{21}$ kg. Vielleicht sind es ja $2 \cdot 10^{21}$ kg, aber das ändert gar nichts am Vergleich mit der gesamten Erdmasse: Schreibt man beide mit der gleichen Zehnerpotenz, etwa $M_{\text{Meer}} = 0{,}002 \cdot 10^{24}$ kg, dann sieht man: Das gesamte Wasser im Meer wirkt sich frühestens in der 4. Stelle der Erdmasse aus! (Die *signifikanten* Stellen werden von links gezählt, also von der höchsten Stelle ausgehend.) Vermutlich ist damit sogar die Grenze der Messgenauigkeit für die Erdmasse erreicht, wenn auch nicht überschritten. Quickie für Sie: An der wievielten Stelle der Erdmasse würde sich die Gesamtmasse aller Menschen auswirken?

Welche Masse hat die Luft? Dass Luft nicht nichts wiegt, dürfte sich inzwischen herumgesprochen haben; ihre Dichte beträgt an der Erdoberfläche ca. 1,3 kg/m³. Die Luft ist aber alles andere als homogen, die Dichte nimmt mit steigender Höhe exponentiell ab, sodass man mit der einfachen Formel *Masse = Dichte · Volumen* nicht weit kommt. Aber mit einer kleinen Anleihe bei der Physik geht es trotzdem recht einfach.

Auf der Erdoberfläche herrscht ein Luftdruck von etwa 1000 hPa $= 10^5$ Pa. 1 Pa $= 1$ N/m² ist der Druck, der von der Kraft 1 N auf 1 m² Fläche ausgeübt wird. Die Luftsäule über einem Quadratmeter übt also eine Kraft von 10^5 N aus. Mit dem Trägheitsgesetz *Kraft = Masse · Beschleunigung* kann man daraus die Masse der Luftsäule pro m² ausrechnen, denn die Fallbeschleunigung auf der Erdoberfläche beträgt $g = 9{,}81$ m/s² ≈ 10 m/s²; es ergibt sich $\frac{10^5\,\text{N}}{10\,\text{m/s}^2} = 10^4$ kg. Wie oben gesagt, ist die Erdoberfläche $O \approx 500$ Mio. km² $= 5 \cdot 10^8$ km² $= 5 \cdot 10^{14}$ m²; über jedem Quadratmeter stehen 10^4 kg Luft, das ergibt eine Gesamtmasse der Atmosphäre von $5 \cdot 10^{18}$ kg.

Was sagt der Schiedsrichter dazu? „Die Erdatmosphäre weist eine Masse von etwa $5{,}15 \cdot 10^{18}$ kg auf." („Wikipedia" $\rightarrow$ Erdatmosphäre) Na also! Vermutlich wird die Masse mit einer ähnlichen Überlegung ausgerechnet.

Möglicher Einwand: Auch die Fallbeschleunigung nimmt mit steigender Höhe ab. Die Dicke der Atmosphäre wird aber mit ca. 120 km angegeben, das ist sehr wenig im Vergleich zum Erdradius, und dort oben ist die Luft bereits so dünn, dass dieser Effekt wohl keine Rolle spielt.

Planetare Geschwindigkeiten

„3,4 Milliarden km hat die Raumsonde ‚Galilei' zurückgelegt, als sie sich am 13. Juli 1995 dem Jupiter näherte. Seit über fünfeinhalb Jahren schon rast sie durchs Weltall." (aus „GEO KOMPAKT", Nr. 21) Mit welcher Geschwindigkeit raste sie durchs Weltall?

Hier muss man zunächst eine sinnvolle, dem Kontext angepasste Einheit finden: km/s passt wohl besser als die üblichen km/h oder m/s.

1. Lösung: Mit einer Zeit-Weg-Tabelle (vgl. Tab. 1.4) wird die Zeit auf 1 Sekunde heruntergerechnet. Ergebnis: *Galilei* hat durchschnittlich 20 km/s zurückgelegt.

2. Lösung: Ein Term wird aufgestellt.

$$\text{Geschwindigkeit } v = \frac{\text{Weg}}{\text{Zeit}} = \frac{3.400.000.000\,\text{km}}{5{,}5 \cdot 365 \cdot 24 \cdot 60 \cdot 60\,\text{s}}$$

Tab. 1.4 Geschwindigkeit der Raumsonde Galilei

Zeit	Weg	Aktion
5,5 Jahre	3,4 Mrd. km	
		: 5,5
1 Jahr	0,6 Mrd. km = 600 Mio. km	
		: 400 (abgerundet)
1 Tag	1,5 Mio. km = 1 500 Tkm	
		: 24 (aufgerundet)
1 Std	70 Tkm	
		: 60
1 Min.	1,2 Tkm = 1 200 km	
		: 60
1 Sek.	20 km	

Abschätzung des Nenners:

$$5{,}5 \cdot 365 \approx 5 \cdot 400 = 2.000$$

$$2.000 \cdot 24 = 48.000 \approx 50.000$$

$$50.000 \cdot 60 = 300.000$$

$$300.000 \cdot 60 \approx 180.000.000$$

Alternative Rechnung dazu:

$$24 \cdot 60 \cdot 60 = 24 \cdot 36 \cdot 100 \approx 30^2 \cdot 100 = 90.000$$

$$5{,}5 \cdot 365 \approx 2.000 \text{ (siehe links oben)}$$

$$90.000 \cdot 2.000 = 180.000.000$$

Also ist $v \approx \dfrac{3.400.000.000\,\text{km}}{180.000.000\,\text{s}} = \dfrac{340\,\text{km}}{18\,\text{s}} \approx 19\,\text{km/s}$.

Das Ergebnis ist zwar nicht identisch mit der 1. Lösung (was beim Überschlagen wohl kaum zu erwarten ist), aber vergleichbar, somit scheinen beide brauchbar zu sein. Zur Kontrolle darf man auch mal den Term mit dem TR auswerten, das Ergebnis ist $v = 19{,}6\,\text{km/s} \ldots !!$

Vergleicht man aber die beiden Strategien miteinander, so halten wir die erste für wesentlich vorteilhafter. Einige Argumente hierzu:

- Die Tabellen-Strategie kann man als *dynamisch*, die Term-Strategie als *statisch* bezeichnen; die Dynamik der Tabelle trägt dazu bei, dass die Rechnung klarer und besser nachvollziehbar wird.

- In der Tabelle wird durchweg mit relativ kleinen Zahlen gerechnet, wobei man *Mio.* und *Mrd.* durchaus wie Einheiten behandeln darf (bei Bedarf werden die Einheiten umgerechnet), dadurch wird die Rechnung in jedem Schritt kontrollierbar, die Zwischenergebnisse behalten ihre Bedeutung im Kontext.

- Im Gegensatz dazu wird in der Term-Lösung mit sehr vielen Ziffern gerechnet, wobei größte Sorgfalt anzuwenden ist, sonst wird das Ergebnis völlig unbrauchbar (falsche Größenordnung!); zumal verlieren die Zahlen beim Rechnen ihre Bedeutung. Der Effekt wird etwas gemildert, wenn man anstelle der vielen Nullen Zehnerpotenzen hinschreibt, aber auch das ist fehleranfälliger als das schrittweise Vorgehen.

- In der Tabelle hat man jederzeit Kontrolle über Auf- und Abrunden, sodass man ggf. ausgleichen kann.

Dass man bei der Tabelle den Kontext nicht aufgibt, hat noch einen weiteren Vorteil. Man kann ja weiterfragen: Welche Geschwindigkeit hat eigentlich die Erde auf ihrer Bahn um die Sonne? Der Radius der Erdbahn beträgt ca. 150 Mio. km, also legt die Erde *innerhalb eines Jahres* einen Weg von $2\pi \cdot$ Radius ≈ 900 Mio. km zurück. Das ist (vgl. Tab. 1.4) das 1,5-Fache des Weges, den *Galilei* in einem Jahr zurückgelegt hat, also muss die Geschwindigkeit der Erde auch das 1,5-Fache betragen, mithin ca. 30 km/s. Die Rechnung braucht nicht komplett neu durchgeführt zu werden! (Quickie für Sie: Der Zielplanet der Raumsonde, nämlich Jupiter, ist ca. 5-mal so weit von der Sonne entfernt wie die Erde und braucht ca. 12 Jahre für einen Umlauf. Welche Geschwindigkeit hat er?)

Übrigens waren das nur zwei Beispiele für mögliche Strategien, die natürlich gewisse Unterschiede aufzeigen sollten. Wenn Sie sagen „Das hätte ich aber ganz anders gemacht" – bitte, gern! Es gibt viele Strategien, die zum Ziel führen; die Methoden sind alles andere als starr-algorithmisch.

1.2.2 Prinzipien und Strategien

Die Beispiele haben hoffentlich gezeigt, dass Überschlagsrechnen eine eigene Qualität hat. Wir wollen in diesem Abschnitt versuchen, zunächst die typischen Kennzeichen ein wenig zu präzisieren und anschließend günstige und weniger günstige Strategien aufzuzeigen.

- *Toleranz gegenüber Ungenauigkeit*
  In der Technik ist der Begriff *Fertigungstoleranz* geläufig, in folgendem Sinne: Welche Maß-Ungenauigkeit bei einem Werkstück ist erlaubt, um eine sichere Funktionsweise zu gewährleisten? Ebenso muss man in den Naturwissenschaften permanent über (unvermeidliche) Messfehler nachdenken. In diesem Sinne sollte man den Exaktheits-Anspruch der Arithmetik aufgeben, wo ein Ergebnis immer nur nach *richtig* oder *falsch* beurteilt wird, ebenso sollte man die immer 10-stellige Schein-Genauigkeit des TR infrage stellen. Stattdessen muss man ständig fragen: Welche Genauigkeit ist nötig oder

möglich? Welche Abweichung vom „exakten" Wert ist zulässig, um noch aussagekräftige Zahlen zu erhalten? (Oft genug ist außerdem zu fragen: Was heißt hier eigentlich „exakt"?) Welche Vereinfachung kann ich mir erlauben? Es geht also darum, ein Gefühl für „Schlampigkeit" zu entwickeln.

C. F. Gauß hat es noch drastischer formuliert in seinem berühmten Zitat: „Der Mangel an mathematischer Bildung gibt sich durch nichts so auffallend zu erkennen wie durch maßlose Schärfe im Zahlenrechnen."

- **Sicherheit**

  Die Ergebnisse *müssen stimmen*, zumindest was die Größenordnung angeht (wir vermeiden hier die Formulierung „... müssen richtig sein", siehe oben). Schließlich sollen die Methoden alltagstauglich sein, und eine falsche Größenordnung führt in der Regel zu falschen oder sinnlosen Konsequenzen.

  Daraus folgt: Die Überschlagsrechnung muss durchsichtig, in jedem Schritt nachvollziehbar und überprüfbar sein. Das ist auch und vor allem wichtig im Hinblick auf die prozessbezogenen Kompetenzen *Argumentieren* und *Kommunizieren*.

- **Kontextbindung**

  Es ist sinnvoll, beim Rechnen so weit wie möglich im Kontext zu bleiben und auch Zwischenergebnisse zu reflektieren. Denn das Gefühl für (Un-)Genauigkeit kann man sehr viel besser im Kontext entwickeln; außerdem trägt es zur Sicherheit bei, insbesondere wenn die Rechnung zu einem überraschenden Schluss führt.

  Im Unterricht gibt es auch manchmal Überschlags-Aufgaben *ohne* Kontext; für Übungszwecke mag das nützlich sein, aber es gibt dann kein Kriterium dafür, was „ungenau" bedeutet, und außerdem verführt es zur schlechten Strategie, erst exakt zu rechnen und danach zu runden.

  Dem Prinzip der Kontextbindung steht auch die weit verbreitete Praxis beim Lösen *eingekleideter Aufgaben* gegenüber, die Zahlen so schnell wie möglich vom Kontext zu befreien und dann nur noch zu rechnen, ohne Rücksicht auf mögliche Interpretationen. Häufig liegt das auch an der Realitäts- oder Schülerferne der Textaufgaben.

- **Vielfalt der Methoden**

  Überschlagsrechnen kann nicht algorithmisch fixiert werden. Viele Rechenwege sind möglich und sinnvoll, das hängt u. a. vom Kontext ab, auch von den vorgegebenen Zahlen und von der angestrebten Genauigkeit.

  Ist das ein Vorteil oder ein Nachteil? Wie man das empfindet, ist wohl der subjektiven Einstellung zur Mathematik zuzuschreiben. Jedenfalls kann man sagen: Jede Situation ist anders bzw. wird von unterschiedlichen Personen anders wahrgenommen. Zudem kann die Beurteilung eines Lösungsweges nicht nur „richtig oder falsch" lauten, sondern „mehr oder weniger sinnvoll".

  Eine gewisse Ähnlichkeit zu den *halbschriftlichen Verfahren* in der Grundschule ist unverkennbar: Zwar geht es dort nicht um Näherungen, aber die Methoden sind ebenso vielfältig, und die Zahlen behalten ihre Bedeutung als solche, d. h., das Rechnen wird nicht auf die Manipulation von Ziffern reduziert.

- *Verzicht auf TR*

  Es ist eine lieb gewordene, auch bei SchülerInnen und Studierenden häufig zu be-
  obachtende Gewohnheit, bei jeder Gelegenheit zum TR zu greifen. Aber den TR im
  Sinne des Überschlagsrechnens sinnvoll zu benutzen, erfordert sehr viel Selbstdiszi-
  plin. Weil permanent 10 Stellen angezeigt werden, denkt man nicht weiter darüber nach
  („das wird schon richtig sein"), und außerdem verführt der TR zu Strategien, die dem
  Überschlagsrechnen diametral entgegenstehen. Daher sollte man (mehr oder weniger
  freiwillig) ganz auf den TR verzichten, wenn auch nur zu Übungszwecken. Stattdessen ist Kopfrechnen gefragt, bei längeren Rechnungen sind Zwischenergebnisse auf
  Papier zu notieren, aber nicht im Sinne des „schriftlichen Rechnens", sondern um die
  Rechnung durchsichtig und nachvollziehbar zu machen (siehe oben).

Nun zu den Strategien: Sie werden eingeteilt in die Kategorien empfehlenswert ☺ sowie
bedingt ☻ und nicht ☹ empfehlenswert.

☺ *Zahlen geschickt vereinfachen*

Was hier „geschickt" heißt, hängt stark vom Einzelfall ab, sodass man kaum feste Regeln angeben kann; jedenfalls sollen die Rechnungen einfach auszuführen sein.

Außerdem sollte man darauf achten, dass sich Abschätzungen nach oben/unten ausgleichen, z. B. wenn man in einem Produkt von mehreren Faktoren mal aufrundet, sollte
man später eher abrunden. Hier spielen die Rechengesetze von der Konstanz eines
Produktes bzw. Quotienten eine große Rolle (ebenso die Konstanz der Summe bzw.
Differenz, aber diese kommen hier vielleicht nicht so oft vor).

☺ *Größenordnungen beachten*

Wie oben gesagt, sind die Größenordnungen der Ergebnisse entscheidend, deshalb ist
hier größte Sorgfalt geboten. Man macht sich das Leben leichter, wenn man geschickte
Einheiten wählt (auch Mio., Mrd. usw. können wie Einheiten behandelt werden!), oder
man rechnet mit Zehnerpotenzen, was manchmal unvermeidlich ist.

Ein kleines Beispiel zur Illustration dieser beiden Stichworte: Die Tagesschau meldete am
25.02.2011, dass der Auftrag der US Air Force über 179 Tankflugzeuge im Wert von ca.
35 Mrd. $ $\widehat{=}$ 26 Mrd. € an Boeing erteilt worden ist. Wie viel kostet ein einzelnes Flug-
zeug?

Erst einmal runden wir 179 auf 180. Ebenso kann man 35 auf 36 aufrunden, das ist $2 \cdot 18$,
und wenn die Flugzeuge im Zehnerpack verkauft werden, dann sind es 18 Zehnerpacks,
und jeder kostet 2 Mrd. $, ein Flugzeug also 2 Mrd. : 10 = 200 Mio. $ (vielleicht etwas
weniger, aber es wird bestimmt irgendwann teurer . . .).

Alternativ kann man beide Zahlen aufrunden (Konstanz des Quotienten!):

$$\frac{35\,\text{Mrd. \$}}{179} \approx \frac{40\,\text{Mrd. \$}}{200} = 200\,\text{Mio. \$}$$

Ähnlich geht es mit dem Preis in €:

$$\frac{26}{18} \approx \frac{27}{18} = 1,5; \quad 1,5 \text{ Mrd. } € : 10 = 150 \text{ Mio. } € \quad \text{(auch hier etwas weniger)}$$

Damit hat man auch gleich den Dollarkurs:

$$200 \text{ \$} \cong 150 \text{ €} \quad \text{(hier spielen die Millionen keine Rolle), also } 1 \text{ €} \cong \frac{200}{150} \text{ \$} = 1,33 \text{ \$}.$$

Was man mit dem Geld für ein einziges Flugzeug sonst noch anfangen könnte, sei dahingestellt. Aber man sieht: Auch beim Rechnen kann (soll, muss) man Fantasie entwickeln!

Weiter mit den Strategien:

☺ *Funktionale Abhängigkeiten beachten*

Häufig lohnt es sich, eine dynamische Sicht einzunehmen, z. B. Lösungen in Tabellenform anzulegen und Änderungen zu verfolgen. Als typisches Beispiel sei die 1. Lösung der *Planetaren Geschwindigkeiten* (vgl. Abschn. 1.2.1) genannt. In der Praxis spielen wohl die proportionalen bzw. antiproportionalen Zuordnungen die größte Rolle, aber auch andere Grundvorstellungen sind wichtig, z. B. wenn es um Flächen oder Körper geht: Der Flächeninhalt hängt quadratisch, das Volumen kubisch von den Längenmaßen ab (das ist insbesondere für die Umrechnung von Maßeinheiten eminent wichtig).

☺ *Formeln geschickt nutzen*

Manche Formeln kann man *von vornherein* vereinfachen, wenn es um Überschlag geht, z. B. beim Kugelvolumen: Es gilt $V = \frac{4\pi}{3} r^3$, und wenn man π einfach mit der 3 im Nenner kürzt, kann man unabhängig vom speziellen Wert für den Kugelradius r mit der Näherung $V \approx 4r^3$ gute Resultate erzielen, insbesondere wenn man anschließend etwas aufrundet. Das Gleiche gilt für das Volumen eines Kegels mit Grundkreisradius r und Höhe h: $V = \frac{1}{3}\pi r^2 h \approx r^2 h$.

Noch einmal zurück zum Kugelvolumen: Wenn der Durchmesser $d = 2r$ gegeben ist oder wenn man mit d einfacher rechnen kann, dann ergibt sich dieselbe Näherung als $V \approx \frac{1}{2} d^3$ (*hoch 3 und halbieren*). Kleiner Nebeneffekt: Das Kugelvolumen ist ungefähr halb so groß wie das Volumen eines umbeschriebenen Würfels.

☹ *Komplexe Terme aufstellen, Zahlen einsetzen, rechnen*

Diese statische Vorgehensweise ist eher von TR-Aktivitäten geprägt. Sie führt zum Ziel, wenn man große Sorgfalt aufwendet. Eine Interpretation der Zwischenergebnisse ist aber kaum möglich.

☹ *Viele Nullen schreiben*

Oft beobachtet man Studierende, die immer alle Ziffern einer Zahl ausschreiben, auch Mio., Mrd. und selbst Billionen; wenn man sie darauf anspricht, meinen sie, das müsste so sein. Aber die Lesbarkeit wird nicht verbessert, sondern wesentlich verschlechtert; man verzählt sich leicht bei den Nullen, und vor allem ist das Rechnen mit solchen Zahlen sehr fehleranfällig, selbst wenn nicht so viele Nullen beteiligt sind.

☹ *Erst schriftlich rechnen, dann runden*

Diese Strategie hat wohl kaum eine Chance, sinnvoll genannt zu werden. Sie ist vermutlich eine Folge der TR-Abstinenz, aber sicherlich die ungünstigste Wahl. Denn das „Verbot" des TR sollte ja keine Quälerei, sondern ein Denkanstoß sein.

Noch ein Tipp für Fortgeschrittene zum Thema *Ausgleichen von Änderungen*, das beim Stichwort *Zahlen geschickt vereinfachen* schon angesprochen wurde: Man kann z. B. bei einem Produkt sogar verfolgen, *wie stark* man die Faktoren ändert, und zwar prozentual. Beispiel: Wie viele Sekunden hat ein Jahr? Exakt sind es $365 \cdot 24 \cdot 60 \cdot 60$ Sekunden; wenn man 365 zu 400 vergrößert, sind es ca. 10 % mehr, also verkleinern wir 24 zu 20, somit um ca. 17 %, dann können wir $60 \cdot 60 = 3600$ nochmals um ca. 11 % auf 4000 vergrößern und erhalten als Überschlag:

$$400 \cdot 20 \cdot 4000 = 32.000.000 \text{ (vermutlich etwas zu groß)}$$

Wenn man das mit dem exakten (TR-)Wert vergleicht, dann sieht man, dass der Überschlag nur um 1,4 % höher liegt, also verblüffend gut ist.

Hier schließt sich eine interessante Frage zur Prozentrechnung an: Wenn man in einem Produkt den 1. Faktor um 10 % vergrößert und den 2. Faktor um 10 % verkleinert, ist das Ergebnis dann größer, gleich oder kleiner als vorher? (Die Frage wäre sicherlich für „Wer wird Millionär" geeignet, für welchen Einsatz auch immer, aber leider gibt es hier nur drei mögliche Antworten! Allerdings könnte man ja als 4. Möglichkeit *mal so, mal so* angeben . . .) Wir diskutieren das nicht weiter und begnügen uns damit, dass zumindest *ungefähr* das Gleiche herauskommt.

1.2.3 Weitere Beispiele

Die folgenden Themen stammen zum Teil aus Übungs- und Examensaufgaben, zum andern Teil wurden sie von Studierenden entwickelt. Zumeist belassen wir es bei den Fragen (zum Üben), ab und zu werden aber auch Rechnungen ausgeführt, um gewisse Phänomene aufzuzeigen. Die Beispiele sollen aber auch und vor allem als Aufforderung dienen, selbst inhaltsreiche Kontexte fürs Überschlagsrechnen zu finden. Es gibt daran keinen Mangel!

Pipeline

Ein Text über die Rotterdam-Rhein-Pipeline (aus „SPIEGEL" Nr. 31/2008, S. 52):

> „Hier fließen gut 15 Prozent des deutschen Rohölbedarfs, 50 Kubikmeter pro Minute, 24 Stunden täglich, 365 Tage im Jahr. Etwas mehr als drei Tage benötigt das Öl im Schnitt für seinen Weg von Rotterdam nach Deutschland, es fließt 176 Kilometer bis zur Pumpstation in Venlo an der deutsch-niederländischen Grenze. Von dort geht es noch einmal 103 Kilometer südwärts zur Shell-Raffinerie Rheinland in Köln-Wesseling und Köln-Godorf. In einem zwei Meter tiefen Graben erreicht das Rohr die Raffinerie, 24 Zoll im Durchmesser, das sind 61 Zentimeter."

- Welche Geschwindigkeit hat das Öl in der Pipeline? Vergleichen Sie mit geläufigen „menschlichen" Geschwindigkeiten.
- Wie viel Öl befindet sich in der Pipeline (in m^3)? Wie viele Tankwagen wären nötig, wenn man diese Menge in Tankwagen umfüllte?
- Wie viel m^3 Rohöl werden in Deutschland pro Jahr verbraucht?

Bei der zweiten Frage gibt es zwei verschiedene Lösungsansätze, die beide sinnvoll sind. Das allein ist noch nicht so interessant, aber sie führen auf verschiedene Ergebnisse:

(i) Gesamtlänge der Pipeline: $176 + 103\,\text{km} \approx 280\,\text{km}$
   Querschnitt: $\pi \cdot r^2 = 3{,}14 \cdot 0{,}305^2 \approx 3 \cdot 0{,}09\,\text{m}^2 = 0{,}27\,\text{m}^2$
   Volumen: $280.000 \cdot 0{,}27\,\text{m}^3 = 2800 \cdot 27\,\text{m}^3 \approx 3000 \cdot 25\,\text{m}^3 \approx 75.000\,\text{m}^3$

(ii) Fließgeschwindigkeit $50\,\text{m}^3/\text{min}$
   „etwas mehr als drei Tage" $\approx 75\,\text{Std.} = 75 \cdot 60\,\text{min} = 150 \cdot 30\,\text{min} = 4500\,\text{min}$
   Bei $50\,\text{m}^3/\text{min}$ sind das $50 \cdot 4500\,\text{m}^3 = 100 \cdot 2250\,\text{m}^3 = 225.000\,\text{m}^3$

Bei der zweiten Lösung ist es dreimal so viel wie bei der ersten; das lässt sich nicht auf Ungenauigkeit beim Rechnen zurückführen. In diesem Punkt sind die Daten inkonsistent; woran das liegt, darüber kann man nur spekulieren.

Symptomatisch waren die Reaktionen der Studierenden auf diese Diskrepanz, wenn tatsächlich beide Lösungen vorkamen: „Was ist denn jetzt richtig?" Aus den bekannten Daten kann man das nicht erschließen, beide Werte sind *sinnvoll*!

Zur Frage „Wie viele Tankwagen … " gehört natürlich wieder eine Modellannahme: Wie viel Öl passt in einen Tankwagen? Hier sind zunächst alle sinnvollen Werte akzeptabel: Geht man von $10\,\text{m}^3$ aus, kommt man zu einem Ergebnis; wenn man größere Tankwagen mit $50\,\text{m}^3$ einsetzt, sind es halt nur 1/5 so viele! Daher noch einmal die Grundregel:

▶ Keine Angst vor Hypothesen (es sei denn, sie sind unsinnig)!

Man muss nicht immer gleich googeln, um den „richtigen" Wert zu finden; es genügen sinnvolle Annahmen, wenn man sich merkt, wo und wie sie in die Rechnung eingehen.

Pyramide
Die Cheops-Pyramide (Abb. 1.7) war ursprünglich $146\,\text{m}$ hoch (heute $137\,\text{m}$), und die quadratische Grundfläche hatte eine Seitenlänge von $230\,\text{m}$. Sie ist aus Steinblöcken aufgebaut, wir nehmen an, dass diese ca. $1\,\text{m}$ lang, breit und hoch sind.

Abb. 1.7 Cheops-Pyramide (© ESGatell – Fotolia.com)

- Wie viele solche Blöcke wurden verbaut?
- Wie schwer ist die Pyramide?
- Wie lang wäre eine Mauer, wenn man alle Blöcke in einer Reihe aufstellte?

Diese Mauer hat eine Länge, die man durchaus mit der Entfernung Deutschland-Ägypten vergleichen kann (bitte nachprüfen!). Kleiner Tipp zum Entwerfen von Aufgaben: Wenn man Volumina mit linearen Maßen in Verbindung bringt, kann man Überraschungen erleben.

Angeblich hat Napoleon während seines Ägypten-Feldzuges beim Anblick der Pyramiden gesagt, „dass man aus den Steinen des Pyramidenkomplexes von Gizeh eine drei Meter hohe und dreißig Zentimeter dicke Mauer um ganz Frankreich bauen könnte" (vgl. [30]). Stimmt das? (Er hatte offenbar nicht nur die Cheops-Pyramide, sondern auch die beiden anderen im Sinn, mit Seitenlängen von ca. 215 m bzw. 103 m.)

Globus

(i) Wenn man die höchsten Berge und tiefsten Meeresgräben der Erde maßstabsgetreu auf einem Globus mit 30 cm Durchmesser darstellen würde, könnte man sie noch mit den Fingerspitzen fühlen? Den Erddurchmesser kann man grob mit 12.000 km abschätzen (das ist leicht durch 30 zu teilen), daraus ergibt sich diese Tabelle:

Globus	Erde
30 cm	12.000 km
1 cm	400 km
1 mm	40 km
0,25 mm	10 km

Jetzt sind natürlich ein paar Daten gefragt, die man entweder grob schätzt, aus dem Fundus des Allgemeinwissens hervorholt oder bei „Wikipedia" nachschlägt:

Höchster Berg (Mt. Everest):   ca. 9 km $\hat{=}$ 0,2 mm
Tiefster Graben (Marianengraben): ca. 11 km $\hat{=}$ 0,3 mm

(ii) In welcher Höhe würde die Raumstation ISS um den Globus kreisen, und wie groß wäre ein maßstäbliches Modell der ISS?
(Mittlere Flughöhe ca. 350 km; Größe ca. 100 m × 100 m × 30 m)

(iii) Bekanntlich ist die Erde im Innern zähflüssig (Erdmantel) bis flüssig (Erdkern). Wie dick wäre die feste Hülle der Erde im Globus-Modell?

Beim inneren Aufbau der Erdkugel wird es etwas komplizierter. Nur so viel: Die feste Gesteinshülle (*Lithosphäre*) ist im Mittel 100 km dick, das entspricht 2,5 mm im Modell, also etwa der Stärke einer Fußballaußenhülle. Wenn man bedenkt, dass das Erdinnere heiß und flüssig ist und dass die Hülle auch Risse und Poren aufweist, dann zeigt dieser Vergleich recht deutlich, wie verletzlich unser Planet ist.

Übrigens nimmt man die Dicke der Atmosphäre ebenfalls mit ca. 100 km an, wobei man beachten muss, dass sie nicht homogen ist: Die Dichte der Luft nimmt mit steigender Höhe exponentiell ab, in 100 km Höhe beträgt der Luftdruck nur noch ca. 1 Millionstel des Drucks auf Meereshöhe.

Leasing

Eine Anzeige für den Jaguar XF Sportwagen (März 2011):

DON'T DREAM IT. DRIVE IT. AB TRAUMHAFTEN 299,-€* IM MONAT.
*UVP 49.900 €, monatl. Leasingrate 299,-€, Sonderzahlung 9980 €, Laufzeit 36 Monate

Über die Schwellenpreise soll hier nicht schon wieder gelästert werden, wir runden sie einfach auf und überschlagen die Kosten für die drei Jahre: 36 · 300 € = 10.800 €

Ach ja, die kleine Sonderzahlung. 10.000 € plus Zinsen, die man in drei Jahren bekäme, macht etwa noch einmal so viel wie die Raten. Damit wären wir schon monatlich bei 600 € oder insgesamt mehr als 20.000 €; beim Kaufpreis von 50.000 € ist das nichts anderes als der Wertverlust in den drei Jahren, d. h., nach Ablauf des Vertrages parkt man den Wagen beim Händler und gibt den Schlüssel ab. Ausgeträumt?!

Mit einem kleinen Überschlag kann man also die Werbung als plumpe Bauernfängerei entlarven und auf den Boden der Tatsachen zurückkehren. Dabei ist unerheblich, ob

Abb. 1.8 Palette Druckerpapier

sich das Angebot auf einen Jaguar, einen Fiat Panda oder irgendetwas Vergleichbares bezieht. Im Anbetracht der zahlreichen Privatinsolvenzen gehören solche Überlegungen zur
Allgemeinbildung (neudeutsch „mathematical literacy").

Papier

- Wie viel wiegt ein Karton bzw. eine Palette Druckerpapier (Abb. 1.8)?
- Reicht die Palette Papier aus, um einen Fußballplatz zu bedecken?
- Wie viel wiegt ein kleiner runder Papierschnipsel aus einem Bürolocher?

Sport
Vergleichen Sie die Durchschnittsgeschwindigkeiten bei den folgenden Sportarten:

Disziplin	Strecke	Zeit
Marathonlauf	42,195 km	2:03:59 Std. (Weltrekord)
100-m-Lauf	100 m	9,69 Sek. (Weltrekord)
Ironman-Triathlon	226,255 km	8:17:45 Std. (Hawaii 2008)
Rudern, Achter	2000 m	5:23,89 min. (Olympia 2008)

Hier bieten sich noch viele andere Möglichkeiten und Varianten der Fragestellung an! Zum Beispiel: Wenn der 100-m-Läufer mit gleicher Geschwindigkeit weiterliefe, würde er dann in der Marathon-Rekordzeit die doppelte Marathon-Strecke schaffen? Außerdem kann man die Tabelle durch andere Fortbewegungsarten ergänzen.

Extremsport

Kein Witz: Der *20-fach-Triathlon* besteht aus

76 km Schwimmen, 3600 km Radfahren und 844 km Laufen.

Im Jahr 2010 belegte Uwe Schiwon bei diesem Wettbewerb den 2. Platz in einer Zeit von 20 Tagen 11 Std. 26 Min., wobei er nachts im Schnitt fünf Stunden geschlafen hat (laut „SPIEGEL" Nr. 51/2010, S. 115).

- Welche Durchschnittsgeschwindigkeit hatte er insgesamt (ohne die Schlafzeiten zu berücksichtigen)?
- Wenn man annimmt, dass er 3-mal so schnell läuft wie er schwimmt und auch 3-mal so schnell Rad fährt wie er läuft, welche Zeiten hat er jeweils für Schwimmen, Laufen und Radfahren gebraucht?

Die 2. Frage ist sicherlich nicht ganz einfach; hier fällt einem vielleicht zuerst ein formal-algebraischer Ansatz ein (eine der drei Geschwindigkeiten mit einer Variablen v bezeichnen, dann kann man nach v auflösen und aus den Strecken die Zeiten berechnen).

Aber man probiere auch mal diesen nicht formalen Ansatz: Wie lang wären die Strecken, wenn man nur liefe? Die Schwimmstrecke verdreifachte sich, die Radfahrstrecke betrüge nur 1/3; da die Geschwindigkeit nun homogen ist, kann man aus der Gesamtzeit und der neuen Gesamtstrecke die Geschwindigkeit ermitteln und dann aus den einzelnen Strecken die Zeiten ausrechnen.

Quickies

Es ist klar, dass Überschlagsrechnen geübt werden muss, und zwar nicht nur innerhalb solcher Projekte von mittlerem bis großem Umfang, sondern permanent; wenn man es zum „Inseldasein" verurteilt oder gar als Unterhaltung in die letzte Stunde vor den Ferien schiebt, verliert es an Bedeutung. Als Übungen für zwischendurch eignen sich insbesondere die Quickies, die schnell zu verstehen und ohne großen Aufwand zu rechnen sind. Material dazu findet sich in Zeitungen und Nachrichtensendungen, im Internet, auf Infotafeln usw. in Hülle und Fülle, man muss nur etwas Gespür für geeignete Daten entwickeln. Auch die bereits genannten Themen können eventuell entsprechend reduziert werden. Einige weitere Beispiele:

- „Rund 160.000 km legt ein Mensch im Laufe seines Lebens zu Fuß zurück." („Westfälische Rundschau" vom 15.10.2011) Wie viele Kilometer sind das durchschnittlich pro Tag?

Abb. 1.9 Energieverbrauch
eines TV-Gerätes

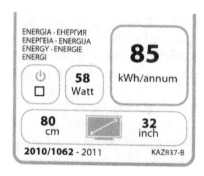

- Moderne TV-Geräte verbrauchen im Stand-by recht wenig, z. B. 0,5 W. Wie viel macht
  das im Jahr an Energie bzw. an Kosten aus, wenn man das Gerät nie ganz abschaltet?
  Ob man das Ergebnis als viel oder wenig einstuft, ist Sache der Interpretation. Der
  Verbrauch pro Gerät mag gering sein – aber wie ist es bei 10 Mio. Geräten?
- Beim Lotto *6 aus 49* gibt es 13.983.816 mögliche Tipps. Wie lange brauchen Sie, um
  Lottoscheine mit allen Tipps auszufüllen? (zehn Tipps pro Minute)
- Wenn Sie 1.000.000 € Schwarzgeld nach Luxemburg schaffen müssen, und zwar in
  10-€ -Scheinen, wie schwer wäre Ihr Koffer? (Maße eines 10-€-Scheins: 127 mm ×
  67 mm)
- Wie lange braucht das Licht von der Sonne bis zur Erde?
  (Lichtgeschwindigkeit 299.792.458 m/s, mittlere Entfernung 149,6 Mio. km)
  Wie lange bis zum äußersten Planeten, dem Neptun (mittlere Entfernung 4,495 Mrd.
  km)?
- Die Fläche von Deutschland beträgt 357.123,5 km², von den USA 9.629.047 km². Wie
  oft passt Deutschland in die USA hinein? (Bitte möglichst genau, aber nicht zu genau.)
- Welche Fläche benötigen 7 Mrd. Menschen, wenn sie dicht an dicht zusammenstehen?
  („Frag doch mal die Maus", ARD-Sendung am 12.11.2011)
- Laut Hersteller verbraucht ein bestimmtes Fernsehgerät 58 W bzw. 85 kWh pro Jahr
  (siehe Abb. 1.9). Von welcher durchschnittlichen Einschaltzeit pro Tag gehen diese
  Angaben aus? Außerdem: Wie genau ist die Umrechnung 80 cm = 32 inch?
- Wie oft drehen sich die Räder eines Mittelklasse-PKW pro Sekunde bei einer Reise-
  geschwindigkeit von 120 km/h? (Schätzen Sie den Reifendurchmesser!) Wie ist es bei
  einem LKW mit 80 km/h?

Oberfläche und Volumen der Lunge

Das folgende (wieder etwas größere) Beispiel bietet zunächst einmal reizvolle Probleme
zum Überschlagsrechnen; darüber hinaus sind interessante funktionale Aspekte zu beobachten, und auch ein flexibler Umgang mit Formeln stellt sich als sehr effektiv heraus.

Die menschliche Lunge enthält ca. 300 Mio. Lungenbläschen (Alveolen), über deren
Oberfläche der Gasaustausch zwischen Blut und Atemluft abgewickelt wird. Die Gesamt-

oberfläche beträgt 80 bis 120 m². Wenn wir vom Mittelwert 100 m² ausgehen, welchen Durchmesser hätte eine Kugel mit dieser Oberfläche? Welches Volumen hätte diese Kugel?

Die übliche Oberflächenformel lautet $O = 4\pi r^2$, aber wenn der Durchmesser $d = 2r$ gefragt ist, können wir gleich von $O = \pi d^2$ ausgehen:

$\pi d^2 = 100\,\text{m}^2 \Rightarrow d^2 \approx 32\,\text{m}^2$ (etwas weniger als 100/3) $\Rightarrow d \approx 5{,}6\,\text{m}$

Hier geht es u. a. ums Schätzen von Quadratwurzeln (mehr dazu in Abschn. 3.2.1).

Für das Volumen könnten wir jetzt die übliche Formel $V = \frac{4\pi}{3}r^3$ heranziehen, eventuell mit der Näherung $V \approx 4r^3$ oder umgeschrieben auf den Durchmesser: $V = \frac{\pi}{6}d^3 \approx \frac{d^3}{2}$

Aber wir kennen auch die Oberfläche O, und damit ergibt sich:

$$V = (4\pi r^2) \cdot \frac{r}{3} = O \cdot \frac{r}{3} = O \cdot \frac{d}{6}$$

Diese Formeln gelten sogar *exakt*. Mit den gegebenen Zahlen erhalten wir:

$$V \approx 100 \cdot \frac{5{,}6}{6}\,\text{m}^3 \approx 93\,\text{m}^3$$

So viel zum Format eines Menschen, wenn wir über eine einzige Kugel atmen würden – fürs Überschlagsrechnen mit einem gewissen Knalleffekt mag das genügen. Aber jetzt können wir noch die Anzahl der Alveolen ins Spiel bringen. Naheliegende Fragen: Welche Oberfläche O_A hat ein einzelnes Lungenbläschen? Welchen Durchmesser d_A hat eine Kugel mit dieser Oberfläche?

$$O_A = \frac{100\,\text{m}^2}{300\,\text{Mio.}} = \frac{100\,\text{Mio. mm}^2}{300\,\text{Mio.}} = \frac{1}{3}\,\text{mm}^2 = \pi d_A^2 \Rightarrow d_A^2 \approx \frac{1}{10}\,\text{mm}^2$$

Daraus ergibt sich $d_A \approx 0{,}32\,\text{mm}$. Laut „Wikipedia" beträgt der Durchmesser einer Alveole ca. 0,2 mm, also stimmt die Größenordnung; quantitativ ist unser Ergebnis nicht sehr genau, aber dazu ist wohl das Kugelmodell zu grob.

Zur Berechnung des Volumens können wir wie oben vorgehen:

$$V_A = O_A \cdot \frac{d_A}{6} \approx \frac{1}{3} \cdot 0{,}053\,\text{mm}^3 \approx 0{,}018\,\text{mm}^3$$

Das Gesamtvolumen aller Kugeln beträgt dann 300 Mio. $\cdot$ 0,018 mm³ = 5,4 Mio. mm³ = 5,4 l, und damit bewegen wir uns wieder in realistischen Größenordnungen.

Wir können aber auch anders vorgehen, um den funktionalen Zusammenhang zwischen der Anzahl der Alveolen und dem Gesamtvolumen herauszuarbeiten, etwa so: Die gesamte Oberfläche O betrage konstant 100 m². Angenommen, unsere Lunge bestünde aus 100 gleich großen Kugeln, wie groß wären dann ihre Durchmesser, wie groß das Gesamtvolumen?

Jede Kugel hat die Oberfläche $1\,\mathrm{m}^2$, somit gilt für den Durchmesser d:

$$\pi\,d^2 = 1\,\mathrm{m}^2 \Rightarrow d^2 = \frac{1}{\pi}\,\mathrm{m}^2 \approx 0{,}32\,\mathrm{m}^2 \Rightarrow d \approx 0{,}56\,\mathrm{m}$$

Für das Gesamtvolumen V folgt daraus:

$$V = 100 \cdot 1 \cdot \frac{0{,}56}{6} \approx 9{,}3\,\mathrm{m}^3$$

Die Anzahl der Kugeln war natürlich nicht zufällig gewählt. Wenn man im Umgang mit Funktionen etwas geübt ist, kann man das Zahlenbeispiel wie folgt interpretieren: Angenommen, die Anzahl der Kugeln wird auf das 100-Fache (das n-Fache) erhöht; dann sinkt das Gesamtvolumen auf $\frac{1}{10}$ ($\frac{1}{\sqrt{n}}$) des ursprünglichen Wertes. Damit erhalten wir

- bei 10.000 Kugeln das Volumen $0{,}93\,\mathrm{m}^3 = 930\,\mathrm{l}$,
- bei 1 Mio. Kugeln das Volumen $93\,\mathrm{l}$,
- bei 100 Mio. Kugeln das Volumen $9{,}3\,\mathrm{l}$,
- bei 300 Mio. Kugeln das Volumen $\frac{9{,}3}{\sqrt{3}} \approx \frac{9{,}3}{1{,}73} \approx 5{,}4\,\mathrm{l}$.

Dieser funktionale Zusammenhang zwischen der Anzahl n der Kugeln und dem Gesamtvolumen V_n (bei konstanter Oberfläche) lässt sich auch algebraisch leicht verifizieren, wobei man die obige Beziehung $V = O \cdot \frac{d}{6}$ wieder vorteilhaft einsetzen kann. Ist d_n der Durchmesser, dann gilt:

$$n \cdot \pi d_n^2 = 100 \Rightarrow d_n^2 = \frac{100}{\pi \cdot n} \Rightarrow d_n = \sqrt{\frac{100}{\pi \cdot n}} = \frac{10}{\sqrt{\pi}} \cdot \frac{1}{\sqrt{n}}$$

Jede kleine Kugel hat die Oberfläche $o_n = \frac{100}{n}$, also das Volumen $o_n \cdot \frac{d_n}{6} = \frac{100}{n} \cdot \frac{d_n}{6}$, somit beträgt das Gesamtvolumen das n-Fache, nämlich:

$$V_n = 100 \cdot \frac{d_n}{6} = \frac{1000}{6 \cdot \sqrt{\pi}} \cdot \frac{1}{\sqrt{n}} \approx 94 \cdot \frac{1}{\sqrt{n}}$$

1.2.4 Anmerkungen

Das alles ist natürlich nicht ganz neu.

Schon im Zeitalter der *Logarithmentafeln* und *Rechenschieber* (diese „Jungsteinzeit" der Rechentechnik endete erst vor ca. vierzig Jahren!) war Überschlagsrechnen ein *notwendiger* Bestandteil jeder logarithmischen Multiplikation oder Division, denn man rechnete ausschließlich mit *Mantissen*, also mit Zahlen zwischen 1 und 10; die richtige Stelle fürs Komma, d. h. die Größenordnung des Ergebnisses, musste zwangsläufig per Überschlag ermittelt werden, entweder im Kopf oder aushilfsweise mit Notizen auf dem Papier, aber mit stark vereinfachten Zahlen, also nicht im Sinne des *schriftlichen Rechnens*. Niemand sehnt sich danach zurück, heute dienen solche Reminiszenzen im Mathematikunterricht nur noch zur Illustration des Logarithmus und seiner funktionalen Eigenschaften. Gleichwohl sollte man nicht vergessen, welche handwerklichen Fertigkeiten in der praktischen Mathematik damals vonnöten waren!

Heutzutage wird Überschlagsrechnen im Unterricht häufig nur noch zur Kontrolle von Rechenaufgaben (mit abstrakten Zahlen) benutzt; die alltägliche Bedeutung wird dann vernachlässigt, insbesondere fehlt dabei die Kontextbindung. Bei der Lektüre der obigen Beispiele haben Experten sicherlich an *Fermi-Aufgaben* gedacht – eine gewisse Affinität der angesprochenen Konzepte zu diesem Thema ist unverkennbar (einige der diskutierten Beispiele erinnern stark an Aufgaben aus der „Fermi-Box"; vgl. [7]). Allerdings soll in diesem Beitrag der Modellierungsaspekt in den Hintergrund treten, hier geht es mehr um das Rechnen selbst; wenn Modellannahmen ins Spiel kommen, dann besteht das Hauptziel darin, die *Auswirkungen* dieser Annahmen unter Kontrolle zu halten.

Dennoch sollte man betonen, dass bei den Fermi-Aufgaben das Überschlagsrechnen eine große Rolle spielt; ebenso muss man dabei ständig über die Genauigkeit von Zahlen nachdenken, was in der Praxis vielleicht nicht immer in ausreichendem Maße geschieht. Insbesondere wenn man einen TR verwendet (denn man kann ihn ja nicht einfach wegbeamen), dann sind die vielen Dezimalstellen allzu verführerisch.

Ein schönes Beispiel hierzu ist die Aufgabe mit der Goldkugel aus dem Märchen „Der Froschkönig": Hat die Prinzessin wirklich eine solche Kugel aus *massivem* Gold beim Spielen in die Luft geworfen? Bei einer Dichte des Goldes von $19,3\,g/cm^3$ und einem geschätzten Durchmesser von 15 cm (wenn Abb. 1.10 stimmt, kann man das so annehmen . . .) erhält man eine Masse von 34.105,92 g; diese Zahl wird von Schülern und Studierenden nur zu oft bedenkenlos mit zwei Nachkommastellen aufgeschrieben, weil „man das so macht". Dass man somit die Masse im Prinzip auf $\pm 5\,mg$ genau angibt, wird nicht bedacht, und außerdem: Bei 16 cm Durchmesser ergibt sich die Masse 41.391,95 g, also ca. 7 kg mehr! Eine Angabe von 34 kg bzw. 41 kg hätte voll ausgereicht, um zu erkennen, dass die Prinzessin Kraftsport betreibt (der Frosch sollte sich also genau überlegen, was er tut). Das führt auch unmittelbar zum funktionalen Aspekt der *Änderung*: Wie ändert sich die Masse, wenn man sich beim Durchmesser der Kugel um nur 1 mm „verschätzt"? Geht man von 15 cm aus, dann ergibt sich (mit TR) ein Unterschied von fast 700 g, was die Genauigkeit der zuerst genannten Zahlen sofort relativiert. (Anders gesagt: Mindestens fünf der sieben Stellen sind Müll.) Übrigens kann man diese Änderung auch mit Überschlag (ohne TR) leicht ausrechnen! Tipp: Wie viel wiegt eine *Hohlkugel* aus Gold mit 15 cm Durchmesser und der Wandstärke 0,5 mm? Es wäre höchst ungeschickt, das Volumen einer Kugel mit 14,9 cm überschlagsmäßig zu berechnen und vom Volumen der größeren Kugel abzuziehen (vgl. dazu Abschn. 2.3.3); es geht aber anders sehr bequem (wie?).

Nebenbei: Vielleicht war die Kugel gar nicht massiv, sondern hohl (das Märchen gibt keine Auskunft darüber)?! Jedenfalls versank die Kugel im Wasser. Wie groß muss die Wandstärke bei 15 cm Durchmesser mindestens sein, damit der goldene Ball nicht auf dem Wasser schwimmt, sondern untergeht?

Abb. 1.10 Der Froschkönig
(© Mario Moritz, www.sf-
welten.de)

Auch in der *Grundschule* (3./4. Schuljahr) wird Schätzen und Überschlagen diskutiert, natürlich nicht in der Form wie in den obigen Beispielen, sondern in stufenspezifischer Ausprägung, u. a. beim Sachrechnen.

In diesem Zusammenhang soll ein Absatz aus einem Artikel der „Grundschulzeitschrift" (!) in voller Länge zitiert werden (vgl. [21]), denn die darin enthaltenen Resultate und Ideen sind nicht auf die Grundschule beschränkt, sondern auf *alle* Schulstufen übertragbar:

> „Fähigkeiten ‚guter' Schätzer
>
> Untersuchungen der Fähigkeiten ‚guter' bzw. ‚schlechter' Schätzer haben gezeigt, dass die Fähigkeit zu möglichst akkuratem Schätzen eng mit der Fähigkeit zum Problemlösen sowie einem guten Zahlensinn verbunden ist. ‚Gute' Schätzer verwenden durchweg vielfältige Strategien, die sie flexibel einsetzen, wobei sie sogar bei gleichartigen Problemen nicht unbedingt auch die gleiche Strategie anwenden. Sie haben außerdem eine außerordentlich gute und vernetzte Vorstellung des Zahlenraums, in dem sie sich gedanklich sicher bewegen können, und gedächtnismäßig verfügbares Wissen. Dazu gehören in erster Linie ein sicherer Zugriff auf Basissätze des $1 + 1$ und 1×1 sowie das sichere Verständnis von Stellenwert und arithmetischer Eigenschaften wie Teilbarkeit.
>
> Umgekehrt sind die sog. ‚schlechten' Schätzer nicht unbedingt schlechte Rechner, da sie einmal gelernte Algorithmen verinnerlichen und immer wieder im richtigen Zusammenhang anwenden können. Sie haben jedoch meist nur eine schwache und lückenhafte Veranschaulichung des Zahlenraums entwickelt, die es ihnen erschwert, mentale Beziehungen zwischen Zahlen oder Größen herzustellen. Außerdem sind sie häufig einer u. a. durch die Schule geprägten ‚Genauigkeitsideologie' verpflichtet, „wonach nur ziffernmäßig richtige Resultate von Belang sind"".

,Gute' Schätzer zeichnen sich hingegen durch eine hohe mathematische Selbstsicherheit sowie eine hohe Toleranz für Fehler oder Ungenauigkeit aus. Sie ignorieren ferner sogar häufig schulisch vermittelte formale Techniken des Rundens und runden in Abhängigkeit des gerade zu lösenden Problems."

Ein gewisses Problem stellt die Beurteilung von Überschlagsrechnungen dar, etwa in einer Klassenarbeit: Soll man eine Lösung schon als vollständig richtig akzeptieren, wenn das Ergebnis korrekt ist? Das würde der Intention nicht ganz gerecht, denn geschicktes Vorgehen und gute Ideen würden dann überhaupt nicht berücksichtigt. Vielleicht sollte man wie im Eiskunstlauf eine A-Note und eine B-Note vergeben, die A-Note für die Korrektheit und die B-Note für die Strategie (dem „künstlerischen Ausdruck" entsprechend). Schließlich wird auch im Fach Deutsch ein Aufsatz nicht nur nach grammatischen und orthografischen Kriterien beurteilt.

Dass beim Überschlagsrechnen wirkliche Defizite in unseren Schulen herrschen, ist schon lange belegt, z.B. durch folgende schon alte Studie (vgl. [32]), aber auch heute würden die Ergebnisse sicher ähnlich ausfallen.

4309 Schüler aus dem Raum Dortmund wurden untersucht (9. bis 10. Schulstufe; Hauptschule, Realschule, Gymnasium). Eine der Aufgaben lautete wie folgt:

„In den folgenden Aufgaben sind die Ziffernfolgen richtig. Setze im Ergebnis das Komma an die richtige Stelle:

$$12,32 + 5,6 \cdot 7,3 = 5320$$
$$123,6 \cdot 9876,50 = 1220735400$$
$$224 : 0,16 = 14000$$

Ergebnisse der Untersuchung:

	HS	RS	Gym
alle 3 richtig	1,6 %	3,7 %	6,0 %
alle 3 falsch	37 %	28 %	28 %

Bei der 1. Aufgabe könnte man überschlagsmäßig $12 + 6 \cdot 7 = 54$ rechnen, damit sollte klar sein, an welche Stelle das Komma gehört; bei der 2. Aufgabe ungefähr $100 \cdot 10.000 = 1.000.000$; bei der 3. Aufgabe könnte man erkennen, dass „: 0,16" ca. „·6" entspricht, oder noch gröber „: 0,10" statt „: 0,16" und dann etwas weniger, für das Setzen des Kommas reicht auch diese Sichtweise. Solche Fähigkeiten sollten doch keine Überforderung von Schüler/-innen in der 9. bzw. 10. Schulstufe sein, aber die Fähigkeiten stellen sich nicht von alleine ein, hier sind auch die Lehrkräfte gefordert, Methoden zum sinnvollen Überschlagsrechnen zum expliziten Unterrichtsthema zu machen.

1.3   Faustregeln

Zur Klarstellung des Begriffs sei gesagt, dass wir keine Antworten auf Fragen wie diese suchen: Wie lange kann man Rotwein lagern? Wie viele Paar Laufschuhe sollte ein Jogger besitzen? Wie weit sollte die Couch vom Fernseher entfernt sein? Solche „Lebenshilfen" werden manchmal auch als Faustregeln bezeichnet, sie beruhen aber in der Regel auf Erfahrung, allenfalls auf empirischen Daten. Stattdessen meinen wir etwa Folgendes:

- Haben Sie kürzlich eine Reise in ein Nicht-Euro-Land gemacht, und mussten Sie Preise umrechnen?
- Ganz ähnlich ist das Problem der unterschiedlichen Einheiten für Längenmaße, Gewichte usw.
- Eine Regel, die jeder Autofahrer kennen sollte: „Bremsweg = Tacho durch 10 zum Quadrat" (Zur Beruhigung: Über die passenden Maßeinheiten reden wir später.)
- Vielleicht sind Sie Bergsteiger und kennen diese Regel für die Sichtweite von einem erhöhten Standpunkt: „Wurzel aus Höhe in Metern, mal 3,6 = Sichtweite in Kilometern"

Das waren ein paar mehr oder weniger alltägliche, aber immerhin typische Beispiele. Solche Faustregeln mit mathematischen Bezügen gibt es haufenweise im täglichen Leben; jeder ist herzlich eingeladen, nach weiteren zu suchen, auch in speziellen Anwendungsbereichen. Es gibt sie in unterschiedlichsten Ausprägungen, gleichwohl haben sie viele gemeinsame Eigenschaften:

- Es geht um *Größen*, genauer gesagt um Beziehungen zwischen verschiedenen Größen (funktionale Zusammenhänge).
- Sie sind häufig *operativ* strukturiert, nach dem Muster „Mit Größe x mache dies und das, um Größe y zu erhalten".
- Es geht nicht um exakte Zahlen, sondern um Größenordnungen bzw. Näherungswerte (zum Überschlagsrechnen siehe Abschn. 1.2).
- Faustregeln sollen möglichst *einfach* sein, um schnell und unkompliziert (in der Regel mit Kopfrechnen) zu relevanten Ergebnissen zu gelangen; hier gilt das Prinzip: „So einfach wie möglich, so genau wie nötig!"

Beim Umrechnen von Größen hat man es i. Allg. mit proportionalen, allenfalls linearen Zuordnungen zu tun, aber selbst hier gibt es mathematisch interessante Phänomene, außerdem darf (muss) man dabei auch mal kreativ sein. Bei komplexeren funktionalen Zusammenhängen macht man sich in der Praxis kaum Gedanken über die Herkunft einer Faustregel, schließlich soll sie ja den Kopf entlasten; jedoch ist es dann genau die Frage „Warum", die den mathematischen Reiz ausmacht. Ein weiteres Problem, das in der Praxis häufig unter den Teppich gekehrt wird, ist die *Genauigkeit*: Man weiß zwar, dass die

Faustregel ein ungenaues Ergebnis liefert, aber wie groß ist der Fehler? Ist er noch vertret-bar? Gibt es außer der Rechenungenauigkeit auch prinzipielle Unschärfen, die mit einer Vergröberung des mathematischen Modells gegenüber der realen Situation zu tun haben? Gibt es sogar Einflüsse, die die Faustregel überhaupt nicht berücksichtigt (typisches Bei-spiel: Bremsweg, siehe unten)?

1.3.1 Einheiten umrechnen

Währungen

Innerhalb von Europa hat sich das Problem der Währungsumrechnung weitgehend entspannt, dennoch seien ein paar Reminiszenzen gestattet: Jeder deutsche Österreich-Urlauber war früher nach wenigen Tagen fit im Dividieren durch 7 bzw. Multiplizieren mit 7, denn 1 DM entsprach 7 Schilling (fester Wechselkurs). Beim Urlaub in Spanien oder Italien ging es sogar massiv mit den Größenordnungen hinauf oder herunter: 1 DM entsprach ca. 85 Pesetas oder knapp 1000 Lire.

Die Euro-Einführung bildete für *jeden* Europäer eine große Herausforderung, denn die Vorstellung vom Geldwert war sehr stark an die nationalen Währungen gebunden, bei ei-nem großen Teil der Bevölkerung ist sie es heute noch. Die Deutschen sind beim Problem des Umrechnens (und Umdenkens) noch relativ glimpflich davongekommen, denn wegen $1 \text{€} \approx 2 \text{DM}$ musste man schlicht verdoppeln bzw. halbieren. Hier ging es sogar durch eine recht einfache Zusatzrechnung wesentlich genauer:

Der exakte Kurs betrug $1 \text{€} = 1{,}95583 \text{DM}$; mit der Näherung $1 \text{€} = 1{,}96 \text{DM}$ konnte man zur Umrechnung € in DM „mal 2 minus 2 %" rechnen.

$$\text{Beispiel:} \quad 75 \text{€} \xrightarrow{\cdot 2} 150 \text{DM} \xrightarrow{-2\%} 147 \text{DM}$$

Das unterscheidet sich vom exakten Ergebnis 146,69 DM nur um 31 Pf, das sind 0,2 %.

Hier sind die beiden Operationen sogar vertauschbar. Normalerweise kann man *mal* und *minus* nicht vertauschen, aber in diesem Fall heißt es *minus 2 %*, und das ist in Wirk-lichkeit eine Multiplikation (*mal 0,98*)!

Umgekehrt rechnet man DM in € mit den Operationen *durch 2 plus 2 %* um – ganz klar. Aber wirklich? Wir nehmen ausnahmsweise den TR für unser obiges Beispiel 147 DM und erhalten 74,97 €, also etwas weniger als den Ausgangswert! Zugegeben: Eigentlich geht es um Näherungswerte, beim Kopfrechnen würde der Unterschied nicht auffallen. Immerhin sollte man sich klarmachen: Die Operation *plus x %* wird für *kleine* Prozentsätze (Faustregel: $x \le 10$) durch die Operation *minus x %* nur *näherungsweise* rückgängig gemacht. Für große Prozentsätze stimmt das nicht mehr; probieren Sie es mal mit 50 %!

Heute gibt es immer noch genügend Anlässe für Währungsumrechnungen, nicht nur auf Reisen, denn beispielsweise spielt der US-$ im Wirtschaftsleben eine führende Rolle. I. Allg. sind die Wechselkurse variabel, sodass man häufig kreativ sein muss, um sich auf neue Situationen einzustellen.

Tab. 1.5 Währungen umrech-	1 € entspricht …
nen	1,3588 US-\$
	1,2243 Schweizer Franken
	47,1754 Russische Rubel
	8,8407 Schwedische Kronen
	27,5275 Tschechische Kronen

Zum Üben sind in der Tab. 1.5 einige Kurse aufgeführt (Stand 06.02.2014). Erfinden Sie handliche Faustregeln zum Umrechnen!

Längenmaße

Trotz der weitgehenden Metrisierung der Maßsysteme sind die angloamerikanischen Einheiten immer noch sehr häufig in Gebrauch. Als Längeneinheiten werden „inch" (dt. Zoll), „foot", „mile" verwendet. Exakte Umrechnungen:

$$1 \text{ inch} = 2{,}54 \text{ cm}; 1 \text{ foot} = 30{,}48 \text{ cm}; 1 \text{ mile} = 1{,}609344 \text{ km}$$

Vor allem im technischen Bereich wird verblüffend oft mit Zoll-Maßen gearbeitet (vgl. „Wikipedia", Stichwort *Zoll (Einheit)*).

- Die Umrechnung von Inch in Zentimeter mit *mal 2,5* liegt auf der Hand, sie ist auch noch tragbar fürs Kopfrechnen; besser geht es vielleicht mit *mal 5 durch 2* oder umgekehrt.
  Aber wie ist es mit dem Umrechnen von Zentimeter in Inch? *Durch 2,5* geht gar nicht, denn wie teilt man im Kopf durch einen Dezimalbruch? Da bietet sich natürlich *mal 2 durch 5* an.
- Bei der nächstgrößeren Einheit Foot (Abk. ft) ist die Umrechnung 3 Feet $=$ 1 m geläufig. Wenn also im Flugzeug eine Flughöhe von 33.000 ft angezeigt wird, ergibt sich daraus mit der Faustregel *durch 3* eine Höhe von 11.000 m. Viel genauer ist aber 10 ft $\approx$ 3 m, was zur Regel *durch 10 mal 3* führt; im Beispiel erhält man die Flughöhe 9900 m $\approx$ 10.000 m, also erheblich weniger. Man beachte: Die genauere Umrechnung ist ebenso einfach ausführbar!
- Für Reisende in die USA und nach Großbritannien ist *durch 5 mal 8* eine vertraute Operation, denn dort werden Entfernungen in der Regel in „miles" (Abk. mi) angegeben. Diese recht einfache Umrechnung von „miles" in Kilometer ist sogar sehr genau, denn die Näherung 1 mi $=$ 1,6 km $= \frac{8}{5}$ km hat einen relativen Fehler von weit unter 1 %.
  Derselbe Faktor ist natürlich auf die abgeleitete Größe „miles per hour" (mph) anzuwenden, wenn man die vertrauten km/h haben möchte; z. B. kann man bei einer Beschränkung auf 55 mph schnell umrechnen: $55 \xrightarrow{\;: 5 \cdot 8\;} 88$ km/h

- Anders verhält es sich bei der nautischen Meile (NM, deutsch auch Seemeile, sm) und der abgeleiteten Geschwindigkeitseinheit Knoten (Abk. kn, 1 kn = 1 NM/h), denn 1 NM = 1,852 km. Die nautische Meile ist über den Erdumfang definiert: Sie entspricht einer Bogenminute (= 1/60°) auf dem Äquator. Aus dem Erdumfang von ca. 40.000 km $\widehat{=}$ 360° (Vollkreis) erhält man 1 NM = 40.000 km : 360 : 60 = 1,85185 km; auf Meter gerundet ergibt sich daraus die o. g. offizielle Festlegung. Die übliche Operation *durch 5 mal 9* zur Umrechnung von NM in km entspricht der Näherung 1 NM = 1,8 km, und dieser Wert ist um fast 3 % zu klein. Gleichwohl mag das für einen Überschlag reichen, insbesondere wenn man das Ergebnis aufrundet. Auch eine andere Regel ist geläufig, *mal 2 minus 10 %*, sie ist jedoch gleichwertig. Wesentlich besser ist die rationale Näherung $1,852 \approx \frac{13}{7}$, aber wer würde ernsthaft im Kopf *durch 7 mal 13* rechnen wollen?!

Temperatur

Für Physiker ist die Einheit Kelvin geläufig. Sie entsteht aus der Celsius-Skala schlicht durch eine Verschiebung des Nullpunkts; das macht die Umrechnung wenig interessant, höchstens vom theoretischen Standpunkt aus, denn im Unterschied zu den bisherigen Skalentransformationen ist sie nicht proportional (Multiplizieren mit einer Konstanten), sondern man *addiert* eine Konstante. Hinzu kommt, dass der Nullpunkt der Kelvin-Skala auf die absolut tiefste Temperatur geschoben wird, die Einheit Kelvin hat also nur Maßzahlen ≥ 0. Unterrichtspraktisch heißt das: Für die Einführung negativer Zahlen ist sie leider nicht mehr geeignet.

Ergiebiger ist da schon die Fahrenheit-Skala, die trotz eifriger Umstellungsbemühungen in den USA immer noch gebräuchlich ist (vgl. Abb. 1.11). Die Beziehung zwischen x °F und y °C wird durch den Term

$$y = (x - 32) \cdot \frac{5}{9}$$

beschrieben; sie ist linear, aber keine Verschiebung, denn die Temperaturdifferenz von 100 °C entspricht 180° auf der Fahrenheit-Skala.

Der obige Term ist nicht in der Standardform linearer Funktionen, sondern schon im Hinblick auf eine Umrechnungsregel formuliert:

▶   „°F minus 32 mal 5 durch 9 ergibt °C"

Das gilt *exakt*, ist aber schon recht kompliziert, daher fehleranfällig, vor allem bei seltenem Gebrauch. Wesentlich einfacher ist die folgende *Näherung*:

▶   „Von °F 30 abziehen, dann halbieren, ergibt °C"

In dem für „Normalverbraucher" relevanten Temperaturbereich erhält man damit passable Resultate (s. Tab. 1.6), für 50 °F = 10 °C sogar den exakten Wert.

Abb. 1.11 Thermometer mit
zwei Skalen

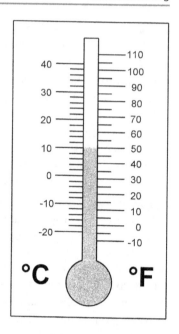

Es bleibt das Problem, die richtige *Reihenfolge* der Operationen einzuhalten, denn Subtraktion und Division dürfen *nicht* vertauscht werden. Auch darf man bei der umgekehrten Umrechnung von °C in °F nicht *plus 30 mal 2* rechnen, richtig ist stattdessen *mal 2 plus 30*.

Zur Orientierung sollte man sich daher (mindestens) einen markanten Punkt merken, etwa die 0°- oder 100°-Marken: Es ist z. B. 0 °C = 32 °F ($\approx$ 30 °F). Das ist allerdings ziemlich willkürlich. Besser fürs Gedächtnis ist 100 °F, denn Fahrenheit hat diese Marke auf die Körpertemperatur des Menschen als eine „natürliche" Bezugsgröße gesetzt: 100 °F $\approx$ 37 °C

Damit kann man falsch memorierte Regeln leicht entlarven, z. B. liegt man mit

$$37\,°C \xrightarrow{+\,30} 67 \xrightarrow{\cdot 2} \text{ca. } 130\,°F$$

voll daneben.

Tab. 1.6 Umrechnung
°F in °C

°F	°C exakt	°C genähert
20	−6,7	−5
40	4,4	5
60	15,6	15
80	26,7	25
100	37,8	35

Ein weiterer guter Merkwert ist der Stand des Thermometers in Abb. 1.11: 10 °C = 50 °F; das sind erstens runde Zahlen im normalen Bereich, und zweitens stimmt es nicht nur exakt, sondern ergibt sich auch aus der obigen Näherung.

Benzinverbrauch

Wenn Sie auf einer USA-Reise einen Autofahrer nach dem Spritverbrauch seines Vehikels fragen, dann erhalten Sie wahrscheinlich eine Antwort wie diese: „Ich fahre 27 Meilen mit einer Gallone." Aha. Wie bitte? . . . Was nun?

Abgesehen von den fremden Maßeinheiten ist der *qualitative* Unterschied bemerkenswert: Je *kleiner* die Strecke, die man mit einer gewissen Treibstoffmenge fährt, desto *höher* ist der Verbrauch. Mit anderen Worten: Wenn man die Einheit „miles per gallon" (Abk. mpg) auf das metrische Maßsystem übertragen würde, dann würde sie *Kilometer pro Liter* lauten, und das ist (im weitesten Sinne) *reziprok* zu dem bei uns üblichen Maß l/100 km. An dieser Stelle lohnt sich ein kleines Gedankenexperiment: Wie würden sich die Maßzahlen ändern, wenn man bei uns die Verbrauchsangaben auf *Kilometer pro Liter* (Abk. kmpl) umstellen würde?

Quantitativ ergibt sich Folgendes: Es ist 1 mile $= 1{,}609$ km und 1 US-gallon $= 3{,}785$ l (leicht gerundet). Der Verbrauch betrage x mpg; zu berechnen ist das Äquivalent y l/100 km.

$$x \, \frac{\text{mi}}{\text{gal}} = x \, \frac{1{,}609 \, \text{km}}{3{,}785 \, \text{l}} \quad \xrightarrow{\text{Kehrwert}} \quad y = \frac{1}{x} \, \frac{3{,}785 \, \text{l}}{1{,}609 \, \text{km}} = \frac{1}{x} \, \frac{3{,}785 \cdot 100 \, \text{l}}{1{,}609 \cdot 100 \, \text{km}}$$

$$= \frac{1}{x} \, \frac{378{,}5}{1{,}609} \, \frac{\text{l}}{100 \, \text{km}}$$

Der Quotient der beiden Konstanten beträgt gerundet 235, und daraus erhält man $y = \frac{235}{x}$; für Überschlagsrechnungen genügt es, wenn man die Konstante 235 zu 240 aufrundet, was einen entscheidenden Vorteil mit sich bringt: 240 hat sehr viele Teiler, die Faustregel *240 durch x* ist also hervorragend fürs Kopfrechnen geeignet.

Zum obigen Beispiel: Bei $x = 30$ mpg ergäbe sich $y = \frac{240}{30} = 8$ l/100 km. Wird x kleiner, dann *vergrößert* sich y; bei 27 mpg ist x um 10 % kleiner geworden, entsprechend muss y um 10 % zunehmen, d. h. auf 8,8 l/100 km. (Es genügt auch: 27 mpg $\hat{=} \frac{240}{27} \approx 9$ l/100 km.)

Das Schöne an dieser Faustregel ist außerdem: Sie funktioniert in beide Richtungen in gleicher Weise! Beispiel: 7 l/100 km $\hat{=} \frac{240}{7} \approx 34$ mpg.

Übrigens geht man in Großbritannien ähnlich vor, nur hat die englische Gallone ein anderes Maß als die US-Gallone, sodass hier statt 235 die Konstante 282 (gerundet 280) einzusetzen ist. Neuerdings wird auch die Einheit *Meilen pro Liter* verwendet (ein halbherziges Zugeständnis ans metrische System); finden Sie dazu eine entsprechende Umrechnung in l/100 km!

Tab. 1.7 Bremsweg	Geschwindigkeit km/h	Bremsweg m
	30	9
	40	16
	50	25
	70	49
	100	100
	140	196

1.3.2 Komplexere funktionale Zusammenhänge

Bremsweg

Jeder Fahrschüler lernt die Faustregel:

▶   Bremsweg = Tacho durch 10 zum Quadrat.

Genauer: Geschwindigkeit in km/h geteilt durch 10 und dann quadriert ergibt den Bremsweg in m (s. Tab. 1.7).

Zunächst ist positiv zu vermerken, dass sie eine wichtige *qualitative* Eigenschaft dieser Funktion wiedergibt: Der Bremsweg hängt *quadratisch* von der Geschwindigkeit ab. Daraus folgt, dass bei einer Verdopplung der Geschwindigkeit sich der Bremsweg *vervierfacht*. Ein anderes Beispiel für das Wachstumsverhalten: Steigt die Geschwindigkeit von 50 auf 70 km/h (Faktor 1,4), dann verdoppelt sich der Bremsweg ($1,4^2 \approx 2$). Bei der Festlegung innerstädtischer Tempolimits ist das ein wichtiges Argument.

Genauso begründet man Tempo 30 in Wohngebieten, denn bei 50 km/h ist der Bremsweg fast dreimal so lang wie bei 30 km/h. Es gibt jedoch ein noch viel besseres Argument für Tempo 30, das vielen Autofahrern nicht geläufig ist, und zwar die *Restgeschwindigkeit*: Angenommen, Fahrer A fährt korrekt mit 30 km/h, ein Hindernis taucht auf, er bremst und kommt (laut Faustregel) nach 9 m zum Stehen. Fahrer B fährt zu schnell mit 50 km/h und muss bremsen; welche Geschwindigkeit hat er noch nach einer Strecke von 9 m, d. h., wenn A bereits steht? Auch das lässt sich mit der Faustregel ganz einfach lösen, und das Ergebnis ist verblüffend.

Fahrer B hat einen Gesamtbremsweg von 25 m, nach 9 m bleiben 16 m Restbremsweg. Welche Geschwindigkeit gehört dazu? Wann ist „Tacho durch 10 zum Quadrat" gleich 16? Man muss noch nicht einmal etwas von Gleichungen oder Wurzeln verstehen, um diese Frage zu beantworten, mit Probieren klappt es auch: Es sind satte 40 km/h! (Im Mathematikunterricht kann man natürlich formaler vorgehen als in der Fahrschule.)

Nochmals die Situation:

Ein Auto fährt im Wohngebiet, ein Kind läuft 9 m vor ihm auf die Straße. Vollbremsung!

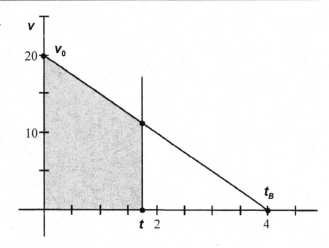

Abb. 1.12 Herleitung der Zeit-Weg-Funktion $s(t)$

Bei 30 km/h: Das Auto steht gerade rechtzeitig.
Bei 50 km/h: Das Auto prallt mit 40 km/h auf das Kind.

Überzeugt Sie das?

Zurück zur Analyse der Faustregel: Wie gut ist sie *quantitativ*? Dazu brauchen wir eine genauere Beschreibung des Bremsvorgangs.

Die Anfangsgeschwindigkeit des Autos sei v_0, und zwar jetzt in m/s gemessen (km/h geteilt durch 3,6, also 70 km/h $\approx$ 20 m/s; Faustregel als Näherung *km/h durch 7 mal 2*). Wir nehmen eine konstante Bremsverzögerung b m/s^2 an, d. h., die Geschwindigkeit v als Funktion der Zeit nimmt gleichmäßig ab, und zwar um b m/s pro Sekunde. Setzt man die Zeitvariable t beim Beginn der Bremsung auf 0, dann ergibt sich die lineare Zeit-Geschwindigkeits-Funktion als $v(t) = v_0 - b \cdot t$.

Der Wert von b variiert je nach Zustand der Straße, der Reifen und Bremsen, der Beladung des Fahrzeugs usw., er hängt also von sehr vielfältigen Parametern ab. Optimal ist $b = 10$ (trockene Straße, griffige Reifen, Bremsen o. k. usw.), sehr schlecht ist $b = 1$ (Straße glatt, Reifen auch usw.). Die gesetzlich vorgeschrieben Mindestbremsverzögerung beträgt in Deutschland und Österreich $b = 5$ m/s^2. Als Zahlenbeispiel nehmen wir jetzt diesen Mindestwert, das ergibt bei $v_0 = 20$ m/s eine *Bremszeit* von 4 s. Allgemein ist die Bremszeit t_B als Nullstelle von $v(t)$ zu bestimmen:

$$v(t_B) = 0 \Rightarrow v_0 = b \cdot t_B \Rightarrow t_B = \frac{v_0}{b}$$

Die zugehörige Zeit-Weg-Funktion $s(t)$ mit Anfangswert $s(0) = 0$ ergibt sich daraus als die Fläche unterhalb des Graphen von $v(t)$, begrenzt von den Achsen und der vertikalen Geraden zur Zeit t (vgl. Abb. 1.12). Aus der Trapezflächenformel folgt:

$$s(t) = t \cdot \frac{v_0 + v(t)}{2} = t \cdot \frac{v_0 + (v_0 - b \cdot t)}{2} = \frac{1}{2} t \, (2v_0 - b \cdot t)$$

Abb. 1.13 Graph von $s(t)$

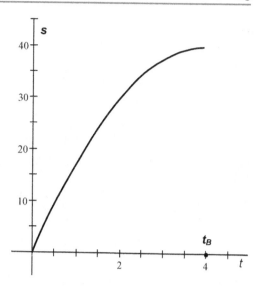

Zunächst ist festzuhalten: $s(t)$ ist eine *quadratische* Funktion, das rechtfertigt die o. g. qualitative Eigenschaft der Faustregel. (Am obigen Term sieht man das nur indirekt.) Setzt man die Bremszeit $t_B = \frac{v_0}{b}$ in den Term von $s(t)$ ein, dann erhält man den Bremsweg s_B (Scheitelhöhe der Funktion $s(t)$, vgl. Abb. 1.13):

$$s_B = \frac{1}{2}\frac{v_0}{b}\left(2v_0 - b \cdot \frac{v_0}{b}\right) \Rightarrow \boxed{s_B = \frac{v_0^2}{2b}}$$

Zahlenbeispiel: Für $v_0 = 20\,\text{m/s}$ und $b = 5\,\text{m/s}^2$ ist $s_B = 40\,\text{m}$.

Die Faustregel ergibt in diesem Fall ($v_0 = 72\,\text{km/h}$) einen Bremsweg von ca. 50 m, also einen höheren Wert. Ist sie zu pessimistisch?

- Bei günstigen Bedingungen ($b > 5$) kann der Bremsweg sogar kürzer ausfallen, aber für sicherheitsrelevante Abschätzungen ist es empfehlenswert, den schlechteren Fall anzunehmen.
- Der *Anhalteweg* setzt sich aus *Reaktionsweg* und *Bremsweg* zusammen. Als Reaktionszeit (= Zeit von der Wahrnehmung eines Hindernisses bis zum Tritt auf die Bremse) kann man 1 s als Schätzwert annehmen, in dieser Zeit legt man v_0 m zurück – in unserem Zahlenbeispiel sind das 20 m, also kommt hier noch einmal die Hälfte des Bremsweges hinzu.

Dieser Reaktionsweg, der linear von v_0 abhängt, kommt in der Faustregel nicht vor, die Rechnung würde dadurch auch zu kompliziert. Aber gerade bei geringen Geschwindigkeiten ist er nicht zu vernachlässigen. Beispiel: Bei $v_0 = 10\,\text{m/s} = 36\,\text{km/h}$ (Wohngebiet) ist der Reaktionsweg mit 10 m genauso lang wie der Bremsweg mit $b = 5\,\text{m/s}^2$.

Fazit Die Bremsweg-Faustregel überzeugt vor allem durch ihre qualitative Aussage (quadratische Abhängigkeit von v_0), aber sie ist auch quantitativ brauchbar, wenn man sich klarmacht, dass die Bremsleistung eines Fahrzeugs von vielen Ursachen beeinträchtigt werden kann. Vor allem ist sie sehr *einfach* und dadurch alltagstauglich.

$p \cdot d$-Regel (auch 70er-Regel oder 72er-Regel genannt)

Ein Kapital wird zu $p\,\%$ jährlich verzinst, die Zinsen werden am Jahresende dem Kapital gutgeschrieben. Nach welcher Zeit d hat es sich verdoppelt?

Die Faustregel besagt, dass für kleine Zinssätze $p\,\%$ (etwa $p \leq 10$) das Produkt aus p und d nahezu konstant ist, nämlich:

$$\boxed{p \cdot d \approx 70}\qquad \text{(bzw. in der anderen Version } p \cdot d \approx 72\text{)}$$

Wegen der o. g. typischen Anwendung wird diese Regel manchmal generell der Finanzmathematik zugeordnet, sie gilt aber allgemein für exponentielle Wachstumsprozesse, sogar mit „negativem Wachstum", also Zerfall, hier eventuell leicht modifiziert (siehe unten). Noch allgemeiner: Sie gilt für alle Exponentialfunktionen, nicht nur für zeitabhängige.

Auch die Preisentwicklung (Inflation) liefert schöne Anwendungsbeispiele: Bei einer konstanten Inflationsrate von $5\,\%$ würden sich die Preise etwa alle 14 Jahre verdoppeln. Typisch für solche reziproken Zusammenhänge ist, dass zur halben Wachstumsrate die doppelte Verdopplungszeit gehört, mit $p = 2{,}5\,\%$ wäre also $d \approx 28$ Jahre. Ebenfalls typisch ist, dass man sie in beiden Richtungen gleichartig anwenden kann: Wenn sich der Preis einer Ware nach 10 Jahren verdoppelt hat, dann betrug die durchschnittliche jährliche Preissteigerung ca. $7\,\%$.

Was bedeutet nun „nahezu gleich" in $p \cdot d \approx 70$, und wie kommt die Zahl 70 zustande? Um dies zu klären, untersuchen wir den genaueren Zusammenhang zwischen p und d.

Bei einer Wachstumsrate von $p\,\%$ jährlich beträgt der Wachstumsfaktor $1 + \frac{p}{100}$ (bei Kapitalverzinsung auch Zinsfaktor genannt). Bei stetigem Wachstum über längere Zeit multiplizieren sich diese Faktoren, und nach der Zeit d sollte der gesamte Wachstumsfaktor gleich 2 sein. Also sieht die exakte Beziehung zwischen p und d so aus:

$$\boxed{\left(1 + \frac{p}{100}\right)^d = 2}\tag{1.1}$$

Allgemein sollte man p besser als Wachstumsrate *pro Zeiteinheit* bezeichnen, wir bleiben jedoch beim Musterbeispiel der jährlichen Verzinsung und betonen: Alles gilt analog für andere Wachstumsprozesse, auch mit anderen Zeiteinheiten.

Die fundamentale Gl. (1.1) beschreibt zwar die Abhängigkeit zwischen p und d nur implizit; gleichwohl lässt sie sich effektiv ausnutzen, um einen Zugang zu den Funktionen $p = p(d)$ bzw. $d = d(p)$ zu bekommen. Um Terme für diese Funktionen aufzustellen, braucht man ein bisschen Algebra bzw. Logarithmen.

Tab. 1.8 Tabelle der Funktion $d = d(p)$

p	d	$p \cdot d$
1	69,66	69,66
2	35,00	70,01
5	14,21	71,03
10	7,27	72,73
20	3,80	76,04
30	2,64	79,26

- Für beliebige, aber feste p kann man eine „Verzinsungstabelle" aufstellen, d. h. eine Wertetabelle für die Funktion $\left(1 + \frac{p}{100}\right)^t$ mit $t = 1, 2, 3, \ldots$; daraus kann man ablesen, wann der Wert 2 erreicht wird. Durch Verfeinerung der Tabelle oder systematisches Probieren (mit Excel oder TR) kann man recht genaue Werte für d erzielen.
- Mit der SOLVE-Funktion eines TR kann man die Gl. (1.1) numerisch mit voller TR-Genauigkeit lösen, und zwar sowohl für gegebene p als auch für gegebene d.
- Die Analyse einer derart erstellten Tabelle für p und d (vgl. Tab. 1.8; Werte von d auf 2 Nachkommastellen gerundet) bestätigt zumindest die numerische Gültigkeit der Faustregel in mehreren Aspekten: Das Produkt $p \cdot d$ ist keineswegs konstant, aber eben *nahezu* konstant für *kleine* p; für größere p wächst es deutlich an. Auch eine grafische Darstellung der Tabelle (Funktion $d = d(p)$) lässt erkennen, dass ein reziproker Zusammenhang zumindest nicht ganz falsch ist (vgl. Abb. 1.14).
- Wir versuchen, die fundamentale Eigenschaft „Zum halben p gehört das doppelte d" nachzuprüfen, die für eine reziproke Beziehung gelten müsste: Wenn für ein Wertepaar (p, d) die Gl. (1.1) exakt gilt, was folgt daraus für das Wertepaar $(p/2, 2d)$?

$$\left(1 + \frac{p/2}{100}\right)^{2d} = \left(\left(1 + \frac{p/2}{100}\right)^2\right)^d = \left(1 + \frac{p}{100} + \left(\frac{p}{200}\right)^2\right)^d > \left(1 + \frac{p}{100}\right)^d = 2$$

Hier wird algebraisch nachgewiesen, dass beim Zinssatz $p/2\,\%$ die Verdopplungszeit *kleiner* als $2d$ ist, für kleine p aber nur *wenig* kleiner, weil der „störende" Summand $\left(\frac{p}{200}\right)^2$ im ausmultiplizierten Quadrat dann sehr klein ist.

- Um die Gl. (1.1) nach p aufzulösen, braucht man nicht mehr als Wurzeln:

$$\left(1 + \frac{p}{100}\right)^d = 2 \Rightarrow 1 + \frac{p}{100} = 2^{\frac{1}{d}} \Rightarrow p = 100 \cdot \left(2^{\frac{1}{d}} - 1\right)$$

Die Auflösung nach d erfordert dagegen Logarithmen:

$$d \cdot \log\left(1 + \frac{p}{100}\right) = \log(2) \Rightarrow d = \frac{\log(2)}{\log\left(1 + \frac{p}{100}\right)}$$

(Hier ist der Logarithmus zur Basis 10 gemeint, aber im Prinzip ist die Basis egal. Am einfachsten wird der Term mit Basis 2, weil $\log_2(2) = 1$, aber auch eine andere Basis hat ihre Vorzüge, siehe unten!)

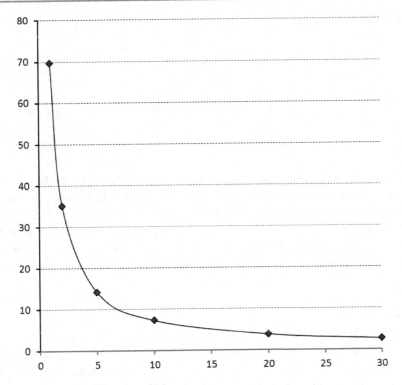

Abb. 1.14 Graph der Funktion $d = d(p)$

Jetzt kann man diese Funktionen gemeinsam mit den Funktionen $p = \frac{70}{d}$ bzw. $d = \frac{70}{p}$ plotten und sieht auch qualitativ die Unterschiede in den Graphen.

Es bleibt die Frage, was 70 bedeutet. Um dies zu erklären, braucht man den natürlichen Logarithmus ln, und zwar wegen genau der Eigenschaft, die diesen Logarithmus mit der Basis $e = 2{,}718\ldots$ so „natürlich" macht:

$$\ln(1 + x) \approx x \quad \text{für kleine } |x| \text{ (nahe bei 0)}$$

(Wie es dazu kommt, kann nur mit Hilfe der Analysis geklärt werden.) Damit erhält man für kleine p:

$$d \cdot \underbrace{\ln\left(1 + \frac{p}{100}\right)}_{\approx \frac{p}{100}} = \ln(2) \Rightarrow d \cdot \frac{p}{100} \approx \ln(2) = 0{,}693\ldots \Rightarrow d \cdot p \approx 69{,}3\ldots$$

Somit ist 70 nichts anderes als der gerundete Wert von $100 \cdot \ln(2)$.

Tab. 1.9 Halbwertszeiten

p	h	$p \cdot h$
1	68,97	68,97
2	34,31	68,62
3	22,76	68,27
5	13,51	67,57
7	9,55	66,86
10	6,58	65,79

Fazit Für Wachstumsprozesse mit konstanten kleinen Wachstumsraten ist die Regel theoretisch nicht exakt, aber numerisch gut brauchbar. In der Praxis der Finanzmathematik wird die Konstanz von p sicherlich ein Problem darstellen, da hier gewisse Schwankungen häufig unvermeidlich sind. Die 70er-Regel ist für kleinere p numerisch besser als die 72er-Regel; Letztere stimmt aber noch für $p \approx 10\%$ numerisch recht gut; zudem hat sie den Vorteil, dass 72 viele Teiler hat, das ist gut fürs Überschlagsrechnen.

Einige Ergänzungen

- Um sich die Bedeutung der Verdopplungszeit bei exponentiellen Wachstumsprozessen klarzumachen, sollte man auch Folgendes beachten: Nach der Zeit $10d$ beträgt der Wachstumsfaktor ungefähr 1000, denn $2^{10} = 1024 \approx 1000$. Gerade bei langfristigen Prozessen ist das sehr wichtig. Hierzu ein kleines Gedankenexperiment: Wenn jemand zu Beginn der Zeitrechnung 1 € zu 1 % jährlich angelegt hätte, wie viel Geld wäre heute auf dem Konto?
  Das Problem ist zwar fern von jeder praktischen Bedeutung, aber das Ergebnis verblüfft immer wieder. Man kann zwar leicht $1{,}01^{2014}$ in den TR eingeben, aber was herauskommt, glaubt man nicht. Die 70er-Regel zusammen mit der obigen Erweiterung macht es nachvollziehbar: Mit $p = 1\%$ erhält man $d \approx 70$ und $10d \approx 700$. Im Jahr 700 wären also ca. 1000 € auf dem Konto gewesen, nach weiteren 700 Jahren bereits $1000 \cdot 1000$ € = 1 Mio. €. Im Jahr 2100 würden es $1000 \cdot 1$ Mio. € = 1 Mrd. € sein. 70 Jahre davor, also 2030, wäre es die Hälfte davon, und heute ein bisschen weniger: 400 Mio. € ist eine realistische Schätzung für das Jahr 2014.
- Bei Zerfallsprozessen mit der Zerfallsrate von $p\%$ pro Zeiteinheit gilt eine zur Gl. (1.1) analoge exakte Beziehung zwischen p und der Halbierungszeit (Halbwertszeit) h:

$$\left(1 - \frac{p}{100}\right)^h = \frac{1}{2}$$

Für kleine p folgt daraus genau wie oben $p \cdot h \approx 70$, mit dem Unterschied, dass $p \cdot h < 100 \cdot \ln(2) = 69{,}3 \ldots$ ist; außerdem nimmt das Produkt für wachsende p weiter ab (vgl. Tab. 1.9), also erhält man mit der Faustregel $p \cdot h \approx 68$ numerisch bessere Werte, was zum Kopfrechnen aber weniger gut geeignet ist. Beispiel: Das bei Atomunfällen (z. B.

Abb. 1.15 Sichtweite auf der
Erdkugel

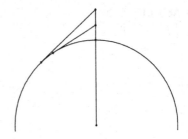

beim Reaktorunfall von Tschernobyl 1986) freigesetzte radioaktive Isotop Cäsium-137 hat eine Halbwertszeit von ca. 30 Jahren, somit zerfällt jährlich ca. 2,3 % der Substanz. Auch die obige $10d$-Regel hat eine Analogie: Nach der 10-fachen Halbwertszeit beträgt der Zerfallsfaktor ungefähr $\frac{1}{1000}$; man sagt, die Substanz ist dann praktisch verschwunden. Beim Cäsium-137 ist das nach ca. 300 Jahren der Fall, d. h., so lange werden wir noch zwangsläufig an Tschernobyl erinnert.

Sichtweite von erhöhten Standpunkten aus

„Wurzel aus Höhe in Metern, mal 3,6 = Sichtweite in Kilometern" – so lautet die Regel. Wie kommt die Wurzel ins Spiel? Was bedeutet die Zahl 3,6?

Zunächst die Beispiele: Der Brocken im Harz ist 1141,1 m hoch. Wurzel aus 1141,1 ist ungefähr 34; $34 \cdot 3,6 \approx 30 \cdot 4 = 120$. Somit kann man von seinem Gipfel aus ca. 120 km weit sehen, zumindest bis Hannover (65 km) und in die Lüneburger Heide, aber nicht bis Hamburg (200 km). Selbst vom Dortmunder Fernsehturm reicht der Blick noch ziemlich weit: Die höchste Aussichtsplattform ist 145 m hoch, das ist nur ein Achtel der Höhe des Brockens; $\sqrt{145} \approx 12$; $12 \cdot 3,6 \approx 43$. Das ist ca. ein Drittel der Sichtweite vom Brocken aus!

Dass die Sichtweite nicht linear von der Höhe abhängt, kann man sich anhand einer Zeichnung leicht verdeutlichen. Bei doppelter Höhe wird man viel weniger als doppelt so weit sehen können (vgl. Abb. 1.15).

Geometrisch ist klar: Die Blickrichtung zum Horizont verläuft immer tangential zur kugelförmig gekrümmten Erdoberfläche. Das Problem ist also geometrischer Natur, aber man muss dabei berücksichtigen, dass Zeichnungen wie Abb. 1.15 oder 1.16 das Phänomen nur qualitativ beschreiben können, die Höhen der Standorte sind maßlos übertrieben; bei maßstäblicher Zeichnung könnte man nichts mehr sehen. Deswegen ist bei der Analyse und Begründung nicht nur die Geometrie, sondern neben der unvermeidlichen Algebra auch ein bisschen Numerik maßgebend.

Es sei S der erhöhte Standort mit der Höhe h über der Erdoberfläche, T ein Punkt auf der Grenze des Sichtkreises, d. h. der Berührpunkt einer Tangente von S an die Erdkugel. Weiterhin sei M der Erdmittelpunkt, somit ist $\triangle MTS$ rechtwinklig mit dem rechten Winkel bei T (vgl. Abb. 1.16).

Abb. 1.16 Analyse
der Sichtweite

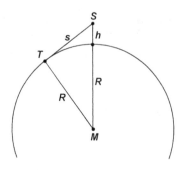

Ist $R \approx 6370$ km der Erdradius, dann kann man nach dem Satz des Pythagoras die gesuchte Sichtweite $s = |ST|$ ausrechnen:

$$s^2 = (R+h)^2 - R^2 = \left(R^2 + 2Rh + h^2\right) - R^2 = 2Rh + h^2 = (2R + h) \cdot h$$

Zur Berechnung von s aus h würde das genügen, aber die entscheidende Vereinfachung besteht darin, in der Summe $2R + h$ die Höhe h einfach wegzulassen, da sie gegenüber dem Erddurchmesser $2R \approx 12.740$ km vernachlässigbar klein ist. h beträgt ja höchstens wenige km, liegt also im „Unschärfebereich" von $2R$; man beachte, dass diese Zahl auch nicht exakt ist! Gleichwohl sind solche Operationen bei einem algebraisch geprägten Mathematikbild nicht selbstverständlich (eine Variable einfach verschwinden zu lassen, ist normalerweise ein schwerer Fehler).

Weiter ergibt sich daraus:

$$s^2 \approx 2Rh \Rightarrow s \approx \sqrt{2Rh} = \sqrt{2R} \cdot \sqrt{h}$$

Damit ist die Herkunft der Wurzel geklärt: s ist ungefähr proportional zu $\sqrt{h}$. Jetzt muss nur noch der Faktor 3,6 begründet werden. Hier ist zu beachten, dass man für R und h zunächst die gleichen Maßeinheiten verwenden muss, also sind z. B. beide in Metern anzugeben:

$$s \approx \sqrt{2Rh} = \sqrt{12.740.000 \cdot h}\,\text{m} = 3569,3\ldots \cdot \sqrt{h}\,\text{m} \approx 3,6 \cdot \sqrt{h}\,\text{km} \quad \odot$$

So weit die Theorie. Zur Brauchbarkeit der Faustregel ist zu beachten, dass die Umgebung eines erhöhten Standpunkts auf dem Festland im Allgemeinen nicht eben ist, d. h., weit entfernte Bergspitzen sind möglicherweise noch sichtbar, obwohl sie außerhalb des berechneten Sichtkreises liegen. Das Gleiche gilt bei Beobachtungen am Meer: Ein weit entferntes Schiff kann mit seinen Aufbauten (Brücke, Masten) noch sichtbar sein, wenn der Rumpf schon unter dem Horizont liegt. Die Höhe des beobachteten Objekts müsste also in die Berechnung einbezogen werden. Außerdem sollte man im Gebirge als Höhe h nicht die Höhe des Standorts über dem Meeresspiegel, sondern die Höhendifferenz zum umliegenden Gelände einsetzen.

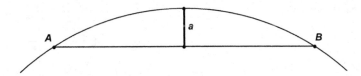

Abb. 1.17 Aufwölbung eines Sees

Grundsätzlich sollte man also die berechneten Werte nicht zu genau nehmen; in diesem Sinne reicht auch für die Quadratwurzel eine grobe Schätzung. Immerhin ergeben sich gute Anhaltspunkte, was man von Bergen oder Türmen aus sehen kann und was nicht.

Wie weit reicht die Regel? Für die Reiseflughöhen von Verkehrsflugzeugen (maximal 13 km) ist die Näherung $2R + h \approx 2R$ jedenfalls tragbar, der Fehler liegt bei 0,1 %. Ob sie für Raumschiffe im Orbit (z. B. für die ISS mit $h \approx 350$ km) immer noch anwendbar ist, müsste genauer untersucht werden.

Aufwölbung eines Sees

Das Problem ähnelt im Ansatz dem vorigen. Der praktische Nutzen ist eher gering, aber das Ergebnis ist verblüffend, und außerdem ergeben sich bei der Analyse einige interessante Aspekte.

Große Wasserflächen, auch Binnenseen, sind nicht ganz eben, sondern infolge der Erdkrümmung gewölbt. Wenn ein See z. B. 10 km lang ist, um wie viel erhebt sich die Mitte des Sees über der geradlinigen Verbindung zweier Uferpunkte? (Vgl. Abb. 1.17; die Größenverhältnisse sind natürlich wieder stark übertrieben.)

Gegeben ist $|AB| = 10$ km; gesucht ist die Aufwölbung a. Schätzen Sie zuerst, bevor Sie weiterlesen!

Übrigens ist es unerheblich, ob man die Entfernung geradlinig (als Länge der *Strecke* AB) oder gekrümmt (als Länge des *Kreisbogens* AB) misst. Ist $\alpha = \angle AMB$ der Mittelpunktswinkel des Bogens, dann erhält man aus $\sin\left(\frac{\alpha}{2}\right) = \frac{|AB|/2}{R} = \frac{5\,\text{km}}{6370\,\text{km}}$ den Wert $\alpha = 0{,}0899\ldots$ und daraus die Bogenlänge $\left|\overset{\frown}{AB}\right| = \alpha \cdot \frac{\pi}{180} \cdot R = 10{,}00000103$ km; der Unterschied beträgt also nur ca. 1 mm.

Zur Berechnung der Aufwölbung a zu einer beliebig gegebenen Länge $s = |AB|$ des Sees untersuchen wir die Figur in Abb. 1.18. C ist die Mitte des Bogens AB und D der Gegenpunkt, d. h., CD ist ein Erddurchmesser; seine Länge beträgt $2R = 12.740$ km. Der Mittelpunkt F der Strecke AB liegt auf CD. Nach dem Satz des Thales ist $\triangle ACD$ rechtwinklig; aus dem Höhensatz folgt dann:

$$|AF|^2 = |CF| \cdot |DF| \implies \left(\frac{s}{2}\right)^2 = a \cdot (2R - a) \tag{1.2}$$

Bei gegebenem s ist das eine quadratische Gleichung für a, also im Prinzip kein Problem. Aber hier zeigt sich wieder einmal, dass es ein sträflicher Leichtsinn ist, die Variablen

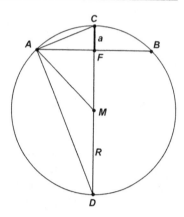

Abb. 1.18 Analyse der Aufwölbung

ausschließlich unter dem Kalkülaspekt zu betrachten. Denn es stecken Zahlen dahinter: Selbst wenn man a großzügig schätzt, etwa auf einige Meter, ist a in der Differenz $2R - a$ vernachlässigbar klein, die Subtraktion würde sich erst in der 8. Stelle auswirken. Also gilt:

$$\left(\frac{s}{2}\right)^2 \approx a \cdot 2R \Rightarrow a \approx \frac{s^2}{8R} \tag{1.3}$$

Mit $s = 10\,\text{km}$ ergibt sich tatsächlich eine sehr kleine Zahl: $a = 0{,}00198\ldots \approx 0{,}002$. Aber Vorsicht: Wir haben alle Längen in km gemessen, also ist $a = 2\,\text{m}$! (Vergleichen Sie das Ergebnis mit Ihrer Schätzung!)

Der Wert ist verblüffend groß. Aber das ist nicht alles: Die einfache *Nahezu-Gleichung* (1.3) für a enthält noch weitere bemerkenswerte *funktionale* Aspekte. Denn die Aufwölbung hängt *quadratisch* von der See-Länge s ab, d. h., wenn man s verdoppelt, dann wird a vervierfacht, oder allgemein: Wenn man a mit einem Faktor k multipliziert, dann ist s mit k^2 zu multiplizieren. Zum Beispiel hat der Bodensee eine Länge von ca. 65 km, also das 6,5-Fache unseres Beispiel-Sees; die Aufwölbung vergrößert sich also mit dem Faktor $6{,}5^2 \approx 40$, sie beträgt somit sage und schreibe ca. 80 m.

Zufällig kann man den Nenner $8R$ in Gl. (1.3) durch eine einfache Zahl abschätzen:

$$8R \approx 50.000\,\text{km} \Rightarrow a \approx \frac{s^2}{50.000}\,\text{km} = \frac{s^2}{50}\,\text{m}$$

Damit hat man eine einfache Faustregel zur Berechnung der Aufwölbung, in Worten:

▶   „Länge des Sees in Kilometer quadriert und durch 50 geteilt, ergibt Aufwölbung in Meter".

Noch einmal zurück zur quadratischen Gleichung (1.2): Wenn man an dieser Stelle auf der algebraischen Schiene weiterfährt, dann bekommt man mit der *p-q*-Formel diese Lösung:

$$a = R - \sqrt{R^2 - \frac{s^2}{4}}$$

Der Term ist viel komplizierter und verschleiert sogar die Tatsache, dass a quadratisch von s abhängt; man kann sie höchstens aus einer Wertetabelle ablesen, oder man aktiviert die Analysis und benutzt (neben einigen algebraischen Umformungen) die Approximation $\sqrt{1+x} \approx 1 + \frac{x}{2}$; damit erhält man das gleiche Ergebnis wie oben.

Schließlich nochmals zurück zur geometrischen Herleitung: Wenn man den Höhensatz nicht mag (oder nicht voraussetzen möchte), dann kann man auch im rechtwinkligen ΔAFM (vgl. Abb. 1.18) den Satz des Pythagoras anwenden, allerdings mit den gleichen Problemen. Es gilt nämlich:

$$(R-a)^2 + \left(\frac{s}{2}\right)^2 = R^2 \Rightarrow -2Ra + a^2 + \frac{s^2}{4} = 0$$

Damit sind wir wieder bei der obigen quadratischen Gleichung angelangt, die erst durch Weglassen der sehr kleinen Zahl a^2 zu einem sinnvollen Ergebnis führt.

Wir haben eingangs erwähnt, der praktische Nutzen dieses Problems sei eher gering; dennoch ist er nicht gleich null, wie das folgende Beispiel zeigt. „GEO" berichtete im Heft 6/2014 über die Hamburgische Schiffbau-Versuchsanstalt. Dort gibt es einen Kanal von 300 m Länge, in dem Schiffsrumpfmodelle getestet werden. Die Modelle werden von einem Schleppwagen durchs Wasser gezogen; der Wagen läuft auf Schienen, die neben dem Kanal montiert sind. Über diese Schienen heißt es:

„... eine Selbstverständlichkeit für professionelle Genauigkeitsfanatiker – [sie folgen] der Wasseroberfläche. Das heißt: Statt stur geradeaus zu führen, machen sie zwei Millimeter Erdkrümmung mit, die auf 300 Meter Strecke anfallen."

Ist damit wirklich die Aufwölbung gemeint? Testen Sie die Faustregel mit diesem Beispiel!

Bemerkenswert ist der Vergleich des Kanals mit dem 10 km langen See: Die Aufwölbung ist etwa 1000-mal so groß wie bei dem Testkanal, während die Länge des Sees nur ca. 33-mal so groß ist.

Schwingungsdauer eines Pendels

Ein Gegenstand, der frei beweglich an einem Faden hängt, vollführt eine Pendelbewegung. Die Schwingungsdauer T (= Zeit für eine volle Hin- und Herbewegung) und die Länge L des Pendels stehen in einem einfachen Zusammenhang:

$$T = 2\pi \sqrt{\frac{L}{g}}$$

Dabei wird T in Sekunden und L in Metern gemessen. g ist die Fallbeschleunigung; auf der Erdoberfläche ist $g = 9{,}81 \, \text{ms}^{-2}$. Auf die physikalischen Hintergründe gehen wir hier nicht ein (erstaunlich ist z. B., dass T nicht von der Masse des Pendelkörpers abhängt), ebenso wenig auf die Idealisierungen und Vereinfachungen, die in der Herleitung stecken

Abb. 1.19 Foucault'sches Pendel (© Jose Ignacio Soto – Fotolia.com)

(masseloser Faden, punktförmige Masse, kleine Ausschläge). Anzumerken ist höchstens:
Wenn man bei einem realen Pendel die Länge L misst, dann sollte man versuchen, den
Abstand der Aufhängung vom *Schwerpunkt* des Pendelkörpers möglichst genau zu be-
stimmen.

Bei konstanter Fallbeschleunigung kann man die funktionale Abhängigkeit von T und
L durch die Umformung

$$T = \frac{2\pi}{\sqrt{g}} \cdot \sqrt{L}$$

verdeutlichen. Der Zufall will es, dass die Konstante in diesem Term mit $g = 9{,}81\,\text{m/s}^2$
ziemlich genau gleich 2 ist, sodass wir eine ganz einfache Beziehung erhalten:

$$T \approx 2 \cdot \sqrt{L}$$

Ein Beispiel: Das Foucault'sche Pendel im Pariser Pantheon (vgl. Abb. 1.19) ist, so steht es
im Reiseführer, 67 m lang. Die Regel „Wurzel aus L verdoppeln" ergibt mit $\sqrt{67} \approx 8{,}2$
eine Schwingungsdauer von 16,4 Sekunden, also schwingt es knapp 4-mal pro Minute.
Umgekehrt: Wenn man den Reiseführer gerade nicht zur Hand hat, kann man bei einer
Besichtigung des Pantheon die Schwingungsdauer T stoppen und mit der Regel „Halbieren und Quadrieren" die Länge bestimmen.

Ebenso wird, wenn man eine bestimmte Schwingungsdauer zur Zeitmessung haben möchte, die benötigte Pendellänge ausgerechnet, etwa für ein Sekundenpendel: $T = 1\,\text{s}$ halbiert und quadriert ergibt $L = \frac{1}{4}\,\text{m} = 25\,\text{cm}$ (probieren Sie es aus, es funktioniert hervorragend!). Dass ein Sekundenpendel 25 cm lang ist, sollte man auch als *markanten Punkt* der Funktion im Gedächtnis behalten, und zwar zur Kontrolle, damit man die beiden Operationen nicht in der falschen Reihenfolge ausführt.

Eine kleine historische Anekdote zu diesem Thema: Gegen Ende des 18. Jahrhunderts, zur Zeit der Französischen Revolution, plante ein Team französischer Wissenschaftler, ein einheitliches System von Längen-, Flächen-, Raummaßen und Gewichten zu definieren, um das Chaos regional unterschiedlicher Maßsysteme zu überwinden; dazu sollte ein *naturgegebenes* Maß als Grundlage gefunden werden. Letztendlich hat sich die Idee durchgesetzt, die Längeneinheit Meter als den zehnmillionsten Teil eines Meridian-Quadranten festzulegen. Aber es gab auch eine andere Überlegung, die sogar auf Galilei zurückgehen soll: Die neue universelle Längeneinheit sollte als Länge eines Sekundenpendels definiert werden. (Die Zeiteinheit Sekunde war ja schon normiert.) Die Idee scheiterte jedoch daran, dass die Fallbeschleunigung g nicht überall auf der Erde gleich groß ist, also keine Naturkonstante darstellt; sie hängt im Wesentlichen von der geografischen Breite ab, und man konnte sich nicht einigen, auf welcher Breite die Messung durchgeführt werden sollte (vgl. [1], S. 122f.).

1.4 Große Zahlen, kleine Zahlen

1.4.1 ... im Alltag

Millionen, Milliarden, Billionen Euro oder Tonnen CO_2, Megawatt, Terabyte und Nanometer – auch die Zahlenriesen und -zwerge begegnen uns alltäglich. Als „Einzelwesen" sind sie in der Regel ziemlich nichtssagend, unvorstellbar; es fehlen die Stützgrößen, die eine Vorstellung von ihrer Größenordnung ermöglichen. Erst in Relation zu anderen Größen kann man ihnen eine Bedeutung zumessen, aber es ist nicht immer leicht möglich, solche Beziehungen zu finden.

Veranschaulichen heißt, eine mehr oder weniger künstliche Relation zu anderen Größen herzustellen; manchmal gelingt das gut, manchmal hilft es wenig, oft genug ist es ziemlich aussichtslos, eine angemessene Vorstellung von großen und kleinen Zahlen zu entwickeln, dann muss man sich eben mit den Fakten zufriedengeben.

Die folgenden Beispiele sind zufällig und zusammenhanglos ausgewählt; sie sind eher als Aufforderung an die LeserInnen gedacht, selbst nach Zahlen ungewohnter Größenordnung Ausschau zu halten und zu überlegen, ob es an der Fundstelle gelungen ist (oder wenigstens versucht wurde), den Zahlen eine Bedeutung zu geben.

(1) Die Gewinnchance von „eins zu 140 Millionen" für den Hauptgewinn beim deutschen Lotto (6 Richtige aus 49, plus *Superzahl* = eine von 10 Ziffern) ist leicht auszurech-

nen, auch ohne vertiefte Kenntnisse in Kombinatorik:

$$\frac{49 \cdot 48 \cdot 47 \cdot 46 \cdot 45 \cdot 44}{6 \cdot 5 \cdot 4 \cdot 3 \cdot 2 \cdot 1} \cdot 10$$

Durch Kürzen und geschicktes Überschlagen kommt man sogar ohne TR recht schnell auf ca. 140 Mio. mögliche Ergebnisse einer Ziehung, von denen ein Einziges den begehrten Jackpot bringt. Diese Größenordnung ist noch relativ harmlos, aber dennoch tückisch: Fast jede Woche gibt es mindestens einen glücklichen Gewinner; „warum nicht ich?", so fragt sich jeder andere Lottospieler. Also: Nehmen wir an, dass bei jeder Ziehung ein anderes Ergebnis kommt, solange bis alle aufgebraucht sind. Bei zwei Ziehungen pro Woche sind es ca. 100 pro Jahr, somit dauert es 1,4 Mio. Jahre bis zur ersten Wiederholung. Wenn man nun einen Dauertipp mit 10 Spielen hat, wird man innerhalb von 140.000 Jahren einmal den Jackpot gewinnen. Das ist nicht unbedingt tröstlich (aber man kann ja Glück haben . . .).

Ob das eine gelungene Veranschaulichung ist, sei dahingestellt. Vielleicht finden Sie diese besser: Sie sitzen im (mit konstanter Geschwindigkeit) fahrenden Zug Berlin-Hamburg, Ihre Augen sind verbunden, und Sie halten eine Pistole zum Fenster hinaus. Irgendwo auf der Strecke wurde eine 2 cm breite Latte aufgestellt. Wenn Sie durch zufälliges Abdrücken die Latte treffen, erhalten Sie eine große Summe Geldes. Wären Sie bereit, für diese Chance 1,10 € (das ist der Preis eines Lottotipps) zu bezahlen? Mit dieser Veranschaulichung würden vermutlich viel mehr Leute denken: Da kann ich die 1,10 € doch gleich zum Fenster hinauswerfen . . .

Wie auch immer: Wenn es denn geklappt hat, was dann? Was bedeutet es für einen Normalmenschen, stolzer Besitzer von ca. 9 Mio. € zu sein (das ist die „theoretische Quote", vgl. Abschn. 1.1.1)? Selbst wenn man eine Million sofort in die Pfanne haut, dann kann man die restlichen 8 Mio. € zu 2 % Zinsen anlegen, das ergibt 160.000 € brutto im Jahr. Nicht schlecht. Momentan sind die Zinsen sehr niedrig; wenn sie wieder steigen, gibt es eine entsprechende „Gehaltserhöhung".

(2) Auszug aus einem Zeitschriftenartikel zum Thema Rußpartikel in Autoabgasen („SPIEGEL" Nr. 48/2013, S. 138):

„Erst 2017 wird eine EU-Norm den zulässigen Höchstwert generell auf das Niveau senken, das heutzutage schon für Diesel-PKW gilt: 600 Milliarden Partikel pro km.
Die Zahl scheint absurd hoch, kam für den Diesel aber einer Filterpflicht gleich. Denn ohne Filter entlassen diese Motoren mehr als zehn Billionen Teilchen, mit Filter nur noch um die hundert Milliarden."

„Absurd hoch" sind alle diese Zahlen, wenn man sie für sich betrachtet; immerhin kann man den Daten Folgendes entnehmen: Der Rußfilter beim Diesel senkt den Rußanteil im Abgas auf ca. 1 %; der geplante Grenzwert ist 6-mal so hoch wie beim Diesel mit Filter. Ohne diese Relation ist es unmöglich, die Zahlen sinnvoll zu interpretieren. Wir wollen nicht verschweigen, dass in dem Artikel die Größen grafisch durch Punktfelder dargestellt wurden, wobei ein Punkt für je 100 Mrd. Partikel pro gefahrenem Kilometer stand, dadurch wurde ein optischer Vergleich möglich. Was die reinen

Zahlen betrifft, wäre es eine mögliche Alternative, den Ausstoß nicht mit der Anzahl der Partikel zu beschreiben (dahinter steckt ja auch das technische Problem: Wie zählt man eigentlich die Partikel?); stattdessen könnte man in einer anderen Einheit messen, z. B. in mg Feinstaub pro km oder in g pro 100 km, was auch immer sinnvoll wäre.

(3) Aus der „Westfälischen Rundschau" vom 05.12.2013:
„[Die EU] verhängte gegen sechs Großbanken gestern Rekord-Bußen von 1,71 Milliarden Euro. [Die Deutsche Bank] ... bekam 725 Millionen Euro aufgebrummt."

Was beim Lottogewinn noch funktionierte, versagt hier völlig: Solche Beträge sind nicht mit den finanziellen Verhältnissen eines Normalbürgers in Einklang zu bringen. Was bedeutet es für eine Großbank? Tut es richtig weh, oder sind es die fast schon sprichwörtlich gewordenen *Peanuts*? Eine gewisse Relation wird im weiteren Verlauf des Textes hergestellt:
„Die Bank hatte schon Ende Oktober mehr Geld für Prozesse und juristische Streitfälle reserviert – insgesamt liegen diese Rückstellungen bei 4,1 Milliarden Euro. Das hatte den Gewinn im dritten Quartal pulverisiert."

Ohne eine derartige Zusatzinformation wäre die obige Zahl nutzlos. (Weitere ökonomische oder moralische Aspekte werden wir hier nicht diskutieren.)

(4) Zitat aus „Wikipedia" zum Kometen C/2012 S1 (ISON), der am 21.09.2012 entdeckt wurde und seitdem von Astronomen und interessierten Laien mit wachsender Aufmerksamkeit verfolgt wurde:
„Am 1. Oktober 2013 näherte er sich dem Mars bis auf etwa 10,9 Millionen Kilometer. Im weiteren Verlauf erreichte der Komet am 28. November 2013 seinen sonnennächsten Punkt. Im Perihel – ISON hatte hier eine Bahngeschwindigkeit von etwa 360 km/s – betrug sein Abstand zur Sonne nur rund 0,012 AE (1,8 Millionen Kilometer), was etwa einem Sonnendurchmesser entspricht. ... Nach einem starken Helligkeitsverlust ging man davon aus, dass der Komet bei seiner Sonnenpassage ... zerbrochen sei. ...
Die größte Annäherung an die Erde wurde für ISON – oder seine Überreste – für die Nacht vom 26. auf den 27. Dezember 2013 mit einem Abstand von etwa 60 Millionen Kilometer berechnet."

Schade – es hätte ein schöner Weihnachtsstern 2013 werden können. Aber jetzt zu den Zahlen: 10,9 Mio. km als kürzeste Entfernung zum Mars – ist das viel oder wenig? Eher wenig, sonst wäre es nicht erwähnt worden; das zeigt auch der weitere Text: Der kürzeste Abstand zur Erde betrug 60 Mio. km, also fast das Sechsfache.
Interessant ist vor allem der Minimalabstand zur Sonne: 0,012 AE = 1,8 Mio. km. Was AE bedeutet, kann man sich bei „Wikipedia" per Link erschließen, aber wie viel das ist, ergibt sich auch ohne:

$$1\,\text{AE} = \frac{1,8\,\text{Mio.}}{0,012}\,\text{km} = 150\,\text{Mio. km}$$

(Später mehr dazu.) Wenn der minimale Abstand etwa einem Sonnendurchmesser entspricht, muss man sich fragen: Ist es der Abstand von der Oberfläche oder vom

Mittelpunkt der Sonne? Normalerweise ist der Unterschied unerheblich, aber hier sollte man das berücksichtigen!

Die Bahngeschwindigkeit hat eine unscheinbare Maßzahl, nur die Einheit ist spektakulär: 360 km pro *Sekunde* ist nicht mit irdischen Maßstäben vergleichbar. (Kleine Kopfrechenübung: Wie viele km/h sind das?) Also nehmen wir ein bekanntes *gleichartiges* Objekt, unsere Erde: Beim jährlichen Umlauf um die Sonne beträgt die Weglänge ungefähr $2\pi \cdot R$, wobei $R \approx 150$ Mio. km der mittlere Abstand der Erde zur Sonne ist. Somit beträgt die Bahngeschwindigkeit der Erde $\frac{2\pi \cdot 150 \, \text{Mio. km}}{1 \, \text{Jahr}}$.

Wie viele Sekunden hat ein Jahr? Mit TR oder Überschlagsrechnen ist das leicht zu ermitteln: 1 Jahr $= 365,25 \cdot 24 \cdot 60 \cdot 60$ Sekunden. Unter Physikern ist auch der folgende „Trick" geläufig:

$$1 \, \text{Jahr} \approx \pi \cdot 10^7 \, \text{Sekunden}$$

Diese Näherung ist verblüffend genau! (Dass die Kreiszahl π darin vorkommt, ist inhaltlich nicht zu begründen, sie dient eher als Eselsbrücke.) Damit geht es ganz schnell:

$$\frac{2\pi \cdot 150 \, \text{Mio. km}}{\pi \cdot 10^7 \, \text{s}} = \frac{300 \, \text{Mio. km}}{10^7 \, \text{s}} = 30 \, \text{km/s}$$

Also ist ISON im sonnennächsten Punkt zwölfmal so schnell wie die Erde gewesen! Ob das hilft, sich diese Geschwindigkeit als absolute Größe vorzustellen, ist fraglich, aber über die Relation wird sie besser verständlich.

Wir bleiben noch kurz beim Thema der astronomischen Entfernungen, weil man hier ein Phänomen beobachten kann, das bei der Bewältigung großer Maßzahlen recht häufig auftritt: Es werden neue Einheiten gebildet. (Nebenbei: Das Attribut *astronomisch* dient allgemein als Metapher für große Zahlen!)

In unserem Planetensystem wählt man den *mittleren* Abstand der Erde zur Sonne (in welchem Sinn das genau gemeint ist, ist hier nicht das Thema) als Bezugsgröße und definiert ihn als *astronomische Einheit* AE. Als Merkwert nimmt man 1 AE ≈ 150 Mio. km (siehe oben; exakt ist 1 AE festgelegt als 149.597.870,7 km). Damit werden interplanetare Distanzen mit unserer Position im Sonnensystem vergleichbar, aber nicht nur das: Ist T die Umlaufzeit eines Planeten, Kometen oder Asteroiden und r sein mittlerer Abstand von der Sonne (die große Halbachse der Ellipsenbahn), dann ist nach dem 3. Kepler'schen Gesetz T^2 proportional zu r^3. Wenn man nun beide Größen auf die Erde normiert, also T in Jahren und r in AE misst, dann ist der Proportionalitätsfaktor gleich 1, d. h. $T^2 = r^3$. Damit kann man leicht T aus r berechnen und umgekehrt; in diesem Sinne können physikalische Gesetze zur Bildung neuer Einheiten beitragen.

Tabelle 1.10 enthält einige Daten zu Planeten und Kometen in unserem Sonnensystem zum Üben – bitte ergänzen, am besten zunächst mit Überschlag (Kopfrechnen)! Umrechnung von r in Mio. km ist nicht notwendig, aber erwünscht. Man beachte, dass die Kometenbahnen im Unterschied zu den fast kreisförmigen Planetenbahnen nur unvollständig durch r bzw. T beschrieben werden: Um die mehr oder weniger starke Ellipsenform

Tab. 1.10 Zu Planeten und Kometen

Himmelskörper	r (AE)	T (Jahre)
Merkur	0,387	
Venus	0,723	
Mars	1,52	
Jupiter		11,9
Saturn		29,3
Uranus	19,2	
Neptun	30,1	
Pluto	39,5	
Halley		75,3
Ikeya-Seki		876
Hale-Bopp		2540

genauer zu erfassen, bräuchte man noch die Exzentrizität bzw. die Periheldistanz (kürzeste Entfernung von der Sonne). Für die Umrechnung von T in r und umgekehrt ist das aber unerheblich.

Für außerplanetare Entfernungen ist das Lichtjahr (Abkürzung Lj) die bekannteste Einheit. Welche Strecke das Licht in einem Jahr zurücklegt, kann man aus der Lichtgeschwindigkeit $c \approx 300.000$ km/s und mit dem obigen „Trick" 1 Jahr $\approx \pi \cdot 10^7$ s leicht überschlagen:

$$1 \, \text{Lj} \approx (3 \cdot 10^5 \, \text{km/s}) \cdot (\pi \cdot 10^7 \, \text{s}) \approx 9{,}5 \cdot 10^{12} \, \text{km}$$

Das sind knapp 10 Billionen km. Der nächstgelegene Fixstern, Proxima Centauri, ist ca. 4,2 Lj von uns entfernt. Für noch größere Entfernungen hat man keine weiteren Einheiten gebildet, was vielleicht auch nicht unbedingt erforderlich ist: Der Radius des beobachtbaren Universums wird als mindestens 45 Mrd. Lj angenommen.

Vorsätze für Maßeinheiten Allgemein werden neue Einheiten nur selten mit solch „krummen" Umrechnungsfaktoren gebildet. Stattdessen gibt es die Vorsätze, die am Dezimalsystem orientiert sind:

Kilo, Mega, Giga, Tera, … (Abkürzungen k, M, G, T, …) vergrößern die Einheiten (d. h. verkleinern die Maßzahlen) jeweils mit dem Faktor 1000, und Milli, Mikro, Nano, … (Abkürzungen m, μ, n, …) verkleinern die Einheiten mit den Faktor $\frac{1}{1000}$. Sie sind standardisiert jeweils für acht Stufen nach oben und unten (also bis zu Faktoren 10^{24} bzw. 10^{-24}), aber nur im o. g. Bereich geläufig. Zusätzlich gibt es für die kleineren Zehnerpotenzen die Vorsätze Deka, Hekto (für die Faktoren 10 und 100) bzw. Dezi, Zenti (für $\frac{1}{10}$ und $\frac{1}{100}$).

Je nach Größenbereich oder Kontext entwickeln diese Vorsätze im alltäglichen Gebrauch manchmal ein merkwürdiges Eigenleben.

- Bei der Masse (oftmals als *Gewicht* bezeichnet, was aber physikalisch falsch ist) mit der Einheit Kilogramm hat sich der Vorsatz Kilo in der Umgangssprache verselbstständigt. Statt Megagramm sagt man Tonne, dann wieder wie üblich Kilotonne, Megatonne.

- Beim Geld sind die Kürzel k€, M€, ... völlig unüblich, obwohl sie manchmal ganz praktisch wären. Allenfalls im Bereich Wirtschaft findet man so etwas ab und zu, auch als T€ für 1000 € (nicht Tera-Euro!).

- Bei Längenmaßen gibt es außer km eigentlich nichts Größeres (außer im Kontext Astronomie, siehe oben). Für kleine Längen sind natürlich cm und mm im Alltag sehr geläufig; dm (Dezimeter) wird wenig gebraucht, hauptsächlich in der Schule wegen der Zehner-Stufen. Die Vorsätze für ganz kleine Längen (μm, nm usw,) werden nur noch in der Technik und der Wissenschaft gebraucht.

- Entsprechend sind bei Flächenmaßen außer km^2 keine weiteren Vorsätze geläufig. Hier ist zu beachten, dass *Kilo* quasi mitquadriert wird, d. h. $1 \, \text{km}^2 = 1 \, (\text{km})^2 = 1 \, \text{Mio.} \, \text{m}^2$ und nicht $1 \, \text{k}(\text{m}^2) = 1000 \, \text{m}^2$.

  Außerdem gibt es vornehmlich für Grundstücke die Einheiten Ar, Hektar, im Agrarbereich auch Morgen ($1 \, \text{Ar} = 100 \, \text{m}^2$, $1 \, \text{Hektar} = 100 \, \text{Ar}$, $4 \, \text{Morgen} = 1 \, \text{Hektar}$); hinzu kommt vor allem im Ruhrgebiet die heimliche Flächeneinheit *Fußballfeld* (ca. $7000 \, \text{m}^2$, eine exakte Definition muss noch gefunden werden).

- Für das Volumen ist im Alltagsbereich aus verständlichen Gründen der Liter (Abkürzung l) die Basiseinheit, nicht der Kubikmeter, wie es eigentlich der Norm entspräche. Größere Volumina werden in m^3 gemessen, aber wiederum i. Allg. ohne Vorsätze. Wenn man jedoch einen Vorsatz verwendet, ist auch hier Vorsicht geboten, ähnlich wie bei den Flächenmaßen, z. B. $1 \, \text{km}^3 = 1 \, \text{Mrd.} \, \text{m}^3$. Als kleinere Einheiten sind je nach Kontext dl, cl, ml mehr oder weniger gebräuchlich.

- Die Größenbereiche *Zeit* und *Winkelgrade* sind die einzigen, die sich hartnäckig einer Dezimalisierung der Einheiten widersetzt haben (Jahr-Monat-Woche-Tag-Stunde-Minute-Sekunde; analog: Grad-Minute-Sekunde; zur Zeit der Französischen Revolution gab es für den Größenbereich *Zeit* entsprechende Versuche, die aber kläglich gescheitert sind). Für größere Zeitspannen sind keine Vorsätze in Gebrauch, wohl aber für kleinere (Milli-, Mikrosekunden usw.).

- Für Anteile (als dimensionslose Größe) ist Prozent die alltäglich wichtige Maßeinheit; Promille kommt schon seltener vor (bei Autofahrern mit einem speziellen Beigeschmack), und ab und zu begegnet man der Abkürzung ppm = parts per million, insbesondere bei Schadstoffkonzentrationen. Vorsätze sind nicht üblich. Starke Verdünnungen werden auch mit der D-Skala beschrieben, vor allem in der Homöopathie und in der Toxikologie (der Ausdruck *homöopathische Dosis* ist sprichwörtlich für einen winzig kleinen Anteil!), mit den Abkürzungen D1, D2, D3, ...: Von Stufe zu Stufe wird die Substanz im Verhältnis 1 : 10 verdünnt (1 Teil Substanz und 9 Teile Lösungsmittel werden gemischt), somit bedeutet z. B. D6 eine Verdünnung von 1 : 1 Million. Es handelt sich also im Grunde um eine *logarithmische* Skala. D8 ist der Grenzwert von Arsen im Trinkwasser, und D24 bedeutet etwa einen Tropfen der Ursubstanz im Atlantik (vgl. „Wikipedia", Stichwort *Potenzieren (Homöopathie)*). Können Sie die letzte Aussage bestätigen?

- Die Einheiten für den Speicherplatz digitaler Medien haben sich in den letzten 30 Jahren stark nach oben entwickelt: Gigabyte (GB) ist inzwischen normal, auch Terabyte (TB) ist schon allgemein gebräuchlich. In diesem Größenbereich spielen die Vorsätze eine Sonderrolle, denn die digitale Welt ist besser mit 2er-Potenzen als mit 10er-Potenzen zu strukturieren. Somit ist 1 kB nicht 1000 B, sondern $2^{10} = 1024$ B usw.; der Unterschied von Stufe zu Stufe ist mit 2,4 % zwar relativ gering, aber über mehrere Stufen vergrößert er sich: 1 GB $= 2^{30}$ B $\approx$ 1,074 Mrd. B, hier beträgt er schon ca. 7,4 %. Daher wurde ein neuer Standard für Binär-Präfixe definiert: Kibi, Mebi, Gibi, . . . vergrößern die Einheiten stufenweise mit Faktor 1024 (die Silbe *bi* stammt von *binär*); die Abkürzungen sind Ki, Mi, Gi usw. Im technischen Bereich ist dadurch Eindeutigkeit gewährleistet, aber im Alltag haben sich die Bezeichnungen noch nicht durchgesetzt.

Zahlennamen Es gibt eine andere Art, große Zehnerpotenzen zu beschreiben, die auf Anzahlen und Maßzahlen gleichermaßen anwendbar ist, nämlich die Zahlennamen. Millionen, Milliarden, Billionen gehören noch zum aktiven Wortschatz, aber dann wird es schwieriger: Trillionen, Quadrillionen, . . ., die Reihe ist beliebig fortsetzbar, aber was bedeuten die Namen? Wenn man die Zahlwortreihe auf Latein beherrscht, ist die Regel einfach: Eine -illion auf der *n*-ten Stufe ist eine 1 gefolgt von 6*n* Nullen, wobei die Vorsilbe aus dem lateinischen Wort für *n* gebildet wird, z. B. 1 Oktillion $= 10^{6 \cdot 8} = 10^{48}$; die zugehörige -illiarde hat noch 3 Nullen mehr. Sehr oft werden solche Bezeichnungen jedoch nicht gebraucht, weil man immer erst die Anzahl der Nullen ausrechnen muss, um die Zahl zu verstehen; da kann man auch gleich die Zehnerpotenz hinschreiben. Jenseits der Billion eignen sich die Zahlennamen nur noch, um Eindruck zu machen.

Hinzu kommt, dass diese sprachliche Konvention international nicht allgemeingültig ist. Im Gegensatz zur obigen Regel (auch *lange Leiter* genannt) wird manchmal die sogenannte *kurze Leiter* gebraucht, die vor allem in USA üblich ist: Es gibt nur -illionen, keine -illiarden; ausgehend von der Million werden von Stufe zu Stufe nur 3 Nullen angehängt, d. h., 1 Billion (Trillion, Quadrillion, . . ., Oktillion) der kurzen Leiter ist 1 Milliarde (Billion, Billiarde, . . ., Quadrilliarde) der langen Leiter. Das führt zwangsläufig zu Missverständnissen.

Außerhalb dieser Reihe gibt es noch einen merkwürdigen Zahlnamen, nämlich Myriade: Der Plural *Myriaden* steht für eine unmessbare Zahl, aber der Singular *eine Myriade* ist eine feste Zahl, und zwar 10.000.

Rechnen mit großen und kleinen Zahlen ist selbst bei Verwendung eines TR keine triviale Aufgabe. Ein relativ komplexes Beispiel: Welche Masse hat die Sonne? Aus der Physik übernehmen wir die folgende Formel:

$$M = \frac{4\pi^2 \cdot r^3}{G \cdot T^2}$$

Dabei sei r der Bahnradius der Erde in *Metern*, T ihre Umlaufzeit in *Sekunden* und G die Gravitationskonstante. Das Ergebnis ist die Sonnenmasse M in *Kilogramm*. (Die Formel folgt aus dem Gravitations- und dem Trägheitsgesetz; da wir hier jedoch keine Physik betreiben, verzichten wir auf die Herleitung.) Nun die Eingabedaten:

$$r = 149{,}6 \,\text{Mio. km} = 1{,}496 \cdot 10^{11} \,\text{m}$$
$$t = 1 \,\text{Jahr} = 365{,}25 \cdot 24 \cdot 60 \cdot 60 \,\text{s} = 31.557.600 \,\text{s} \approx 3{,}156 \cdot 10^{7} \,\text{s}$$
$$G = 6{,}674 \cdot 10^{-11} \,\text{m}^3\text{s}^{-2}\,\text{kg}^{-1}$$

Man sieht: Schon die Aufbereitung dieser Daten bereitet gewisse Probleme. Sie sind hier bereits konsequent als *Gleitkommazahlen* mit Mantisse und Exponent dargestellt, wie man es vom TR für große und kleine Zahlen kennt (Genaueres in Abschn. 2.2.3); das muss nicht unbedingt sein, aber irgendwann kommt man nicht daran vorbei. Die Anzahl der Sekunden pro Jahr wurde auf 4 Stellen gerundet, wie die anderen Größen auch. Damit ergibt sich:

$$M = \frac{4\pi^2 \cdot (1{,}496 \cdot 10^{11})^3}{6{,}674 \cdot 10^{-11} \cdot (3{,}156 \cdot 10^{7})^2}$$

Mit TR kein Problem, sollte man sagen – aber die Erfahrung zeigt: Wenn man das in einer Gruppe von 20 Studierenden ausrechnen lässt, dann werden fünf bis zehn verschiedene Ergebnisse produziert, die teilweise erheblich voneinander abweichen. Gerade bei solchen Problemen ist es jedoch unbedingt notwendig, sehr sorgfältig vorzugehen, denn der Kontext bietet keine Möglichkeit zur Kontrolle; Ergebnisse wie $1{,}23 \cdot 10^{28}$ kg oder $4{,}56 \cdot 10^{33}$ kg sind gleichermaßen „plausibel", aber erstens unterscheiden sie sich gewaltig, und zweitens sind beide grob falsch.

Es ist also ratsam, zuerst die Größenordnung mit einem Überschlag zu ermitteln, wobei Mantissen und Zehnerexponenten sauber getrennt werden (wir benutzen dabei wieder die o. g. Näherung $T \approx \pi \cdot 10^{7}$ s, die sich in dieser Formel als extrem nützlich erweist):

$$M \approx \frac{4\pi^2 \cdot 1{,}5^3 \cdot 10^{33}}{7 \cdot 10^{-11} \cdot \pi^2 \cdot 10^{14}} \approx \frac{4 \cdot 3{,}5}{7} \cdot \frac{10^{33}}{10^{3}} = 2 \cdot 10^{30} \,\text{kg}$$

Damit steht die Zehnerpotenz bereits fest, und wenn man die „exakten" Werte einsetzt, braucht man nur noch Folgendes auszurechnen:

$$M = \frac{4\pi^2 \cdot 1{,}496^3}{6{,}674 \cdot 3{,}156^2} = 1{,}988$$

Schon der Überschlag war also sehr genau, aber das ist eher ein Zufallsprodukt; die Abweichung vom exakten Wert fällt i. Allg. größer aus, sollte aber bei geschicktem Überschlagen nie zu groß werden.

Abb. 1.20 Signal Iduna Park in Dortmund (© picture alliance / augenklick / firo Sportphoto)

Nachtrag zum Thema Volumen Wie bereits erwähnt, werden große Flächen u. a. mit der Einheit *Fußballfeld* gemessen. Nun gibt es ähnliche Versuche, Fußballstadien als Volumeneinheit zu definieren; so heißt es in einer Meldung der „Westfälischen Rundschau" (Dortmund) vom 30.12.2013 in einem Bericht über das Projekt IceCube (das ist ein Neutrino-Detektor in der Antarktis, an dem Physiker der TU Dortmund beteiligt sind):

> „Der dazu im Eis des Südpols installierte Detektor ... umfasst ein Volumen von einem Kubikkilometer – 80-mal größer als der Signal Iduna Park."

Können Sie diesen Vergleich nachvollziehen? Das Foto des Signal Iduna Parks (Abb. 1.20) möge als Orientierungshilfe dienen.

1.4.2 ... in der Mathematik

Wir haben uns bisher auf große und kleine Zahlen mit außermathematischen Bezügen konzentriert. Rein mathematisch ist es natürlich kein Problem, große Zahlen zu erzeugen, etwa durch fortgesetztes Potenzieren mit einem festen Exponenten, hier als rekursive Folge beschrieben:

$$a_0 = 10, \; a_{n+1} = a_n^{10}$$

$a_2 = 10^{100}$ trägt den Namen *Googol* (ein Kunstwort, das für den Firmennamen *Google* Pate gestanden hat; ob die andere Schreibweise auf ein Wortspiel oder einen Fehler zurückgeht, ist unklar). a_n ist eine 1 gefolgt von 10^n Nullen.

Noch schneller geht es, wenn man die Rollen von Basis und Exponent vertauscht:

$$b_0 = 10, \; b_{n+1} = 10^{b_n}$$

Dann ist $b_1 = 10.000.000.000$ und $b_2 = 10^{10.000.000.000}$, also eine 1 gefolgt von 10 Mrd. Nullen. Problem: Wie viele Nullen am Ende hat b_5?

Wesentlich reizvoller werden jedoch die Zahlenriesen, wenn man sie in einen Problemkontext einbettet. (Im Prinzip brauchen wir die Zwerge nicht extra zu behandeln: Wenn a riesig ist, dann ist ihr Kehrwert $\frac{1}{a}$ winzig.)

Die Schachbrett-Legende

Sie ist das vielleicht bekannteste, aber auch schönste Beispiel hierfür; zudem führt sie das exponentielle Wachstum sehr plastisch vor Augen.

Nachdem ein indischer Weiser das Schachspiel erfunden hatte, bot ihm sein König dafür einen Lohn nach Wunsch an, weil dem Herrscher das Spiel gut gefiel. Der Weise erbat sich 1 Weizenkorn auf das erste Feld des Schachbretts, 2 Körner auf das zweite, 4 auf das dritte usw., immer doppelt so viele auf das nächste Feld. Kein Problem, dachte der König und wies seine Minister an, die bescheidene Bitte zu erfüllen. Zunächst sollten die Hofmathematiker die benötigte Anzahl der Weizenkörner ausrechnen.

Die genaue Zahl ist schnell hingeschrieben und mit der Formel für die geometrische Reihe berechnet:

$$2^0 + 2^1 + 2^2 + 2^3 + 2^4 + \ldots + 2^{63} = 2^{64} - 1$$

Was das bedeutet, hat G. Ifrah in der „Universalgeschichte der Zahlen" zu einer lesenswerten Geschichte ausgeschmückt, von der wir nur den Schluss zitieren (vgl. [16, S. 484f].):

> „,Und solltet Ihr dennoch darauf bestehen, diese Belohnung auszuhändigen', fügte das Oberhaupt der Rechner hinzu, ,müsstet Ihr diesen ganzen Weizen in einem Behältnis von 12 Billionen m³ unterbringen und einen Speicher von vier Meter Breite, zwölf Meter Länge und einer Höhe von 250 Milliarden Meter bauen (d. h. fast das Doppelte der Entfernung der Erde von der Sonne).'
>
> ,Tatsächlich', erwiderte der König bewundernd, ,das Spiel, das dieser Weise erfunden hat, ist ebenso genial wie sein spitzfindiger Wunsch!' ... "

Können Sie die im Zitat genannten Maße des Kornspeichers bestätigen? (Dazu müsste man wissen: Welches Volumen hat ein Weizenkorn? Wählen Sie einen sinnvollen Wert.) Ein anderer Vergleich: Die Weizen-Jahresproduktion betrug im Jahr 2012 ca. 675 Mio. Tonnen. Wie viel wiegt ein Weizenkorn? Welche Fragen kann man damit stellen und näherungsweise beantworten? Überschlagsrechnung genügt, am besten ohne TR!

In Ifrahs Version der Legende schlägt nun der Chefkalkulator dem verzweifelten König als Ausweg aus dem Dilemma vor: Der Weise möge die Weizenkörner, die er verlangt hat, selbst abzählen. Wie lange braucht er wohl dafür?

Noch ein paar Zahlenriesen zum Thema Schach (vgl. „Wikipedia" → Schach): Die Zahl der möglichen Stellungen wird auf $2{,}28 \cdot 10^{46}$ geschätzt. Die Zahl der möglichen Spielverläufe ist noch um ein Vielfaches größer: Schon für die ersten 40 Züge belaufen sich die Schätzungen auf etwa 10^{115} bis 10^{120} verschiedene Spielverläufe.

Allgemein führen kombinatorische Probleme relativ häufig zu großen Zahlen. Ein einfaches Beispiel: Wie viele Sitzordnungen für n Personen auf n Stühlen gibt es? Die Anzahl der *Permutationen* von n Objekten beträgt $n!$. Wenn 10 Personen in einem Seminarraum alle Möglichkeiten durchprobieren und dazu jede Sekunde einmal wechseln, dann brauchen sie dafür 1008 Stunden, also bei einer 40-Stunden-Woche ca. ein halbes Jahr. Wie ist es bei 20 Personen? Wenn sie mit dem Urknall angefangen und Tag und Nacht ohne Pause durchgearbeitet hätten, wären sie heute noch längst nicht fertig – das ist schon ein wenig bestürzend, wenn man die relativ kleine Zahl von Objekten in Betracht zieht. Bei 70 Personen in einem mittelgroßen Hörsaal hat man schon den Zahlbereich eines normalen TR gesprengt: $70! \approx 1{,}2 \cdot 10^{100} \approx 1$ Googol. Erstaunlich dabei ist vielleicht, dass dies eine so große Zahl ist: Nach heutigem Wissen gibt es im sichtbaren Universum ca. 10^{80} Elementarteilchen; und wer würde nicht schätzen, dass es doch viel mehr Elementarteilchen im Universum gäbe als Möglichkeiten, 70 Personen anzuordnen? Es ist aber in Wirklichkeit umgekehrt mit dem Faktor 10^{20}!

Wie viele Dezimalstellen hat 1000!?
Mit einem geeigneten CAS ist das kein Problem: Selbst die exakte Zahl 1000! wird im Bruchteil einer Sekunde berechnet, und an der Gleitkommadarstellung kann man die Anzahl der Ziffern direkt ablesen. Aber mit einem normalen TR wird es zu einer reizvollen Aufgabe, vor allem wegen der vielfältigen Lösungsansätze (abhängig von der Verfügbarkeit mathematischer Methoden); auch ohne TR lassen sich vernünftige Abschätzungen erzielen. Einige Ansätze und Hinweise:

- Alle Faktoren sind nicht größer als 1000, man erhält also eine grobe Abschätzung nach oben mit $1000^{1000} = 10^{3000}$, d. h., es sind auf jeden Fall weniger als 3000 Stellen. Wie sich später zeigt, ist diese Obergrenze gar nicht übel!
  Nicht alle Faktoren sind größer als 100, aber der weitaus größere Teil (90 %), daher können wir davon ausgehen, dass $100^{1000} = 10^{2000}$ eine untere Schranke für 1000! ist. Die Stellenzahl liegt also zwischen 2000 und 3000.
- Bei der *Addition* aller Zahlen von 1 bis n funktioniert eine Idee, die dem „kleinen Gauß" zugeschrieben wird: Addiert man die erste und letzte, die zweite und vorletzte Zahl usw., dann haben alle diese Summen dasselbe Ergebnis, nämlich $n + 1$. Hier geht das nicht: Die Produkte $1 \cdot 1000$, $2 \cdot 999$, … werden immer größer, je mehr sich die Faktoren annähern. Jedoch: Fast alle dieser 500 Produkte sind kleiner als 500^2, also wird $(500^2)^{500} = 500^{1000}$ immer noch größer als 1000! sein. Mit etwas Geschick kann

man solche Potenzen näherungsweise berechnen: Tipps:

$$500^{1000} = 5^{1000} \cdot 10^{2000} \text{ oder } 500^{1000} = \frac{1000^{1000}}{2^{1000}}$$

Der TR schafft zwar weder 5^{1000} noch 2^{1000}, aber da muss man kreativ sein! (Vgl. auch Abschn. 3.1)

- Man kann auch erst einmal klein anfangen: Wie groß ist 100! ungefähr? 69! rechnet der TR gerade noch aus. Das Produkt der restlichen 31 Faktoren lässt sich mit der obigen Idee abschätzen. Denn wegen der ungeraden Anzahl gibt es hier einen mittleren Faktor, nämlich 85, und daher gilt

$$70 \cdot 100 = (85 - 15) \cdot (85 + 15) = 85^2 - 15^2 < 85^2,$$

analog für die anderen Pärchen, somit ergibt sich letztlich:

$$70 \cdot 71 \cdot \ldots \cdot 99 \cdot 100 < 85^{31}$$

Das schafft der TR wieder!

- Wenn nun 100! ungefähr bekannt ist, dann kann man die restlichen 900 Faktoren in 3 Gruppen zu je 300 unterteilen und mit der obigen Idee schätzen:

$$101 \cdot \ldots \cdot 400 \approx 250^{300}; 401 \cdot \ldots \cdot 700 \approx 550^{300}; 701 \cdot \ldots \cdot 1000 \approx 850^{300}$$

Diese Potenzen machen natürlich wieder Probleme, aber es geht!
Tipp: $250^{300} = 2{,}5^{300} \cdot 10^{600}$, entsprechend für die anderen. Zwar kann man auch $2{,}5^{300}$ nicht direkt mit dem TR ausrechnen; man braucht dazu (mindestens) einen Zwischenschritt.

- Wenn Logarithmen bekannt sind, machen solche Potenzen überhaupt keine Schwierigkeiten:

$$\log(250^{300}) = 300 \cdot \log(250) \text{ usw.}$$
$$\Rightarrow \log(101 \cdot \ldots \cdot 1000) \approx 300 \cdot (\log(250) + \log(550) + \log(850))$$

(log sei der Logarithmus zur Basis 10; er ist hier vorteilhaft, weil man an $\log(x)$ die Stellenzahl von x direkt ablesen kann.) Dann kann man sogar ohne große Mühe die Anzahl der Gruppen vergrößern (z. B. 9 Gruppen zu je 100 Faktoren), um bessere Näherungen zu erhalten.

- In Formelsammlungen findet man die *Stirling'sche Formel*, um Näherungen für $n!$ zu berechnen:

$$n! \approx \sqrt{2\pi \cdot n} \cdot \left(\frac{n}{e}\right)^n$$

Für $n = 1000$ ist das mit Logarithmen kinderleicht auszuwerten, ohne sie jedoch nur mit großer Mühe zu bewältigen.

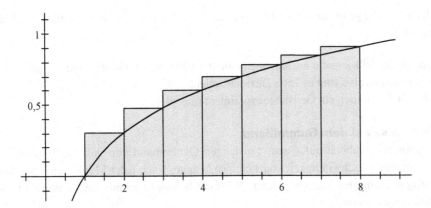

Abb. 1.21 Rechtecksumme mit Logarithmen

- Man kann natürlich auch versuchen, den Logarithmus direkt auf 1000! anzuwenden, ohne Umweg über die Potenzen:

$$\log(1000!) = \log(1) + \log(2) + \ldots + \log(999) + \log(1000)$$

Wir stellen uns jetzt die Summanden als Flächeninhalte von Rechtecken mit der Breite 1 und der Höhe $\log(n)$ vor, mit $n = 1, \ldots, 1000$. Wir stellen alle Rechtecke der Reihe nach auf die x-Achse eines Koordinatensystems, sodass jeweils die rechte untere Ecke des Rechtecks Nr. n auf $x = n$ liegt; die rechte obere Ecke liegt dann auf dem Graphen der Funktion $y = \log(x)$ (vgl. Abb. 1.21, dort für 8! dargestellt; man beachte, dass das erste Rechteck die Höhe $\log(1) = 0$ hat, daher sieht man es nicht).

Alle Rechtecke zusammen approximieren die Fläche unterhalb des Graphen von $y = \log(x)$ über dem Intervall [1; 1000]. Also gilt:

$$\sum_{n=1}^{1000} \log(n) \approx \int_{1}^{1000} \log(x)\, dx$$

Offenbar ist die Summe der Rechteckflächeninhalte sogar etwas *größer* als das Integral. Nun ist $\log(x) = \frac{\ln(x)}{\ln(10)}$, und $\ln(x)$ ist elementar integrierbar, mit der Stammfunktion $x \cdot \ln(x) - x$. Mit dem Integral kann man also eine Näherung für die Summe der Logarithmen berechnen, vermutlich sogar eine recht gute; sie wird mit Sicherheit etwas *kleiner* ausfallen. Noch besser wird die Näherung, wenn man die Rechtecke um 0,5 nach rechts verschiebt, sodass die *Mitte* der unteren Seite des n-ten Rechtecks auf $x = n$ zu liegen kommt; dann approximieren sie die Fläche unter dem Graphen von $\log(x)$ über dem Intervall [1,5; 1000,5] so, dass sich überschüssige und fehlende Flächenstücke etwa ausgleichen (bitte selbst skizzieren). Also ist $\int_{1,5}^{1000,5} \log(x)\, dx$ wahrscheinlich noch viel besser, man weiß nur nicht mehr, ob das Integral größer oder kleiner als die gesuchte Summe ist. (Näheres zur Approximation von Integralen findet man in Kap. 5.)

Zur Kontrolle, falls jemand nachrechnen möchte: $1000! \approx 4{,}02387601 \cdot 10^{2567}$ (mit einem CAS berechnet), also sind es 2568 Dezimalstellen.

Abschließend noch ein Gedankenexperiment (aus [9]):

Die Schnecke auf dem Gummiband

Eine Schnecke krabbelt auf einem 1 m langen Gummiband von links nach rechts mit der konstanten Geschwindigkeit von 1 cm pro Minute. Nach jeder Minute wird das Band blitzartig um 1 m gleichmäßig gedehnt. Wird die Schnecke jemals am rechten Ende des Gummibandes ankommen?

Es handelt sich um eine *virtuelle* Situation, d. h., das Tier lebt beliebig lange, und das Band ist beliebig weit dehnbar.

Nach der 1. Minute hat die Schnecke 1 cm hinter sich und 99 cm vor sich. Dann wird gestreckt, und in der 2. Minute hat sie zu Beginn 2 cm hinter sich und 198 cm vor sich, zum Ende 3 cm hinter sich und 197 cm vor sich. Dann wird wieder gestreckt, diesmal mit dem Faktor $\frac{3}{2} = 1{,}5$; somit hat sie in der 3. Minute zu Beginn 4,5 cm hinter sich und 295,5 cm vor sich, zum Ende 5,5 cm hinter sich und 294,5 cm vor sich. Und so weiter.

Statt der zurückgelegten Wege betrachten wir jetzt die *Anteile* des Bandes, die die Schnecke jeweils in der n-ten Minute zurücklegt: In der 1. Minute ist es $\frac{1}{100}$ des Bandes, in der 2. Minute ist das Band 2 m lang, also legt sie $\frac{1}{200}$ des Bandes zurück usw.; in der n-ten Minute ist das Band n Meter lang, und sie legt $\frac{1}{100 \cdot n}$ des Bandes zurück. Insgesamt beträgt der Anteil nach n Minuten:

$$\frac{1}{100} + \frac{1}{200} + \frac{1}{300} + \cdots + \frac{1}{100 \cdot n}$$

Wenn diese Summe gleich 1 ist, dann ist die Schnecke angekommen. Gibt es ein $n \in \mathbb{N}$ mit

$$\frac{1}{100} + \frac{1}{200} + \frac{1}{300} + \cdots + \frac{1}{100 \cdot n} \geq 1 \iff \frac{1}{1} + \frac{1}{2} + \frac{1}{3} + \cdots + \frac{1}{n} \geq 100?$$

Experten werden spontan „ja" sagen, denn die harmonische Reihe (das ist die unendliche Summe aller Stammbrüche) divergiert, d. h., die Werte von solchen endlichen Summen können jede noch so große Zahl überschreiten. Aber wie groß muss n im vorliegenden Fall sein?

Dass die harmonische Reihe divergiert, ist schnell einzusehen: Es gibt 9 Stammbrüche mit einstelligen Nennern, alle sind größer als $\frac{1}{10}$; ihre Summe ist also größer als $9 \cdot \frac{1}{10} = 0{,}9$. Es gibt 90 Stammbrüche mit zweistelligen Nennern, alle sind größer als $\frac{1}{100}$; ihre Summe ist also größer als $90 \cdot \frac{1}{100} = 0{,}9$. So geht es weiter: Die Summe der Stammbrüche mit s-stelligen Nennern ($s \in \mathbb{N}$ beliebig, aber fest) ist immer größer als 0,9. Folglich kann eine endliche Summe aller Stammbrüche bis $\frac{1}{n}$ jede vorgegebene Grenze übertreffen, wenn es auch manchmal lange dauert: „Kleinvieh macht auch Mist!"

s	Summe
1	2,82896825
2	2,34840926
3	2,30709334
4	2,30303518
5	2,30263009
6	2,30258960
7	2,30258554
8	2,30258514
9	2,30258510
10	2,30258509

Tab. 1.11 Summen der Stammbrüche mit s-stelligen Nennern

Wie groß ist die Summe der Stammbrüche mit s-stelligen Nennern denn genauer? In Tab. 1.11 sind die Werte für $s = 1, \ldots, 10$ aufgelistet. Bis $s = 4$ wurden sie mit einem TR ermittelt (manche TR haben eine Funktion, um solche Summen automatisch auszuwerten; für $s = 4$ dauert es allerdings schon ca. 3 min), die restlichen wurden mit einem CAS berechnet.

Offenbar nähern sich diese Summen einem konstanten Wert, den wir nun mit C bezeichnen:

$$C \approx 2,30258509$$

Damit können wir abschätzen, bis zu welcher Stellenzahl im Nenner wir die Stammbrüche addieren müssen, um 100 zu überschreiten:

$$s \cdot C \geq 100 \Longleftrightarrow s \geq \frac{100}{C} \approx 43,42$$

Für $s = 44$ ist das erfüllt, also wird unsere Schnecke nach maximal 10^{44} Minuten das Ende des Bandes erreicht haben, vielleicht schon nach 10^{43} Minuten, aber das ist nicht sicher. Übrigens schätzt man das Alter des Universums auf knapp 14 Mrd. Jahre (wie viele Minuten sind das?) – es ist halt eine *virtuelle* Schnecke; auch das Band hat inzwischen eine beachtliche Länge.

Anfangs glaubt man vielleicht, sie wird ihr Ziel nie erreichen, denn das Ende des Gummibandes wird zu sehr von ihr „weggedehnt". Aber es werden ja nicht nur die *vor* ihr liegenden Stücke gedehnt, sondern auch die *hinter* ihr liegenden; zudem werden die Streckfaktoren immer kleiner. Die grundlegende Idee war nun, die zurückgelegten *Bruchteile* der Strecke zu betrachten, und die Lösung fußt auf der Divergenz der harmonischen Reihe.

Wir beenden das Beispiel mit einigen Anmerkungen zum mathematischen Hintergrund. Für die Partialsummen der harmonischen Reihe ist die folgende Näherung bekannt (man kann sie mit Integralrechnung herleiten, ähnlich wie bei der Addition der Logarithmen im vorigen Beispiel, denn es ist $\int \frac{1}{x} \mathrm{d}x = \ln(x)$):

$$\sum_{k=1}^{n} \frac{1}{k} \approx \ln(n)$$

Damit wird auch das Geheimnis der obigen Konstanten C gelüftet. Sei s eine feste Stellenzahl, dann gilt für alle s-stelligen Zahlen $10^{s-1} \leq n \leq 10^s - 1$, und daraus folgt:

$$\sum_{k=10^{s-1}}^{10^s-1} \frac{1}{k} \approx \ln(10^s - 1) - \ln(10^{s-1}) \approx s \cdot \ln(10) - (s-1) \cdot \ln(10) = \ln(10)$$

In der Tat ist $\ln(10) = 2{,}30258509\ldots$

Eine noch bessere Näherung ist diese:

$$\sum_{k=1}^{n} \frac{1}{k} \approx \ln(n) + 0{,}57721566\ldots$$

Der zusätzliche Summand ist die *Euler-Mascheroni-Konstante*. Hieraus ergibt sich eine genauere Abschätzung für die Anzahl der Minuten, die unsere Schnecke benötigt:

$$\ln(n) + 0{,}57722 \geq 100 \Leftrightarrow \ln(n) \geq 99{,}42278 \Leftrightarrow n \geq e^{99{,}42278} \approx 1{,}51 \cdot 10^{43}$$

Eine letzte Frage, die auf funktionale Aspekte hinausläuft: Nach einer Minute hat die Schnecke 1 % des Bandes zurückgelegt; nach welcher Zeit sind es 10 % (20 %, 30 %, ...)? Wie viel Prozent hat sie nach der halben Zeit geschafft?

Und jetzt die Werbung:

Große Zahlen bei eBay
www.ebay.de/Hobbybedarf
80 Bewertungen für ebay.de
Riesenauswahl an Markenqualität.
Große Zahlen gibt es bei eBay!

(Das ist kein Fake, sondern Realsatire! Wer's nicht glaubt, soll „große Zahlen" googeln!)

1.5 Das Benford-Gesetz

Das Anliegen dieses Abschnitts ist zu zeigen, wie eine elementarmathematische Begründung des in letzter Zeit sehr populären Benford-Gesetzes auch auf Schulniveau möglich ist. Eine außermathematische Anwendung des prima vista vielleicht höchst theoretisch scheinenden Gesetzes wurde durch Mark Nigrini realisiert, der mittels dieses Gesetzes Steuersündern auf die Spur gekommen ist. Internationale Konzerne und Finanzbehörden interessieren sich mittlerweile für die Software von Mark Nigrini.

Abschnitt 1.5 ist eine überarbeitete Fassung von [14]; dort findet man auch weitere Literaturhinweise.

1.5.1 Einleitung

1881 entdeckte der Astronom und Mathematiker Simon Newcomb bei der Arbeit mit Logarithmenbüchern, dass diese auf den Anfangsseiten viel abgegriffener und abgenutzter waren als auf den hinteren. Dies wäre bei anderen Büchern als Logarithmentafeln in Bibliotheken durchaus erklärbar, denn viele Leute beginnen ein Buch zu lesen (Roman, Gedichte, Theaterstück, Kurzgeschichten, Sachbücher, Fachbücher etc.), hören aber vorzeitig damit wieder auf, weil sie keine Zeit mehr haben, weil es ihnen zu langweilig wird, weil es ihnen zu kompliziert wird (Fachbücher) u. Ä. Wenn viele die Lektüre unfertig unterbrechen, ist es klar, dass der Anfang von Büchern abgenutzter ist als der Schluss. Aber warum soll dies bei Logarithmentafeln der Fall sein – diese werden ja nach anderen Gesichtspunkten benutzt?! Die einzige Erklärung, die es dafür gibt, ist, dass der Logarithmus von Zahlen mit niedrigen Anfangsziffern (1, 2, ...) häufiger gesucht wurde als von Zahlen mit hohen Anfangsziffern (9, 8, ...). Aber warum? Kommen Zahlen mit niedrigen Anfangsziffern „in der Welt" häufiger vor? Warum sollte die Natur eine Präferenz für die 1 als Anfangsziffer haben?

Newcomb gab auch schon eine mathematische Formel an, die seine Beobachtungen gut beschreiben konnte: Die relative Häufigkeit, mit der die Ziffer d als Anfangsziffer einer Zahl auftritt, ist ungefähr $\log_{10} \frac{d+1}{d}$. Er gab aber keine Erklärungen dafür, sondern empfand diese Tatsache einfach als interessante Kuriosität, die bald danach auch wieder vergessen wurde.

Es dauerte über 50 Jahre, bis der Physiker Frank Benford (1938) dieselbe Entdeckung an Logarithmenbüchern machte. Er war von diesem Phänomen viel mehr fasziniert und sammelte mit Akribie eine Unmenge von Daten aus den verschiedensten Bereichen, um immer wieder festzustellen, dass 1 als führende Ziffer mit einer relativen Häufigkeit von ca. 30 % auftrat, 2 mit ca. 18 % usw. bis 9 mit ca. 5 %. Wenn die Anfangsziffern von Werten tatsächlich eine Wahrscheinlichkeitsverteilung haben, die ungefähr diesen relativen Häufigkeiten entsprechen, ist es einleuchtend, dass bei einer Logarithmentafel die Seiten mit führender Ziffer 1 (das sind eben die vorderen) abgenützter sind als die mit führender Ziffer 9 (ca. sechsmal so stark!).

Intuitiv würden die meisten sicher Gleichverteilung erwarten: Warum soll eine bestimmte Ziffer als führende Ziffer bevorzugt sein? Dann müsste die relative Häufigkeit für alle möglichen Anfangsziffern 1, 2, ..., 8, 9 bei ca. $\frac{1}{9} \approx 0{,}1111$ liegen. (Mit *Anfangsziffer* sei im Folgenden stets die *erste Ziffer ungleich 0* gemeint. Bei Zahlen > 1 ist klar, was gemeint ist: In 456,78 ist 4 die Anfangsziffer. Aber bei Zahlen zwischen 0 und 1 muss man führende Nullen ignorieren, z. B. hat 0,00367 die Anfangsziffer 3.)

Benford hat z. B. untersucht: Oberflächen von Seen, Halbwertszeiten radioaktiver Substanzen, Energieverbrauchszahlen von Haushalten, Entfernungen zwischen Orten, Baseball-Statistiken etc. Aber auch er hat das Phänomen nicht erklärt; die erste mathematische Erklärung wurde erst 1961 von Roger S. Pinkham gegeben.

Man kann sich heutzutage mit Suchmaschinen wie Google sehr schnell selbst einen Überblick über große Datenmengen verschaffen: Man wählt z. B. eine beliebige 3-stellige

Relative Häufigkeiten der führenden Ziffern

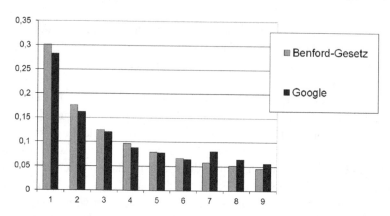

Abb. 1.22 Ein Versuch mit Google

Zahl (473) und gibt in Google diese Zahl der Reihe nach mit einer führenden 1, ..., 9 als
Suchbegriff ein: 1473, 2473, ..., 9473. Bei diesem Experiment ergaben sich bei 1473 ca.
22 Mio. „Treffer", für 9473 nur mehr ca. 4 Mio. Treffer. In relativen Häufigkeiten erhält
man das Diagramm in Abb. 1.22, wobei auch die theoretisch nach dem Benford-Gesetz
zu erwartenden Werte zum Vergleich eingezeichnet sind:

Es hat natürlich keinen Sinn, Daten zu betrachten, die von vornherein auf einen Bereich eingeschränkt sind, der die Möglichkeiten für die erste Ziffer ziemlich einengt –
z. B. Lottozahlen, die Laufzeiten in Sekunden bei 1000-m-Laufwettbewerben, die Anzahl
der Buchstaben in den Familiennamen der Bewohner eines Landes, die Gebäudehöhen
in einer Stadt, das Alter von Studierenden an einer Universität (das Alter von Menschen
generell!), die Anzahl der Schulbildungsjahre, die Anzahl der Sitze in Fahrzeugen, die
Wurzeln der ersten 1000 natürlichen Zahlen usw. Eine statistische Analyse von vielfältigen Daten zeigt, dass die Verteilung der führenden Ziffer gut mit dem Benford-Gesetz
übereinstimmt, wenn sich die Daten wenigstens über einige Zehnerpotenzen verteilen.

Wir nehmen $\mathbb{R}^+$ als das potenzielle Universum der physikalischen Maßzahlen, aus
denen die Daten stammen sollen, und wollen im Folgenden dem *Benford-Gesetz* auf die
Spur kommen:

▶   Die Wahrscheinlichkeit, dass eine zufällig ausgewählte positive reelle Zahl mit
     der Ziffer d beginnt ($d = 1, 2, ..., 9$), beträgt $\log(d + 1) - \log(d)$.

Mit log sei hier und im Folgenden der Logarithmus zur Basis 10 bezeichnet.

Wir haben das Gesetz zwar mit Hilfe des Wahrscheinlichkeitsbegriffs formuliert, aber
wir werden bei der Herleitung nicht darauf zurückgreifen; ein intuitiver Begriff der Wahrscheinlichkeit als *Idealisierung* der relativen Häufigkeit (genauer: Vorhersagewert dafür)
genügt völlig.

Tab. 1.12 Wahrscheinlichkeiten für die einzelnen Ziffern nach Benford

1. Ziffer	1	2	3	4	5	6	7	8	9
Wahrscheinlichkeit	0,301	0,176	0,125	0,097	0,079	0,067	0,058	0,051	0,046

Nach diesem Gesetz hätten die einzelnen Ziffern die in Tab. 1.12 angegebenen Wahrscheinlichkeiten, die mit den in vielen Datensätzen beobachteten relativen Häufigkeiten gut übereinstimmen, so auch bei unserem obigen Versuch mit Google (diese Zahlen sind die numerischen Werte der Grafik in Abb. 1.22 in der Rubrik *Benford-Gesetz*.

An anderen Stellen haben wir deutlich gemacht (vgl. [14] und die dort zitierte Literatur), dass und wie dieses Phänomen im Schulunterricht anschaulich thematisiert werden könnte durch *Einschränkung auf natürliche Zahlen*: $P_n(1)$ bzw. $P_n(9)$ seien die *relativen Anteile* der natürlichen Zahlen $\leq n$, die mit 1 bzw. 9 beginnen. Anschauliche und einfache Überlegungen liefern schnell: Nur wenn n von der Form $n = 9\ldots9$ ist, sind diese beiden relativen Anteile gleich, bei allen anderen n ist immer $P_n(1) > P_n(9)$. Dies liefert schon die erste Einsicht in die Tatsache, dass die 1 bei der 1. Ziffer von Zahlen gegenüber der 9 doch bevorzugt ist.

Eine Erklärung für Daten, die Schwankungen unterworfen sind, gibt z. B. [8, S. 229]:

„Die 1 ist auf der Zahlenskala von der 2 nicht weiter entfernt als die 5 von der 6. Für die wirklichen Dinge allerdings, die gezählt, gemessen oder gewogen werden, kann der Weg von der 1 zur 2 sehr lang sein: Um ihn zurückzulegen, müssen sie auf das Doppelte wachsen.

Einer 5 fehlt dagegen nur ein Fünftel, um zur 6 zu werden. [...] Angenommen der Deutsche Aktienindex stünde gerade bei 1000 Punkten, dann müssten sich die Aktienkurse im Schnitt verdoppeln, ehe der DAX die 2000 erreicht. Solange bliebe die führende 1 erhalten, solange erschiene sie auf allen Listen. Stünde der DAX aber bei 5000 Punkten, so müssten die Werte nur noch um 20 Prozent steigen, ehe mit 6000 die 5 als erste Ziffer abgelöst wird. Noch kleiner ist im Verhältnis der Schritt von 9000 auf 10.000. [...] Was wächst oder schrumpft, verharrt deshalb relativ lang im Bereich der führenden 1.“

Wir wollen im Folgenden noch eine tiefer mathematische, aber trotzdem elementare Erklärung geben, davor seien jedoch noch einige Anwendungen genannt.

1.5.2 Anwendungen

Das Benford-Gesetz über die Häufigkeit der 1. Ziffer von Zahlen ist ein interessantes und überraschendes Resultat. Aber hat es auch reale Anwendungen? Kann man dieses Wissen irgendwo mit Nutzen einsetzen? Wenn jemand allzu stark an das Benford-Gesetz glaubt, könnte er ja meinen, dass auch beim Lottospielen Zahlen mit der Anfangsziffer 1 bevorzugt seien. Aber das ist nicht der Fall: Jede Zahl aus $\{1, \ldots, 45\}$ (Österreich) bzw. aus $\{1, \ldots, 49\}$ (Deutschland) hat bei den Ziehungen dieselbe Chance, es herrscht einfach jedes Mal aufs Neue der „neutrale Zufall“. Das Benford-Gesetz hilft nicht, um bessere Tipps beim Lotto zu erhalten, leider!

Tab. 1.13 Wahrscheinlichkeiten für die Ziffern

Ziffer	0	1	2	3	4	5	6	7	8	9
1. Ziffer		0,301	0,176	0,125	0,097	0,079	0,067	0,058	0,051	0,046
2. Ziffer	0,120	0,114	0,109	0,104	0,100	0,097	0,093	0,090	0,088	0,085
3. Ziffer	0,1018	0,1014	0,1010	0,1006	0,1002	0,0998	0,0994	0,0990	0,0986	0,0983

Der amerikanische Mathematiker Mark Nigrini hat dieses Gesetz erst Anfang der 90er-Jahre der Öffentlichkeit bekannt gemacht, indem er Anwendungen dieses Gesetzes in die Tat umgesetzt hat. Wenn z. B. Steuerpflichtige (große Betriebe mit wirklich vielen Daten) ihre Steuererklärung beim Finanzamt einreichen, so sind die Daten in manchen Fällen ja etwas manipuliert: Gewisse Daten wurden vielleicht verändert, einige wurden erfunden, andere gestrichen etc. In vielen Fällen tendieren Manipulateure dazu, bei ihren erfundenen Zahlen die Anfangsziffern 1, ..., 9 relativ gleichmäßig zu benutzen, nicht zu kleine, aber auch nicht zu große Anfangsziffern zu wählen, also z. B. sehr viele mit 4, 5, 6 beginnen zu lassen. Dies führt dazu, dass die 1 (oder auch die 2) als Anfangsziffer im Vergleich zum Benford-Gesetz zu selten auftritt.

Mark Nigrini hat eine Software entwickelt, die überprüft, ob irgendwelche übermittelten Daten dem Benford-Gesetz „gehorchen". Diese Software wird schon vielfach eingesetzt in Amerika, Deutschland und in der Schweiz. Wenn ein Datensatz das Benford-Gesetz zu schlecht erfüllt, so ist dies natürlich kein Beweis, dass die Daten gefälscht sind, aber es können die Alarmglocken läuten, und eine genauere Untersuchung (Steuerprüfung) kann veranlasst werden. Auch die Steuererklärungen zweier berühmter Bills, Bill Clinton und Bill Gates, wurden angeblich mit Nigrinis Programm überprüft, es ergaben sich dabei aber keine Anzeichen von Steuerbetrug.

Bei der Entdeckung so mancher berühmter gefälschter Bilanzen, z. B. bei den Riesenskandalen im Jahr 2002 um die Bilanzfälschungen von *Enron* und *Worldcom*, bei denen unzählige Anleger um ihr Kapital betrogen wurden, war angeblich eine Benford-Überprüfung (vgl. „Wikipedia" → Benford-Gesetz) mit im Spiel.

Es ist gar nicht so leicht, Daten „passend" zu manipulieren, denn es gibt nicht nur ein Verteilungsgesetz für die 1. Ziffer von Zahlen, sondern auch welche für die nachfolgenden Ziffern, aber da sind die Unterschiede zwischen den einzelnen Ziffern 1, ..., 9 nicht mehr ganz so groß wie bei der 1. Ziffer. Die Ziffern folgen umso besser einer Gleichverteilung, je kleiner ihr Stellenwert ist. Wir geben in Tab. 1.13 nur die Werte ohne Begründung an (die zugehörige Formel zur Berechnung ist im „Wikipedia"-Artikel über das Benford-Gesetz zu lesen):

Außerdem muss ein professioneller Fälscher noch einer Reihe anderer stochastischer Gesetzmäßigkeiten Rechnung tragen (etwa der Häufigkeit von Ziffernpaaren). Trimmt der Datenfälscher die Daten allzu genau auf die theoretische Erwartung aus dem Benford-Gesetz hin, besteht Gefahr, dass die Manipulationen eben daran erkannt werden!

Manche Daten passen aber auch ungefälscht nicht zum Benford-Gesetz, eine Verletzung des Benford-Gesetzes ist eben nie ein Beweis, sondern nur ein Hinweis darauf, dass die Daten gefälscht sein könnten. Man denke auch an Preise (von denen ja auch viele in Bilanzen und Steuererklärungen vorkommen); hier sind oft aus psychologischen Gründen Werte knapp unterhalb von Zehnerpotenzen deutlich häufiger anzutreffen (9,90 oder 99,90 etc.; vgl. Abschn. 1.1.2), sodass die 9 als führende Ziffer auch in ungefälschten Verkaufsbilanzen häufiger vorkommen wird, als ihr laut Benford-Gesetz zusteht.

Es gibt noch so manche andere Anwendung des Benford-Gesetzes. In der Wissenschaft kann das Benford-Gesetz helfen zu erkennen, ob ein „übereifriger" Wissenschaftler (z. B. aus dem Drang heraus, durch ein „signifikantes" Ergebnis mehr Aufmerksamkeit zu erregen) seinen Daten zur Signifikanz etwas nachgeholfen hat. Oder wenn in einer Firma die Preisgrenze für selbstständige Anschaffungen bei 300 € liegt, dann kann es doch sein, dass umtriebige Mitarbeiter/-innen dieser Firma guten Kontakt zu anderen Firmen haben und statt einer Rechnung über 810 € mehrere Rechnungen (z. B. dreimal 270 €) bekommen – dafür kann eben die Bestellung ganz rasch und unbürokratisch erfolgen ... In solchen Fällen ist bei der 1. Ziffer von Rechnungen sicher besonders häufig die 2 vertreten. Sollte sich das bewahrheiten, können ja genauere Nachforschungen angestellt werden ...

Laut B. F. Roukema (Universität Torun, Polen) gibt es starke Hinweise, dass die Präsidentschaftswahlen im Iran 2009 manipuliert wurden (für Mahmud Ahmadinedschad), auch dafür wurde das Benford-Gesetz verwendet. Die Stimmenzahlen der einzelnen Wahlkreise dürften manipuliert worden sein („SPIEGEL"-Artikel: www.spiegel.de/ wissenschaft/mensch/0,1518,632541,00.html bzw. Aufsatz von Roukema: arxiv.org/PS_ cache/arxiv/pdf/0906/0906.2789v1.pdf).

Eine weitere Anwendung aus der neueren Zeit ist der griechische Finanzskandal: Vermutlich wurden dort Bilanzen in großem Stil gefälscht, sodass einem Beitritt zur EU und zum Euroraum nichts im Wege stand. Auch hier hätte ein entsprechender Test mit dem Benford-Gesetz schon frühzeitig die Alarmglocken läuten lassen können (vgl. [24]). Dieser Test wurde aber erst im Nachhinein gemacht – schade, denn man hätte aus frei zugänglichen Daten den griechischen Finanzbetrug evtl. schon lange erkennen können. Noch einmal: Solche Tests sind natürlich noch lange keine Beweise, dass da etwas manipuliert wurde, aber man hätte Hinweise, dass eine genauere Prüfung der Daten stattfinden sollte (anhand weiterer Belege etc.).

1.5.3 Skaleninvarianz und die Hypothese der Gleichverteilung

Wenn man in den positiven reellen Zahlen die Bereiche der Zahlen mit festen Anfangsziffern d markiert (auf dem Zahlenstrahl in Abb. 1.23 sind die Beispiele $d = 2$ hellgrau, $d = 5$ dunkelgrau hervorgehoben; alle anderen sehen genauso aus), dann fragt man sich unwillkürlich: Warum sollen die Anfangsziffern *nicht* gleich häufig sein? Alle Bereiche sind doch gleich groß!?

Abb. 1.23 Bereiche der Zahlen mit 1. Ziffer 2 bzw. 5

Die Antwort ist: Gleichverteilung verträgt sich nicht mit einer Eigenschaft, die man natürlicherweise von der Verteilung der Ziffern verlangen muss, nämlich mit der *Skaleninvarianz*.

Wenn es überhaupt ein Verteilungsgesetz für die erste Ziffer von Zahlen gibt (empirische Beobachtungen unterstützen die These, dass es ein solches gibt!), so muss dieses doch ein *universelles* sein, d. h., es kann nichts ausmachen, in welchen Einheiten man die entsprechenden Größen angibt, da Einheiten ja nicht vom Universum oder einer höheren Macht vorgegeben, sondern willkürliches Menschenwerk sind. Es wäre wirklich höchst merkwürdig, wenn das Verteilungsgesetz von den gewählten Maßeinheiten abhinge, wenn z. B. durch Wechsel vom anglo-amerikanischen ins metrische System sich dieses Gesetz ändern würde.

Die Einheiten für eine feste physikalische Größe unterscheiden sich i. Allg. nur um einen konstanten Faktor $s \in \mathbb{R}^+$, z. B. unterscheiden sich Kilometer und Meilen definitionsgemäß um den Faktor $s = 1{,}609344$. Wenn Entfernungen in Kilometer statt Meilen angegeben werden, so muss man die entsprechenden Werte mit $s = 1{,}609344$ multiplizieren; wenn Preise von Dollar in Euro umgerechnet werden, so muss man die Zahlen durch ca. 1,33 dividieren (dieser Wert variiert natürlich von Tag zu Tag).

Das heißt: Ein Verteilungsgesetz für die erste Ziffer von Zahlen darf sich nicht ändern, wenn jede Zahl mit einem konstanten Faktor multipliziert wird. Mit anderen Worten: Wenn es ein „vernünftiges" Verteilungsgesetz für die erste Ziffer von Zahlen gibt, so muss dieses *skaleninvariant* sein.

Welche Verteilungsgesetze für die erste Ziffer kommen dafür infrage?

Zunächst ein Test, ob Gleichverteilung der Anfangsziffer die Bedingung der Skaleninvarianz erfüllt. Dazu nehmen wir mal an, dass alle Ziffern 1, ..., 9 gleichwahrscheinlich als führende Ziffer wären, d. h., jede Ziffer wäre mit der relativen Häufigkeit von $\frac{1}{9}$ unter den Anfangsziffern vertreten. Wir betrachten nun als Beispiel eine Vielzahl von Geldwerten in Euro. Bei einer Währungsänderung, z. B. wenn man statt der €-Werte in Deutschland in die alte DM-Welt zurückfallen möchte, muss jeder Geldwert mit (dem gerundeten Wert) 2 multipliziert werden. Bleibt dabei die ursprünglich in der €-Welt angenommene Gleichverteilung erhalten?

Nein, denn alle €-Werte mit führender Ziffer 5, 6, 7, 8, 9 haben als DM-Wert die führende Ziffer 1, d. h., nach der Multiplikation mit 2 hätten $\frac{5}{9}$ aller Zahlen die Anfangsziffer 1, das sind ca. 55,5 %, also mehr als die Hälfte! Der Rest von $\frac{4}{9}$ wird gleichmäßig unter den anderen 8 Ziffern aufgeteilt, z. B. ist beim DM-Betrag die Anfangsziffer 2 nur möglich, wenn der €-Betrag die 1. Ziffer 1 und eine 2. Ziffer kleiner als 5 hat.

Allein damit ist schon klar, dass hier 1, ..., 9 als führende Ziffern nicht mehr gleichwahrscheinlich sein können, die Anfangsziffer 1 ist deutlich bevorzugt! D. h., die *Gleich-*

verteilung als Verteilungsgesetz für die Ziffern 1, . . ., 9 als erste Ziffern ist *nicht skalenin-variant*.

Wir nehmen dieses Beispiel zum Anlass, genauer zu untersuchen, welche Auswirkungen die Multiplikation mit einem beliebigen Skalenfaktor auf die Verteilung der Anfangsziffern hat.

Wir interessieren uns für die erste Ziffer von positiven reellen Zahlen x (wobei wir führende Nullen nicht zählen). Es bietet sich also die sogenannte *wissenschaftliche* Schreibweise von Zahlen an (*Gleitkommazahl*; Genaueres später in Abschn. 2.2.3): $x = m \cdot 10^e$, wobei $1 \leq m < 10$ ist (*Mantisse*). So kann man alle positiven Zahlen darstellen. Diese Schreibweise hat den Vorteil, dass die interessierende Ziffer einfach die 1. Ziffer von m ist, denn m hat keine führenden Nullen. Indem wir statt x nur mehr die zugehörige Mantisse m betrachten, befreien wir uns sozusagen von den – hier nur lästigen – Zehnerpotenzen, die für das Problem der Anfangsziffer ja irrelevant sind.

Zunächst eine Simulation (durchgeführt mit dem CAS Maple; vgl. den Anhang zu diesem Abschnitt): Man wählt einen festen Skalenfaktor s, wobei man sich wieder auf Werte $s \in [1; 10[$ beschränken darf (andernfalls würde sich die Zehnerpotenz ändern, was aber die Anfangsziffer nicht beeinflusst). Mit Zufallszahlen werden dann Mantissen m erzeugt, die auf dem Intervall $[1; 10[$ gleichverteilt sind. Dann wird m mit s multipliziert, die Anfangsziffer d von $m \cdot s$ bestimmt und ein Zähler z_d um 1 erhöht. Das Ganze wird 100.000-mal durchgeführt. Dazu zwei Beispiele:

a) Mit $s = 3{,}5$ ergibt sich nach dem Multiplizieren die folgende Verteilung der 9 Ziffern (setzt man nach der 1000er-Stelle ein Komma, dann hat man die prozentualen Anteile):

$$31.686,\ 31.542,\ 17.596,\ 3251,\ 3219,\ 3242,\ 3162,\ 3130,\ 3172$$

Die Ziffern 1 und 2 sind offenbar gleich oft vertreten, jeweils mit ca. 31,6 %; die Ziffern 4 bis 9 sind ebenfalls gleich häufig, aber nur mit ca. 3,16 %, also einem Zehntel der obigen Häufigkeit, und die 3 liegt irgendwo dazwischen. (Geringe Zufallsschwankungen sind normal.)

b) Mit $s = 1{,}6$ (das ist gerundet der Umrechnungsfaktor Meilen $\rightarrow$ Kilometer) erhält man bei den Produkten diese Verteilung:

$$44.280,\ 6916,\ 7130,\ 6994,\ 6915,\ 7001,\ 7039,\ 6933,\ 6792$$

Ziffer 1 überwiegt auch hier deutlich mit ca. 44 %, allerdings als Einzige; die anderen 8 Ziffern teilen sich den Rest „schwesterlich" mit je ca. 7 %.

Wir konzentrieren uns jetzt auf die Anteile der Anfangsziffer $d = 1$ unter den Produkten $m \cdot s$.

1. Fall Ist $s \geq 2$, dann ist auch $m \cdot s \geq 2$, also kann $d = 1$ nur dann vorkommen, wenn $m \cdot s \geq 10$ ist. Somit gilt:

$$m \cdot s \text{ hat Anfangsziffer 1} \quad \Leftrightarrow \quad 10 \leq m \cdot s < 20 \quad \Leftrightarrow \quad \frac{10}{s} \leq m < \frac{20}{s}$$

Das ist ein Intervall der Länge $\frac{10}{s}$; das gesamte Intervall der möglichen m-Werte hat die Länge 9, also beträgt der Anteil $\frac{1}{9} \cdot \frac{10}{s} = \frac{10}{9s}$. Im Beispiel a) mit $s = 3{,}5 = \frac{7}{2}$ ergibt sich $\frac{20}{63} \approx 31{,}7\,\%$ in guter Übereinstimmung mit der Simulation.

2. Fall Ist $s < 2$ (o. B. d. A. setzen wir $s > 1$ voraus, siehe oben), dann kann $m \cdot s$ auch für kleine m die Anfangsziffer 1 haben:

$$m \cdot s \text{ hat Anfangsziffer 1} \quad \Leftrightarrow \quad 1 \leq m \cdot s < 2 \quad \text{oder} \quad 10 \leq m \cdot s < 20$$

$$\Leftrightarrow \quad \frac{1}{s} \leq m < \frac{2}{s} \quad \text{oder} \quad \frac{10}{s} \leq m < \frac{20}{s}$$

Man beachte: Nicht alle Zahlen in diesen beiden Intervallen sind zulässige Werte für m, weil $\frac{1}{s} < 1$ und $\frac{20}{s} > 10$ ist. Beispielsweise ergibt sich für $s = 1{,}6$:

$$0{,}625 \leq m < 1{,}25 \quad \text{oder} \quad 6{,}25 \leq m < 12{,}5$$

Faktisch ist also $m \in [1;\, 1{,}25[$ oder $m \in [6{,}25;\, 10[$. In diesem Fall ist es einfacher, zunächst den Anteil derjenigen m zu berechnen, für die $m \cdot s$ *nicht* die Anfangsziffer 1 hat: Es ist das Intervall $[\frac{2}{s};\, \frac{10}{s}[$ mit der Länge $\frac{10}{s} - \frac{2}{s} = \frac{8}{s}$; der Anteil am gesamten Intervall $[1;\, 10[$ beträgt $\frac{1}{9} \cdot \frac{8}{s} = \frac{8}{9s}$. Somit erhält man für den Anteil der Zahlen $m \cdot s$ mit Anfangsziffer 1:

$$1 - \frac{8}{9s}$$

Im Beispiel $s = 1{,}6 = \frac{8}{5}$ ist das $1 - \frac{5}{9} = \frac{4}{9} \approx 44{,}4\,\%$, was wiederum mit der Simulation voll kompatibel ist (abgesehen von Zufallsschwankungen).

Anmerkung Es wäre ebenso gut möglich, für die Ziffern $d > 1$ die entsprechenden Anteile auszurechnen; wir verzichten aber aus Platzgründen darauf. Gleichwohl sind weitere interessante Phänomene zu beobachten, etwa das folgende: Bei Faktoren $s \in [2;\, 9]$ ist bei den Produkten $m \cdot s$ die 1 als führende Ziffer immer 10-mal so häufig vertreten wie die 9 (nach wie vor unter der Annahme gleichverteilter Anfangsziffern bei den Mantissen m). Aufgabe: Begründen Sie dies!

Fazit Man überprüft leicht, dass unter der Voraussetzung $1 \leq s < 10$ in beiden Fällen die o. g. Anteile größer als $\frac{1}{9}$ sind; genauer:

$$s \geq 2 \implies \frac{10}{9s} > \frac{1}{9}; \qquad s < 2 \implies 1 - \frac{8}{9s} > \frac{1}{9}$$

Wenn man also bei den Mantissen m Gleichverteilung der Anfangsziffern voraussetzt, dann sind nach einer Skalentransformation $m \to m \cdot s$ *immer* die Zahlen mit Anfangsziffer 1 bevorzugt.

Der eingangs erwähnte Fall $s = 2$ entpuppt sich dabei sogar als Extremfall: Die 1 tritt zehnmal so oft auf wie *jede* andere Ziffer, und für $s > 2$ wird der Anteil der 1 kleiner, wenn s zunimmt; ebenso wird er für $s < 2$ kleiner, wenn s abnimmt.

Die zentrale Frage ist demzufolge: Wenn nun die Gleichverteilung der 1. Ziffern nicht mit der geforderten Skaleninvarianz kompatibel ist, wie kann (muss) dann ein Verteilungsgesetz aussehen, das diese Eigenschaft hat? Wie ist es möglich, ein *Gleichgewicht* der Zustände vor und nach einer Multiplikation zu erzeugen?

Eine heuristische Vorüberlegung anhand des Extremfalls $s = 2$: Die Häufigkeit der großen Ziffern 5, ..., 9 muss vermindert werden, denn nach der Multiplikation mit 2 bekommen alle die Anfangsziffer 1. Mit A_d bezeichnen wir den Anteil der Zahlen mit 1. Ziffer d im Gleichgewichtszustand; dann muss also gelten:

$$A_5 + \cdots + A_9 = A_1$$

Ebenso ist es plausibel, die Häufigkeiten der kleinen Ziffern 1, ..., 4 zu vergrößern, denn sie „bedienen" die größeren Ziffern, d. h. Anfangsziffer 1 wird nach dem Multiplizieren zu 2 oder 3, Anfangsziffer 2 wird zu 4 oder 5 usw.; das führt zu folgenden Gleichungen:

$$A_1 = A_2 + A_3; \quad A_2 = A_4 + A_5; \quad A_3 = A_6 + A_7; \quad A_4 = A_8 + A_9$$

Somit muss A_1 genügend Substanz haben, um A_2 und A_3 zu „versorgen", usw. (Andere Faktoren führen zu ähnlichen, teilweise komplizierteren Gleichungen, aber ob diese Gleichungen geeignet sind, um die Anteile *auszurechnen*, ist zweifelhaft; immerhin verdeutlichen sie das Problem.) Fortsetzung im nächsten Abschnitt!

Anhang Die Maple-Befehle zur Simulation.

```
s := 1.6: z := [0,0,0,0,0,0,0,0,0]:
for i from 1 to 100000 do
  m := rand()/10^12 * 9 + 1; ms := m * s;
  if ms < 10 then d := trunc(ms) else d := trunc(ms/10) fi;
  z[d] := z[d] + 1
od:
z;
```

Erläuterung

Zeile 1   (Initialisierung) definiert die Variable s für den Faktor und
                                         setzt eine Liste von 9 Zählern $z_1, \ldots, z_9$ auf null.

Die For-Schleife (Zeilen 2–6) führt das Experiment 100.000-mal durch.

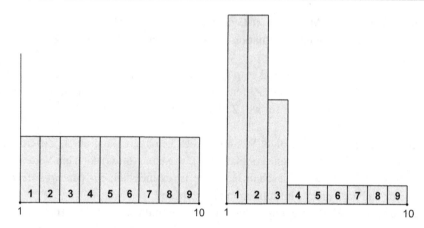

Abb. 1.24 Verteilung als Diagramm

Zu Zeile 3:	rand() ist eine 12-stellige positive ganze Zufallszahl, in diesem Bereich gleichverteilt; daraus wird eine Mantisse $m \in [1; 10[$ erzeugt und mit s multipliziert ($\rightarrow$ Variable ms).
Zu Zeile 4:	Die Anfangsziffer d von ms wird mit Fallunterscheidung ermittelt. Ist $ms < 10$, dann ist $d = [ms]$ (*Gauß-Klammer*, größte ganze Zahl $\leq ms$); für $ms \geq 10$ ist $d = [ms/10]$. Die Gauß-Klammer wird in Maple als Funktion trunc aufgerufen. In Zeile 5 wird dann der Zähler Nr. d um 1 erhöht.
Zeile 7	gibt nach dem Beenden der Schleife die neun Zählerinhalte aus.

1.5.4 Gleichverteilung der logarithmierten Werte

Verteilungsgesetze können durch Diagramme grafisch dargestellt werden, wobei sich zugehörige relative Häufigkeiten als Flächeninhalte der Säulen interpretieren lassen (vgl. Abb. 1.24; linkes Bild: Gleichverteilung der Anfangsziffern; rechtes Bild: Verteilung der Anfangsziffern nach Multiplikation mit 3,5 unter Annahme der ursprünglichen Gleichverteilung, siehe Beispiel a) der Simulation in Abschn. 1.5.3).

Bei gleich breiten Säulen könnte man auch die Höhen als Maß für die einzelnen Häufigkeiten nehmen, aber die Flächen-Deutung hat einen Vorteil: Man kann mehrere Säulen miteinander vergleichen; z. B. sieht man im rechten Bild sofort, dass die Ziffern 4, …, 9 zusammen etwa gleich häufig vorkommen wie die Ziffer 3. Ein weiterer wichtiger Vorteil wird sich in Kürze zeigen.

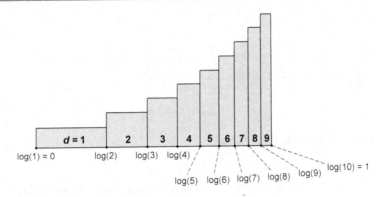

Abb. 1.25 Gleichverteilung mit logarithmischer Skala

Multiplikationen mit $s \in \mathbb{R}^+$ bewirken in der Welt der Zahlen $x \in \mathbb{R}^+$ (bis auf 10er-Potenzen) genau dasselbe wie in der Welt der Mantissen $m \in [1; 10[$. Damit ist sehr einleuchtend: Wenn die Verteilungsgesetze von x und $x \cdot s$ gleich sind (*Skaleninvarianz*), dann sind es auch jene von m und $m \cdot s$. (Wenn der Wert von $m \cdot s$ dabei nicht in $[1; 10[$ liegen sollte, so muss man dabei erneut die Mantisse bilden, z. B. hat man also für $m = 9$ und $s = 2$ bei $m \cdot s$ an 1,8 zu denken!)

Wir variieren jetzt die grafische Darstellung einer Verteilung, sodass die waagerechte Achse eine *logarithmische* Skala bekommt; dadurch werden die Säulen nach rechts immer schmaler. Wenn die Flächeninhalte der Säulen dann immer noch die Häufigkeiten *unverfälscht* wiedergeben sollen, dann muss man die Höhe der Säulen entsprechend anpassen; bei Gleichverteilung der Anfangsziffern sind also die Säulen nicht mehr gleich hoch, sondern ihre Flächeninhalte sind gleich groß, demzufolge werden die Säulen immer höher (vgl. Abb. 1.25).

Wenn das Verteilungsgesetz für m skaleninvariant ist (d. h., die Verteilungsgesetze für m und $m \cdot s$ sind gleich), dann müssen auch die Verteilungsgesetze von $\log(m)$ und $\log(m \cdot s)$ gleich sein. Wegen $\log(m \cdot s) = \log(m) + \log(s)$ bedeutet dies, dass das Verteilungsgesetz unverändert bleiben muss, wenn man eine beliebige Konstante $c := \log(s)$ *addiert*: die Größen $\log(m)$ und $\log(m) + c$ sollen für alle $c \in \mathbb{R}$ dasselbe Verteilungsgesetz haben. (Bei $\log(m) + c$ muss man dabei eigentlich *modulo 1* denken, damit $\log(m) + c$ wieder dieselbe Wertemenge $[0; 1[$ wie $\log(m)$ hat; d. h., wenn beim Addieren die Zahlen nach rechts aus dem Intervall hinausgeschoben werden, dann kommen sie von links wieder herein.)

Es ist aber bedeutend leichter, die Frage zu beantworten, welche Verteilungsgesetze durch beliebige *Additionen* unverändert bleiben, als die ursprüngliche Frage, welche Verteilungsgesetze durch beliebige Multiplikationen unverändert bleiben.

Nun ist sehr plausibel, dass nur ein Diagramm mit *gleich hohen Säulen* (vgl. Abb. 1.26) als Darstellung so eines Verteilungsgesetzes infrage kommt, das durch beliebige Additionen (d. h. horizontale Verschiebungen) nicht verändert wird. Wie sonst sollte man jemals

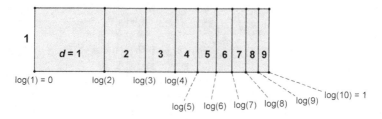

Abb. 1.26 Logarithmische Gleichverteilung

erreichen, dass sich das Diagramm des zugrunde liegenden Verteilungsgesetzes durch beliebiges horizontales Verschieben nicht ändert?

Die Sache ist jetzt schon deutlich einfacher, denn mit dieser *logarithmischen Gleichverteilung* lassen sich die Wahrscheinlichkeiten P_d für die Anfangsziffer d leicht ausrechnen als Flächeninhalte der Säulen (die Gesamtbreite des Diagramms ist $\log(10) - \log(1) = 1$, daher können wir die Höhe gleich 1 setzen, um die Gesamtfläche 1 zu erhalten):

$$P_d = \log(d + 1) - \log(d)$$

Wir sind beim Benford-Gesetz angelangt!

Die zugehörigen Zahlenwerte haben wir bereits in Tab. 1.12 (Abschn. 1.5.1) aufgeführt.

Die Gleichverteilung der logarithmierten Werte ist hiermit also aus der Annahme der Skaleninvarianz der Messwerte abgeleitet. Diese Forderung erscheint vernünftig und kann nicht weiter bewiesen werden.

Eine Anmerkung zum Schluss Wir haben bei den obigen Überlegungen weitestgehend auf theoretische Begriffe verzichtet, um die Darstellung allgemeinverständlich zu halten. Alle Begründungen lassen sich jedoch mit Hilfe von Wahrscheinlichkeits- und Maßtheorie präzisieren; Ansätze hierzu und weitere Literaturhinweise sind in [14] zu finden.

Arithmetisches versus geometrisches Zählen

Wir Menschen zählen bekanntlich in arithmetischer Folge

$$0 \xrightarrow{+1} 1 \xrightarrow{+1} 2 \xrightarrow{+1} 3 \ldots$$

mit konstanten Differenzen (konstantes absolutes Wachstum, additives Zählprinzip). Wir drücken Verschiedenheiten aber oft auch durch Quotienten (Verhältnisse) aus, wobei hier nicht das additive (arithmetische), sondern das „multiplikative (geometrische) Zählprinzip" im Vordergrund steht.

Es gibt viele Phänomene, bei denen auch die Natur quasi geometrisch zählt, d. h. von Schritt zu Schritt immer mit einer Konstanten multipliziert:

$$\underbrace{a \cdot q^0}_{a} \xrightarrow{\cdot q} a \cdot q^1 \xrightarrow{\cdot q} a \cdot q^2 \xrightarrow{\cdot q} a \cdot q^3 \cdots$$

Dazu gehören Wachstumsprozesse; auch beim Tasten, Hören und Sehen, generell beim Empfinden sind solche Phänomene geläufig, vgl. die Lautstärkeeinheiten *Bel* bzw. *Dezibel*, bei denen in Logarithmen gedacht werden muss: Eine Erhöhung der subjektiv empfundenen Lautstärke um 10 Dezibel (= 1 Bel) entspricht einer Verdopplung des Schalldruckpegels. Ein weiteres Beispiel: Bei der Tonhöhe werden Unterschiede als gleich wahrgenommen, wenn die Töne dasselbe Frequenz*verhältnis* haben. Dies alles wird subsumiert unter *Weber-Fechner'sches Grundgesetz*.

Die obige *geometrische Folge* entspricht einem konstanten relativen Wachstum. Solche Werte haben dann die Eigenschaft, dass sich die logarithmierten Werte um eine additive Konstante unterscheiden:

$$\log a \xrightarrow{+\log q} \log a + \log q \xrightarrow{+\log q} \log a + 2\log q \xrightarrow{+\log q} \log a + 3\log q \dots$$

Wenn diese Werte (nach dem Logarithmieren) gleichverteilt sind, was man aus der Forderung nach Skaleninvarianz bei den ursprünglichen Werten folgern kann, schlägt in diesen Situationen „naturgemäß" das Benford-Gesetz voll zu – siehe oben.

Stewart [29, S. 20] schreibt dazu:

> „Wir Menschen zählen in arithmetischer Folge 1, 2, 3, … und wundern uns, ungleiche Wahrscheinlichkeiten für die Anfangsziffern zu finden. Aber das lässt sich dadurch erklären, dass die Natur mit gleichen Wahrscheinlichkeiten unter den Termen einer geometrischen Folge $x, x^2, x^3, \dots$ wählt."

Diese Aussage erklärt aber noch nicht, warum daraus das Benford-Gesetz folgt. Die vernünftig scheinende *Forderung nach Skaleninvarianz* ist eine mögliche Erklärung dafür.

Zusammenfassung und Ausblick

Empirische Daten legen es nahe, dass es ein stabiles Verteilungsgesetz für die Häufigkeit des Auftretens der 1. Ziffer von Zahlen gibt, und diese Daten sprechen auch dafür, dass diese Verteilung sich in der Nähe des Benford-Gesetzes befindet. Wenn es ein stochastisches Gesetz gibt, dann muss es wohl unabhängig von den zugrunde gelegten Skalen sein. Es würde doch sehr befremdlich anmuten zu sagen: „Dass die Daten so gut der Benford-Verteilung folgen, liegt nur an der (zufällig genau passenden?) Wahl der Einheiten, bei anderen Einheiten gäbe es das Benford-Gesetz gar nicht." Durch Umwandlung der Datenmengen in andere Einheiten könnte man dies auch widerlegen und bestätigen, dass das Benford-Gesetz auch dann weiterhin Gültigkeit hat.

Wenn nur das Verteilungsgesetz der Zahl x selbst und damit der Mantisse m (in wissenschaftlicher Schreibweise) skaleninvariant ist (und das ist eine sehr vernünftige bzw. plausible Annahme), dann sind die logarithmierten (Mantissen-)Werte gleichverteilt, woraus das Benford-Gesetz unmittelbar folgt.

Es gibt also bei Skaleninvarianz keine Alternative zum Benford-Gesetz, außer *kein* Gesetz (dagegen sprechen aber empirische Daten).

Das Benford-Gesetz hat mit der Darstellung im Dezimalsystem nichts zu tun. Auch bei Darstellungen mit jeder anderen natürlichen Zahl $a > 2$ als Basis ergäbe sich ein analoges Gesetz für die Wahrscheinlichkeit P_d für die Zahlen mit Anfangsziffer d:

$$P_d = \log_a(d + 1) - \log_a(d) \text{ für } d = 1, 2, \ldots, a - 1$$

Mathematische Aspekte ungenauer Zahlen

2

2.1 Phänomene

2.1.1 Genaue Zahlen – gibt's die überhaupt?

Die meisten Zahlen, die einem in der Praxis begegnen, sind *Näherungswerte*; genaue Zahlenwerte kommen eigentlich nur relativ selten vor.

- *Messwerte* von Größen wie Länge, Fläche, Volumen, Masse, Zeit, Temperatur usw. sind prinzipiell mit Messfehlern behaftet, dadurch ungenau. An diesem Beispiel wird besonders deutlich, dass man die Vorsilbe *un-* und den Begriff *Fehler* nicht mit der üblichen negativen Konnotation versehen darf: Die Ungenauigkeit ist ein integraler Bestandteil des Umgangs mit Größen!
- Eine Ausnahme bildet in gewisser Weise der Größenbereich *Geld*: Preise sind exakt auf zwei Nachkommastellen genau anzugeben, auch das Finanzamt will auf Cent genau wissen, wie viel man verdient hat. Aber schon die Preise pro Kilogramm, die bei der Warenauszeichnung im Supermarkt angegeben werden müssen, sind gerundet. Häufig genügen gerundete Angaben: Kann ich mir den Fernseher für ca. 500 € leisten? (Vgl. Abschn. 1.1.2 über Schwellenpreise!) In Schlagzeilen wie „Bank XY benötigt ca. 8 Mrd. € Staatshilfe" ist der genaue Betrag uninteressant (es ist sogar nicht sicher, ob sich der normale Bürger unter diesem Näherungswert etwas vorstellen kann).
- Bei Definitionen von Größeneinheiten und bei Umrechnungsfaktoren findet man exakte Zahlen, die Festlegung ist mehr oder weniger willkürlich. Beispiele:

$$1\,\text{km} = 1000\,\text{m}; \quad 1\,\text{Zoll} = 2{,}54\,\text{cm}; \quad 1\,\text{Tag} = 24\,\text{Std.}$$

Ein komplexeres Beispiel: 1 Meter ist definiert als die Strecke, die das Licht im Vakuum in $\frac{1}{299.792.458}$ Sekunde zurücklegt. Die Zahl im Nenner stammt natürlich von der Licht-

© Springer-Verlag Berlin Heidelberg 2015
B. Schuppar, H. Humenberger, *Elementare Numerik für die Sekundarstufe*,
Mathematik Primarstufe und Sekundarstufe I + II, DOI 10.1007/978-3-662-43479-6_2

Abb. 2.1 Sand und Steine

geschwindigkeit, gemessen mit der ursprünglichen Definition des Meters, aber nach der heutigen Definition ist sie *exakt*. Die Längeneinheit ist somit an die Zeiteinheit gekoppelt, und 1 Sekunde ist definiert als das 9.192.631.770-Fache der Periodendauer einer gewissen elektromagnetischen Strahlung.

- Zum Thema *Anzahlen*: Bei relativ wenigen Objekten kann die Anzahl als Ergebnis eines Zählprozesses exakt bestimmt werden (z. B. Personen im Hörsaal), häufig hilft auch strukturiertes Zählen, etwa bei geometrisch regelmäßiger Anordnung der Objekte (figurierte Zahlen als Paradigma). Aber: Wie viele Kieselsteine sind im weißen Eimer, wie viele Sandkörner im schwarzen (siehe Abb. 2.1)? Wir fragen jetzt nicht, ob diese Information für irgendjemanden nützlich ist, es geht ums Prinzip.
Die Anzahl der Kieselsteine ließe sich mit etwas Mühe exakt feststellen; bei den Sandkörnern ginge es im Prinzip auch, aber niemand würde es ernsthaft versuchen.
Wie viele Erbsen sind in der Flasche (Abb. 2.2)? Das ist eine beliebte Schätzaufgabe (!) in der Grundschule, man kann sie auch als Wettbewerb gestalten: Wer hat am besten geschätzt? Dazu muss sich zumindest der Schiedsrichter vorher als „Erbsenzähler" betätigen, um die genaue Anzahl zu bestimmen.

- Weiteres zu Anzahlen: Bei demokratischen Wahlen muss genau festgehalten werden, wie viele Wähler jeweils für die Parteien gestimmt haben; bei einem knappen Ergebnis muss ggf. nachgezählt werden, um unvermeidliche Zählfehler auszuschließen. Für eine Prognose reicht jedoch eine repräsentative Auswahl von Wählerstimmen, die dann das Endergebnis mit einer gewissen Unschärfe voraussagt.
Eine Volkszählung (Zensus), die von allen Einwohnern eines Landes Daten erhebt, wird wegen des immensen Aufwandes nur sehr selten durchgeführt. Stattdessen werden oft die Daten ausgewählter Bürger in einem *Mikrozensus* erfasst. Aber auch beim Zensus muss mit erheblichen Fehlerquoten gerechnet werden.

- *Konstanten in Formeln*: Die Fläche eines Dreiecks mit Grundseitenlänge g und Höhe h ist $F = \frac{1}{2}g \cdot h$; der Faktor $\frac{1}{2}$ ist aus mathematischen Gründen exakt.
Die Fläche eines Kreises mit Radius r ist $F = \pi r^2$; aber wie groß ist der Faktor π? Zwar kennt man π viel besser als unbedingt notwendig (vgl. Abschn. 3.3.1), aber ganz

Abb. 2.2 Flasche mit Erbsen

genau eben nicht. Es gibt zahlreiche andere Beispiele für Konstanten in mathematischen Formeln, deren Größe nur näherungsweise bekannt ist.

Das Gravitationsgesetz besagt: Die Anziehungskraft zweier Massen mit Abstand r ist proportional zu $\frac{1}{r^2}$. Die Konstante 2 im Exponenten des Nenners ist eine Modellannahme der Theorie; allerdings hat man experimentell keine Abweichungen feststellen können.

Zwischenbemerkung Wir haben einen großen Bereich von Zahlen ausgeklammert, der in der Praxis auch eine bedeutende Rolle spielt, aber nicht in diesen Kontext passt, nämlich die Codezahlen (Telefon-, Kontonummern, PIN usw.). Typisches Merkmal: Es gibt keine Stellenwerte, nur eine Reihe von gleichberechtigten Ziffern. Ob eine PIN vier oder fünf Stellen hat, ist im Prinzip völlig egal; für Geldbeträge trifft das eher nicht zu. Die PIN 1478 ist ähnlich zu 1487, aber eine von beiden ist falsch; das Attribut *ungenau* passt hier nicht.

Zurück zum Thema Exaktheit ist, wie die Beispiele zeigen, in den meisten Fällen unmöglich, überflüssig oder sinnwidrig; sie sollte nicht als oberstes Ziel einer Zahlenangabe angestrebt werden. Dagegen muss man sich ständig fragen: Welche Genauigkeit brauche ich, welche kann ich erreichen?

Gefährlicher noch als zu ungenaue Zahlen sind zu genaue Zahlen. Denn die Ungenauigkeit ist offensichtlich, während man einer scheinbar genauen Angabe nicht ansehen kann, welche Dezimalstellen denn etwas aussagen und welche mehr oder weniger zufällig entstanden sind. Das gilt auch und besonders für die Ergebnisse von Berechnungen, die mit TR oder Computer ausgeführt wurden (vgl. auch Abschn. 2.1.2). Was der TR anzeigt (meistens zehn Stellen), ist in der Regel zu genau, und man muss eine Auswahl treffen. Man sollte vielleicht die TR-Ergebnisse nicht als *richtig* verstehen, sondern als *Angebot*: „Nimm dir so viele Stellen, wie du brauchst!"

C. F. Gauß hat einmal gesagt: „Der Mangel an mathematischer Bildung gibt sich durch nichts so auffallend zu erkennen wie durch maßlose Schärfe im Zahlenrechnen". Er hat mit diesem Zitat sicher so ähnliche Phänomene gemeint, und Gauß war eigentlich jemand, der in seinen Forschungen (u. a. Zahlentheorie) sehr exakt sein musste.

▶   Prinzip: Die mögliche, sinnvolle oder erforderliche Genauigkeit ist kontextab-
     hängig.

Ein erstes Beispiel aus einem aktuellen Anlass: Bei der Auszählung von Wählerstimmen (Zählprozess, natürliche Zahlen) sollte wegen der wichtigen Konsequenzen eigentlich ein sehr hoher Genauigkeitsanspruch herrschen, aber:

Bei der Wahl zum deutschen Bundestag im September 2013 gab es im Wahlkreis 120 (Essen-West) ein sehr knappes Ergebnis bei den Erststimmen (Wahl des Direktkandidaten). Auszüge aus einer Meldung von „SPIEGEL ONLINE" vom 30.09.:

> „Hier fand das engste Rennen statt, der CDU-Kandidat gewann mit 3 Stimmen. Dann gab es Berichte über Unregelmäßigkeiten und nach einer teilweisen Neuauszählung lag plötzlich seine SPD-Konkurrentin vorn. Nun wurde der gesamte Wahlkreis neu ausgezählt, und der CDU-Mann . . . hat tatsächlich gewonnen. Sein Vorsprung wuchs sogar von drei auf 93 Stimmen. Er erhielt 59.101 Erststimmen, auf [die SPD-Kandidatin] entfielen 59.008. . .
>
> Die Abweichungen zum Auszählungsergebnis vom Wahlabend liegen nach Ansicht [des Wahlleiters] innerhalb der üblichen Fehlertoleranz. „Das ist menschlich, dass hier und da Fehler passieren." In Essen seien die Zählfehler nur deshalb zur Besonderheit geworden, weil das Ergebnis so knapp war, sagte er."

Zur Illustration des o. g. Prinzips nun einige weitere Beispiele.

Einwohnerzahlen

Wie viele Einwohner hat Wien?

Auf die Frage „Wien Einwohnerzahl" antwortet Google „1,731 Millionen (2012)" und gibt als Quelle die Vereinten Nationen an.

Im ersten Absatz der Wikipedia-Seite über Wien steht: „Mit über 1,7 Millionen Einwohnern ist Wien die bevölkerungsreichste Großstadt Österreichs." Weiterhin wird in einer Tabelle mit verschiedenen Daten zur Stadt angegeben: „Einwohner 1.741.246 (1. Januar 2012)". Mit Sicherheit stimmte diese Zahl am 2. Januar aufgrund der ständigen Fluktuation nicht mehr (vermutlich hat sie auch am 1. Januar nicht exakt gestimmt), aber das würde niemanden stören; statistische Daten müssen wohl so „genau" sein.

Interessant sind auch die Zahlen im folgenden kurzen Ausschnitt aus einem Artikel der Zeitung „Kurier" unter der Überschrift „Wien ist zweitgrößte deutschsprachige Stadt"[1]:

> „Es sind nur 7000 Menschen, die den Unterschied machen: Wien hat Hamburg als zweitgrößte deutschsprachige Metropole abgelöst. Mit 1.741.246 Einwohnern liegt Wien vor der Hansestadt und muss sich nur mehr der deutschen Hauptstadt Berlin geschlagen geben; dort wohnen knapp 3,5 Millionen Menschen. In Hamburg wurde die Bevölkerung zuletzt am 31. Dezember 2012 mit insgesamt 1.734.272 Bewohnern erfasst."

Es sind nicht 7000 Menschen, die den Unterschied ausmachen, sondern nur 6974, aber das ist völlig unwichtig. Wichtiger scheinen uns hierbei die unterschiedlichen „Messzeitpunkte" zu sein, die ja ein Jahr auseinanderliegen; in einem Jahr kann sich da einiges verändern! Zum anschließenden Vergleich mit Berlin genügen *zwei* Ziffern für die dortige Einwohnerzahl, um zu erkennen, dass Berlin etwa doppelt so viele Einwohner hat wie Wien oder Hamburg.

Fazit Die Anzahl mit vollen sieben Stellen ist zu genau. Änderungen von etwa ± 50 sind kurzfristig zu erwarten, sodass eine auf Hunderter gerundete Zahl ausreichend erscheint (also mit fünf aussagekräftigen Ziffern, die Endnullen betreffen ja „nur" die Größenordnung); damit kann man sogar Tendenzen in der Bevölkerungsentwicklung beschreiben. Für Angaben, die längerfristig Bestand haben sollen, sind drei bis vier Ziffern angemessen, und für eine eher qualitative Beschreibung der Größe genügen ein bis zwei Ziffern, ggf. mit Präfixen wie *knapp* oder *mehr als* versehen.

Längen

Wie lang ist die Diagonale d eines Rechtecks mit den Seitenlängen 1 und 2?

Hier heißt der Kontext *Geometrie*, es ist keine reale Situation gegeben. Nach dem Satz des Pythagoras ist $d = \sqrt{1^2 + 2^2} = \sqrt{5}$; mit dem TR kann man bei Bedarf den Dezimalwert 10-stellig ausrechnen, mit einem CAS sogar noch genauer.

Wie lang ist die Diagonale d eines Rechtecks mit den Seitenlängen 1 m und 2 m?

Die Maßeinheiten deuten an, dass eine reale Situation gemeint sein könnte. Berechnet man mit dem TR $\sqrt{5} = 2{,}236067977$, so hat man d auf Nanometer genau angegeben, was sicher übertrieben ist. Eine sinnvolle Angabe wäre 2,236 m (auf Millimeter genau); damit wären wohl die meisten realen Probleme zu dieser Aufgabe lösbar.

Passt eine 2,20 m breite Platte durch einen 1×2 m großen Türrahmen?

Für diese konkrete Frage reicht sogar der Überschlag (in m) $2{,}20^2 = 4{,}84 < 5$, also $2{,}20 < d$, um zu wissen, dass man einen Versuch wagen kann.

Entfernung Erde–Mond

Eine Faustregel gibt an: 400.000 km. Bei Wikipedia findet man 384.400 km, jedoch ausdrücklich als *mittlere* Entfernung bezeichnet, denn die Bahn des Mondes um die Erde ist

---

[1] http://kurier.at/chronik/wien/1-741-246-einwohner-wien-nun-zweitgroesste-deutschsprachige-stadt/19.895.417

(grob gesagt) elliptisch: Die mögliche Abweichung beträgt *im Mittel* ca. 21.000 km, maximal bis zu 28.000 km. Selbst beim o. g. Mittelwert der Entfernung mit der auf Hunderter gerundeten Maßzahl muss man berücksichtigen, dass Erde und Mond keine Punkte sind, sondern eine Ausdehnung haben: Die Radien von Erde und Mond betragen ca. 6400 km bzw. 1700 km, daher stellt sich die Frage: Ist die Entfernung zweier Punkte auf den Oberflächen gemeint, die einander am nächsten liegen? Vermutlich nicht. Dann wohl eher die Entfernung der Mittelpunkte von Erde und Mond? Das ist plausibler, aber eine genauere Recherche zeigt, dass auch das nicht stimmt. Es ist nämlich die Entfernung des Mond-Schwerpunktes vom *Baryzentrum* (= Schwerpunkt) des Systems Erde-Mond; dieser Punkt liegt wegen der relativ großen Erdmasse zwar noch innerhalb der Erdkugel, aber immerhin ca. 4700 km vom Erdmittelpunkt entfernt. Technisch ist heutzutage die Entfernung eines festen Mondpunktes von einem festen Erdpunkt zu einem festen Zeitpunkt sehr präzise bestimmbar, vielleicht auf ± 1 m genau. Man muss sich aber fragen: Was bedeutet diese Angabe?

Energiesparen

Wenn jeder Einwohner von Deutschland täglich 1 kWh elektrische Energie einsparen würde (eine nicht unrealistische Vorstellung), dann würde das bei 80 Mio. Einwohnern eine Ersparnis von $80 \cdot 10^6$ kWh pro Tag ausmachen. Das würde einer Kraftwerksleistung von $\frac{80 \cdot 10^6 \text{ kWh}}{24 \text{ h}} \approx 3 \cdot 10^6$ kW entsprechen, also ca. 3000 MW. Das ist mehr als die Leistung des größten deutschen Kernkraftwerks. (Ob das viel oder wenig ist, hängt vom Standpunkt ab; man müsste wohl noch diese Zahl mit dem Gesamtverbrauch vergleichen.)

Überschlagsrechnen

Nach den Ausführungen in Abschn. 1.2 ist wohl ein weiteres Beispiel an dieser Stelle unnötig. Zur Genauigkeit ist zu sagen: Hier sind *grobe Näherungen* mit einer, maximal zwei aussagekräftige Ziffern gefragt; häufig genügt sogar die *Größenordnung* mit Angabe der Zehnerpotenz. Dafür sind eigentlich weniger die Kontexte als vielmehr Mittel und Zweck der Berechnungen maßgebend, aber im weitesten Sinne kann man auch das dem obigen Prinzip unterordnen.

2.1.2 Merkwürdiges beim Rechnen mit ungenauen Zahlen

In diesem Abschnitt zeigen wir, dass es manchmal nicht mit rechten Dingen zuzugehen scheint, wenn man mit ungenauen Zahlen rechnet. Genaueres folgt in den Abschn. 2.3 und 2.4.

Brauchbarkeit **von Ziffern** Multipliziert man zwei 3-stellige Zahlen, dann kommt eine 5- oder 6-stellige Zahl heraus.

Beispiel: $462 \cdot 326 = 150.612$

Abb. 2.3 Ungenauigkeit bei
der Rechteckfläche

Soweit die Arithmetik. Wenn man jetzt die Länge L und die Breite B eines Zimmers ausgemessen hat und den Flächeninhalt F des Fußbodens berechnen möchte, dann ergibt sich aus $L = 4{,}62\,\mathrm{m}$ und $B = 3{,}26\,\mathrm{m}$ der Flächeninhalt $F = 15{,}0612\,\mathrm{m}^2$.

Ist das wirklich so? Wenn wir davon ausgehen, dass die Längenmaße auf Zentimeter gerundet sind, dann können die *genauen* Maße um $0{,}5\,\mathrm{cm}$ nach oben oder unten abweichen, dabei ändert sich die Fläche schlimmstenfalls um je einen Streifen der Breite $0{,}5\,\mathrm{cm}$ pro Wand (vgl. Abb. 2.3, die Größenverhältnisse sind übertrieben), das macht insgesamt ungefähr den Umfang des Zimmers mal $0{,}5\,\mathrm{cm}$, also ca. $0{,}04\,\mathrm{m}^2$!

Mit dem TR kann man das überprüfen, indem man jeweils die maximalen bzw. minimalen Längenmaße miteinander multipliziert:

$$F_{\max} = 4{,}625\,\mathrm{m} \cdot 3{,}265\,\mathrm{m} = 15{,}100625\,\mathrm{m}^2$$
$$F_{\min} = 4{,}615\,\mathrm{m} \cdot 3{,}255\,\mathrm{m} = 15{,}021825\,\mathrm{m}^2$$

Der tatsächliche Flächeninhalt des Fußbodens liegt irgendwo dazwischen. Der arithmetisch korrekt berechnete Flächeninhalt ist mit seinen vier Nachkommastellen viel zu genau, selbst bei der 1. Nachkommastelle ist nicht sicher, ob es eine 0 oder eine 1 ist.

Für Praktiker ist die Angabe $F = 15{,}06 \pm 0{,}04\,\mathrm{m}^2$ akzeptabel, denn sie ist einfach und relativ genau. Streng genommen stimmt das aber nicht, denn aufgrund dessen wäre der Maximalwert $15{,}10\,\mathrm{m}^2$; tatsächlich ist aber $F_{\max} > 15{,}10$. Korrekt ist $F = 15{,}061 \pm 0{,}04\,\mathrm{m}^2$.

Übrigens ist es berechtigt, die angegebenen Längenmaße als *3-stellige* Zahlen zu bezeichnen, denn die Position des Dezimalkommas ist für die Multiplikation unwesentlich (man könnte ja ebenso gut mit cm und cm^2 rechnen); in diesem Sinne ist das Produkt der Längen arithmetisch gleichwertig mit dem eingangs genannten Beispiel.

Allgemein kann man das angesprochene Problem so formulieren:

Wenn zwei positive ganze Zahlen a, b mit s bzw. t Stellen gegeben sind, dann hat das Produkt $a \cdot b$ entweder $s + t$ Stellen oder eine weniger. Wenn man nun annimmt, dass a und b auf ganze Zahlen gerundet worden sind, welche dieser Ziffern sind dann noch *signifikant*, d. h., auf welche Stellen kann man sich verlassen?

Gerundet wird nach der üblichen Regel: Ist die 1. Nachkommastelle kleiner als 5, dann wird abgerundet (der gebrochene Anteil abgeschnitten), andernfalls wird aufgerundet (der ganze Anteil um 1 erhöht). Ist also A der genaue Wert, der zur ganzen Zahl a gerundet wurde, dann gilt:

$$a - 0{,}5 \leq A < a + 0{,}5$$

A kann der oberen Grenze beliebig nahekommen, auch bei $A = a{,}499\ldots$ wird abgeschnitten. Beispiel mit $a = 123.456$ und $b = 654$:

$$a \cdot b = 80.740.224$$

Größtmögliches Produkt: $123.456{,}5 \cdot 654{,}5 = 80.802.279{,}25$

Kleinstmögliches Produkt: $123.455{,}5 \cdot 653{,}5 = 80.678.169{,}25$

Somit sind nur die ersten beiden Ziffern signifikant, schon die dritte ist unsicher! (Was der Begriff *signifikante Ziffer* genau bedeutet, wird im Abschn. 2.2.2 ausführlich diskutiert.)
Noch ein Beispiel mit den gleichen Stellenzahlen:

$$a = 654.123 \quad b = 789 \qquad \Rightarrow \qquad a \cdot b = 516.103.047$$

Größtmögliches Produkt: $654.123{,}5 \cdot 789{,}5 = 516.430.503{,}25$

Kleinstmögliches Produkt: $654.122{,}5 \cdot 788{,}5 = 515.775.591{,}25$

Immerhin würde sich bei Rundung auf die drei höchsten Stellen immer $516.000.000$ ergeben, deswegen kann man die ersten drei Ziffern von $a \cdot b$ als signifikant bezeichnen; auf jeden Fall sind aber die restlichen sechs Ziffern des Produktes nicht zu gebrauchen.

Experimentieren Sie weiter, variieren Sie die Anzahlen der Stellen! Gibt es allgemeine Regeln, wie viele Ziffern des Produktes brauchbar sind?

Rechengesetze Das nächste Thema betrifft die Art und Weise, wie ein TR (oder auch ein Tabellenprogramm) rechnet. Die TR-Zahlen bestehen nämlich aus einer sogenannten *Mantisse* mit einer festen Anzahl von Dezimalstellen und einem Zehnerexponenten. I. Allg. hat die Mantisse maximal zwölf bis fünfzehn Stellen (abhängig vom Typ), wobei meistens nur bis zu zehn Stellen angezeigt werden. Die Ergebnisse werden *nach jeder Rechenoperation* gerundet. Für normale Verhältnisse reicht diese Genauigkeit vollkommen aus, um auch bei längeren Rechnungen keine großen Fehler zu erzeugen, sodass man sich in der Regel auf die Ergebnisse verlassen kann. Gleichwohl gibt es merkwürdige Phänomene, die man in kritischen Fällen beachten muss. Wir werden sie nicht mit den echten TR-Zahlen demonstrieren, sondern anhand eines virtuellen *Spielzeugrechners*, der nur mit 3-stelligen Mantissen rechnet. Im Prinzip gibt es diese Phänomene aber genauso beim realen TR.

Beispiele für 3-stellige Zahlen: $3{,}14$; $23{,}7$; 37; $0{,}00147$; 58.800; $7{,}77 \cdot 10^{18}$

Jede solche Zahl hat eine normierte Darstellung $m \cdot 10^e$ mit $1 \leq m < 10$ und $e \in \mathbb{Z}$, wobei m zwei Nachkommastellen hat, z. B. $0{,}00147 = 1{,}47 \cdot 10^{-3}$ oder $20 = 2{,}00 \cdot 10^1$; aber man muss sie nicht immer in dieser Form hinschreiben.

Die Rechenoperationen werden erst mit voller Genauigkeit ausgeführt, dann wird das Ergebnis auf drei Stellen gerundet, z. B. $23{,}7 \cdot 3{,}44 = 81{,}528 \approx 81{,}5$. Bei einer Verkettung von Operationen gilt das *für jedes Zwischenergebnis*. Puristen mögen bitte verzeihen, dass wir für die gerundeten Rechenergebnisse das Gleichheitszeichen verwenden. Das Zeichen „=" ist hier nicht als Identität zu lesen, sondern als „. . . ergibt 3-stellig . . .".

Nun die Beispiele:

a)
$$23{,}4 + (4{,}78 + 2{,}16) = 23{,}4 + 6{,}94 \quad = 30{,}3$$
$$(23{,}4 + 4{,}78) + 2{,}16 = 28{,}2 + 2{,}16 \quad = 30{,}4$$

b)
$$17{,}1^2 - 0{,}789^2 \qquad\qquad = 292 - 0{,}623 \quad = 291$$
$$(17{,}1 + 0{,}789) \cdot (17{,}1 - 0{,}789) \quad = 17{,}9 \cdot 16{,}3 \quad = 292$$

c)
$$(61{,}7 \cdot 19{,}1) \cdot 4{,}09 = 1180 \cdot 4{,}09 \quad = 4830$$
$$61{,}7 \cdot (19{,}1 \cdot 4{,}09) = 61{,}7 \cdot 78{,}1 \quad = 4820$$

d)
$$(278 - 276) \cdot 4{,}88 \qquad = 2 \cdot 4{,}88 \qquad = 9{,}76$$
$$278 \cdot 4{,}88 - 276 \cdot 4{,}88 \quad = 1360 - 1350 \quad = 10$$

Die beiden Terme in a) bis d) sind jeweils algebraisch äquivalent, aber die Resultate sind verschieden – gelten also die Assoziativgesetze und das Distributivgesetz nicht mehr?

Zwar sind sie nicht ganz außer Kraft gesetzt, aber man muss Einschränkungen hinnehmen.

Welches der beiden Ergebnisse genauer ist, lässt sich ohne *exaktes* Berechnen nur selten entscheiden. So ist z. B. in a) zu vermuten, dass es vorteilhafter ist, zuerst die *kleinen* Summanden zu addieren wie in der 1. Version (vgl. Abschn. 2.3.2). Häufig sind jedoch die Rundungseffekte eher zufällig.

Suchen Sie ähnliche Beispiele! Vielleicht finden Sie welche, bei denen die Unterschiede in den Ergebnissen noch drastischer ausfallen? Andererseits: Bei algebraisch gleichwertigen Termen kommen oft genug auch gleiche Zahlen heraus – die obigen Beispiele sind natürlich ausgesucht.

Die quadratische Gleichung $x^2 - 123x + 2 = 0$ lösen wir jetzt mit der *p-q*-Formel, und zwar in zwei Versionen, deren Unterschied man oberflächlich wohl nicht sofort wahrnehmen würde:

$$\text{(A)} \quad x_{1,2} = -\frac{p}{2} \pm \sqrt{\frac{p^2}{4} - q}$$

$$\text{(B)} \quad x_{1,2} = -\frac{p}{2} \pm \sqrt{\left(\frac{p}{2}\right)^2 - q}$$

Für die Berechnung nehmen wir einen Luxus-TR, der *4-stellig* rechnet. Wegen der Wurzeln geht es nicht ohne einen normalen TR, aber wie immer sind die Ergebnisse *nach jedem Zwischenschritt* auf vier Stellen zu runden. Deshalb muss man, um den nächsten Schritt auszuführen, das gerundete Zwischenergebnis *neu eintippen*!

Mit Version (A):

$$p^2 = 15.130 \; \Rightarrow \; \frac{p^2}{4} = 3783 \; \Rightarrow \; \frac{p^2}{4} - q = 3781 \; \Rightarrow \; \sqrt{\frac{p^2}{4} - q} = 61{,}49$$

$$-\frac{p}{2} = 61{,}5 \; \Rightarrow \; x_1 = 61{,}5 + 61{,}49 = 123{,}0 \text{ und } x_2 = 61{,}5 - 61{,}49 = 0{,}01$$

Mit Version (B):

$$\frac{p}{2} = -61{,}5 \; \Rightarrow \; \left(\frac{p}{2}\right)^2 = 3782 \; \Rightarrow \; \left(\frac{p}{2}\right)^2 - q = 3780 \; \Rightarrow \; \sqrt{\left(\frac{p}{2}\right)^2 - q} = 61{,}48$$

$$-\frac{p}{2} = 61{,}5 \; \Rightarrow \; x_1 = 61{,}5 + 61{,}48 = 123{,}0 \text{ und } x_2 = 61{,}5 - 61{,}48 = 0{,}02$$

Die Werte für x_1 stimmen in beiden Versionen überein, aber bei x_2 ergibt sich ein eklatanter Unterschied.

Welches x_2 ist denn jetzt richtig?

Eine sarkastische Antwort könnte lauten: Was auf jeden Fall falsch ist, das ist diese Frage. Denn beide Versionen berechnen x_2 algebraisch korrekt, in diesem Sinne sind beide *richtig*. Das Dumme ist nur, dass sie sich stark unterscheiden. Aber beim Rechnen mit beschränkter Stellenzahl gelten nun mal die üblichen algebraischen Regeln nicht exakt, und das wirkt sich manchmal katastrophal aus. Wenn wir keine Möglichkeit haben, die Güte einer Rechnung zu beurteilen, dann müssen wir in diesem Fall den Worst Case annehmen und beide x_2 auf den Müll werfen. Umgekehrt bedeutet das aber auch: Dass sich in beiden Versionen übereinstimmend $x_1 = 123{,}0$ ergab, heißt nicht, dass dieser Wert richtig ist! (*Richtig* ist hier zu lesen als „exakter Wert auf vier Stellen gerundet".) Ein besseres Gefühl haben wir trotzdem ...

Fazit Die für arithmetische und algebraische Rechnungen übliche zweiwertige Skala *richtig/falsch* gilt nicht für numerische Berechnungen; wir brauchen eine wesentlich differenziertere Werteskala von *so genau wie möglich* bis *unbrauchbar ungenau*. Es ist das Ziel der folgenden Abschnitte dieses Kapitels, zur Entwicklung einer solchen Skala beizutragen.

Im vorliegenden Fall können wir natürlich den normalen TR als Schiedsrichter heranziehen. Die Lösungen lauten 10-stellig:

$$x_1 = 122{,}9837377 \quad \text{und} \quad x_2 = 0{,}01626231271$$

Auf vier Stellen gerundet sind $x_1 = 123{,}0$ und $x_2 = 0{,}01626$. Damit ist bestätigt, dass x_1 auch mit der 4-stelligen Rechnung *so genau wie möglich* ermittelt worden ist, dagegen x_2 in beiden Versionen *unbrauchbar ungenau*.

Es ist möglich, eine quadratische Gleichung so zu konstruieren, dass der normale TR beim Berechnen der Lösungen genau dieselben Probleme hat wie der 4-stellige Spielzeug-TR, wenn auch nicht so klar erkennbar. Wo bleibt dann der Schiedsrichter?

Wir möchten nicht verschweigen, dass es bei der 4-stelligen Rechnung einen *mathematischen* Ausweg aus dem Dilemma gibt, und zwar den *Vietá'schen Wurzelsatz*. Ist $x_1 = 123,0$ schon berechnet, dann erhält man:

$$x_2 = \frac{q}{x_1} = \frac{2}{123,0} = 0,01626$$

Das heißt: Mit diesem „Trick" wird auch x_2 mit maximaler Genauigkeit berechnet.

Das Rechnen mit Längen sei zum Schluss noch einmal angesprochen. Angenommen, in einem rechtwinkligen Dreieck, dessen Hypotenuse genau 10 m lang ist, wird die Kathetenlänge a gemessen, und die andere Kathetenlänge b wird daraus berechnet. Nach dem Satz des Pythagoras gilt:

$$b = \sqrt{c^2 - a^2} = \sqrt{100 - a^2}$$

Die Messung von a ist natürlich mit einem Fehler behaftet; wir nehmen an, dass wir a auf cm genau messen können.

a) Mit $a = 3,47 \pm 0,005$ m ist $3,465$ m $\leq a \leq 3,475$ m.

Das kleinstmögliche a ergibt den größtmöglichen Wert von b, und umgekehrt:

$$b_{max} = \sqrt{100 - 3,465^2} = 9,380499720 \approx 9,3805$$

$$b_{min} = \sqrt{100 - 3,475^2} = 9,376799827 \approx 9,3768$$

Somit ist $b_{max} - b_{min} < 0,004$ m, die Abweichung vom Mittelwert beträgt also nicht mehr als 0,002 m. Das bedeutet aber: Der berechnete Wert von b ist sogar genauer als der gemessene Wert von a.

b) Jetzt sei $a = 9,80 \pm 0,005$ m. Die analoge Rechnung ergibt:

$$b_{max} = \sqrt{100 - 9,795^2} \approx 2,0145$$

$$b_{min} = \sqrt{100 - 9,805^2} \approx 1,9651$$

Der Unterschied $b_{max} - b_{min}$ beträgt hier fast 0,05 m, die maximale Abweichung vom Mittelwert also fast 0,025 m, das ist etwa das 5-Fache des Messfehlers von a.

Man beachte: Der Messfehler von a beträgt in beiden Fällen maximal 5 mm. Wie kommt dann der Unterschied in den Maximalfehlern von b zustande?

Geometrisch ist das plausibel: Ist $c = |AB|$ die Hypotenusenlänge, dann liegt der dritte Punkt C auf dem Thaleskreis über AB. Wenn man nun im Fall a) die Länge $a = |BC|$ ein bisschen ändert, dann ändert sich die Länge $b = |AC|$ nur sehr wenig, im Fall b) ist die Änderung dagegen sehr groß (vgl. Abb. 2.4, bitte die Figuren *dynamisch* interpretieren). Auch beim Konstruieren mit Zirkel und Lineal ist das Problem geläufig: Im Fall a)

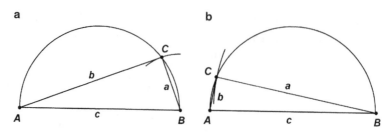

Abb. 2.4 Konstruktion des rechtwinkligen Dreiecks

schneidet der Kreis um B mit Radius a den Thaleskreis fast senkrecht, sodass sich der Schnittpunkt relativ scharf abzeichnet; im Fall b) ist es ein sehr spitzer Winkel (*schleifender Schnitt*), der Schnittpunkt ist dadurch nur ungenau zu bestimmen.

Näheres zur Fehleranalyse findet man im Abschn. 2.4.

2.2 Grundbegriffe

2.2.1 Absolute und relative Fehler, Fehlerschranken

Im Folgenden bezeichne $\tilde{x}$ einen Näherungswert für einen (meist nicht bekannten) exakten Wert x. Dann heißt der mit Vorzeichen behaftete Wert

$$\Delta x := \tilde{x} - x$$

absoluter Fehler (von $\tilde{x}$).

Wenn $\Delta x > 0$ ist, dann ist $\tilde{x}$ zu groß, wenn $\Delta x < 0$ ist, dann ist $\tilde{x}$ zu klein gegenüber dem exakten Wert x.

Da x i. Allg. leider unbekannt ist, kennt man Δx meist auch nicht genau! Man muss sich dann mit einer Angabe begnügen, um wie viel $\tilde{x}$ höchstens von x abweicht.

$\varepsilon(x)$ bzw. ε_x heißt *absolute Fehlerschranke* von x, wenn gilt:

$$|\Delta x| \le \varepsilon(x)$$

Sie ist nicht vorzeichenbehaftet, sondern nichtnegativ.

Um einen Wert mit absoluten Fehlerschranken anzugeben, gibt es mehrere gleichwertige Schreibweisen, z. B. $x \in [\tilde{x} - \varepsilon(x); \tilde{x} + \varepsilon(x)]$ oder $x = \tilde{x} \pm \varepsilon(x)$.

Eine grafische Veranschaulichung an der Zahlengeraden ist in Abb. 2.5 zu sehen.

Vergleich der Genauigkeit – relative Fehler(-schranken) Beim Vergleich verschiedener Angaben sind absolute Fehler(-schranken) nicht immer gut geeignet:

Abb. 2.5 Absolute Fehlerschranke

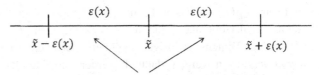

Abb. 2.5 Absolute Fehlerschranke

hier irgendwo liegt der genaue Wert x

- Messwerte haben oft ganz unterschiedliche Größenordnungen. Wenn man den Durchmesser D und die Länge L eines Metallrundstabs mit einem Zollstock misst, dann
  ergibt sich z. B. $D = 12\,\text{mm} \pm 0{,}5\,\text{mm}$ und $L = 630\,\text{mm} \pm 0{,}5\,\text{mm}$; obwohl die Fehlerschranken bedingt durch das Messgerät gleich groß sind, wird man die Angabe von
  L als genauer empfinden.
- Die Werte stammen oft aus unterschiedlichen Größenbereichen. Wenn man den Rundstab aus dem obigen Beispiel wiegt, dann erhält man z. B. eine Masse $M = 5.400\,\text{g}$
  $\pm 50\,\text{g}$. Welche Abweichung ist größer, eine von $0{,}5\,\text{mm}$ oder eine von $50\,\text{g}$? Eine unsinnige Frage!

In solchen Fällen bedient man sich zu Genauigkeitsvergleichen besser der *relativen
Fehler* $r(x)$ bzw. r_x: Ist Δx der absolute Fehler von $\tilde{x}$, dann heißt

$$r(x) = \frac{\Delta x}{x}$$

relativer Fehler von $\tilde{x}$. Auch $r(x)$ ist vorzeichenbehaftet, es gilt die gleiche Regel wie bei
Δx: Ist $r(x) > 0$, dann ist $\tilde{x}$ zu groß, andernfalls zu klein.

Analog definiert man die *relative Fehlerschranke* $\rho(x)$ bzw. ρ_x:

$$\rho(x) = \frac{\varepsilon(x)}{|x|}$$

Wenn der exakte Wert x unbekannt ist, was ja häufig zutrifft, dann setzt man stattdessen:

$$\rho(x) = \frac{\varepsilon(x)}{|\tilde{x}|}$$

In der Regel ist der Unterschied vernachlässigbar, denn wenn $\varepsilon(x)$ sehr klein gegenüber
$|\tilde{x}|$ ist, dann sind die Quotienten nahezu gleich, erst bei relativen Fehlerschranken größer
als 0,1 (Faustregel) sollte man vorsichtig sein.

Relative Fehler(-schranken) werden oft in % angegeben, man spricht dann vielfach
auch von *prozentualen Fehlern bzw. Fehlerschranken*.

Beispielsweise ergibt sich bei Durchmesser und Länge des Metallrundstabs:

$$\rho(L) = \frac{0{,}5\,\text{mm}}{630\,\text{mm}} \approx 0{,}0008 = 0{,}08\%$$

$$\rho(D) = \frac{0{,}5\,\text{mm}}{12\,\text{mm}} \approx 0{,}042 = 4{,}2\%$$

Somit beträgt $\rho(D)$ ca. das 50-Fache von $\rho(L)$. Das ist in diesem Fall wegen der gleichen absoluten Fehlerschranken leicht nachvollziehbar, denn L ist ca. 50-mal so groß wie D.

Durch die Dimensionslosigkeit können aber auch unterschiedliche Größenbereiche sinnvoll verglichen werden; dadurch werden gerechte Genauigkeitsvergleiche möglich, etwa beim Rundstab die Längenmaße und die Masse:

$$\rho(M) = \frac{50\,\mathrm{g}}{5400\,\mathrm{g}} \approx 0{,}0093 = 0{,}93\%$$

D. h.: Trotz der scheinbar sehr ungenauen Waage ist die Masse wesentlich genauer als der Durchmesser bestimmt. Man kann den Vergleich sogar quantitativ formulieren: Der Fehler beim Durchmesser ist mehr als 4-mal so groß wie bei der Masse.

2.2.2 Rundungsfehler, signifikante Ziffern

Das normale Runden auf eine bestimmte Stelle ist so definiert: Wenn die Ziffer auf der nächstkleineren Stelle kleiner als 5 ist, dann wird abgerundet, d. h., diese und alle folgenden Ziffern werden einfach abgeschnitten; andernfalls wird aufgerundet, d. h., die betreffende Stelle wird um 1 erhöht, und die weiteren Ziffern werden weggelassen.

Dadurch beträgt der Fehler höchstens eine halbe Einheit jener Stelle, auf die gerundet wird.

Beispiel $\pi = 3{,}1415926\ldots$:

auf Hundertstel genau	$\pi \approx 3{,}14$	(abgerundet)
auf Tausendstel genau	$\pi \approx 3{,}142$	(aufgerundet)

D. h., wenn derart gerundete Werte vorliegen, dann hat man Näherungswerte $\tilde{\pi}$ mit einem gewissen absoluten Fehler $\Delta\pi$, und man weiß im Grunde nicht mehr als dieses:

$$\tilde{\pi} = 3{,}14 \quad \Rightarrow \quad 3{,}135 \leq \pi < 3{,}145 \quad \Rightarrow \quad |\Delta\pi| \leq 0{,}005 = \frac{1}{2}\cdot 0{,}01$$

$$\tilde{\pi} = 3{,}142 \quad \Rightarrow \quad 3{,}1415 \leq \pi < 3{,}1425 \quad \Rightarrow \quad |\Delta\pi| \leq 0{,}0005 = \frac{1}{2}\cdot 0{,}001$$

Das Entsprechende gilt natürlich auch für das Runden auf Vorkommastellen, z. B. wenn die Einwohnerzahl E einer Kleinstadt auf Hunderter gerundet angegeben wird, etwa $E \approx 56.800$:

$$\tilde{E} = 56.800 \quad \Rightarrow \quad 56.750 \leq E < 56.850 \quad \Rightarrow \quad |\Delta E| \leq 50 = \frac{1}{2}\cdot 100$$

Die Fehler, die beim Runden entstehen, nennt man auch (wen wundert's?) *Rundungsfehler*.

Den Rundungsvorgang nimmt man zum Anlass, eine wichtige Zifferneigenschaft bezüglich der Genauigkeit zu definieren:

Signifikanz einer Ziffer:
Eine Ziffer z eines Näherungswertes $\tilde{x}$ heißt *signifikant*, wenn der absolute Fehler von $\tilde{x}$ betraglich nicht größer ist als der halbe Stellenwert von z (bzw. nicht größer ist als fünf Einheiten der nächstkleineren Stelle):

$$|\Delta x| \leq \frac{1}{2} \cdot \text{Stellenwert von } z$$

Das Wort *signifikant* soll hier andeuten, dass man sich auf diese Ziffer im Sinne der Rundungstoleranz verlassen kann.

Aufgrund der Definition ist unmittelbar klar:

- Durch korrektes *Runden* erhält man nur signifikante Ziffern. Diese brauchen aber *nicht gültig* zu sein in dem Sinne, dass sie in der dekadischen Darstellung der Zahl wirklich an dieser Stelle stehen (das passiert immer beim Aufrunden).
- Durch *Abschneiden* erhält man zwar nur gültige Ziffern im obigen Sinne, diese brauchen aber nicht signifikant zu sein (wieder beim Aufrunden, der Fehler ist dann größer als fünf Einheiten der folgenden Stelle).

Ablesen absoluter und relativer Fehlerschranken Bei Näherungswerten *mit nur signifikanten Ziffern* können *absolute* und *relative Fehlerschranken* bequem abgelesen werden; sie sind gleichzeitig die Fehlerschranken für den Rundungsfehler in der letzten Stelle.

Wir bezeichnen als s-te Ziffer diejenige mit dem Stellenwert 10^s (z. B. $s = 2$ für die Hunderterziffer; $s = -3$ für die Tausendstel, d. h. die 3. Nachkommaziffer). Der Näherungswert $\tilde{x}$ habe nur signifikante Ziffern, und s sei die Nummer der kleinsten Stelle.

Absolute Fehlerschranke

$$\varepsilon(x) = 0{,}5 \cdot 10^s = 5 \cdot 10^{s-1}$$

Diese Schranke ist unabhängig vom konkreten Näherungswert (siehe die eingangs genannten Beispiele).

Relative Fehlerschranke

$$\tilde{x} = 32 \qquad\qquad \Rightarrow \qquad\qquad \rho(x) = \frac{0,5}{32} \approx 1,6\,\%$$

$$\tilde{x} = 0,032 \qquad\qquad \Rightarrow \qquad\qquad \rho(x) = \frac{0,5 \cdot 10^{-3}}{0,032} = \frac{0,5}{32} \approx 1,6\,\%$$

$$\tilde{x} = 320.000 \qquad\qquad \Rightarrow \qquad\qquad \rho(x) = \frac{0,5 \cdot 10^{4}}{320.000} = \frac{0,5}{32} \approx 1,6\,\%$$

An diesen Beispielen ist schon ablesbar:

- Die relative Fehlerschranke ist unabhängig von der Größenordnung des Näherungswerts, d. h. von der Stellung des Kommas.
- Insbesondere werden, was die *Anzahl signifikanter Ziffern* betrifft, bei Zahlen kleiner als 1 die führenden Nullen nicht mitgezählt. Das ist auch und vor allem deshalb sinnvoll, weil diese Anzahl beim Einheitenwechsel von Maßangaben erhalten bleiben soll: Die Längenmaße 32 m und 0,032 km haben die gleiche Genauigkeit von zwei signifikanten Ziffern.
- Im Gegensatz zur absoluten Fehlerschranke hängt die relative Fehlerschranke vom Näherungswert ab.

Wenn man den letztgenannten *Nachteil* der Abhängigkeit vom konkreten Näherungswert vermeiden möchte, dann kann man folgendermaßen vorgehen: Wir verschieben das Komma so, dass die letzte signifikante Ziffer auf der Einerstelle steht. Nehmen wir an, dass der Näherungswert n signifikante Ziffern hat, dann gilt:

$$10^{n-1} \leq \tilde{x} < 10^{n}$$

Dann ist $\varepsilon(x) = 0,5$ und somit

$$\rho\,(x) = \frac{0,5}{\tilde{x}} \leq \frac{0,5}{10^{n-1}} = \frac{5}{10^{n}} = 5 \cdot 10^{-n}$$

Denn bei dieser Worst-Case-Abschätzung *nach oben* mussten wir im Nenner den *kleinstmöglichen* Wert von $\tilde{x}$ einsetzen. Diese Fehlerschranke ist jetzt nur noch von der *Anzahl* signifikanter Ziffern abhängig; in diesem Sinne kann man die Anzahl als grobes Maß für den relativen Fehler ansehen.

Beispiel π wird auf vier Nachkommastellen gerundet, also hat $\tilde{\pi} = 3,1416$ fünf signifikante Ziffern; die obige Abschätzung sieht in diesem konkreten Fall so aus:

$$\rho\,(\pi) = \frac{0,5}{31.416} \leq \frac{0,5}{10.000} = 5 \cdot 10^{-5}$$

Tatsächlich ist der relative Fehler in diesem Fall viel kleiner:

$$r\,(\pi) = \frac{3{,}1416 - \pi}{\pi} \approx 2{,}34 \cdot 10^{-6}$$

Das wissen wir aber nur deshalb, weil wir π genauer kennen; wenn wir nichts weiter als den gerundeten Näherungswert wissen, dann müssen wir vom schlimmsten Fall ausgehen.

Durchschnittlicher relativer Fehler Gleichwohl kann man, um eine grobe Faustregel für den *durchschnittlichen relativen Fehler* zu formulieren, einen mittleren Wert für eine Zahl $\tilde{x}$ mit n signifikanten Ziffern annehmen: Wenn wir $\tilde{x}$ wie oben normalisieren (letzte signifikante Ziffer auf der Einerstelle), dann ist $\tilde{x} \approx 5 \cdot 10^{n-1}$ und somit:

$$\rho\,(x) = \frac{0{,}5}{\tilde{x}} \approx \frac{0{,}5}{5 \cdot 10^{n-1}} = 10^{-n}$$

Textaufgaben in Schulbüchern Hier werden in der Regel keine konkreten Fehlerschranken bei den Eingabewerten der Rechnung genannt. Oftmals kann man sie aus dem Kontext erschließen, wenn man sie braucht, aber manchmal sind sie unklar, oder es geht ohne Zusatzinformation gar nicht, sodass man sich über signifikante Ziffern Gedanken machen muss. Schon ab der 5. Klasse ist es sinnvoll und notwendig, solche Inhalte im Unterricht zu thematisieren. Einige Beispiele zur Klarstellung der Problematik:

- Wenn man sagt, „Kleinkleckersdorf hat 1800 Einwohner", dann sind höchstwahrscheinlich *zwei* signifikante Ziffern gemeint, sodass Abweichungen von ± 50 zu tolerieren sind. Analog bei 3.500.000 Einwohnern von Berlin, hier wird man sogar einfacher „3,5 Mio." sagen oder schreiben.
- Wenn man aber die Entfernung von A nach B mit 140 m angibt, dann ist nicht klar, ob die Null am Ende signifikant ist oder nicht. Eine Entfernungsangabe von 0,14 km bzw. 0,140 km wäre zwar präziser, klingt aber gekünstelt und ist nicht üblich.
- Anders bei einer Entfernung von 2400 m, das wird man ohne Weiteres in 2,4 km umwandeln können, sofern nur zwei signifikante Ziffern gemeint sind. Sollten eine Null oder zwei Nullen auch signifikant sein, dann sollte man 2,40 km oder 2,400 km schreiben – diese Werte sind zwar arithmetisch äquivalent, aber numerisch nicht!
- Umgekehrt kann ein Wechsel von einer großen Einheit zu einer kleineren problematisch sein: 0,84 m = 84 cm ist korrekt, aber bei 0,84 m = 840 mm wird durch die angehängte 0 eine höhere Genauigkeit suggeriert.
- Die Lichtgeschwindigkeit wird üblicherweise mit dem leicht zu merkenden Wert 300.000 km/s angenähert. Das klingt nach einer groben Faustregel mit nur einer signifikanten Ziffer, aber so ist es nicht: Der exakte Wert beträgt 299.782,458 km/s, damit sind wegen des relativ geringen Fehlers von ca. 220 km/s sogar drei Ziffern der Näherung signifikant! Es ist jedoch schwierig, das zu kennzeichnen – man muss es eben wissen.

Fazit Wenn Näherungswerte ohne explizite Fehlerschranken gegeben sind, soll man sich auf die Ziffern *verlassen* können, sie sollen daher *nur mit signifikanten Ziffern* angegeben werden. Es ist im Unterricht besonders wichtig, für dieses Problem zu sensibilisieren: Schülerinnen und Schüler sollen diese Problematik kennen und sich Gedanken machen, was in solchen Fällen sinnvoll sein kann. Es ist nicht nötig, ein eigenes Symbol für signifikante bzw. nicht signifikante Ziffern einzuführen; dies wäre zu kompliziert, aber Lehrkräfte sollen den Lernenden ein adäquates Problembewusstsein mitgeben.

Nach dem Komma sind nicht signifikante Ziffern kein Problem, diese schreibt man am besten gar nicht hin. Aber das kann man leider nicht so einfach vor dem Komma praktizieren: Wenn z. B. die letzten beiden Nullen in 1700 m nicht signifikant sind, kann man sie ja nicht einfach weglassen. Manchmal bietet sich ein Wechsel der Einheit an (siehe oben: 1700 m = 1,7 km), dabei ist man jedoch den Konventionen des jeweiligen Größenbereichs unterworfen, deshalb geht das nicht immer reibungslos: Eine Umwandlung von 1700 € in 1,7 k€ bedarf zumindest einer Erläuterung.

Eine andere Möglichkeit bietet der Übergang zu der Zahldarstellung mit Mantisse und Zehnerexponent (vgl. auch den folgenden Abschn. 2.2.3):

Jede Zahl x lässt sich darstellen als $x = m \cdot 10^e$ mit $1 \leq m < 10$. Dadurch verschwinden die Ziffern einer Zahl (bis auf die führende) hinter dem Komma, sodass man dort nicht signifikante Ziffern einfach weglassen kann; geschrieben werden nur signifikante Ziffern. Das geht natürlich nicht schon in der 5. Klasse, zudem entfernt man sich damit vom alltäglichen Gebrauch der Zahlen.

Anzahl signifikanter Ziffern als Maß für den Relativfehler Bisher haben wir signifikante Ziffern nur bei gerundeten Zahlen betrachtet, aber der Begriff ist auch in anderen Zusammenhängen als grobes Maß für den relativen Fehler eines Näherungswertes sehr nützlich. Zwei Fälle sind zu unterscheiden:

1. Der exakte Wert x und ein Näherungswert $\tilde{x}$ sind bekannt, etwa wenn man die Qualität eines Berechnungsverfahrens beurteilen möchte. Beispiel (vgl. Abschn. 3.2.5): Mit einem gewissen Algorithmus wird eine Näherung für $x = \sqrt{2}$ berechnet zu $\tilde{x} = \frac{577}{408} = 1{,}414215686\ldots$ Der TR liefert den *exakten* (auf zehn Stellen gerundeten) Wert $x = 1{,}414213562\ldots$; man schreibt nun x und $\tilde{x}$ stellenwertrichtig untereinander

$$\tilde{x} = 1{,}414215686$$
$$x = 1{,}414213562$$

und zählt von links nach rechts die Stellen mit gleichen Ziffern. Bei der 1. Stelle mit verschiedenen Ziffern muss man entscheiden, ob der Unterschied mehr oder weniger als fünf (Einheiten dieses Stellenwertes) beträgt, das geht meistens durch scharfes Hinschauen: Im 1. Fall ist die vorhergehende Ziffer nicht mehr signifikant, im 2. Fall doch. Beim obigen Beispiel sind es die sechs signifikanten Ziffern 1,41421. In seltenen Fällen muss man den Betrag des absoluten Fehlers durch Subtraktion „größere minus kleinere Zahl" genauer ausrechnen. Vorsicht ist geboten, wenn sich die ersten verschiedenen Ziffern nur um 1 unterscheiden, dann kann die Anzahl signifikanter Ziffern sogar größer als die Anzahl führender Stellen mit gleichen Ziffern sein (vgl. Aufg. 6).

2. Ein Näherungswert $\tilde{x}$ und eine absolute Fehlerschranke $\varepsilon(x)$ sind bekannt. Beispiele:

$$\text{a)} \quad x = 34{,}7 \pm 0{,}02 \qquad \text{b)} \quad x = 34{,}7 \pm 0{,}08$$

Im Fall a) ist $\varepsilon(x)$ kleiner als der halbe Stellenwert der letzten Ziffer, somit ist die letzte Ziffer (7) von $\tilde{x}$ noch signifikant, bei b) hingegen ist die letzte Ziffer von $\tilde{x}$ nicht mehr signifikant. Typisch für den Fall b) ist, dass die potenziellen x-Werte im Intervall [34,62; 34,78] nicht immer auf 34,7 gerundet würden.

Es kann dabei auch zu gewissen „Ungereimtheiten" kommen. Beispiele:

$$\text{c)} \quad x = 3{,}47 \pm 0{,}02 \qquad \text{d)} \quad x = 3{,}45 \pm 0{,}04$$

Im Fall c) ist nach Definition die 4 nach dem Komma signifikant, aber *alle* potenziellen x-Werte im Intervall [3,45; 3,49] würden auf 3,5 gerundet, somit wäre eigentlich 5 ein besserer Kandidat für eine signifikante Ziffer an der Zehntelstelle; d. h., hätte man die Zahl mit nur einer Nachkommastelle anzugeben, so wäre 3,5 zu nehmen. Im Fall d) wäre die 4 auf der Zehntelstelle auch signifikant, aber im Intervall [3,41; 3,49] würden alle Zahlen in der unteren Hälfte des Intervalls auf 3,4 gerundet, die Zahlen in der oberen Hälfte jedoch auf 3,5; hätte man die Zahl also mit nur einer Nachkommastelle anzugeben, so wären 3,4 bzw. 3,5 zwei *gleich gute* Kandidaten.

Trotz dieser kleinen „Ungereimtheiten" ist die Anzahl signifikanter Ziffern ein sinnvolles Maß für die Genauigkeit.

2.2.3 Gleitkommazahlen

TR und Computer rechnen i. Allg. mit einer festen Stellenzahl, und zwar in einer *Gleitkommadarstellung* mit Zehnerexponenten (vgl. Tab. 2.1, die Ergebnisse sind hier 10-stellig).

Der Zehner-Exponent wird nicht immer explizit angegeben, sondern nur bei sehr großen und sehr kleinen Zahlen.

Allgemein kann man jede reelle Zahl a darstellen durch Vorzeichen, Mantisse m und Zehnerexponent $e \in \mathbb{Z}$:

$$a = \pm m \cdot 10^e$$

Mit dem Zehnerexponenten e kann man Kommaverschiebungen in der Mantisse neutralisieren, sodass man die Mantisse auch *normalisieren*, d. h. ihr einen eingeschränkten

	Eingabe	Anzeige
Tab. 2.1 TR- bzw. Computer-anzeigen	$1{,}5^\wedge 10$	$57{,}66503906$
	$1{,}5^\wedge 20$	$3325{,}256730$
	$1{,}5^\wedge 50$	$637.621.500{,}2$
	$1{,}5^\wedge 100$	$4{,}065611775 \cdot 10^{17}$
	$0{,}5^\wedge 100$	$7{,}888609052 \cdot 10^{-31}$

Bereich zuordnen kann. Für die Mantisse gibt es dafür zwei verschiedene nahe liegende Möglichkeiten:

$$(1) \quad 1 \le m < 10 \qquad \text{oder} \qquad (2) \quad 0{,}1 \le m < 1$$

Beide kommen in der Literatur und in verschiedenen Computern bzw. Taschenrechnern vor; in den meisten Fällen wird jedoch Variante (1) bevorzugt, sodass wir uns in der Regel auf diese Konvention festlegen. Für Zahlen $a \neq 0$ ist dann die Darstellung eindeutig.

Das Wort *Mantisse* kommt übrigens von lat. mantissa = Zugabe. Mögliche Interpretation: Das Wesentliche an einer Zahl ist die *Größenordnung*, also der Zehnerexponent; die Ziffern sind „nur" ein kleines Anhängsel.

Der Zehnerexponent e wird bei Taschenrechnern zumeist auf den Bereich $-99 \le e \le 99$ beschränkt, bei Tabellenprogrammen auf den Bereich $-308 \le e \le 308$. Für die Mantisse m sind in der Regel vierzehn bis fünfzehn Stellen vorgesehen, wobei nicht immer alle Stellen angezeigt werden; auf jeden Fall werden alle Zahlen mit einer *begrenzten* Anzahl von Stellen dargestellt und verarbeitet. Um eine allgemeine Situation herzustellen, nehmen wir an: Die Mantisse wird nach der üblichen Regel (vgl. Abschn. 2.2.2) auf insgesamt s Stellen gerundet. In der Version (1) sind dies die Einerstelle und $s - 1$ Nachkommastellen, in der Version (2) sind dies s Nachkommastellen.

Ein Ergebnis dieser Beschränkungen ist, dass es bei der normalisierten Gleitkommadarstellung nur endlich viele Zahlen gibt. Folglich gibt es auch (hier am Beispiel der TR-Konvention $|e| \le 99$ demonstriert) eine größte Zahl $9{,}9\ldots 9 \cdot 10^{99}$ und eine kleinste positive Zahl $1{,}0\ldots 0 \cdot 10^{-99}$. Wird im Laufe einer Rechnung ein positives (Zwischen-)Resultat kleiner als $1{,}0\ldots 0 \cdot 10^{-99}$, so kann es der TR nicht mehr anzeigen und verarbeiten (Underflow), er muss dafür 0 nehmen; wird ein Resultat größer als $9{,}9\ldots 9 \cdot 10^{99}$ (Overflow), gibt es eine Fehlermeldung.

Später werden wir häufig die Auswirkungen dieses eingeschränkten Zahlbereichs anhand von „Spielzeugrechnern" untersuchen, die nur mit 3- oder 4-stelligen Mantissen rechnen (vgl. auch die Beispiele im Abschn. 2.1.2, weitere folgen in Abschn. 2.3). Beispiele für 3-stellige Gleitkommazahlen sind in Tab. 2.2 aufgelistet.

Auch wenn die Zehnerpotenz nicht explizit hingeschrieben wird (wie in den ersten drei Beispielen der Tabelle), gilt die jeweilige Näherung als 3-stellige Gleitkommazahl. Um den Formalismus nicht unnötig aufzublasen, werden wir sogar häufig für eine Zahl mit

Tab. 2.2 3-stellige Gleitkommazahlen

a	3-stellige Gleitkomma-darstellung $\tilde{a}$	absoluter Fehler $\approx$	relativer Fehler $\approx$
$\pi = 3{,}1415926535\ldots$	$3{,}14$	$-0{,}0016$	$-0{,}00051$
$22/7 = 3{,}14285714\ldots$	$3{,}14$	$-0{,}0028$	$-0{,}00089$
$\sqrt{2} = 1{,}4142135\ldots$	$1{,}41$	$-0{,}0042$	$-0{,}0030$
$\sqrt{20.000} = 141{,}2135\ldots$	$141 = 1{,}41 \cdot 10^2$	$-0{,}42$	$-0{,}0030$
605.584	$606.000 = 6{,}06 \cdot 10^5$	416	$0{,}00069$
$0{,}01745329$	$0{,}0175 = 1{,}75 \cdot 10^{-2}$	$0{,}000047$	$0{,}0027$

drei signifikanten Ziffern die übliche Schreibweise ohne Zehnerpotenz wählen, wenn $|e|$ nicht zu groß ist (siehe die 1. Notation in Spalte 2 bei den Beispielen 4 bis 6).

Welcher Fehler entsteht nun bei der Rundung (vgl. Tab. 2.2)? Der *absolute* Fehler hängt natürlich von der Größenordnung von a ab, sagt deshalb wenig aus. Im Lichte dieser neuen Begriffe (Gleitkommadarstellung, Mantisse etc.) kann das Ergebnis des Abschn. 2.2.2 bzgl. der relativen Fehlerschranke bei s signifikanten Ziffern noch einmal auf eine andere Art nachvollzogen werden:

Dafür brauchen wir zunächst die absolute Fehlerschranke. Wir gehen davon aus, dass eine beliebige Zahl m mit $1 \leq m < 10$ auf s Stellen gerundet wird, das Ergebnis ist der Näherungswert $\tilde{m}$.

Der absolute Rundungsfehler beträgt höchstens fünf Einheiten in der nächst kleineren Stelle, d. h. in der s-ten Nachkommastelle:

$$m = \tilde{m} \pm 5 \cdot 10^{-s}$$

Also gilt für $a = m \cdot 10^e$ und $\tilde{a} = \tilde{m} \cdot 10^e$:

$$a = (\tilde{m} \pm 5 \cdot 10^{-s}) \cdot 10^e = \tilde{a} \pm 5 \cdot 10^{-s+e}$$

Die absolute Fehlerschranke beträgt somit $\varepsilon(a) = 5 \cdot 10^{-s+e}$. Für die relative Fehlerschranke $\rho(a)$ gilt daher (man beachte $m \geq 1$):

$$\rho(a) = \frac{\varepsilon(a)}{a} = \frac{5 \cdot 10^{-s+e}}{m \cdot 10^e} = \frac{5}{m} \cdot 10^{-s} \leq 5 \cdot 10^{-s}$$

Die relative Fehlerschranke $\rho = 5 \cdot 10^{-s}$ ist also von a unabhängig. Im Mittel liegt der relative Rundungsfehler jedoch in der Größenordnung von 10^{-s}; die Abschätzung nimmt den ungünstigsten Fall $m = 1$ an. Vgl. die Beispiele in Tab. 2.2: Alle relativen Fehler sind kleiner als $0{,}005$; einige sind viel kleiner, und die großen Fehler findet man bei den kleinen Mantissen.

2.2.4 Aufgaben zu 2.2

1. Welche Genauigkeiten sind sinnvoll bei den folgenden Größenangaben?
   a) Entfernungen zwischen Orten
   b) Fläche eines Sees
   c) Fläche eines Grundstücks
   d) Maße von Wohnräumen/Wohnfläche eines Hauses
   Hier kommt es u. a. darauf an, die Fragen zu präzisieren, etwa in a): Regional, national oder global? Luftlinie, Straßenentfernung oder. . .? Zu d) vgl. auch Aufg. 2.

2. Wie groß ist die Fläche eines Zimmers im Rohbau (vor dem Verputzen) und im fertigen Zustand, wenn der Putz 2 cm dick aufgetragen ist? Berechnen Sie den absoluten und den relativen Unterschied
   – für ein kleines Zimmer, mit $2\,\mathrm{m} \times 3\,\mathrm{m}$ Wohnfläche,
   – für ein mittleres Zimmer, mit $3\,\mathrm{m} \times 4\,\mathrm{m}$ Wohnfläche,
   – für ein großes Zimmer, mit $5\,\mathrm{m} \times 7\,\mathrm{m}$ Wohnfläche.
   (Übrigens wird die Wohnfläche *nach* dem Verputzen, aber *ohne* Fußleisten gemessen.)
   Schätzen Sie ab: Wie groß wird bei einer 4-Zimmer-Wohnung der Unterschied sein?

3. Folgende Brüche sind als Näherungen für π sehr geläufig: $\frac{22}{7}$; $\frac{333}{106}$; $\frac{355}{113}$.
   Wie genau sind die Brüche jeweils? (Betrag des absoluten Fehlers berechnen, mit zwei signifikanten Ziffern angeben.) Daraus ist zu sehen, bis zu welcher Stelle die zugehörigen Dezimalzahlen *signifikante* Ziffern haben. Dasselbe mit den üblichen Näherungen 3,14 bzw. 3,1416.

4. a) Gegeben sei der exakte Wert $x = 4{,}29371$. Welche Ziffern sind in den folgenden Näherungswerten signifikant?

   (1) $\tilde{x} = 4{,}2$ (2) $\tilde{x} = 4{,}25$ (3) $\tilde{x} = 4{,}29$ (4) $\tilde{x} = 4{,}299$

   (5) $\tilde{x} = 4{,}2941$ (6) $\tilde{x} = 4{,}2932$ (7) $\tilde{x} = 4{,}2939$

   b) Geben Sie je ein einfaches Beispiel, bei dem eine Ziffer eines Näherungswertes zwar *gültig,* aber *nicht signifikant* bzw. *signifikant,* aber *nicht gültig* ist.

5. x wird angegeben durch einen Näherungswert $\tilde{x}$ und eine absolute Fehlerschranke $\varepsilon(x)$. Wie viele Ziffern von $\tilde{x}$ sind signifikant?

   a) $x = 81{,}75 \pm 0{,}06$ b) $x = 1{,}74 \pm 0{,}04$

   c) $x = 135{,}04 \pm 0{,}08$ d) $x = 0{,}026 \pm 0{,}003$

6. Gegeben sind jeweils ein exakter Wert x und ein Näherungswert $\tilde{x}$. Wie viele signifikante Ziffern hat $\tilde{x}$?

   a) $x = 1{,}234567$ $\tilde{x} = 1{,}23$ b) $x = 1{,}234567$ $\tilde{x} = 1{,}234$

   c) $x = 1{,}234567$ $\tilde{x} = 1{,}2345$ d) $x = 1{,}234321$ $\tilde{x} = 1{,}2338$

   e) $x = 1{,}230966$ $\tilde{x} = 1{,}231$ f) $x = 1{,}230936$ $\tilde{x} = 1{,}231$

7. Der Erdumfang beträgt ca. 40.000 km – das ist nicht zufällig ein guter Näherungswert, sondern das Meter sollte im 18. Jh. als der 10-millionste Teil eines Meridianquadranten definiert werden. Unglücklicherweise hat sich bei der Messung des Meridianbogens von Dünkirchen bis Barcelona, der die Basis für diese Definition bilden sollte, ein Fehler eingeschlichen, sodass der o. g. Wert für den Umfang ungenau ist. Wie viele signifikante Ziffern hat diese Näherung, wenn man sie

   a) mit dem exakten Äquatorumfang,
   b) mit der exakten Länge eines Meridians (= „Kreis" durch Nord- und Südpol),
   c) mit dem Umfang einer volumengleichen Kugel

vergleicht? Zu a): Der Erdradius beträgt am Äquator ca. 6378,1 km. Zu b) und c): Die Erde ist keine Kugel, sondern ein an den Polen abgeflachtes Ellipsoid, d. h., ein Meridian ist eigentlich kein Kreis, sondern eine Ellipse mit dem Äquatorradius als Länge a der großen Halbachse und dem Abstand Erdmittelpunkt-Pol von ca. 6356,7 km als Länge b der kleinen Halbachse. Für den Ellipsenumfang U verwende man die Näherungsformel $U \approx \pi \cdot (a + b)$. Das Volumen des Ellipsoids ist $V = \frac{4\pi}{3}a^2b$.

2.3 Rechnen mit ungenauen Zahlen

2.3.1 Die Regeln der Ziffernzählung

Wenn man Zahlen multipliziert, addieren sich (grob gesagt) ihre Stellenzahlen, z. B. hat das Produkt einer 6-stelligen mit einer 9-stelligen Zahl vierzehn oder fünfzehn Dezimalstellen. Aber wenn man beide Faktoren als gerundet ansieht, dann sind nur noch wenige Stellen des Produkts signifikant, wie die Beispiele in Abschn. 2.1.2 bereits gezeigt haben. Dieser numerische Aspekt wird selten beachtet. Offenbar gilt hier ein „Prinzip des schwächsten Gliedes", wie man durch die Analyse weiterer Beispiele herausfinden kann (wir hoffen, Sie sind unserer Bitte gefolgt und haben fleißig experimentiert): Das Produkt hat nicht mehr signifikante Stellen als der ungenaueste Faktor.

Ähnlich bei Addition und Subtraktion (Strichrechnungen), aber doch anders: Da geht es nicht um Ziffergenauigkeit (Anzahl signifikanter Ziffern), sondern um *Stellenwertgenauigkeit*, hier spielen die konkreten Stellenwerte die entscheidende Rolle.

Hier ein Beispiel mit Kontext: „Gesamtvermögen" eines Menschen

32|0.000,00 €	(Haus)	Rundung oder Schätzung, ungenauer Wert
2|5.000,00 €	(Auto)	Rundung oder Schätzung, ungenauer Wert
1|3.438,23 €	(Bankkonto)	genauer Wert
| 275,10 €	(Geldbörse)	genauer Wert
35|8.713,33 €	$\approx$ **360.000 €**	

Bezüglich der Summe hat es gar keinen Sinn, sich über die Tausender und alle kleineren Stellen Gedanken zu machen, weil der 1. Summand, der Wert des Hauses, nur auf

Zehntausender genau geschätzt worden ist. Wieder hat das schwächste Glied den Ausschlag gegeben, nur *schwach* bedeutet eben hier etwas anderes als bei der Multiplikation: Es geht hier nicht um *wie viele Ziffern?* (*Zifferngenauigkeit*), sondern um *bis zu welchem Stellenwert?* (*Stellenwertgenauigkeit*). Analog sollten Sie auch mit Summen und Differenzen selbst gewählter Zahlen experimentieren!

Vorbemerkungen

- Bei den folgenden Regeln handelt es sich nicht um strenge mathematische Gesetze, sondern nur um Faustregeln. Sie sind sehr plausibel und stellen die elementarste Stufe für Regeln zur Fehlerfortpflanzung dar, sie können durchaus schon ab Klasse 5 thematisiert werden.
- Weitere Überlegungen zur Fehlerfortpflanzung sind möglich mit der sogenannten *Intervallrechnung* (dabei berechnet man den kleinst- und größtmöglichen Wert des Ergebnisses, so wie wir es in Abschn. 2.1.2 gemacht haben; mehr dazu in Abschn. 2.4.1) und mit den *Fehlerfortpflanzungsregeln bei den Grundrechenarten* (siehe Abschn. 2.4.2).

Wir veranschaulichen diese Regeln zunächst mit der „?-Methode". Die Fragezeichen sollen dabei andeuten, dass die entsprechenden Ziffern an dieser Stelle eben nicht bekannt sind.

Addieren und Subtrahieren

$$\text{a)}\quad \begin{array}{r|l} 347 & ?,??? \\ 4 & 5,6?? \\ \hline 35\overset{2}{}{}_1 & ?,??? \end{array} \qquad\qquad \text{b)}\quad \begin{array}{r|l} 3,89 & ??? \\ 0,04 & 35? \\ \hline 3,9\overset{4}{}{}_3 & ??? \end{array}$$

Es hat keinen Sinn, sich Gedanken über die Stellen nach der

a) Zehnerstelle,   b) Hundertstelstelle

zu machen, weil nicht einmal die Ziffern dieser Stellen selbst feststehen!

Ganz analog ist die Lage bei Differenzen und bei mehr als zwei Operanden.

1. Regel der Ziffernzählung:
Bei „Strichrechnungen" mit Näherungswerten rundet man das Ergebnis auf *jene Stelle*, die noch im „ungenauesten" Näherungswert gegeben ist.

Die *Stellenwertgenauigkeit* des Resultates einer Strichrechnung kann nicht höher sein als jene des ungenauesten Näherungswertes. Es sei nochmals betont, dass mit der Fragezeichennotation die Regel *qualitativ* (als Faustregel) begründet werden soll; z. B. bedeutet

347?,??? ja nicht, dass die Zahl auf 3470 gerundet würde, sondern die Fragezeichen stehen für irgendwelche Ziffern, die Zahl würde also auf 3470 *abgeschnitten*. Das macht aber im Prinzip keinen Unterschied, da die Fehlerintervalle beim Runden und beim Abschneiden auf dieselbe Stelle gleich groß sind.

Multiplizieren und Dividieren Der ganze technische Rechenvorgang ist unabhängig von der Stellung des Kommas, also von konkreten Stellenwerten, deswegen kann man die Kommata auch weglassen (und ggf. später wieder einfügen).

Wenn der 1. Faktor nur zwei genaue Ziffern hat, so sind im Ergebnis auch höchstens zwei Ziffern sinnvoll anzugeben. (Siehe Beispiel; die übereinanderstehenden Ziffern sollen andeuten: Hier kann eine Ziffer im Bereich von … bis … stehen.)

$$
\begin{array}{ccccccccccc}
1 & 2 & ? & ? & ? & \cdot & 2 & 1 & 3 \\
\hline
 & \genfrac{}{}{0pt}{}{6}{4} & 2 & ? & ? & ? \\
 & 1 & 2 & ? & ? & ? \\
 & & 3 & \genfrac{}{}{0pt}{}{8}{6} & ? & ? & ? \\
\hline
 & 2 & \genfrac{}{}{0pt}{}{7}{5} & ? & ? & ? & ? & ?
\end{array}
$$

Die 1. Regel der Ziffernzählung wird dabei vorausgesetzt. Auch der 2. Faktor kann Fragezeichen am Ende enthalten, im Prinzip ändert sich dadurch nichts.

Beim Dividieren ist die Situation ähnlich, aber mit dem Divisionsalgorithmus nicht so durchsichtig darzustellen; hier sollte man sich vielleicht auf Plausibilitätsargumente beschränken (beim Dividieren wird es nicht viel anders aussehen als beim Multiplizieren) oder exemplarisch mit Intervallrechnung begründen. Beispiel $6541 : 53,2$ (alle Ziffern seien signifikant):

maximal	$6541,5 : 53,15 = 123,076\ldots$	
minimal	$6540,5 : 53,25 = 122,826\ldots$	$\Rightarrow$ 3 signifikante Ziffern: 123

2. Regel der Ziffernzählung:
Bei „Punktrechnungen" mit Näherungswerten rundet man das Ergebnis auf *so viele Ziffern*, wie auch der „ungenaueste" Näherungswert hat.

Ungenau bedeutet hier etwas anderes als bei der 1. Regel, hier geht es um Anzahlen von Ziffern, nicht um konkrete Stellenwerte, aber es ist auch wieder ein Prinzip des schwächsten Gliedes, nur wird dabei *schwach* anders interpretiert: Die *Zifferngenauigkeit* des Resultates einer Punktrechnung kann nicht höher sein als jene des ungenauesten Näherungswertes. Was *Runden* und *Abschneiden* betrifft, gilt die obige Bemerkung sinngemäß auch in diesem Fall.

Schulunterricht In Klasse 5 wird man noch nicht von signifikanten Ziffern sprechen, aber das Runden ist dort auch schon ein Thema. Man hat mit diesen Regeln der Ziffernzählung eine sinnvolle Möglichkeit, Überlegungen anzustellen, wie viele Dezimalstellen im Ergebnis sinnvoll sind, d. h. auf welche Dezimalstelle das jeweilige Ergebnis sinnvoll zu runden ist. Oft gilt ja in der Unterrichtspraxis die relativ unreflektierte Regel: Ergebnisse (wenn nicht anders explizit gefordert) prinzipiell mit zwei Stellen nach dem Komma anzugeben – eine vielleicht zwar bequeme, aber eben nicht wirklich sinnvolle Regel, wenn man davon ausgeht, dass Längenangaben auf ihre letzte Stelle gerundet wurden. D. h., eine Angabe von $L = 2,4\,\text{m}$ bedeutet, dass in Wirklichkeit $2,35\,\text{m} \leq L < 2,45\,\text{m}$ ist (auf Dezimeter gerundet). Wenn man auf Zentimeter gerundet meint, so schreibt man besser $L = 2,40\,\text{m}$, was dann so viel heißt wie $2,395\,\text{m} \leq L < 2,405\,\text{m}$. In diesem *numerischen* Sinn sind dann die Angaben $L = 2,4\,\text{m}$ und $L = 2,40\,\text{m}$ nicht äquivalent (arithmetisch natürlich schon).

Beispiel Quadervolumen:

$$L = 2,7\,\text{m}; \quad B = 0,483\,\text{m}; \quad H = 1,03\,\text{m}$$
$$\Rightarrow \quad V = 1,343223\,\text{m}^3 \approx 1,3\,\text{m}^3 \quad \text{(nur 2 Ziffern wegen } L!)$$

Regeln der Ziffernzählung – signifikante Ziffern Die Regeln der Ziffernzählung können auch mit dem Begriff *signifikante Ziffer* ausgedrückt werden:

> Das Resultat einer *Strichrechnung* kann nur *bis zu jener Stelle signifikante Ziffern* enthalten, wie es auch im „ungenauesten" Näherungswert der Fall ist.
> Das Resultat einer *Punktrechnung* kann nur *so viele signifikante Ziffern* enthalten, wie es auch im „ungenauesten" Näherungswert der Fall ist.

Achtung: Hier bedeutet „ungenau" bei Strich- bzw. Punktrechnungen jeweils etwas anderes, siehe oben!

Diese Regeln geben eigentlich nur eine negative Auskunft, d. h., sie sagen, welche Ziffern sicherlich *nicht* signifikant sind, daher ist die Frage berechtigt: Was ist denn mit den vorhergehenden? Sind sie *immer* signifikant? Das trifft zwar nicht zu, aber es gilt die

> **Faustregel:**
> Folgt man den Ziffernzählregeln, so erreicht man i. Allg., dass höchstens die letzte Ziffer nicht mehr signifikant ist.

Dazu zwei Beispiele:

- $L = 4,2\,\text{m}$; $B = 2,68\,\text{m}$ $\Rightarrow$ $A = 11{,}256\,\text{m}^2 \approx 11\,\text{m}^2$ (zwei Ziffern wegen L)
  $A_{\min} = 4{,}15 \cdot 2{,}675 = 11{,}10\ldots\text{m}^2$; $A_{\max} = 11{,}41\ldots\text{m}^2$; d. h., beide Ziffern im auf zwei Ziffern gerundeten Wert 11 sind signifikant, hier hat die Regel der Ziffernzählung sozusagen bestens funktioniert.
- $L = 2{,}85\,\text{m}$; $B = 1{,}6\,\text{m}$; $H = 0{,}82\,\text{m}$ $\Rightarrow$ $V = 3{,}7392\,\text{m}^3 \approx 3{,}7\,\text{m}^3$ (zwei Ziffern wegen B bzw. H). Aber: $V_{\min} = 3{,}59\ldots\text{m}^3$; $V_{\max} = 3{,}88\ldots\text{m}^3$; d. h., die 7 in 3,7 ist nicht mehr signifikant!

Als Vorstufe zur allgemeinen Fehleranalyse kann man ab der 7. Klasse auch eine algebraische Notation verwenden. Beispiel Addition: Wenn wir davon ausgehen, dass a auf Zehner, b auf Zehntel gerundet ist, dann gilt für die Summe:

$$(a \pm 5) + (b \pm 0{,}05) = (a + b) \pm (5 + 0{,}05)$$

Der kleine Fehler von b ist gegenüber dem großen Fehler von a vernachlässigbar. Allgemein ist die höchste Stelle, auf die einer der Summanden gerundet wurde, für den Fehler in der Summe maßgebend; wenn Rundung auf diese Stelle bei mehreren Summanden vorkommt, kann sich der Fehler wesentlich verstärken.

Das Gleiche gilt für Differenzen, aber hier muss man einem möglichen Missverständnis vorbeugen. Wir nehmen jetzt an, dass sowohl Minuend als auch Subtrahend auf ganze Zahlen gerundet sind.

$$(a \pm 0{,}5) - (b \pm 0{,}5) = (a - b) \pm (0{,}5 + 0{,}5) = (a - b) \pm 1$$

Es heißt nicht etwa „± 0", weil die Fehler unterschiedliche Vorzeichen haben können, dadurch kann der Gesamtfehler größer werden. In diesem Fall empfiehlt es sich, die Rechnung für die größt- bzw. kleinstmögliche Differenz separat aufzuschreiben; dabei muss man eben beachten: Die Differenz wird größer, wenn der Minuend größer und der Subtrahend *kleiner* wird (und umgekehrt).

$$(a + 0{,}5) - (b - 0{,}5) = (a - b) + (0{,}5 + 0{,}5) = (a - b) + 1$$
$$(a - 0{,}5) - (b + 0{,}5) = (a - b) - (0{,}5 + 0{,}5) = (a - b) - 1$$

Beispiel Multiplikation Da die Stellung des Kommas unwichtig ist, nehmen wir an, dass die Faktoren a und b ganzzahlig gerundet sind.

$$(a \pm 0{,}5) \cdot (b \pm 0{,}5) = a \cdot b \pm [(a + b) \cdot 0{,}5 + 0{,}5^2]$$

Der Summand $0{,}5^2 = 0{,}25$ ist vernachlässigbar, wenn a und b nicht beide sehr klein sind; somit ist der (absolute) Maximalfehler ungefähr gleich dem arithmetischen Mittel der

Faktoren. Wenn sie verschiedene Größenordnungen haben (o. B. d. A. sei $a > b$), dann ist er ungefähr gleich $\frac{a}{2}$; sind die Faktoren etwa gleich groß, dann ist ihre Größenordnung zugleich ein Maß für den Maximalfehler des Produktes. In Anbetracht der Tatsache, dass sich bei der Multiplikation die Stellenzahlen der Faktoren (grob gesagt) addieren, bestimmt die Stellenzahl des größeren Faktors auch die Größenordnung des Fehlers, sodass allenfalls die Stellenzahl des kleineren Faktors als gesichert übrig bleiben kann.

Division Die Division erweist sich nicht nur bei der Fragezeichenmethode, sondern auch in dieser Hinsicht als sperrig, denn für den Term $(a \pm 0{,}5) : (b \pm 0{,}5)$ gibt es kein Distributivgesetz wie beim Multiplizieren; das Aufspalten der Division in

$$a : (b \pm 0{,}5) \pm 0{,}5 : (b \pm 0{,}5)$$

ist ohne weitere Maßnahmen nicht sehr ergiebig. Hier sollte man sich, bevor man eine Fehleranalyse wie in Abschn. 2.4.1 durchführt, auf exemplarische Analysen mittels Intervallrechnung beschränken. Immerhin ist dabei zu beachten: Je kleiner der Divisor, desto größer der Quotient.

Allgemein ist diese algebraische Vorgehensweise aber nützlich, denn sie bietet den Vorteil, dass die Schüler/-innen gezwungen sind, die Variablen nicht nur als Rechenzeichen zu betrachten (Kalkülaspekt): Die Buchstaben stehen stellvertretend für Zahlen (Einsetzungsaspekt), und entscheidend für die *numerische* Interpretation sind nicht die *algebraischen* Eigenschaften dieser Zahlen, sondern z. B. ihre Größenordnung.

2.3.2 Rechnen in Gleitkommaarithmetik

TR und Computer haben i. Allg. eine feste Stellenanzahl in der Anzeige bzw. in ihren internen Speichern – siehe Abschn. 2.2.3. Mit dieser festen Stellenanzahl müssen sie die Rechnungen bewerkstelligen; beim Addieren, Multiplizieren, Wurzelziehen usw. wird zwar zwischendurch mit höherer Stellenanzahl gerechnet, aber die Ergebnisse werden nach jeder solchen Operation auf das vorgegebene Zahlenformat gerundet.

Natürlich kann man bei den Computer-Algebra-Systemen einstellen, mit wie vielen Stellen gerechnet werden soll, aber wenn diese Einstellung mal getätigt ist, dann wird damit auch gerechnet. Dabei ist bei den Taschenrechnern die Anzahl der Stellen, mit denen wirklich gerechnet wird, meist etwas höher als jene Stellenzahl, die angezeigt wird; die restlichen Stellen sind sogenannte *Schutzstellen*, sodass unvermeidliche Rundungsfehler in der Regel gar nicht sichtbar werden – siehe unten.

Prinzip:
Bei „s-stelliger Rechnung" wird nach jeder Rechenoperation (also auch bei allen Zwischenergebnissen) das Resultat auf s signifikante Ziffern gerundet.

Bei der Zählung signifikanter Ziffern werden führende Nullen nicht mitgezählt (siehe Abschn. 2.2.2), wirklich gerechnet und gerundet wird bei der Gleitkommadarstellung ja nur in der Mantisse (die Anpassung der Zehnerexponenten zählt hier nicht mit; d. h., „s signifikante Ziffern in einer Zahl a" bedeutet „s signifikante Ziffern in der zugehörigen Mantisse m").

Beispiele

In den folgenden Beispielen wird aber nicht unbedingt die Schreibweise $a = m \cdot 10^e$, sondern so weit wie möglich die gewohntere Dezimaldarstellung verwendet, damit sollten die Beispiele leichter lesbar und nachvollziehbar sein. Auch etwaige Endnullen braucht man nicht hinzuschreiben: $4 = 4{,}00; 1{,}1 = 1{,}10; 0{,}023 = 0{,}0230$ usw.

Beispiel einer 3-stelligen Rechnung:

$$2{,}71 + 0{,}0251 \cdot 12{,}3 = ? \qquad 0{,}0251 \cdot 12{,}3 = 0{,}30873 \;\rightarrow\; 0{,}309$$
$$2{,}71 + 0{,}309 = 3{,}019 \;\rightarrow\; 3{,}02$$

Der Pfeil deutet an, dass das exakte Zwischenergebnis auf drei Stellen gerundet wird. Wir werden im Folgenden diese Notation aber nicht weiter benutzen, sondern einfach das auf drei Stellen gerundete Ergebnis hinschreiben auf die Gefahr hin, dass die Gleichung nicht exakt gilt:

$$2{,}71 + 0{,}0251 \cdot 12{,}3 = 3{,}02$$

Eine solche „Gleichung" der Form *Term = Zahl* ist dann zu interpretieren als „*Term* mit 3-stelliger Rechnung ausgeführt, ergibt *Zahl*".

Dabei ist *unbedingt* die Regel einzuhalten, nach *jeder* Operation auf drei Stellen (allgemein auf s Stellen) zu runden. Zwischenergebnisse müssen nach dem Runden neu in den TR eingetippt werden, Kettenrechnungen (auch mit gleichrangigen Operationen) sind verboten. Hierzu ein Beispiel:

$$16{,}5 \cdot (7{,}42 \cdot 6{,}56)[= 803{,}1408] = 803$$

In eckigen Klammern steht das exakte Ergebnis der zwei Multiplikationen; in der Regel wird man wohl auch die Klammern gar nicht beachten, sondern zuerst $16{,}5 \cdot 7{,}42$ rechnen, das ist ja schließlich egal wegen des Assoziativgesetzes, so hat man es gelernt. Aber:

$$16{,}5 \cdot (7{,}42 \cdot 6{,}56) = 16{,}5 \cdot 48{,}7 = 804$$
$$(16{,}5 \cdot 7{,}42) \cdot 6{,}56 = 122 \cdot 6{,}56 = 800$$

(Sie sind herzlich eingeladen, die Rechnung zu überprüfen oder, besser noch, weitere Beispiele dieser Art zu suchen!)

Das obige Beispiel soll nicht nur die Notwendigkeit zeigen, alle Zwischenergebnisse zu runden, sondern auch und vor allem Folgendes: Die üblichen Rechengesetze sind (bis auf die Kommutativgesetze) nur noch eingeschränkt gültig. Wir haben in Abschn. 2.1.2 schon an einigen Beispielen beobachtet, dass die Assoziativgesetze der Addition und Multiplikation sowie das Distributivgesetz bei s-stelliger Rechnung manchmal verletzt sind.

Bei manchen Gesetzen kann man gezielt Gegenbeispiele konstruieren, etwa beim Assoziativgesetz der Addition:

$$(100 + 0{,}4) + 0{,}4 = 100 + 0{,}4 = 100$$
$$100 + (0{,}4 + 0{,}4) = 100 + 0{,}8 = 101$$

Es ist offenbar günstiger, erst die kleinen Summanden zu addieren (nach dem Motto: Kleinvieh macht auch Mist!).

Bei anderen Gesetzen ist die Ursache für den Fehler nicht so leicht zu finden, etwa beim Distributivgesetz, hier in der Gestalt der 3. binomischen Formel:

$$100^2 - 43{,}3^2 = 10.000 - 1.870 = 8.130$$
$$(100 + 43{,}3) \cdot (100 - 43{,}3) = 143 \cdot 56{,}7 = 8.110$$

In der 1. Version gibt es bei $43{,}3^2$ (exakt 1874,89) einen großen Rundungsfehler in der Einerstelle, der sich allerdings nicht im Ergebnis auswirkt. In der 2. Version haben beide Faktoren drei signifikante Stellen, der 2. Faktor ist sogar exakt; gleichwohl ist das Ergebnis ungenauer, denn der Rundungsfehler von 0,3 im 1. Faktor macht sich noch in der Zehnerstelle des Produktes bemerkbar. Anders im folgenden strukturgleichen Beispiel:

$$8{,}7^2 - 0{,}22^2 = 75{,}7 - 0{,}0484 = 75{,}7$$
$$(8{,}7 + 0{,}22) \cdot (8{,}7 - 0{,}22) = 8{,}92 \cdot 8{,}48 = 75{,}6$$

Das kleine Quadrat in der 1. Version wird so klein, dass es in der Differenz ganz unter den Tisch fällt, dadurch wird das 1. Resultat ungenau. Dagegen sind im anderen Fall die beiden Faktoren sogar exakt berechenbar, wir erhalten also das exakte Produkt auf drei Stellen gerundet.

Noch ein Beispiel zum Distributivgesetz, diesmal mit 5-stelliger Rechnung:

$$(35{,}631 - 35{,}614) \cdot 8{,}1742 = 0{,}017 \cdot 8{,}1742 = 0{,}13896$$
$$35{,}631 \cdot 8{,}1742 - 35{,}614 \cdot 8{,}1742 = 291{,}25 - 291{,}12 = 0{,}13$$

Im 1. Fall wird die Differenz exakt berechnet, das Ergebnis enthält also nur den Fehler durch die Rundung nach dem Multiplizieren, somit dürften die fünf Stellen signifikant sein. Im 2. Fall wird nach *jedem* Multiplizieren gerundet, und beim Subtrahieren bleiben nur zwei Nachkommastellen übrig; da aber das Ergebnis kleiner als 1 ist, steckt die wesentliche Information in den Nachkommastellen der Produkte, und diese sind bis auf zwei weggerundet worden!

Der relative Fehler beträgt im 1. Fall höchstens 0,005 % (relative Fehlerschranke bei 5-stelliger Rechnung), tatsächlich sind es nur ca. 0,001 %. Im 2. Fall ist der relative Fehler jedoch auf satte 6,4 % hochgeklettert, also auf mehr als das 6000-Fache – das ist nicht mehr vernachlässigbar. Wir kommen im nächsten Abschnitt auf dieses Problem zurück.

Bei der Mittelwertbildung kann man ebenfalls numerische Überraschungen erleben, nämlich dass der Mittelwert größer als der größte der beteiligten Werte ist. Mit 3-stelliger Rechnung soll der Mittelwert von $x_1 = 0,647$ und $x_2 = 0,649$ berechnet werden:

$$x_1 + x_2 = 1,296 \rightarrow 1,30; \quad \frac{x_1 + x_2}{2} = 0,650$$

Möglicher Einwand Einem Einwand der Form „na gut, das sind nur speziell konstruierte Beispiele in künstlichen Zahlbereichen, aber in der Praxis läuft das schon besser" sei entgegengehalten: Ja, das sind speziell konstruierte Beispiele, sie sollten die möglichen Phänomene besonders leicht sichtbar machen. Wir behaupten auch nicht, dass solche Phänomene sehr oft auftreten, aber sie existieren! (Beispiele, bei denen die Rechengesetze erfüllt sind, hätten ja niemanden überrascht.) Sie belegen eindeutig, dass man beim praktischen Rechnen doch sehr aufpassen muss, denn solche unerwünschten Phänomene können eben passieren, auch mit 15-stelliger Rechnung und manchmal leider nicht nur im Bereich der unsichtbaren Schutzstellen. Längere Rechnungen können durch Einflüsse von Rundungsfehlern, also aus numerischen Gründen *zusammenbrechen*. Ein überzeugendes Beispiel dafür ist eine Berechnung von π nach einem bestimmten Algorithmus, der numerisch aber leider nicht stabil ist, sondern nach einigen Schritten das sinnlose Ergebnis $\pi = 0$ liefert (vgl. Abschn. 2.3.3).

Solche Phänomene, die mit Rundungen zusammenhängen, können bei Taschenrechnern folgendermaßen leicht sichtbar gemacht werden:

$$10 \xrightarrow{\sqrt{}} 3,162277660 \xrightarrow{\wedge 2} 9,999999999$$

Bei den meisten Rechnern ist vor dem Quadrieren ein erneutes Eintippen von 3,16227766 nötig, um 9,999... zu erhalten (analog bei mehrmaligem Wurzelziehen mit anschließendem mehrmaligen Quadrieren, oder mit der Sinusfunktion und anschließender Umkehrung etc.). Noch eklatanter wird der Effekt bei einem Billig-TR, der nur 8-stellig rechnet und abschneidet (d. h. nie auf-, sondern immer abrundet; das kann man leicht feststellen: Wenn man $2 \div 3$ eintippt, erscheint als letzte Ziffer nicht 7, sondern 6).

Algebraisch **äquivalente Terme brauchen nicht** *numerisch* **äquivalent zu sein!** Zum Abschluss noch ein längeres Beispiel dafür, dass algebraisch äquivalente Terme unterschiedliche Ergebnisse liefern können, wenn man mit beschränkter Stellenzahl rechnet.

Die Funktion f sei definiert durch $f(x) := \frac{1}{x} - \left(\frac{1}{x}\right)^2$; zu berechnen ist $f(1,04)$. Das Schöne an diesem Funktionsterm ist, dass er sehr viele algebraische Umformungen gestattet, die zu unterschiedlichen Rechenwegen führen.

Wir rechnen 3-stellig und beginnen mit der ursprünglichen Darstellung:

$$\frac{1}{1{,}04} = 0{,}962; \quad \left(\frac{1}{1{,}04}\right)^2 = 0{,}962^2 = 0{,}925; \quad 0{,}962 - 0{,}925 = 0{,}0370$$

Schon die einfache Umformung $f(x) = \frac{1}{x} - \frac{1}{x^2}$ ergibt etwas anderes:

$$1{,}04^2 = 1{,}08; \quad \frac{1}{1{,}04^2} = \frac{1}{1{,}08} = 0{,}926; \quad \frac{1}{1{,}04} - \frac{1}{1{,}04^2} = 0{,}962 - 0{,}926 = 0{,}0360$$

Noch zwei Versuche (bitte nachprüfen):

$$f(x) = \frac{1}{x} \cdot \left(1 - \frac{1}{x}\right) \qquad \Rightarrow \qquad f(1{,}04) = 0{,}962 \cdot 0{,}038 = 0{,}0367$$

$$f(x) = \frac{1 - \frac{1}{x}}{x} \qquad \Rightarrow \qquad f(1{,}04) = 0{,}038 : 1{,}04 = 0{,}0365$$

Das sind schon vier verschiedene Ergebnisse. Mit den Darstellungen

$$f(x) = \frac{1}{x^2} \cdot (x - 1) = \left(\frac{1}{x}\right)^2 \cdot (x - 1) = \frac{x - 1}{x^2}$$

erhält man drei weitere Rechenwege, die alle den Wert $f(1{,}04) = 0{,}0370$ liefern.

Welcher Wert ist nun der richtige (mit drei signifikanten Ziffern)? Ist er überhaupt darunter? Es ist hier *a priori* vermutlich kaum zu sehen, welcher Rechenweg bzw. welcher Term bei 3-stelliger Rechnung zu bevorzugen ist. Wir können das entscheiden, indem wir mit dem normalen 15-stelligen TR nachrechnen, aber wenn wir nur den 3-stelligen Spielzeugrechner hätten, was dann? Vier der sieben Rechenwege ergaben 0,0370. Aber durch einen „Mehrheitsbeschluss" kann man die Signifikanz der drei Ziffern nicht herbeiführen.

Versuchen Sie es auch mit anderen x-Werten, etwa $x = 12{,}6$ oder $x = 0{,}126$! Vermutlich bekommt man bei sieben verschiedenen Rechenwegen niemals sieben gleiche Ergebnisse, wenn auch die Unterschiede nicht immer so drastisch wie oben sind.

2.3.3 Differenz annähernd gleicher Näherungswerte – Auslöschung führender Ziffern

Gegeben seien zwei annähernd gleiche Näherungswerte $\tilde{x} = 546{,}38$ und $\tilde{y} = 546{,}29$, bei denen alle Ziffern signifikant seien. Wir interessieren uns für die Differenz $z = x - y$ und dafür, welche Genauigkeit wir bei dieser Differenz erwarten können.

Weil alle angegebenen Ziffern signifikant sind, erhalten wir zunächst die absoluten Fehlerschranken $\varepsilon(x) = 0{,}005 = \varepsilon(y)$ und damit auch die relativen Fehlerschranken der

Eingangswerte: $\rho(x) = \frac{0,005}{546,38} \approx 0,000009151$ bzw. $\rho(y) = \frac{0,005}{546,29} \approx 0,000009153$, also gerundet $\rho(x), \rho(y) \leq 0,00001$.

Der Näherungswert für z ist $\tilde{z} = \tilde{x} - \tilde{y} = 0,09$. Wir interessieren uns nun für die absoluten und relativen Fehlerschranken von z. Es ist leicht einzusehen, dass die absolute Fehlerschranke von z den Wert $\varepsilon(z) = 0,005 + 0,005 = 0,01$ hat, denn der betraglich größtmögliche Fehler ergibt sich bei einer Differenz, wenn die absoluten Fehler von x und y entgegengesetzte Vorzeichen haben, daher sind die zugehörigen absoluten Fehlerschranken von jeweils 0,005 zu addieren.

Absolute Fehlerschranke In Bezug auf $\varepsilon(x) = 0,005 = \varepsilon(y)$ hat sich also $\varepsilon(z) = 0,01$ *nur* verdoppelt, was nicht weiter dramatisch ist.

Relative Fehlerschranke $\rho(z) = \frac{\varepsilon(z)}{|\tilde{z}|} = \frac{0,01}{0,09} = 0,11111111\ldots$ hat sich gegenüber $\rho(x)$ und $\rho(y)$ *um vier Zehnerpotenzen* vergrößert, was sehr viel dramatischer ist!

Wie ist das zu erklären? Nicht durch den Zähler 0,01 statt 0,005 (kein so großer Unterschied), sondern durch den Nenner 0,09 statt 546,3, der ja bei relativen Werten den Grundwert setzt. Wenn der Nenner viel kleiner wird, dann wird der zugehörige Anteil viel größer!

Es handelt sich hier um eine Differenz annähernd gleicher Werte, dadurch können wir eine *Auslöschung führender Ziffern* beobachten: Minuend und Subtrahend haben je fünf signifikante Ziffern, die Differenz aber höchstens eine. Dies ist auch so ablesbar: Die relative Fehlerschranke ist durch die Anzahl s der signifikanten Ziffern festgelegt, sie beträgt maximal $5 \cdot 10^{-s}$ bzw. im Mittel 10^{-s} (siehe Abschn. 2.2.3). $\tilde{x}, \tilde{y}$ haben je fünf signifikante Ziffern, d. h., deren relative Fehlerschranke liegt ungefähr bei 10^{-5}; $\tilde{z} = 0,09$ hat höchstens eine signifikante Ziffer, d. h., die zugehörige relative Fehlerschranke läge dann ungefähr bei 10^{-1}. Genau genommen ist aber auch die 9 in $\tilde{z} = 0,09$ nicht signifikant, denn $\varepsilon(z) = 0,01 > 0,005$.

Bei Differenzen annähernd gleicher Näherungswerte passiert die eben geschilderte *Auslöschung führender Ziffern*, und der relative Fehler nimmt explosionsartig zu; dieses Phänomen bezeichnet man manchmal auch treffend mit *Subtraktionskatastrophe*. Dies ist umso schlimmer, wenn mit diesen Werten noch weiter gerechnet wird; möglicherweise wieder mit Differenzen annähernd gleicher Näherungswerte.

Dieses Phänomen tritt auch beim Rechnen mit Gleitkommazahlen auf, denn sie haben grundsätzlich eine beschränkte Anzahl von Ziffern.

Beispiel $\sqrt{2}$ muss in jedem TR und Computer gerundet werden, also haben Termwerte mit $\sqrt{2}$ bei der praktischen Berechnung sicher auch Fehler. Diese können mitunter erheblich sein.

Wir untersuchen im Folgenden zwei algebraisch äquivalente Terme, die $\sqrt{2}$ enthalten:

$$T_1 = \frac{5000}{3363 + 2378 \cdot \sqrt{2}} \quad \text{und} \quad T_2 = 5000 \cdot \left(3363 - 2378 \cdot \sqrt{2}\right)$$

Wie man leicht nachrechnet, ist tatsächlich $T_1 = T_2$. Mit voller TR-Genauigkeit erhält man (bei 15-stelliger Rechnung und 10-stelliger Anzeige):

$$T_1 = 0{,}7433838999 \quad \text{und} \quad T_2 = 0{,}743384$$

Das ist immerhin eine Differenz von ziemlich genau 10^{-7}, d. h., in mindestens einem der Ergebnisse haben wir nicht mehr als sechs signifikante Ziffern. (Wir wissen ja nicht, welcher Wert denn nun stimmt; vielleicht haben beide nur sechs signifikante Ziffern?) Wenn wir davon ausgehen, dass der TR mit fünfzehn signifikanten Ziffern von $\sqrt{2}$ gerechnet hat, ist das kein unerheblicher Verlust. Woher kommt dieser Unterschied?

Zur Veranschaulichung nehmen wir den 10-stelligen Näherungswert für $\sqrt{2}$, den der TR anzeigt, nämlich 1,414213562. Wenn wir bei der Berechnung von T_1 und T_2 diese Zahl anstelle von $\sqrt{2}$ in den TR eingeben, dann ergibt sich:

$$T_1 = 0{,}7433839$$
$$T_2 = 0{,}74782$$

Wenn wir davon ausgehen, dass die obigen Werte sechs signifikante Ziffern haben, dann sind bei diesem Wert von T_2 nur noch zwei übrig geblieben, also sind acht verloren gegangen. Wo sie geblieben sind, sieht man deutlich, wenn man die in T_2 vorkommende Differenz separat ausrechnet:

$$3363 - 2378 \cdot \sqrt{2} = 1{,}486768 \cdot 10^{-4}$$
$$3363 - 2378 \cdot 1{,}414213562 = 1{,}49564 \cdot 10^{-4}$$

Mit dem 10-stelligen Näherungswert hat die Differenz nur zwei signifikante Ziffern, weil Minuend und Subtrahend annähernd gleich groß sind (Auslöschung führender Ziffern). T_1 ist also definitiv der numerisch bessere Term.

Noch ein Beispiel Man soll $f(x) := \sqrt{x+3} - 2$ für $x \approx 1$ (z. B. $x = 1{,}01$) berechnen. Nun ist für $x \approx 1$ das Ergebnis von $\sqrt{x+3}$ ungefähr 2, sodass man eigentlich „$(\approx 2) - 2$" zu berechnen hat, also eine Differenz annähernd gleicher Werte, wobei aber der Minuend durch Rundungen mit Fehlern behaftet ist – eine numerisch heikle Situation.

Wie kann man das vermeiden?

$$f(x) = \left(\sqrt{x+3} - 2\right) \cdot \frac{\sqrt{x+3} + 2}{\sqrt{x+3} + 2} = \frac{x - 1}{\sqrt{x+3} + 2}$$

Im Zähler steht dann bei $x \approx 1$ zwar auch eine Differenz annähernd gleicher Werte, aber es handelt sich um *exakte* Werte (keine Näherungswerte); man hat keine Fehler durch Wurzelziehen, die anschließend beim Subtrahieren annähernd gleicher Werte enorm verstärkt werden könnten. Man erkauft die Verbesserung durch eine zusätzliche Operation (die Division), aber das zahlt sich aus. Testen Sie dieses Beispiel: Berechnen Sie $f(1{,}01)$ auf beide Arten mit 4-stelliger Gleitkommaarithmetik und vergleichen Sie die relativen Fehler!

Bemerkung zur obigen Umformung In der Algebra wird bei Bruchtermen, deren Nenner eine Wurzel enthält, das *Rationalmachen des Nenners* propagiert, um den Term algebraisch zu vereinfachen. Wie man sieht, erweist sich in der Numerik manchmal das genaue Gegenteil als äußerst nützlich.

Auch beim Lösen bestimmter quadratischer Gleichungen kann die Auslöschung führender Ziffern auftreten. Dies wollen wir am Beispiel $x^2 + px + q = 0$ mit $|p| \gg |q|$ verdeutlichen.

Mit der Lösungsformel $x_{1,2} = -\frac{p}{2} \pm \sqrt{\left(\frac{p}{2}\right)^2 - q}$ ergibt sich wegen $\sqrt{\left(\frac{p}{2}\right)^2 - q} \approx \frac{p}{2}$ einerseits (mit „–" in der Formel) $x_1 \approx -p$ und andererseits $x_2 \approx 0$. Bei $x_2 = -\frac{p}{2} + \sqrt{\left(\frac{p}{2}\right)^2 - q}$ entsteht eine Differenz annähernd gleicher Werte, wobei $\sqrt{\left(\frac{p}{2}\right)^2 - q}$ durch das Wurzelziehen mit einem Fehler behaftet ist; dabei tritt wieder eine Auslöschung signifikanter Ziffern auf. Schon in Abschn. 2.1.2 haben wir ein passendes Beispiel hierzu diskutiert, und zwar mit 4-stelliger Rechnung; dort war es sogar nicht egal, ob man $\left(\frac{p}{2}\right)^2$ oder $\frac{p^2}{4}$ zur Berechnung des Radikanden verwendete.

Wenn man den Wurzelsatz von Vietá heranzieht, dann erhält man die wesentlich bessere Näherung $x_2 = \frac{q}{x_1}$ (durch Erweitern von x_2 analog zum vorigen Beispiel kann man das sogar leicht beweisen).

Somit gilt für $|p| \gg |q|$ die Faustregel, wenn x_1 die betraglich große Nullstelle bezeichnet:

$$x_1 \approx -p \quad \text{und} \quad x_2 \approx \frac{q}{-p}$$

Der Unterschied bei x_2 ist nicht nur mit 4-stelliger Rechnung wie in Abschn. 2.1.2 zu registrieren, sondern auch mit 15-stelliger Rechnung eines normalen TR, wenn p genügend groß ist.

Beispiel

$$x^2 + 1.234.567x + 1 = 0$$

Mit der Lösungsformel erhält man $x_1 = -1.234.567$ und $x_2 = -8{,}11 \cdot 10^{-7}$. Berechnet man zunächst x_1 und dann (nach Vietá) $x_2 = \frac{1}{x_1}$, dann ergibt sich dieser Wert (wir können davon ausgehen, dass er zehn signifikante Ziffern hat):

$$x_2 = -8{,}100005913 \cdot 10^{-7}$$

Abb. 2.6 Sechseck und
Zwölfeck im Einheitskreis

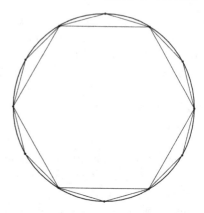

Der Unterschied ist absolut gesehen nicht groß, aber der relative Fehler bei $x_2 = -8{,}11 \cdot 10^{-7}$ beträgt immerhin ca. 0,13 %, und das bei 15-stelliger Rechengenauigkeit! Der Ausdruck *Subtraktionskatastrophe* für dieses Phänomen ist also durchaus nicht übertrieben.

Besonders schlimm wirkt sie sich aus, wenn die fehlerhaften Ergebnisse wiederum Eingabewerte für weitere Rechnungen sind; das wird im folgenden Beispiel demonstriert, und zwar anhand einer gewissen rekursiven Folge, bei der sich der Fehler im Laufe eines immer wiederkehrenden Rechenvorgangs so sehr verstärkt, dass das Verfahren zusammenbricht.

Berechnung von π Der Wert von π soll aus den Seitenlängen regelmäßiger Polygone, die dem Einheitskreis einbeschrieben werden (vgl. Abb. 2.6), berechnet werden. Die Idee dazu stammt von Archimedes, aber die hier durchgeführte Rechnung ist etwas anders als im Original (vgl. Abschn. 3.3.2).

Das regelmäßige n-Eck im Einheitskreis habe die Seitenlänge s_n; dann gilt für den Umfang u_n:

$$u_n = n \cdot s_n < 2\pi, \qquad \lim_{n \to \infty} u_n = 2\pi$$

Bekanntlich hat das Sechseck die Seitenlänge $s_6 = 1$, und wir werden jeweils durch Verdopplung der Eckenzahl aus s_n die Seitenlänge s_{2n} berechnen, sodass man aus der Folge $s_6, s_{12}, s_{24}, \ldots$ immer bessere Näherungen für π erhält:

$$\pi \approx \frac{u_n}{2} = \frac{n \cdot s_n}{2}$$

In der Abb. 2.7 sei AB eine Seite des n-Ecks (Länge s_n); C halbiert den Bogen AB, also sind AC und BC Seiten des $2n$-Ecks (Länge s_{2n}). AM, BM, CM sind Radien mit der Länge 1. CM steht senkrecht auf AB.

Abb. 2.7 Zur Eckenverdopplung

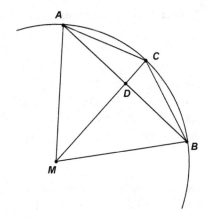

Ist s_n bekannt, so kann man im Dreieck AMD die Kathetenlänge $|MD|$ mit dem Satz
von Pythagoras ausrechnen:

$$|MD| = \sqrt{1 - |AD|^2} = \sqrt{1 - \left(\frac{s_n}{2}\right)^2}$$

Wegen $|DC| = 1 - |MD|$ gilt dann (Pythagoras im $\triangle ADC$):

$$|AC|^2 = |AD|^2 + |DC|^2 = |AD|^2 + (1 - |MD|)^2$$

$$s_{2n}^2 = \left(\frac{s_n}{2}\right)^2 + 1 - 2\sqrt{1 - \left(\frac{s_n}{2}\right)^2} + 1 - \left(\frac{s_n}{2}\right)^2$$

$$s_{2n}^2 = 2 - 2\sqrt{1 - \left(\frac{s_n}{2}\right)^2} = 2 - \sqrt{4 - s_n^2}$$

$$\boxed{s_{2n} = \sqrt{2 - \sqrt{4 - s_n^2}}} \tag{2.1}$$

Das ist eigentlich die gesuchte Formel, mit der man aus s_n das nächste Folgenglied s_{2n}
berechnen kann. Jedoch greift man besser auf die Darstellung $s_{2n}^2 = 2 - \sqrt{4 - s_n^2}$ zurück,
berechnet also rekursiv die *Quadrate* der Folgenglieder. Damit werden überflüssige Operationen vermieden, denn die äußere Quadratwurzel in Gl. (2.1) wird im nächsten Schritt
durch Quadrieren gleich wieder aufgehoben.

Mit 3-stelliger Arithmetik ergibt sich Tab. 2.3 mit dem Startwert $s_6^2 = 1$, ergänzt um
die daraus resultierenden Näherungen $\pi \approx n \cdot s_{2n}$.

Das Verfahren bricht nach vier Schritten zusammen; Verbesserungen durch weitere
Folgenglieder sind offenbar nicht mehr zu erwarten. Die Näherungen für π sind selbst mit
Rücksicht auf die 3-stellige Darstellung unbrauchbar. Der Grund liegt darin, dass in der 5.
Spalte zwei ungefähr gleich große Zahlen subtrahiert werden, wobei der Subtrahend durch

Tab. 2.3 Numerisch instabiler Algorithmus

n	s_n^2	$4 - s_n^2$	$\sqrt{4 - s_n^2}$	$2 - \sqrt{4 - s_n^2} = s_{2n}^2$	$\sqrt{s_{2n}^2} = s_{2n}$	$n \cdot s_{2n} \approx \pi$
6	1,00	3,00	1,73	0,270	0,520	3,12
12	0,270	3,73	1,93	0,0700	0,265	3,18
24	0,0700	3,93	1,98	0,0200	0,141	3,38
48	0,0200	3,98	1,99	0,0100	0,100	4,80
96	0,0100	3,99	2,00	0,00	0,00	0,00

das Wurzelziehen mit einem Rundungsfehler behaftet ist, sodass es zur Auslöschung signifikanter Ziffern kommt. Auffällig ist, dass das Ergebnis der Subtraktion (Spalte 5) ab der 2. Zeile eigentlich nur noch eine einzige Ziffer hat.

In der Spalte 5 kommt es zwangsweise zu einem Underflow (die Differenz wird kleiner als die kleinste anzeigbare positive Zahl, muss also fälschlicherweise als 0 gewertet werden): Weil s_n immer kleiner wird und der 0 beliebig nahekommt (für große n ist $s_{2n} \approx \frac{s_n}{2}$), gilt bei 3-stelliger Rechnung irgendwann $\sqrt{4 - s_n^2} \geq 1{,}995 \approx 2{,}00$; daher muss sich ab dann der unsinnige Wert $s_{2n}^2 = 2 - \sqrt{4 - s_n^2} = 0{,}00$ ergeben.

Dies hat nichts damit zu tun, dass hier nur die sehr kleine Stellenanzahl 3 verwendet wurde, es handelt sich vielmehr um ein prinzipielles Problem: Wenn man mehr Stellen verwendete, träte dieselbe Misere auf, nur später! Davon kann man sich leicht überzeugen, wenn man das Verfahren mit einem Tabellenprogramm realisiert (in der Regel rechnet es mit 14-stelliger Genauigkeit); dabei ist es interessant zu beobachten, wie sich die Genauigkeit der Näherungen von π im Laufe des Verfahrens entwickelt. Ein TR mit Befehlswiederholung macht ebenfalls das Phänomen sichtbar, wenn auch nicht so direkt wie in einer Tabelle: Mit der Tastenfolge

$$1 \;\boxed{=}\; 2 - \sqrt{4 - \text{ANS}} \;\boxed{=}\;\boxed{=}\;\boxed{=}\; \dots$$

erreicht man 0 im 21. Schritt; der vorletzte angezeigte Wert ist $1{,}01 \cdot 10^{-12}$, damit ist der Zahlbereich des TR noch längst nicht *nach unten* ausgeschöpft, aber die Differenz im Radikanden ist so nah an 4, dass die Wurzel auf 2 gerundet wird, daraus ergibt sich 0 im nächsten Schritt. (Die Anzahl der Schritte kann je nach TR-Typ abweichen.)

Numerisch stabiler Algorithmus Abhilfe bietet eine geschickte Erweiterung, die die Subtraktion ungefähr gleich großer Zahlen vermeidet (Ähnliches haben wir in den obigen Beispielen bereits verwendet):

$$s_{2n}^2 = \frac{(2 - \sqrt{4 - s_n^2})(2 + \sqrt{4 - s_n^2})}{2 + \sqrt{4 - s_n^2}} = \frac{4 - (4 - s_n^2)}{2 + \sqrt{4 - s_n^2}} = \frac{s_n^2}{2 + \sqrt{4 - s_n^2}}$$

Die analoge Tabelle mit 3-stelliger Rechnung sieht nun folgendermaßen aus (vgl. Tab. 2.4).

Tab. 2.4 Numerisch stabiler Algorithmus

n	s_n^2	$4 - s_n^2$	$\sqrt{4 - s_n^2}$	$2 + \sqrt{4 - s_n^2}$	$\dfrac{s_n^2}{2+\sqrt{4-s_n^2}}$	$\sqrt{s_{2n}^2} = s_{2n}$	$n \cdot s_{2n} \approx \pi$
6	1,00	3,00	1,73	3,73	0,268	0,518	3,11
12	0,268	3,73	1,93	3,93	0,0682	0,261	3,13
24	0,0682	3,93	1,98	3,98	0,0171	0,131	3,14
48	0,0171	3,98	1,99	3,99	0,00429	0,0655	3,14
96	0,00429	4,00	2,00	4,00	0,00107	0,0327	3,14

Die Auslöschung von Ziffern wird vermieden; die Näherung für π bleibt schon ab $n = 24$ mit allen drei Stellen stabil (3,14). Typisch ist, dass s_n^2 immer drei signifikante Ziffern hat.

Möglicher Einwand: Im Radikanden wird doch immer noch subtrahiert, und s_n^2 wird immer kleiner, sodass irgendwann $\sqrt{4 - s_n^2} = 2$ wird!? Diese Subtraktion ist aber ungefährlich, denn ab dieser Stelle wird nur noch $s_{2n}^2 = \frac{s_n^2}{4}$ berechnet, also $s_{2n} = \frac{s_n}{2}$, und für die Näherungen $\pi \approx \frac{n}{2} \cdot s_n$ bzw. $\pi \approx \frac{2n}{2} \cdot s_{2n}$ bedeutet das: Sie sind identisch! D. h.: Weiterrechnen nützt nichts, aber es schadet auch nicht.

Fazit Das Phänomen des Underflow beim einfacheren Algorithmus $s_{2n}^2 = 2 - \sqrt{4 - s_n^2}$ tritt bei beschränkter Stellenzahl *immer* auf. Die andere Version $s_{2n}^2 = \frac{s_n^2}{2+\sqrt{4-s_n^2}}$ ist zwar algebraisch etwas komplizierter und auch numerisch aufwendiger, weil pro Schritt eine Division mehr auszuführen ist. Dennoch ist sie in der Praxis viel besser geeignet, weil in ihr keine Differenz annähernd gleicher Werte auftritt (ein weiteres Beispiel dafür, dass das *Rationalmachen des Nenners* numerisch gesehen oft keine gute Idee ist).

2.3.4 Aufgaben zu 2.3

1. Rechnen Sie mit den Regeln der Ziffernzählung (vgl. [11], 42): Das Space Shuttle wird auf einer riesigen fahrbaren Plattform von der Montagehalle zum Startplatz von einem Transporter gezogen. Die rund 7 km lange Strecke bewältigt der Transporter in ca. $6\frac{3}{4}$ Stunden. Für 1 Meile (1,609 km) braucht der Transporter laut Angaben des Space Centers rund 680 Liter Dieseltreibstoff. Wie viele Zentimeter legt die Plattform in einer Sekunde durchschnittlich zurück? Wie hoch ist der Treibstoffverbrauch des Transporters pro 100 km? Wie weit käme ein PKW mit der Treibstoffmenge, die der Transporter für die Fahrt von der Montagehalle zum Startplatz gebraucht hat?
2. Beachten Sie die Regeln der Ziffernzählung!
   a) Aus einem Schulbuch: „Der Schnellzug Berlin-München braucht für die 676 km lange Strecke 6,1 Stunden. Wie viele Kilometer legt der Zug in 1 Stunde zurück?

(Berechne auf eine Dezimale nach dem Komma.)" Kommentar? (Regeln der Ziffernzählung!)

b) Die Masse von $1\,cm^3$ Fichtenholz beträgt ungefähr 0,5 g. Welche Masse hat ein Balken mit den Maßen 3,3 m, 24 cm und 17 cm?

c) Überzeugen Sie sich anhand der Division 42,??? : 3,47 von der 2. Regel der Ziffernzählung bei Divisionen: „Selbst wenn bei einer Division ein Wert ganz genau ist, beim anderen aber nur zwei Ziffern genau sind, so kann das Resultat auch höchstens zwei genaue Ziffern haben."

3. DIN-A-Format (vgl. [11], S. 38)

a) Messen Sie die Länge und Breite eines DIN-A4-Blattes auf mm genau. Berechnen Sie daraus (Regeln der Ziffernzählung!) den Flächeninhalt und die Verhältniszahl (Länge : Breite).

b) Aus dem Format A4 wird durch Halbieren (der längeren Seite und somit des Flächeninhalts: *Falten*) das Format A5 und durch Verdoppeln (der kürzeren Seite, des Flächeninhalts) das Format A3 usw. Wie groß ist die Fläche für das Format A0? Was fällt Ihnen auf?

c) Quadrieren Sie die Verhältniszahlen (Länge : Breite) bzw. (Diagonale : Breite) bei einem A4-Blatt, was fällt dabei auf? Wie ist dies bei anderen A-Formaten? Erklärung?

4. Aus einer Zeitung (vgl. [11], 42): „Musik hören ist das liebste Freizeitvergnügen der Deutschen. Für bespielte Tonträger gaben sie im Jahr 1996 insgesamt 5,8 Mrd. Mark aus. Das sind umgerechnet über 662.100 Mark in jeder Stunde." Wie haben die Zeitungsredakteure wohl gerechnet? Was ist aus der Sicht der Regeln der Ziffernzählung dazu zu sagen? Gilt dies tatsächlich für das Jahr 1996 (alle vier Jahre wieder...)? Was wäre hier eine angemessene Zahl?

5. Rechengesetze

a) Erfinden Sie je ein Beispiel mit 2-stelliger Rechnung, bei dem das Assoziativgesetz der Addition, das Assoziativgesetz der Multiplikation bzw. das Distributivgesetz verletzt ist.

b) Zeigen Sie, dass das Assoziativgesetz der Addition bei folgenden Zahlen mit 5-stelliger Rechnung *nicht* gilt: $a = 0,057894$; $b = -0,058413$; $c = 0,000\,34217$

c) Finden Sie ein Beispiel mit 3-stelliger Rechnung, sodass der Mittelwert $(x_1 + x_2)/2$ *kleiner* als min $\{x_1, x_2\}$ ist.

6. Quadratische Gleichungen

a) Berechnen Sie die Lösungen x_1, x_2 der Gleichung $x^2 - 12x + 1 = 0$ mit 3-stelliger Rechnung

(1) nach der üblichen p-q-Formel,

(2) x_1 (die Lösung mit dem größeren Absolutbetrag) nach der p-q-Formel und $x_2 = q/x_1$, d. h. mit dem Vietá'schen Wurzelsatz.

b) Ebenso mit der Gleichung $x^2 - 26x + 1 = 0$.

c) Ebenso mit der Gleichung $x^2 + 6.543.210x + 2 = 0$, aber jetzt nicht mit 3-stelliger Rechnung, sondern mit der vollen Genauigkeit Ihres Taschenrechners.

d) Für a) und b): Um welchen *Faktor* ist der Betrag des relativen Fehlers von x_2 nach (1) jeweils größer als nach (2)? Berechnen Sie dazu die *exakten* Lösungen mit TR-Genauigkeit.

7. a) Berechnen Sie $f(x) = \ln\left(x - \sqrt{x^2 - 1}\right)$ für $x = 10, 20$ und 30 mit 4-stelliger Gleitkommaarithmetik (alle Zwischenergebnisse auf vier Stellen runden!). Wie viele signifikante Stellen haben die Funktionswerte jeweils? (Zum Vergleich die Werte mit voller TR-Genauigkeit berechnen).

b) Formen Sie den Funktionsterm so um, dass er auch mit 4-stelliger Rechnung vernünftige Werte ergibt.

8. Viele Rechenwege

Berechnen Sie $\left(\sqrt{2} - 1\right)^8$ mit 3-stelliger Rechnung, und zwar

a) mit der Potenztaste des TR,

b) ohne Potenz-, aber mit Quadrattaste (3-mal quadrieren),

c) ebenso mit $\left(\frac{1}{\sqrt{2}+1}\right)^8$ (warum ist das algebraisch gleichwertig?),

d) ebenso mit $\frac{1}{\left(\sqrt{2}+1\right)^8}$,

e) ebenso mit $\left(\frac{\sqrt{2}-1}{\sqrt{2}+1}\right)^4$ (warum ist das algebraisch gleichwertig?),

f) mit teilweiser algebraischer Vereinfachung der Potenz, z. B. $\left(\sqrt{2} - 1\right)^2 = 3 - 2\sqrt{2}$ 2-mal quadrieren; das Gleiche mit $\frac{1}{\left(\sqrt{2}+1\right)^2} = \frac{1}{3+2\sqrt{2}}$,

g) mit vollständiger algebraischer Vereinfachung der Potenz, auch beim Kehrwert (wie lautet sie jeweils?).

Probieren Sie mindestens zehn verschiedene Rechenwege (sicherlich finden Sie neben den oben genannten noch weitere) und vergleichen Sie die Ergebnisse; berechnen Sie auch den „exakten" (auf drei Stellen gerundeten) Wert.

2.4 Fehlerfortpflanzung

Zahlen, die als Ausgangswerte für Berechnungen verwendet werden, können mit Ungenauigkeiten verschiedener Herkunft behaftet sein. Bekanntlich kann man an diesen Fehlern im Prinzip nichts ändern, aber man kann ihre Konsequenzen untersuchen: Wie wirken sie sich im Laufe einer Rechnung aus?

Wenn man Näherungswerte mit expliziten Fehlerangaben (d. h. Fehlerschranken) zu verarbeiten hat, dann gibt es verschiedene Möglichkeiten sich zu überlegen, welche Fehlerschranken beim Ergebnis zu erwarten sein werden. Die elementarste Form sind die Regeln der Ziffernzählung, die allerdings quantitativ nur wenig präzise Aussagen erlauben (siehe Abschn. 2.3.1). Wir werden nun zunächst die *Intervallrechnung*, die wir schon mehrmals exemplarisch verwendet haben, ausführlicher diskutieren (Abschn. 2.4.1); es handelt sich um eine weitreichende Methode, die wenig theoretischen Aufwand, aber zuweilen relativ aufwendige Berechnungen erfordert. Die *Gesetze der Fehlerfortpflanzung* kann man für die Grundrechenarten leicht erarbeiten (Abschn. 2.4.2); für allgemeine Funktionen braucht man dann Differentialrechnung (Abschn. 2.4.3).

2.4.1 Intervallrechnung

Beispiel Ein quaderförmiger Goldbarren habe die Maße 68 mm × 40 mm × 24 mm (Länge × Breite × Höhe). Misst man mit einem Zollstock, beträgt der Ablesefehler ±0,5 mm. Für das Volumen V lässt sich also ein größtmöglicher und ein kleinstmöglicher Wert berechnen:

$$V_{max} = 68,5 \cdot 40,5 \cdot 24,5\,mm^3 \approx 67.969\,mm^3 \approx 67,97\,cm^3$$
$$V_{min} = 67,5 \cdot 39,5 \cdot 23,5\,mm^3 \approx 62.657\,mm^3 \approx 62,65\,cm^3$$

(V_{min} wurde sicherheitshalber *ab*gerundet; bei unteren Schranken sollte man nie *auf*runden, analog bei oberen Schranken nie *ab*runden; siehe unten.) Also ist

$$V = 65,3 \pm 2,7\,cm^3,$$

wobei der Näherungswert 65,3 für V als arithmetisches Mittel von V_{min} und V_{max} und die Fehlerschranke als halbe Differenz dieser Werte berechnet wurden:

$$\tilde{V} = \frac{V_{max} + V_{min}}{2}; \quad \varepsilon(V) = \frac{V_{max} - V_{min}}{2} = \tilde{V} - V_{min} = V_{max} - \tilde{V}$$

Mehr als eine Nachkommastelle in diesem Endergebnis anzugeben ist wegen der großen Fehlerschranke kaum sinnvoll. Rechnet man allerdings weiter, kann eine Stelle mehr von Vorteil sein; deswegen haben wir V_{min} und V_{max} nicht auf drei, sondern auf vier Stellen gerundet, um eine Fortpflanzung des Rundungsfehlers zu vermeiden.

Der Barren wird nun gewogen; man liest ab: Die Masse beträgt $M = 1070$ g mit einer Ungenauigkeit von ±5 g (die sprichwörtliche „Goldwaage" scheint es also nicht zu sein!).

Für die Dichte $D = \frac{M}{V}$ des Materials kann man ebenso einen größten und kleinsten Wert bestimmen, wobei allerdings D maximal ist, wenn M maximal und V minimal ist (und umgekehrt):

$$D_{max} = \frac{M_{max}}{V_{min}} = \frac{1075\,g}{62,65\,cm^3} \approx 17,16\,g/cm^3;$$

$$D_{min} = \frac{M_{min}}{V_{max}} = \frac{1065\,g}{67,97\,cm^3} \approx 15,66\,g/cm^3;$$

Also ist $D = 16,41 \pm 0,75$ g/cm^3. Für Gold gilt allerdings $D = 19,3$ g/cm^3; dieser Wert liegt deutlich oberhalb des berechneten Intervalls, also kann es sich bei dem Metall nicht um reines Gold handeln.

Abb. 2.8 Dreiecksmessung

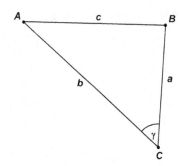

Würde man die Maße des Quaders mit einer Schieblehre bestimmen, ließe sich eine Genauigkeit von $\pm 0,1$ mm erzielen; entsprechend könnte man mit einer genaueren Waage das Gewicht auf ± 1 g genau bestimmen. Für diese neuen Grenzen müsste man jetzt die Intervallrechnung erneut durchführen.

> **Prinzip bei der Intervallrechnung**
> Dabei sind die Eingabedaten durch Intervalle gegeben, und für das Ergebnis wird ebenfalls ein Intervall bestimmt. Man muss darauf achten, dass zur Berechnung des maximalen bzw. minimalen Wertes die Grenzen der Eingabedaten *passend* eingesetzt werden. Also Vorsicht bei Quotienten und Differenzen; auch bei Funktionsauswertungen ist zu prüfen, ob die Funktion an der betreffenden Stelle wachsend oder fallend ist (siehe unten).

Ein weiteres Beispiel Die Entfernung zwischen zwei Punkten A, B im Gelände soll gemessen werden. Wegen eines Hindernisses geht das jedoch nicht direkt; stattdessen misst man von einem dritten Punkt C aus die Streckenlängen $|AC| = b$ und $|BC| = a$ sowie den Winkel $\gamma = \angle ACB$ (vgl. Abb. 2.8). Dann kann c mit dem Kosinussatz berechnet werden:

$$c = \sqrt{a^2 + b^2 - 2\,a\,b\,\cos(\gamma)}$$

Folgende Werte werden gemessen: $a = 21,4$ m $\pm\, 0,05$ m; $b = 33,6$ m $\pm\, 0,05$ m; $\gamma = 53° \pm 0,5°$

Durch Einsetzen der Mittelwerte ergibt sich $c = 26,86$ m. Mit Intervallrechnung soll nun eine absolute Fehlerschranke für c ermittelt werden. Setzt man die maximalen bzw. minimalen Werte von a, b, γ in den Kosinussatz ein, dann erhält man:

$$c_{\max} = \sqrt{21,45^2 + 33,65^2 - 2 \cdot 21,45 \cdot 33,65 \cdot \cos(53,5°)} = 27,0877\,\text{m} \approx 27,09\,\text{m}$$

$$c_{\min} = \sqrt{21,35^2 + 33,55^2 - 2 \cdot 21,35 \cdot 33,55 \cdot \cos(52,5°)} = 26,6331\,\text{m} \approx 26,63\,\text{m}$$

Abb. 2.9 Anderes Dreieck

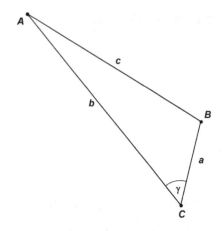

Somit ist $c = 26{,}86\,\text{m} \pm 0{,}23\,\text{m}$. Das sieht gut aus – das arithmetische Mittel von $c_{\min}$ und $c_{\max}$ ist gleich dem obigen aus den mittleren Messwerten errechneten Wert von c (das muss nicht immer so sein, aber es ist beruhigend), und die Fehlerschranke ist zwar relativ groß (vielleicht wegen der groben Winkelmessung), aber durchaus vernünftig. Aber sind $c_{\min}$ und $c_{\max}$ wirklich die extremen Werte? Man sieht es dem Term für c nicht unmittelbar an, ob c wirklich größer wird, wenn a, b oder γ zunehmen! In diesem Fall ist es hilfreich, die geometrische Situation zu befragen (bitte Abb. 2.8 dynamisch interpretieren): Wenn γ größer wird, dann verlängert sich zweifellos die Gegenseite c. Das kann man auch am Term ablesen: cos ist im Intervall $[0°; 180°]$ eine monoton fallende Funktion, also wird $2ab\cos(\gamma)$ bei wachsendem Winkel kleiner, wegen des negativen Vorzeichens wird der Radikand und damit auch c größer. Auch bei wachsenden a oder b wird c zunehmen – aber nicht in allen Dreiecken!

Wenn man z. B. a, γ wie oben und $b = 63{,}6\,\text{m} \pm 0{,}05\,\text{m}$ gemessen hat, dann sieht das Dreieck ungefähr so aus wie in Abb. 2.9; wenn jetzt a länger wird, dann wird offenbar c kürzer!

Setzt man gedankenlos die größten bzw. kleinsten Werte von a, b, γ in den Kosinussatz ein, dann erhält man für c die Werte 53,7328 bzw. 53,3150 und daraus $c = 53{,}5239\,\text{m}$ $\pm 0{,}2089\,\text{m}$, gerundet $53{,}52\,\text{m} \pm 0{,}21\,\text{m}$.

Dabei stellen wir fest: Diese Rundung ist unvorteilhaft, denn daraus resultiert die obere Schranke $53{,}73\,\text{m}$, diese ist aber zu klein! Deshalb sollte man beim Runden vorsichtshalber die letzte Ziffer der Fehlerschranke um 1 erhöhen, hier auf $0{,}22\,\text{m}$.

Aber das ist in diesem Fall nebensächlich. Wenn man aufgrund der geometrischen Überlegung $a_{\min}$ in den Term für $c_{\max}$ einsetzt und umgekehrt (die anderen wie gewohnt), dann ergibt sich tatsächlich ein größeres Intervall:

$$c_{\max} = \sqrt{21{,}35^2 + 63{,}65^2 - 2 \cdot 21{,}35 \cdot 63{,}65 \cdot \cos(53{,}5°)} = 53{,}7634\,\text{m}$$

$$c_{\min} = \sqrt{21{,}35^2 + 33{,}55^2 - 2 \cdot 21{,}35 \cdot 33{,}55 \cdot \cos(52{,}5°)} = 53{,}2826\,\text{m}$$

Daraus resultiert $c = 53{,}5230\,\text{m} \pm 0{,}2404\,\text{m}$, gerundet (siehe oben) $53{,}52\,\text{m} \pm 0{,}25\,\text{m}$. Immerhin beträgt der Unterschied zur falschen Fehlerschranke 3 cm.

Wie oben gesagt: Dem Term sieht man es nicht in jedem Fall an, wie die Funktion sich bei Variation eines der Parameter verhält, d. h. ob sie wachsend oder fallend ist, wenn man nur eine der Variablen ändert und die anderen festhält. Wenn der Kontext keine Entscheidungshilfe bietet wie im obigen Beispiel die Geometrie, dann muss man notfalls probieren, also alle Kombinationen der maximalen und minimalen Messwerte einsetzen (in diesem Fall wären acht Werte für c zu berechnen) und daraus den größten und kleinsten Wert ermitteln. Rein theoretisch ist es zwar nicht garantiert, dass man dadurch den größten bzw. kleinsten Funktionswert findet, aber die involvierte Funktion müsste dann schon ziemlich „wild" sein in den betrachteten Bereichen der Eingangsvariablen (z. B. keine Monotonie); bei relativ kleinen Fehlerschranken wäre das ungewöhnlich.

Beitrag der einzelnen Messungen zum Gesamtfehler Zum Abschluss dieses Beispiels diskutieren wir ein weiteres Problem, das mit Intervallrechnung lösbar ist. Der Fehler wird von drei Messungen verursacht, und es wäre doch interessant zu wissen: Welchen Beitrag leisten die einzelnen Messungen zum Gesamtfehler? Wenn wir das Resultat verbessern wollen, welche Messung soll dann genauer ausgeführt werden? Als Zahlenbeispiel nehmen wir die 1. Messung mit $b = 33{,}6\,\text{m} \pm 0{,}05\,\text{m}$ (a, γ wie gehabt).

Dazu variiert man jeweils nur einen Messwert und hält die beiden anderen fest. Beispiel: γ wird variiert, für a und b werden die Mittelwerte eingesetzt.

$$c_{\text{max}} = \sqrt{21{,}4^2 + 33{,}6^2 - 2 \cdot 21{,}4 \cdot 33{,}6 \cdot \cos(53{,}5°)} = 27{,}0466\,\text{m}$$

$$c_{\text{min}} = \sqrt{21{,}4^2 + 33{,}6^2 - 2 \cdot 21{,}4 \cdot 33{,}6 \cdot \cos(52{,}5°)} = 26{,}6734\,\text{m}$$

Daraus ergibt sich $c = 26{,}8600\,\text{m} \pm 0{,}1866\,\text{m}$; der Mittelwert ist also der Gleiche wie oben, die Fehlerschranke beträgt gerundet $\varepsilon_\gamma = 0{,}19\,\text{m}$; das ist der Fehler, der auf die Winkelmessung zurückzuführen ist. Entsprechend erhält man bei Variation von a bzw. b die Fehlerschranken $\varepsilon_a = 0{,}0022\,\text{m}$ bzw. $\varepsilon_b = 0{,}04\,\text{m}$.

D. h.: Die Winkelmessung trägt, wie vorher schon vermutet, den Löwenanteil zum Gesamtfehler bei; wenn man einen genaueren Wert für c braucht, dann sollte man γ genauer messen. Überraschend ist der Unterschied von ε_a und ε_b: Beide Strecken wurden mit der gleichen Genauigkeit gemessen (sogar mit vergleichbaren *relativen* Fehlerschranken), aber der Fehler von a fällt praktisch nicht ins Gewicht, die auf b zurückgehende Fehlerschranke ist fast 20-mal so groß. Ein Blick auf das Dreieck (Abb. 2.8) bringt mal wieder Klarheit: Beim Punkt B beträgt der Winkel beinahe 90°, und wenn man in einer solchen Situation a variiert (b, γ fest), dann ändert sich die Länge von c nur sehr, sehr wenig.

Erwähnenswert, aber vielleicht nicht überraschend: Die Summe der drei Einzelfehlerschranken ist gleich der Gesamtfehlerschranke. Diese Tatsache ist auch zur Kontrolle der Rechnung nützlich.

Das Verfahren zur Berechnung der Einzelfehler ist natürlich relativ aufwendig (es sind drei weitere Intervallrechnungen auszuführen), aber man sollte den Aufwand auch nicht überschätzen; selbst mit einem TR ist es in angemessener Zeit machbar, wenn man den Bedienungskomfort optimal ausnutzt und nur die wesentlichen Größen berechnet.

Auf das Beispiel der Dreiecksberechnung werden wir in Abschn. 2.4.3 noch einmal zurückkommen.

Zusammenfassung:

Gewisse *Eingangsgrößen* sind mit expliziten Fehlerschranken gegeben:

$$x_i = \tilde{x}_i \pm \varepsilon(x_i) \quad \Leftrightarrow \quad x_i \in [\tilde{x}_i - \varepsilon(x_i); \tilde{x}_i + \varepsilon(x_i)]$$

Für das *Resultat* $z = f(x_1, \ldots, x_n)$ ist auch so eine Darstellung gesucht:

$$z = \tilde{z} + \varepsilon(z) \quad \Leftrightarrow \quad z \in [z_{min}; z_{max}] = [\tilde{z} - \varepsilon(z); \tilde{z} + \varepsilon(z)]$$

Man berechnet zuerst z_{min} und z_{max} durch passendes Einsetzen der Intervallgrenzen für x_i; ggf. ist durch Ausprobieren zu ermitteln, ob f als Funktion von x_i in der Umgebung von $\tilde{x}_i$ wachsend oder fallend ist.

Daraus berechnet man den *Intervallmittelpunkt*

$$\tilde{z} = \frac{z_{max} + z_{min}}{2}$$

(nicht $\tilde{z} = f(\tilde{x}_1, \ldots, \tilde{x}_n)$; diese Werte sind zwar oft gleich groß, manchmal aber nicht) sowie die *Fehlerschranke*

$$\varepsilon(z) = \frac{z_{max} - z_{min}}{2}.$$

Runden bei Intervallrechnung

Das Runden unterliegt bei der Intervallrechnung – streng genommen – eigenen Gesetzen. Wenn man die normalen Rundungsregeln anwendet, so bekommt man „Ungefähr-Aussagen" der Art: Der gesuchte Wert z liegt ca. im Intervall $[z_{min}; z_{max}]$. Wenn man aber – sinnvollerweise – haben möchte, dass die Grenzen des Ergebnisintervalls strenge Grenzen darstellen sollen, dann muss man beim Runden aufpassen, denn es dürfen ja keine falschen Aussagen entstehen. Wenn man dabei (den üblichen Rundungsregeln folgend) eine untere Grenze aufrundet oder eine obere Grenze abrundet, so könnten aber falsche Aussagen entstehen (vgl. die Beispiele bei der obigen Dreiecksberechnung).

Bei der Rundung sollten daher folgende Regeln beachtet werden:

1. Grundsätzlich z_{min} ABrunden, z_{max} AUFrunden, Fehlerschranken AUFrunden;
2. Fehlerschranken mit zwei Ziffern angeben (wegen der Übersichtlichkeit); ggf. vorsichtshalber die letzte Ziffer um 1 erhöhen;
3. Näherungswert auf die gleiche Dezimalstelle runden wie die Fehlerschranke; sicherheitshalber prüfen, ob der Minimal- und Maximalwert wirklich im behaupteten Intervall enthalten sind.

Abschließend ein Beispiel ohne Kontext zur Demonstration dieser Regeln. Angenommen, das vorläufige Resultat einer Intervallrechnung lautet:

$$z_{min} = 1915{,}27 \quad \text{und} \quad z_{max} = 1940{,}12$$

Dann kann man zur Vereinfachung zunächst z_{min} abrunden zu 1915,2 und z_{max} aufrunden zu 1940,2. Daraus ergibt sich $\tilde{z} = 1927{,}7$ und $\varepsilon(z) = 12{,}5$. Endresultat:

$$\tilde{z} = 1928; \quad \varepsilon(z) = 13$$

Da $\varepsilon(z)$ stark aufgerundet wurde, erscheint eine Erhöhung der letzten Ziffer nicht notwendig.

Kontrolle: $\quad \tilde{z} - \varepsilon(z) = 1915 < z_{min}; \quad \tilde{z} + \varepsilon(z) = 1941 > z_{max} \quad$ OK

Übrigens erhält man dasselbe Resultat, wenn man in Anbetracht des großen Unterschiedes (Abweichung im Zehnerbereich, also nur zwei signifikante Ziffern!) gleich auf vier Stellen rundet:

$$z_{min} = 1915 \quad \text{und} \quad z_{max} = 1941$$

Offenbar braucht man beim Runden gar nicht kleinlich zu sein, wenn man zuvor mit Augenmaß die Größenordnung der Fehlerschranke abschätzt.

2.4.2 Fehlerfortpflanzungsregeln in Termen mit den Grundrechenarten

Wir wollen nun systematisch untersuchen, wie sich Fehler im Laufe von Rechnungen mit den arithmetischen Grundoperationen auswirken. Es seien $x, y \in \mathbb{R}$ mit den Näherungswerten $\tilde{x} = x + \Delta x, \tilde{y} = y + \Delta y$.

Summe Zu der *Summe* $z = x + y$ gehört der Näherungswert $\tilde{z} = \tilde{x} + \tilde{y} = z + \Delta z$; dann gilt: $\tilde{z} = (x + \Delta x) + (y + \Delta y) = (x + y) + (\Delta x + \Delta y) = z + (\Delta x + \Delta y)$
Also ist $\boxed{\Delta z = \Delta x + \Delta y}$, in Worten:

▶ Bei einer Summe werden die absoluten Fehler addiert.

Wenn sie verschiedene Vorzeichen haben (d. h., der eine Summand ist ein wenig zu klein, der andere ein wenig zu groß), so kompensieren sie einander teilweise. Dies ist auch ohne formale Rechnung klar.

Differenz Analog gilt bei einer *Differenz* $z = x - y$:

$$\tilde{z} = (x + \Delta x) - (y + \Delta y) = (x - y) + (\Delta x - \Delta y) \quad \Rightarrow \quad \boxed{\Delta z = \Delta x - \Delta y}$$

▶ Bei einer Differenz werden die absoluten Fehler subtrahiert.

In diesem Fall kompensieren sie einander teilweise, wenn sie das gleiche Vorzeichen haben, andernfalls wird der Fehler verstärkt.

Für die absoluten Fehlerschranken ergibt sich wegen der *Dreiecksungleichung* $|a + b| \leq |a| + |b|$ (bei ungleichen Vorzeichen von a und b ist die linke Seite echt kleiner):

$$|\Delta z| = \left\{ \begin{array}{c} |\Delta x + \Delta y| \\ |\Delta x - \Delta y| \end{array} \right\} \leq |\Delta x| + |\Delta y| \leq \varepsilon(x) + \varepsilon(y) \quad \Rightarrow \quad \boxed{\varepsilon(z) = \varepsilon(x) + \varepsilon(y)}$$

▶ Bei Strichrechnungen (Summen und Differenzen) werden die absoluten Fehlerschranken addiert.

Produkt Beim *Produkt* $z = x \cdot y$ setzen wir voraus, dass $x, y \neq 0$ sind. Dann gilt:

$$\tilde{z} = (x + \Delta x) \cdot (y + \Delta y) = x \cdot y + x \cdot \Delta y + y \cdot \Delta x + \Delta x \cdot \Delta y$$

Wenn wir jetzt davon ausgehen, dass die absoluten Fehler im Vergleich zu den Faktoren x, y beträglich klein sind (Faustregel: Relativfehler $\leq 10\,\%$), dann ist das Produkt $\Delta x \cdot \Delta y$ *sehr* klein im Vergleich zu den anderen Summanden, also vernachlässigbar:

$$\tilde{z} \approx x \cdot y + x \cdot \Delta y + y \cdot \Delta x = z + (x \cdot \Delta y + y \cdot \Delta x)$$

Somit gilt $\Delta z \approx x \cdot \Delta y + y \cdot \Delta x$ (man beachte „näherungsweise"!), und mit Division durch $z = x \cdot y$ folgt:

$$\frac{\Delta z}{z} \approx \frac{\Delta x}{x} + \frac{\Delta y}{y} \quad \Rightarrow \quad \boxed{r(z) \approx r(x) + r(y)}$$

▶ Beim Produkt werden die Relativfehler addiert (ungefähr).

Für die relativen Fehlerschranken erhält man daraus mit Hilfe der Dreiecksungleichung:

$$|r(z)| \approx |r(x) + r(y)| \leq |r(x)| + |r(y)| \leq \rho(x) + \rho(y) \quad \Rightarrow \quad \boxed{\rho(z) \approx \rho(x) + \rho(y)}$$

▶ Beim Produkt werden die relativen Fehlerschranken addiert (ungefähr).

Quotient Um den *Quotienten* $z = \frac{x}{y}$ zu untersuchen (weiterhin seien x, $y \neq 0$), betrachten wir zunächst den *Kehrwert* einer Zahl:

$$k = \frac{1}{y} \quad \text{und} \quad \tilde{k} = \frac{1}{y + \Delta y}$$

Erweitern mit $y - \Delta y$ ergibt:

$$\tilde{k} = \frac{y - \Delta y}{(y + \Delta y) \cdot (y - \Delta y)} = \frac{y - \Delta y}{y^2 - (\Delta y)^2}$$

Ist $|\Delta y| \ll |y|$, dann ist $(\Delta y)^2$ vernachlässigbar, und daraus folgt:

$$\tilde{k} \approx \frac{1}{y} - \frac{\Delta y}{y^2} = k - \frac{\Delta y}{y^2} \quad \Rightarrow \quad \Delta k \approx -\frac{\Delta y}{y^2}$$

Durch Multiplizieren mit $\frac{1}{k} = y$ erhält man:

$$\frac{\Delta k}{k} \approx -\frac{\Delta y}{y} \quad \Rightarrow \quad r(k) \approx -r(y)$$

Der Relativfehler des Reziprokwertes $\frac{1}{y}$ ist (bei kleinem $r(y)$) ungefähr gleich dem Relativfehler von y mit umgekehrtem Vorzeichen.

Bemerkungen:

- An $\Delta k \approx -\frac{\Delta y}{y^2}$ ist zu erkennen: Der *absolute* Fehler beim Kehrwertbilden bzw. beim Dividieren hängt sehr stark vom Nenner ab (y quadratisch im Nenner). Daher versucht man bei Rechnungen mit Größen, die mit Fehlern behaftet sind, kleine Nenner zu vermeiden; Dividieren durch eine sehr kleine Zahl bedeutet ja Multiplizieren mit einer sehr großen. Diese Erkenntnis wird im Kap. 6 noch wichtig (Pivot-Suche beim Gauß-Algorithmus).
- Es gilt $\frac{\Delta k}{k} \approx -\frac{\Delta y}{y}$; bei $y = 1 = k$ erhält man damit $\Delta k \approx -\Delta y$; daraus ergibt sich die wichtige, auch aus der Analysis bekannte Näherungsformel für kleine $|x|$ (hier mit x als „Fehler" formuliert): $\frac{1}{1+x} \approx 1 - x$

Für den Quotienten $z = \frac{x}{y} = x \cdot \frac{1}{y}$ ergibt sich daraus mit der Regel für Produkte:

$$\boxed{r(z) \approx r(x) - r(y)}$$

▶ Beim Quotienten werden die Relativfehler subtrahiert (ungefähr).

Tab. 2.5 Maße eines Metall-Quaders

Größe	Gemessener Wert	Rel. Fehlerschr.
Länge L	$68 \pm 0,5$ mm	0,0074
Breite B	$40 \pm 0,5$ mm	0,013
Höhe H	$24 \pm 0,5$ mm	0,021
Masse M	1070 ± 5 g	0,0047

Für die relative Fehlerschranke kann man wieder die Dreiecksungleichung anwenden:

$$|r(z)| \approx |r(x) - r(y)| \le |r(x)| + |r(y)| \le \rho(x) + \rho(y)$$
$$\Rightarrow \quad \boxed{\rho(z) \approx \rho(x) + \rho(y)}$$

Insgesamt also:

▶ Bei Punktrechnungen (Produkten und Quotienten) werden die relativen Fehlerschranken addiert (ungefähr).

Anmerkungen:

- Es sei noch einmal betont: *Ungefähr* bedeutet bei den Regeln für Punktrechnung, dass die relativen Fehler in den Eingabedaten betraglich relativ klein sind (Faustregel $\rho(x), \rho(y) \le 0,1 = 10\,\%$).
- Im numerischen Sinn *gehören* also zu den Strichrechnungen die absoluten Fehler und zu den Punktrechnungen die relativen!
- Alle Regeln sind offensichtlich auf beliebig viele Operanden verallgemeinerbar.

Soweit erst einmal die Theorie.

Anwendungsbeispiel:

Als Anwendungsbeispiel greifen wir noch einmal die Berechnung der Dichte eines „Goldbarrens" aus Abschn. 2.4.1 auf. Die Tab. 2.5 enthält die Maße mit ihren absoluten und relativen Fehlerschranken.

Für die Dichte $D = \frac{M}{L \cdot B \cdot H}$ ergibt sich mit den gemessenen Näherungswerten:

$$D = \frac{1070}{68 \cdot 40 \cdot 24}\ \text{g/mm}^3 \approx 16,4\ \text{g/cm}^3$$

Nach den obigen Regeln ist die Summe der relativen Fehlerschranken von M, L, B, H eine relative Fehlerschranke für D:

$$\rho(D) = \rho(M) + \rho(L) + \rho(B) + \rho(H) \approx 0,046$$

Daraus resultiert die absolute Fehlerschranke $\varepsilon(D) = \rho(D) \cdot D \approx 0{,}76\,\text{g/cm}^3$ (aufgerundet); dieser Wert stimmt im Wesentlichen mit der Schranke überein, die sich in Abschn. 2.4.1 mit Hilfe von Intervallrechnung ergab.

Insoweit also nichts Neues, allerdings haben wir das mit wesentlich weniger Aufwand erzielt als bei der Intervallrechnung. Darüber hinaus kann man diese Fehleranalyse noch weiter interpretieren:

- Vergleicht man die Beiträge der einzelnen Messungen zur Gesamt-Fehlerschranke, so fällt auf, dass die Messung der Masse am wenigsten beiträgt, obwohl die Messgenauigkeit von $\pm 5\,\text{g}$ sehr grob erscheint. Tatsächlich beträgt aber der von der Masse stammende Fehler nur ca. $10\,\%$ des Gesamtfehlers ($\rho(M) : \rho(D) \approx 0{,}0047 : 0{,}046 \approx 0{,}1$). Wenn man die Dichte also genauer bestimmen will, sollte man zuerst bei den Längenmessungen die Genauigkeit erhöhen. Das ist hier unmittelbar zu erkennen; früher brauchten wir dazu eine separate (Intervall-)Rechnung.
- Steigert man die Genauigkeit der Längenmessungen auf $\pm 0{,}1\,\text{mm}$ (Schieblehre statt Zollstock), so sinken die zugehörigen relativen Fehlerschranken auf 1/5 ihrer Werte. Insgesamt ergibt sich dann mit etwas Kopfrechnen die neue Fehlerschranke für D:

$$\rho(D) \approx (0{,}0015 + 0{,}0026 + 0{,}0042) + 0{,}0047 = 0{,}0083 + 0{,}0047 = 0{,}013$$

und damit $\varepsilon(D) = 0{,}22\,\text{g/cm}^3$. Immer noch ist der gemeinsame Beitrag der drei Längenmessungen zum Gesamtfehler größer als der Beitrag der Massenmessung.
- Eine vorgegebene Genauigkeit von $\varepsilon(D) = 0{,}1\,\text{g/cm}^3$ bei der Dichte würde eine relative Fehlerschranke von maximal $\rho(D) = \frac{\varepsilon(D)}{D} = 0{,}006$ erfordern. Dies könnte man z. B. durch eine weitere Verdopplung der Genauigkeit aller Messungen, d. h. durch Halbieren der Fehlerschranken erreichen (wenigstens annähernd). Eine höhere Genauigkeit bei der Waage allein würde jedenfalls nicht ausreichen.

Die Fehlerfortpflanzungsregeln bieten also zweifellos Vorteile gegenüber der Intervallrechnung, aber jetzt kommt die schlechte Nachricht: Sie sind nur für Terme sinnvoll anwendbar, die entweder nur Punktrechnung oder nur Strichrechnung enthalten, also gewissermaßen Terme mit *sortenreinen* Operationen. Wenn man beispielsweise für die Oberfläche eines Quaders $O = 2 \cdot (L \cdot B + L \cdot H + B \cdot H)$ eine Fehlerschranke berechnen möchte, dann ist mit den obigen Regeln praktisch nur die folgende Variante möglich:

Man berechnet die relativen Fehlerschranken für die drei Produkte in der Klammer, z. B. $\rho_{L \cdot B} = \rho_L + \rho_B$ und daraus ihre absoluten Fehlerschranken, z. B. $\varepsilon_{L \cdot B} = L \cdot B \cdot \rho_{L \cdot B}$; daraus erhält man mit der Summenregel $\varepsilon_O = 2 \cdot (\varepsilon_{L \cdot B} + \varepsilon_{L \cdot H} + \varepsilon_{B \cdot H})$ und (bei Bedarf) $\rho_O = \frac{\varepsilon_O}{O}$. Das ist zwar machbar, aber gegenüber der Intervallrechnung nicht unbedingt vorteilhaft.

Abschließend noch einmal zurück zur Theorie Aus den Regeln für die Punktrechnung werden wir eine Fehlerfortpflanzungsregel für Potenzen $x^{\frac{m}{n}}$ mit beliebigen rationalen Exponenten $\frac{m}{n}$ herleiten.

Für $m \in \mathbb{N}$ erhalten wir aus der Produktregel unmittelbar die Beziehungen:

$$r\left(x^m\right) \approx m \cdot r\left(x\right) \quad \text{und} \quad \rho\left(x^m\right) \approx m \cdot \rho\left(x\right)$$

Die 1. Formel ist mit der Kehrwertregel direkt auf $m \in \mathbb{Z}$ übertragbar; bei der 2. muss man für negative m das Vorzeichen vernichten:

$$\rho\left(x^m\right) \approx |m| \cdot \rho\left(x\right)$$

Nun zu gebrochenen Exponenten. Zunächst sei $n \in \mathbb{N}$, dann gilt nach der Regel für Potenzen:

$$r\left(x\right) \approx \frac{1}{n} \cdot r\left(x^n\right)$$

Setzen wir $x^n = y$, also $x = y^{\frac{1}{n}} = \sqrt[n]{y}$, dann folgt:

$$r\left(\sqrt[n]{y}\right) \approx \frac{1}{n} \cdot r\left(y\right) \quad \text{(analog für } \rho\left(\sqrt[n]{y}\right))$$

Mit erneuter Anwendung der Potenz-Regel erhalten wir

$$r\left(y^{\frac{m}{n}}\right) = r\left(\left(\sqrt[n]{y}\right)^m\right) \approx m \cdot \frac{1}{n} r\left(y\right) = \frac{m}{n} \cdot r\left(y\right)$$

Bei der Fehlerschranke muss man wiederum $|m|$ nehmen. Insgesamt gilt also für beliebige rationale Exponenten $a = \frac{m}{n}$ (die Basis bezeichnen wir wieder mit dem gewohnten x):

$$r\left(x^a\right) \approx a \cdot r\left(x\right) \quad \text{und} \quad \rho\left(x^a\right) \approx |a| \cdot \rho\left(x\right)$$

Als Spezialfälle seien noch zwei Merkregeln für häufig auftretende Fälle genannt:

$$r\left(x^2\right) \approx 2 \cdot r\left(x\right) \qquad \text{„Beim Quadrieren wird der Relativfehler verdoppelt";}$$

$$r\left(\sqrt{x}\right) \approx \frac{1}{2} \cdot r\left(x\right) \qquad \text{„Beim Wurzelziehen wird der Relativfehler halbiert".}$$

Aus der 2. Merkregel kann man wieder eine wichtige, aus der Analysis bekannte Näherungsformel ableiten: Es sei $x = 1$ (also auch $\sqrt{x} = 1$) und $\tilde{x} = 1 + \Delta x$ eine Zahl nahe bei x. Dann gilt:

$$r\left(\sqrt{x}\right) = \frac{\sqrt{\tilde{x}} - 1}{1} = \sqrt{1 + \Delta x} - 1$$

Setzt man dies nun gemäß der obigen Merkregel in $r\left(\sqrt{x}\right) \approx \frac{1}{2} \cdot \frac{\Delta x}{x} = \frac{1}{2} \cdot \Delta x$ ein, dann folgt:

$$\sqrt{1 + \Delta x} - 1 \approx \frac{1}{2} \cdot \Delta x \quad \Rightarrow \quad \sqrt{1 + \Delta x} \approx 1 + \frac{1}{2} \cdot \Delta x$$

Abb. 2.10 Lokale lineare
Approximation von f

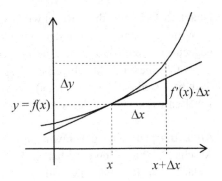

Üblicherweise wird dies in der Analysis nicht mit einem *Fehler* Δx, sondern schlicht mit einer *kleinen Zahl x* formuliert:

$$|x| \ll 1 \quad \Rightarrow \quad \sqrt{1+x} = (1+x)^{\frac{1}{2}} \approx 1 + \frac{x}{2}$$

Diese Überlegung ist allgemein für beliebige Exponenten $a \in \mathbb{Q}$ durchführbar:

$$|x| \ll 1 \quad \Rightarrow \quad (1 + x)^a \approx 1 + a \cdot x$$

2.4.3 Fehlerfortpflanzungsregeln bei Funktionen

Bei der Anwendung einer Funktion $y = f(x)$ wird man zumindest erwarten, dass kleine Änderungen von x auch kleine Änderungen von y nach sich ziehen, andernfalls ist eine Fehleranalyse wenig sinnvoll. Bei *differenzierbaren* Funktionen ist das der Fall, und mehr noch: Die Änderung von y ist *proportional* zur Änderung von x, wenigstens näherungsweise. Es sei also die Funktion f differenzierbar an der Stelle x. Ist $\tilde{x} = x + \Delta x$ ein Näherungswert für x, so ist $\tilde{y} = f(\tilde{x}) = f(x + \Delta x)$ der zugehörige Näherungswert für y.

Idee (siehe Abb. 2.10) Approximiere die Funktion f lokal durch eine lineare Funktion, d. h., ersetze f in einem kleinen Bereich um x durch die Tangente an den Graphen von f im Punkt $(x|f(x))$. Die Tangente hat die Steigung $f'(x)$.

Für den absoluten Fehler $\Delta y = \tilde{y} - y$ gilt dann, wenn $|\Delta x|$ klein ist, wegen

$$f'(x) = \lim_{\Delta x \to 0} \frac{f(x + \Delta x) - f(x)}{\Delta x} = \lim_{\Delta x \to 0} \frac{\Delta y}{\Delta x}$$

die fundamentale Beziehung:

$$\Delta y \approx f'(x) \cdot \Delta x$$

D. h., Δy ist ungefähr proportional zu Δx, und $f'(x)$ ist der Proportionalitätsfaktor. Für die absoluten Fehlerschranken folgt daraus unmittelbar:

$$\varepsilon(y) \approx |f'(x)| \cdot \varepsilon(x)$$

Qualitativ kann man diese Regel wie folgt interpretieren:

Wenn die Funktion f an der Stelle x *flach* ist, dann wird der absolute Fehler von y gegenüber jenem von x *abgeschwächt*; wenn sie bei x *steil* ist, dann wird er *verstärkt*.

Es fällt hierzu nicht schwer, die Begriffe „flach/steil" zu präzisieren: Wir nennen f flach bzw. steil bei x, wenn $|f'(x)| < 1$ bzw. $|f'(x)| > 1$ ist. (Dem Sonderfall $|f'(x)| = 1$ weisen wir kein besonderes Attribut zu.)

Als 1. Beispiel untersuchen wir mit der neuen Methode ein Problem, das wir bereits in Abschn. 2.1.2 angesprochen haben: In einem rechtwinkligen Dreieck mit der Hypotenusenlänge $c = 10\,$m wird die Kathetenlänge a gemessen, die andere Kathetenlänge b wird daraus berechnet. Wir verzichten im Folgenden auf die Einheiten und passen die Bezeichnungen dem Kontext *Funktionen* an, d. h., a wird zur unabhängigen Variablen x und b wird zum Funktionswert y:

$$y = f(x) = \sqrt{100 - x^2}$$

Mit Intervallrechnung haben wir in Abschn. 2.1.2 die folgenden Ergebnisse erzielt:

a) $x = 3{,}47 \pm 0{,}005 \quad \Rightarrow \quad y = 9{,}3787 \pm 0{,}0019$

b) $x = 9{,}80 \pm 0{,}005 \quad \Rightarrow \quad y = 1{,}9898 \pm 0{,}0247; \quad$ gerundet $y = 1{,}990 \pm 0{,}025$

(Zur Erinnerung: Maximalwerte werden *auf-*, Minimalwerte *ab*gerundet, Fehlerschranken werden *auf*gerundet.)

Wenden wir nun die neue Regel für Funktionen an, dann erhalten wir wegen $f'(x) = \frac{x}{\sqrt{100-x^2}}$ mit $\varepsilon(x) = 0{,}005$:

a) $|f'(3{,}47)| = 0{,}37 \qquad \Rightarrow \qquad \varepsilon(y) \approx 0{,}37 \cdot 0{,}005 = 0{,}00185 \approx 0{,}019$

b) $|f'(9{,}80)| = 4{,}92468 \qquad \Rightarrow \qquad \varepsilon(y) \approx 4{,}93 \cdot 0{,}005 = 0{,}02465 \approx 0{,}025$

Die Resultate stimmen also völlig überein.

Die Funktion $y = \sqrt{100 - x^2}$ beschreibt im Definitionsbereich $[0; 10]$ einen Viertelkreis mit dem Nullpunkt als Zentrum und dem Radius 10 (vgl. Abb. 2.11). Somit können wir auch geometrisch entscheiden, in welchen Bereichen die Funktion flach bzw. steil ist: Im Schnittpunkt des Kreises mit der Hauptdiagonalen hat die Tangente die Steigung -1, und für diesen Punkt gilt $x = y$; also ist $2 \cdot x^2 = 100$ und somit $x = \frac{10}{\sqrt{2}} \approx 7{,}07$. Für größere x wird die Tangente steiler, für kleinere x flacher.

Fazit Für $x < 7{,}07$ ist die Berechnung der anderen Kathete *ungefährlich*, für $x > 7{,}07$ sollte man vorsichtig sein, und je mehr sich x dem Radius 10 nähert, desto schlimmer wirkt sich der Messfehler aus, denn der Betrag der Ableitung kann dann beliebig groß werden: Die Tangente nähert sich immer mehr einer Senkrechten zur x-Achse, und für $x = 10$ ist $f(x)$ nicht differenzierbar (der Kreis hat zwar auch eine Tangente im Punkt $(10|0)$, sie ist aber nicht als lineare Funktion darstellbar).

Abb. 2.11 Graph von
$y = \sqrt{100 - x^2}$

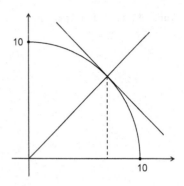

Weitere Beispiele für die Fortpflanzung des Absolutfehlers bei elementaren Funktionen

- Bei linearen Funktionen $y = a \cdot x + b$ ist $y' = a$, der absolute Fehler ändert sich auf das a-Fache: $\Delta y = a \cdot \Delta x$ (dies ist auch ohne Differentialrechnung klar, warum?).
- Für eine Potenzfunktion $y = x^a$ mit $a \in \mathbb{Q}$ ist $y' = a \cdot x^{a-1}$, daraus folgt:

$$\Delta y \approx a \cdot x^{a-1} \cdot \Delta x$$

Dasselbe ergibt sich auch aus der Produktregel für den relativen Fehler $r(y) \approx a \cdot r(x)$ (vgl. Abschn. 2.4.2), indem man diese Ungefähr-Gleichung mit $y = x^a$ multipliziert:

$$y \cdot r(y) \approx x^a \cdot a \cdot r(x) \quad \Rightarrow \quad \Delta y \approx x^a \cdot a \cdot \frac{\Delta x}{x} = a \cdot x^{a-1} \cdot \Delta x$$

- $y = f(x) = \sin(x)$, x im Bogenmaß: Wegen $f'(x) = \cos(x)$ gilt $|f'(x)| \leq 1$ für alle x, also

$$\Delta y = \cos(x) \cdot \Delta x \quad \Rightarrow \quad |\Delta y| \leq |\Delta x| ;$$

d. h., der absolute Fehler wird dem Betrag nach nicht größer, hier tritt der Glücksfall ein, dass eine Ableitung global beschränkt ist (analog für die Kosinusfunktion).

- Für die Exponentialfunktion $y = f(x) = e^x$ ist *qualitativ* bereits von ihrer Gestalt her klar, dass sie für $x > 0$ steil ist, also den Absolutfehler verstärkt, und zwar umso mehr, je größer x ist; für $x < 0$ ist es umgekehrt. (Dass die Grenze zwischen dem flachen und dem steilen Verlauf genau bei $x = 0$ liegt, folgt allerdings aus der Differentialrechnung: Die Tangente an den Graphen im Punkt $(0|1)$ hat die Steigung 1; vgl. Abb. 2.12.)
Quantitativ ist $y' = y = e^x$ und daher:

$$\Delta y \approx e^x \cdot \Delta x$$

Abb. 2.12 (©) *e*-Funktion mit Tangente bei $x = 0$

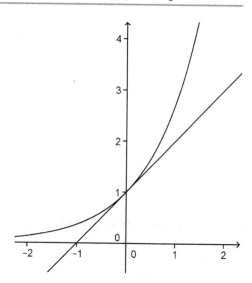

Eine interessante Beziehung ergibt sich, wenn man diese Ungefähr-Gleichung durch $y = e^x$ dividiert:

$$\frac{\Delta y}{y} \approx \Delta x \quad \Rightarrow \quad r(y) \approx \Delta x$$

In Worten: Der Absolutfehler von x ist ungefähr gleich dem Relativfehler von y. Das ist auch ohne Fehlerbetrachtungen mit Hilfe der Potenzrechenregeln leicht einzusehen, wenn man nur weiß, dass $e^{\Delta x} \approx 1 + \Delta x$ für $|\Delta x| \ll 1$ ist (vgl. Abb. 2.12):

$$e^{x + \Delta x} = e^x \cdot e^{\Delta x} \approx e^x \cdot (1 + \Delta x)$$

Dahinter steckt also die grundlegende Eigenschaft der Exponentialfunktion: Wenn man x um einen gewissen Summanden erhöht (z. B. um $\Delta x = 0{,}1$), dann erhöht sich y immer um denselben Faktor (hier $e^{0,1} = 1{,}10517 \ldots \approx 1{,}1$).

Wenn man weiterhin die rechte Seite von $r(y) \approx \Delta x$ mit x erweitert, dann folgt:

$$r(y) \approx \frac{x \cdot \Delta x}{x} = x \cdot r(x)$$

D. h.: Der Relativfehler wird mit dem Faktor x verändert. In dieser Beziehung ist also die *e*-Funktion für große $|x|$ immer gefährlich, da der Relativfehler betraglich stark zunimmt, und zwar auch für $x < 0$: Hier darf man sich von den kleinen Funktionswerten und somit auch kleinen Absolutfehlern nicht täuschen lassen. Beispiel:

$$
\begin{aligned}
x &= -5 \quad \text{und} \quad \Delta x = 0{,}1 && \Rightarrow && \text{relativer Fehler } r(x) = 2\,\% \\
e^{-5} &\approx 0{,}0067 \quad \text{und} \quad e^{-4,9} \approx 0{,}0074 && \Rightarrow && \text{relativer Fehler } r(y) \approx 10\,\%
\end{aligned}
$$

- Für den natürlichen Logarithmus $y = f(x) = \ln(x)$ ist $y' = \frac{1}{x}$ und daher:

$$\Delta y \approx \frac{\Delta x}{x} = r_x$$

In Worten: Der Absolutfehler von $\ln(x)$ ist ungefähr gleich dem Relativfehler von x. Hier tauschen also gegenüber der Exponentialfunktion die Fehlertypen (absolut – relativ) ihre Rollen, was eigentlich nicht verwunderlich ist, denn ln ist die Umkehrfunktion von e^x. Analog lässt sich diese Beziehung auch mit den elementaren logarithmischen Rechenregeln und der Näherung $\ln(1 + \Delta x) \approx \Delta x$ für $|\Delta x| \ll 1$ erklären:

$$\ln(x + \Delta x) = \ln(x \cdot (1 + r_x)) = \ln(x) + \ln(1 + r_x) \approx \ln(x) + r_x$$

Fortpflanzung der *relativen* Fehler(-schranken)

Für diese Untersuchung setzen wir $x, y \neq 0$ voraus, weil sonst die zugehörigen Relativfehler nicht definiert sind.

Dividiert man $\Delta y \approx f'(x) \cdot \Delta x = y' \cdot \Delta x$ durch y, dann folgt:

$$\frac{\Delta y}{y} \approx \frac{y'}{y} \cdot \frac{\Delta x}{x} \cdot x \quad \Rightarrow \quad r(y) \approx \frac{x \cdot y'}{y} \cdot r(x) \quad \text{und} \quad \rho(y) \approx \left| \frac{x \cdot y'}{y} \right| \cdot \rho(x)$$

Einige Spezialfälle:

- Ist $y = a \cdot x$ eine Proportionalität, so bleibt der *relative* Fehler unverändert, der Faktor $\frac{x \cdot y'}{y}$ zwischen den Relativfehlern von y und x hat den Wert 1 (dies ist auch ohne diese Formel klar, warum?)
- Potenzfunktionen: $y = f(x) = x^a$ mit $a \in \mathbb{Q} \quad \Rightarrow \quad y' = a \cdot x^{a-1}$

$$r(y) \approx \frac{x \cdot a \cdot x^{a-1}}{x^a} \cdot r(x) \quad \Rightarrow \quad r(y) \approx a \cdot r(x) \quad \text{und} \quad \rho(y) \approx |a| \cdot \rho(x)$$

(Vgl. Abschn. 2.4.2, dort haben wir diese Regel ohne Differentialrechnung hergeleitet.)
- $y = \sin(x)$, x im Bogenmaß, $-\frac{\pi}{2} < x < \frac{\pi}{2}$:

$$r(y) = \frac{x \cdot \cos(x)}{\sin(x)} \cdot r(x) = \frac{x}{\tan(x)} \cdot r(x)$$

Da $\frac{x}{\tan(x)} \leq 1$ im betrachteten Bereich gilt, wird auch der relative Fehler abgeschwächt, am deutlichsten für $|x| \approx \frac{\pi}{2}$, weil $|\tan(x)|$ dann sehr groß wird.

Funktionen in mehreren Variablen

Die Analyse der Fehlerfortpflanzung für den *absoluten* Fehler lässt sich auf Funktionen von *mehreren Variablen* (entsprechende Differenzierbarkeit vorausgesetzt) verallgemeinern.

Wir beschreiben das Vorgehen für eine Funktion in zwei Variablen: $z = f(x, y)$

Wir werden die Theorie der Differenzierbarkeit von Funktionen mehrerer Variablen nicht ausführlich diskutieren, nur so viel sei gesagt: Man erhält die *partielle Ableitung* einer solchen Funktion nach einer Variablen, indem man die andere festhält, also wie eine Konstante behandelt. Bezeichnung der partiellen Ableitung nach x (analog für y): $\frac{\partial z}{\partial x}$

Beispiel: Für $z = f(x, y) = x^2 \cdot \sin(y)$ ist die partielle Ableitung nach x durch $\frac{\partial z}{\partial x} = 2x \sin(y)$ und jene nach y durch $\frac{\partial z}{\partial y} = x^2 \cos(y)$ gegeben.

Für den absoluten Fehler Δz gilt nun Folgendes:

$$\Delta z \approx \frac{\partial z}{\partial x} \cdot \Delta x + \frac{\partial z}{\partial y} \cdot \Delta y$$

Der 1. Summand auf der rechten Seite bezeichnet den Beitrag des x-Fehlers, der 2. den des y-Fehlers zum Gesamtfehler im Funktionswert.

Geometrische Interpretation: Der Graph von z ist eine Fläche im dreidimensionalen Raum, nämlich die Punktmenge $(x\,|\,y\,|\,z) = (x\,|\,y\,|\,f(x, y))$; die rechte Seite der obigen Ungefähr-Gleichung entspricht dem Zuwachs entlang der Tangentialebene, und dieser ist für kleine Abweichungen $|\Delta x|$ und $|\Delta y|$ eben annähernd gleich dem eigentlich gesuchten Zuwachs Δz. In der Abb. 2.13 ist die Tangentialebene im Punkt P des Graphen der Funktion $z = f(x, y)$ grau gezeichnet, der zugehörige Graph der Funktion wurde für eine bessere Übersichtlichkeit gar nicht eingezeichnet.

Für die absolute Fehlerschranke ergibt sich daraus mit der Dreiecksungleichung:

$$\varepsilon(z) \approx \left| \frac{\partial z}{\partial x} \right| \cdot \varepsilon(x) + \left| \frac{\partial z}{\partial y} \right| \cdot \varepsilon(y)$$

Sind $x = \tilde{x} \pm \varepsilon(x)$ und $y = \tilde{y} \pm \varepsilon(y)$ gegeben, dann nimmt man zur Berechnung von $\varepsilon(z)$ immer die Näherungswerte $\tilde{x}$ bzw. $\tilde{y}$ als Argumente der partiellen Ableitungen.

Analog gilt für Funktionen in mehr als zwei Variablen $z = f(x_1, \ldots, x_n)$:

$$\Delta z \approx \frac{\partial z}{\partial x_1} \cdot \Delta x_1 + \ldots + \frac{\partial z}{\partial x_n} \cdot \Delta x_n \quad \text{und} \quad \varepsilon(z) \approx \left| \frac{\partial z}{\partial x_1} \right| \cdot \varepsilon(x_1) + \ldots + \left| \frac{\partial z}{\partial x_n} \right| \cdot \varepsilon(x_n)$$

1. Beispiel Eine Metallkugel mit dem Durchmesser $d = 6{,}0 \pm 0{,}05$ cm wird gewogen. Die Masse beträgt $M = 1000 \pm 0{,}5$ g. Die Dichte D des Metalls soll bestimmt werden.

Mit dem Kugelvolumen $V = \frac{4\pi}{3} r^3$ hat man also

$$D = D(M, r) = \frac{M}{V} = \frac{3}{4\pi} \cdot \frac{M}{r^3}$$

als Funktion von M und r, wobei der gemessene Wert $r = d/2 = 3{,}0 \pm 0{,}025$ cm ist. Der Näherungswert für die Dichte beträgt $\tilde{D} = \frac{3}{4\pi} \cdot \frac{1000}{3{,}0^3} = 8{,}842$ g/cm^3. (Es könnte sich also um Kupfer handeln, mit der Dichte 8,93 g/cm^3.) Die partiellen Ableitungen von D

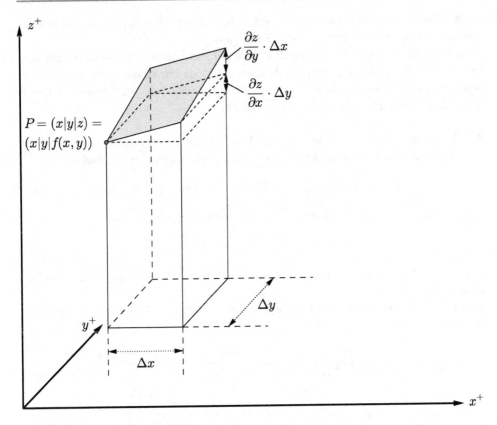

Abb. 2.13 (©) Fehler bei $z = f(x, y)$

nach M und r sind:

$$\frac{\partial D}{\partial M} = \frac{3}{4\pi} \cdot \frac{1}{r^3} \quad \text{und} \quad \frac{\partial D}{\partial r} = \frac{-9}{4\pi} \cdot \frac{M}{r^4}$$

Daraus ergibt sich für die Fehlerschranke:

$$|\Delta D| \leq \frac{3}{4\pi} \cdot \frac{1}{r^3} \cdot \varepsilon(M) \quad + \quad \frac{9}{4\pi} \cdot \frac{M}{r^4} \cdot \varepsilon(r)$$

$$= 0{,}0088 \cdot 0{,}5 \quad + \quad 8{,}842 \cdot 0{,}025$$

$$= 0{,}0044 \quad + \quad 0{,}221 \quad = 0{,}225 \approx 0{,}23$$

Somit kann man die Dichte angeben als $D = 8{,}84 \pm 0{,}23$ g/cm^3. (Die Dichte von Kupfer liegt innerhalb dieses Intervalls.)

Auffällig ist, dass die beiden Summanden sehr unterschiedlich groß sind: Der Anteil der Fehlerschranke, der von der Masse stammt, ist wesentlich kleiner als der Anteil von

der Radiusmessung; der Erste fällt praktisch nicht ins Gewicht. Will man also die Fehlerschranke verbessern, so sollte man beim Radius ansetzen.

Man könnte in diesem Fall die Analyse auch mit Hilfe des relativen Fehlers betreiben
(analog zum Beispiel des Quaders in Abschn. 2.4.2), da nur Punktrechnung verwendet
wird; das hier vorgestellte Verfahren ist jedoch allgemeiner, weil auch gemischte Terme
und andere Funktionen behandelt werden können.

Als 2. Beispiel greifen wir deshalb das Problem der Dreiecksberechnung aus Abschn. 2.4.1 auf, das wir dort mit Intervallrechnung gelöst haben. Aus den Messwerten

$$a = 21{,}4\,\text{m} \pm 0{,}05\,\text{m}; \quad b = 33{,}6\,\text{m} \pm 0{,}05\,\text{m}; \quad \gamma = 53° \pm 0{,}5°$$

soll mit dem Kosinussatz die dritte Seitenlänge c berechnet werden:

$$c = \sqrt{a^2 + b^2 - 2\,a\,b\,\cos(\gamma)}$$

Einsetzen der Näherungswerte $\tilde{a}$, $\tilde{b}$, $\tilde{\gamma}$ ergibt $\tilde{c} = 26{,}86\,\text{m}$. Wie groß ist nun die absolute
Fehlerschranke?

Die partiellen Ableitungen nach den drei Variablen lauten wie folgt (Zwischenrechnungen ausgelassen):

$$\frac{\partial c}{\partial a} = \frac{a - b\cos(\gamma)}{\sqrt{a^2 + b^2 - 2\,a\,b\,\cos(\gamma)}} = \frac{a - b\cos(\gamma)}{c}; \quad \frac{\partial c}{\partial b} = \frac{b - a\cos(\gamma)}{c}$$

$$\frac{\partial c}{\partial \gamma} = \frac{\pi}{180°} \cdot \frac{a\,b\sin(\gamma)}{\sqrt{a^2 + b^2 - 2\,a\,b\,\cos(\gamma)}} = \frac{\pi}{180°} \cdot \frac{a\,b\sin(\gamma)}{c}$$

Bemerkungen:

- Zur Ableitung nach γ: Die Regel $\cos' = -\sin$ gilt für Argumente im *Bogenmaß*; wir
  haben γ jedoch in Grad gemessen, daher müssen wir den Umrechnungsfaktor $\frac{\pi}{180°}$
  berücksichtigen.
- Es ist vielleicht unüblich, dass der Funktionswert c in den Termen für die Ableitungen
  vorkommt, aber in diesem speziellen Fall hat es sich so ergeben, und das erleichtert die
  folgenden Berechnungen.

Aus der obigen Formel erhalten wir:

$$\varepsilon(c) \approx \left| \frac{a - b\cos(\gamma)}{c} \right| \cdot \varepsilon(a) + \left| \frac{b - a\cos(\gamma)}{c} \right| \cdot \varepsilon(b) + \frac{\pi}{180°} \cdot \left| \frac{a\,b\sin(\gamma)}{c} \right| \cdot \varepsilon(\gamma)$$

Durch Einsetzen der Näherungswerte und Fehlerschranken bekommt man folgende Zahlen (alle Werte der partiellen Ableitungen wurden *auf*gerundet):

$$\varepsilon(c) \approx 0{,}044 \cdot 0{,}05 + 0{,}78 \cdot 0{,}05 + 0{,}38 \cdot 0{,}5$$

$$= 0{,}0022 + 0{,}039 + 0{,}19 = 0{,}2312 \text{ gerundet } 0{,}24$$

Abb. 2.14 Dreieck mit Höhe

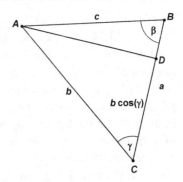

Die Ergebnisse der drei *partiellen Intervallrechnungen* (vgl. Abschn. 2.4.1) werden dadurch eindrucksvoll bestätigt: Alle Teil-Fehlerschranken stimmen perfekt überein.

Gleichwohl ist diese neue Methode nicht nur eine „Fortsetzung der Intervallrechnung mit höheren Mitteln", sondern sie ermöglicht weitere Einsichten in die Ursachen der Fehlerfortpflanzung; im günstigsten Fall kann man daraus Verbesserungen der Messmethoden ableiten.

Wir haben ja bereits beobachtet, dass sich die Fehler von a und b sehr unterschiedlich auswirken, obwohl die beiden Seiten gleichartig (*symmetrisch*) im Funktionsterm erscheinen. Deshalb schauen wir uns jetzt den Term für den a-Fehler genauer an:

$$\frac{\partial c}{\partial a} = \frac{a - b \cos(\gamma)}{c}$$

Es ist $b \cos(\gamma)$ die Länge der Projektion der Strecke AC auf die Gerade BC, d. h., wenn man von A das Lot auf BC fällt (der Fußpunkt sei D; vgl. Abb. 2.14), dann ist $|CD| = b \cos(\gamma)$.

Daraus folgt $a - b \cos(\gamma) = |BD|$, und nach Definition von cos im rechtwinkligen $\triangle ADB$ gilt:

$$\frac{\partial c}{\partial a} = \frac{a - b \cos(\gamma)}{c} = \frac{|BD|}{c} = \cos(\beta)$$

Somit ist der von a stammende Fehler ungefähr proportional zu $\cos(\beta)$. Entsprechend ist der b-Fehler ungefähr proportional zu $\cos(\alpha)$.

Auch die partielle Ableitung $\frac{\partial c}{\partial \gamma} = \frac{a\,b\sin(\gamma)}{c}$ kann man geometrisch interpretieren: Es ist $b \sin(\gamma) = |AD|$ und daher, wenn F den Flächeninhalt des Dreiecks bezeichnet:

$$a\,b\sin(\gamma) = 2F$$

Dividiert man durch c, dann ergibt sich die Länge der Höhe h_c, denn es ist auch $2F = c \cdot h_c$. Mithin ist der γ-Fehler ungefähr proportional zur Entfernung des Punktes C von der zu messenden Strecke AB.

Wenn man sich nun den Ausgangspunkt C der Messung aussuchen kann (was in realen Situationen sicherlich innerhalb gewisser Bereiche immer möglich ist), dann kann man fragen: Welcher Punkt C ist der günstigste, d. h., für welche Lage bekommt man bei gegebener Messgenauigkeit die kleinste Fehlerschranke im Ergebnis?

Man kann den von den Seitenmessungen stammenden Fehler klein machen, indem man beide Winkel α und β möglichst groß (nahe 90°) macht, damit $\cos(\alpha)$ und $\cos(\beta)$ klein werden; aber dann entfernt man sich weit von der Strecke und macht dadurch den γ-Fehler größer. Wenn γ nur ungenau gemessen wird (wie im vorliegenden Beispiel: Der Fehler von der Winkelmessung lieferte den größten Beitrag zum Gesamtfehler!), dann sollte man eher umgekehrt vorgehen. Der Fehler, der von einer Seite herstammt, ist minimal, wenn der Winkel zwischen AB und dieser Seite nahe bei 90° liegt; es ist aber nicht klar, was besser ist: Sollte man einen der Winkel nahe 90° wählen (und damit den anderen Seitenfehler vergrößern) oder besser beide Winkel etwa gleich groß machen, sodass sich die Fehler verteilen? Wie auch immer – solche Probleme sind jetzt quantitativ lösbar.

2.4.4 Aufgaben zu 2.4

1. Intervallrechnung
   a) Jemand befindet sich in einer waagerechten Entfernung $s = 54 \pm 0,5$ m vom Fußpunkt eines Turmes und misst mit einem Theodolit den Höhenwinkel zur Turmspitze mit $\alpha = 55° \pm 0,5°$. Was kann über die Höhe des Turmes damit ausgesagt werden? (Die Augenhöhe kann unberücksichtigt bleiben.)
   b) Von einem Dreieck kennt man mit Fehlern behaftete Messwerte zweier Seitenlängen und des eingeschlossenen Winkels: $b = 7,4$ m ± 5 cm; $c = 12,7$ m ± 10 cm; $\alpha = 62° \pm 1°$. Berechnen Sie ein Intervall für den Flächeninhalt dieses Dreiecks!
2. Ein Stück Aluminiumrohr wurde wie folgt ausgemessen:

Außendurchmesser	$d_a = 22,0 \pm 0,1$ mm	(Messgerät: Schieblehre)
Innendurchmesser	$d_i = 20,3 \pm 0,1$ mm	(Messgerät: Schieblehre)
Länge	$L = 305 \pm 0,5$ mm	(Messgerät: Zollstock)
Masse	$M = 50 \pm 0,5$ g	(Messgerät: Briefwaage)

   a) Bestimmen Sie daraus mit Intervallrechnung die Dichte von Aluminium.
   b) Berechnen Sie die relativen Fehlerschranken für die gemessenen Werte und für das Ergebnis.
3. Eine Buchenholzkugel mit einem Durchmesser von $44 \pm 0,5$ mm hat eine zentrale Bohrung von $8,0 \pm 0,2$ mm Durchmesser und $22 \pm 0,5$ mm Tiefe. Sie wiegt $34,0 \pm 0,5$ g.
   Wie groß ist die Dichte von Buchenholz? (Intervallrechnung!)
4. Beim Besuch eines Aussichtsturmes wurde die Falldauer eines kleinen Steines zu $t = 2,6$ s gestoppt. Die Messgenauigkeit für die Zeit wird mit höchstens $\pm 0,1$ s angesetzt, sodass also die Fallzeit $t = 2,6 \pm 0,1$ s beträgt. Aus der Falldauer t und der Erdbeschleunigung $g = 9,81$ ms^{-2} kann man die Höhe H des Turms bestimmen: $H = \frac{1}{2}gt^2$

Abb. 2.15 Rechtwinkliges
Grundstück

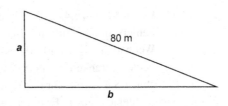

Wie genau ist diese Höhe bestimmbar? Berechnen Sie ein Intervall für H. Berücksichtigen Sie dabei auch, dass der Wert 9,81 für g gerundet ist, also mit einem Fehler von $\pm 0,005$ behaftet ist.

a) Wie genau müsste man die Zeit messen (also $t = 2,6 \pm ?$), um die Höhe auf $\pm 0,5$ m genau zu bestimmen (d. h. $H = H_{\text{Intervallmitte}} \pm 0,5$ m)?

b) Annahme (Realität): In der gestoppten Zeit t ist auch noch die Laufzeit des Schallsignals von der Erde bis zur Turmspitze enthalten (wenn man am Turm steht und die Zeit vom *Loslassen* bis zum *Hören* des Aufpralls stoppt). Wenn man dieses t als reine Falldauer ansieht, begeht man also einen *systematischen* Fehler; ist dieser erheblich? Beurteilen Sie dies, indem Sie diesen Fehler in der Intervallrechnung für H *näherungsweise* ganz einfach korrigieren (vgl. a); Schallgeschwindigkeit: ca. 333 m/s).

c) Wie könnte der systematische Fehler in c) exakt korrigiert werden? Stellen Sie eine Gleichung auf und lösen Sie diese (mit den Näherungswerten 2,6 bzw. 9,81; ohne numerische Überlegungen).

5. Ein Radrennfahrer fährt die 1. Etappe von $s_1 = 123$ km Länge in der Zeit $t_1 = 2$ h 30 min; die 2. Etappe von $s_2 = 225$ km Länge in der Zeit $t_2 = 4$ h 10 min. Die absoluten Fehlerschranken seien $\varepsilon(s) = 0,5$ km für s_1 und s_2 sowie $\varepsilon(t) = 1$ min für t_1 und t_2. Berechnen Sie absolute Fehlerschranken für

   (i) die (mittleren) Geschwindigkeiten v_1 bzw. v_2 auf den beiden Etappen;

   (ii) die mittlere Geschwindigkeit v auf der Gesamtstrecke!

6. Die Koeffizienten p, q der Gleichung $x^2 - 10x + 3 = 0$ seien mit einem absoluten Fehler von maximal $\pm 0,2$ bzw. $\pm 0,1$ behaftet, d. h. $p = -10,0 \pm 0,2$ und $q = 3,0 \pm 0,1$. Bestimmen Sie die Lösungen $x_1 = -\frac{p}{2} + \sqrt{\frac{p^2}{4} - q}$ und $x_2 = -\frac{p}{2} - \sqrt{\frac{p^2}{4} - q}$ sowie absolute Fehlerschranken mit Intervallrechnung!

7. Von einem Grundstück in Form eines rechtwinkligen Dreiecks (vgl. Abb. 2.15) soll die Fläche bestimmt werden. Bekannt ist: Die Hypotenusenlänge c beträgt genau 80 m. Es soll nun eine der beiden Seitenlängen gemessen, die andere berechnet und daraus der Flächeninhalt bestimmt werden.

   a) Wir gehen davon aus, dass beide Kathetenlängen mit der gleichen Genauigkeit (absoluten Fehlerschranke) gemessen werden können. Was meinen Sie: Misst man besser die kurze Kathete a oder die lange Kathete b? Formulieren Sie eine *begründete Vermutung*.

    b) (i) Es wird $a = 16{,}40 \pm 0{,}05$ m gemessen. Berechnen Sie b sowie eine absolute
         Fehlerschranke für b mit Intervallrechnung.
      (ii) Wenn man $b = 78{,}30 \pm 0{,}05$ m misst, welcher Wert für a und welche absolute
         Fehlerschranke für a ergibt sich daraus? (Intervallrechnung wie oben)
    c) Berechnen Sie jeweils für die Messwerte und für die berechneten Werte die *relativen* Fehlerschranken. Ermitteln Sie daraus in beiden Fällen eine relative Fehlerschranke für die Fläche des Dreiecks. Welche Messung ist also zu bevorzugen?

8. Analysieren Sie die Aufg. 1, 4a, b und 5 (Intervallrechnung) mit Hilfe des relativen Fehlers!

9. a) Überprüfen Sie die Näherung $\frac{1}{1+x} \approx 1 - x$ für einige Werte von x nahe bei 0 (auch negative). Berechnen Sie jeweils den absoluten Fehler.
    b) Zeigen Sie: Für $|x| < \frac{1}{2}$ ist in der obigen Näherung der Betrag des absoluten Fehlers kleiner als $2x^2$.

10. Bei einem Fallversuch zur Bestimmung der Erdbeschleunigung g wird die Fallzeit eines Körpers gemessen zu $t = 0{,}42 \pm 0{,}01$ Sekunden; die Fallstrecke s beträgt $0{,}85 \pm 0{,}005$ m. Es gilt das Fallgesetz $s = \frac{1}{2} g\, t^2$. Bestimmen Sie daraus g sowie eine absolute Fehlerschranke für g mit Hilfe des *relativen* Fehlers. Diskutieren Sie den unterschiedlichen Einfluss der beiden Messfehler auf den Gesamtfehler.

11. Berechnen Sie absolute und relative Fehlerschranken für z und eine Darstellung $z = \tilde{z} \pm \varepsilon(z)$ mit Hilfe der *Fehlerfortpflanzungsregeln bei den Grundrechenarten* bei folgenden Eingangswerten: $x = 7{,}3 \pm 0{,}2$; $y = 4{,}1 \pm 0{,}2$; $v = 0{,}24 \pm 0{,}02$
    a) $z = 2x - 3y - 5v$
    b) $z = \frac{\sqrt{x} \cdot y^3}{2v}$

12. In einem Gleichstromkreis mit einer Sollspannung von $U = 110$ Volt (V) fließt Strom, dessen Stromstärke mit $I = 2$ Ampere (A) gemessen wurde. Genauigkeit des Messgerätes: $\pm 0{,}05$ A.
    a) Wie groß *kann* (die relative und absolute) Abweichung der Spannung U sein $(U = R \cdot I)$, *wenn* der Widerstand R um höchstens 5 % schwankt?
    b) Wie groß *darf* die relative Abweichung des Widerstandes R sein, *damit* die Spannung U um höchstens 5 V schwankt?

13. Um welchen *Faktor* verändern sich die absoluten bzw. relativen Fehlerschranken bei der Berechnung der Funktionswerte aus den x-Werten bei folgenden Funktionen?
    a) $y = x \cdot \sqrt{x^2 + 5}$ bei $x = 10$
    b) $y = e^{-x^2}$ bei $x = 3$
    Bestimmen Sie jeweils mit den Formeln für die *Fehlerfortpflanzung mit Differentialrechnung*, wie $\varepsilon(y)$ von $\varepsilon(x)$ bzw. wie $\rho(y)$ von $\rho(x)$ abhängen. Was fällt Ihnen dabei auf?
    Bestätigen Sie bei a) das Ergebnis auch durch *direkte* Berechnung des Intervalls für y, d. h. mit Intervallrechnung, z. B. mit $\varepsilon(x) = 0{,}1$.

Abb. 2.16 Berechnung der
Turmhöhe

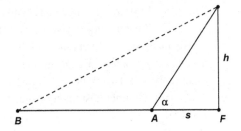

14. Anton möchte in Paris die Höhe des Eiffelturms bestimmen. Er misst dazu die Entfernung s seines Standortes A vom Fußpunkt F des Turms sowie den Winkel α, unter dem die Turmspitze erscheint, und berechnet die Höhe $h = s \cdot \tan \alpha$.

Berta macht das Gleiche vom Standort B aus, die Augenhöhe kann jeweils unberücksichtigt bleiben (siehe Abb. 2.16). Bei welcher Messung wird die absolute Fehlerschranke $\varepsilon(h)$ geringer sein (bei jeweils gleichen Messungenauigkeiten in α und $s : \varepsilon(\alpha) = 0{,}5°$ und $\varepsilon(s) = 2\,\text{m}$)?

Betrachten Sie die Beispiele

a) $\alpha = 55°$; $s = 210\,\text{m}$ für den Standort A;

b) $\alpha = 32°$; $s = 480\,\text{m}$ für den Standort B.

Untersuchen Sie dies mit der allgemeinen Formel für den absoluten Fehler mit Differentialrechnung! Diskutieren Sie die Beiträge der einzelnen Messfehler zur Gesamtfehlerschranke $\varepsilon(h)$. (Ableitungsservice: $\tan' = \frac{1}{\cos^2}$ für Argumente im *Bogenmaß*.)

c) Angenommen, *nur* die Messung des Winkels α ist messgerätbedingt einer festen (bekannten) Fehlerschranke $\varepsilon(\alpha)$ unterworfen (der Fehler bei der Längenmessung soll *nicht* beachtet werden). Durch Verschieben des Messgerätes (Theodolit, näher oder weiter vom Turm entfernt) kann natürlich der Höhenwinkel α *gesteuert* werden. Wie soll α (und damit die Entfernung vom Turm) gewählt werden, um die Auswirkungen von $\varepsilon(\alpha)$ auf $\varepsilon(h)$ möglichst klein zu halten? M. a. W.: Wie weit vom Turm entfernt soll man sich mit dem Messgerät platzieren (um α und s zu messen), sodass das Resultat ($=$ Höhe) mit einer möglichst kleinen Fehlerschranke behaftet ist?

15. Lösen Sie Aufg. 6 (Intervallrechnung) mit Hilfe der allgemeinen Formel für Fehlerfortpflanzung (Differentialrechnung für Funktionen in mehreren Variablen). Fassen Sie dazu die Lösungen x_1 und x_2 der quadratischen Gleichung als Funktionen der Parameter (*Variablen*) p und q auf und bestimmen Sie absolute Fehlerschranken $\varepsilon(x_1)$ bzw. $\varepsilon(x_2)$ für x_1 bzw. x_2. Vergleichen Sie mit dem Resultat aus Aufg. 6. Welcher Anteil (in %) an $\varepsilon(x_1)$ bzw. $\varepsilon(x_2)$ stammt jeweils von $\varepsilon(p)$ bzw. $\varepsilon(q)$?

16. Ein Scheinwerfer steht $0{,}75\,\text{km}$ von der geradlinigen Küste entfernt. Der Küstenpunkt P liegt $a = 1{,}5\,\text{km}$ vom Lotfußpunkt des Scheinwerfers auf die Küste entfernt. Der

Scheinwerfer dreht sich um zehn (Winkel-)Minuten und überstreicht dabei eine Küstenstrecke, die den Punkt P enthält. Wie lang ist diese Strecke mindestens/höchstens?

a) Rechnen Sie mit Intervallrechnung!

b) Die Frage nach der Länge dieser Strecke kann man auch als Fehlerfortpflanzungsaufgabe mit Differentialrechnung für die Entfernung a bei gegebenem Winkel α ($=?$) mit einer absoluten Fehlerschranke $\varepsilon(\alpha) = 10'$ betrachten. Berechnen Sie $\varepsilon(a)$!

Praktisches Rechnen – mit und ohne Werkzeug

3

3.1 Potenzen

3.1.1 Näherungen für Potenzen mit großen Exponenten

Wie viele Dezimalstellen hat 7^{777}?

Mit einem CAS ist das schnell erledigt, denn es kann die Zahl bis zur letzten Stelle exakt ausrechnen, und an der Gleitkommadarstellung liest man die gesuchte Anzahl direkt ab. Aber darauf kommt es nicht an – das Ergebnis ist nicht wirklich interessant, sondern der Weg ist das Ziel. Je nach Verfügbarkeit der technischen und mathematischen Hilfsmittel wird die Aufgabe zum echten Problem, und zwar mit vielfältigen Lösungsmöglichkeiten, die einen geschickten Umgang mit der Potenzrechnung und der Gleitkommadarstellung erfordern. (Eine Aufgabe ähnlichen Typs, nämlich die Stellenzahl von 1000! zu bestimmen, haben wir bereits in Abschn. 1.4.2 diskutiert.)

Bevor Sie weiterlesen: Versuchen Sie bitte, ohne jegliches Werkzeug die Anzahl der Dezimalstellen zu schätzen!

Eine bescheidene, aber dennoch nicht unwichtige Beobachtung: Da die Basis kleiner als 10 ist und da 10^{777} die kleinste Zahl mit 778 Stellen ist, beträgt die gesuchte Anzahl mit Sicherheit weniger als 778, wahrscheinlich sogar viel weniger.

Ein möglicher Weg zu einer genaueren Schätzung ist in der Tab. 3.1 skizziert (bitte verifizieren Sie die einzelnen Schritte), er führt sogar zu einem recht guten Ergebnis, wie sich später zeigt.

Außer den o. g. Fertigkeiten ist hier wieder das Überschlagsrechnen gefragt (vgl. Abschn. 1.2).

Ein anderer Weg eröffnet sich, wenn man geschickt die Tatsache ausnutzt, dass $7^2 \approx 50$ eine „einfache" Zahl im Zehnersystem ist, nämlich die Hälfte einer Stufenzahl; außerdem

© Springer-Verlag Berlin Heidelberg 2015
B. Schuppar, H. Humenberger, *Elementare Numerik für die Sekundarstufe,*
Mathematik Primarstufe und Sekundarstufe I + II, DOI 10.1007/978-3-662-43479-6_3

Tab. 3.1 Schätzung von 7^{777}

n	$7^n \approx \ldots$
2	50
3	$350 = 3{,}5 \cdot 10^2$
4	$2500 = 2{,}5 \cdot 10^3$
8	$6 \cdot 10^6$
11	$2 \cdot 10^9$
77	$2^7 \cdot 10^{63} \approx 1{,}3 \cdot 10^{65}$
770	$1{,}3^{10} \cdot 10^{650} \approx 10^{651}$
7	$(6 \cdot 10^6) : 7 \approx 10^6$
777	10^{657}

ist $2^{10} \approx 10^3$, und daraus ergibt sich:

$$7^2 \approx \frac{10^2}{2} \quad \Rightarrow \quad 7^{100} \approx \frac{10^{100}}{2^{50}} \approx \frac{10^{100}}{10^{15}} = 10^{85} \quad \Rightarrow \quad 7^{700} \approx 10^{595}$$

Weiter ist 7^{70} die 10. Wurzel aus 7^{700}, dabei wird der Exponent durch 10 geteilt, also $7^{70} \approx 10^{59}$, ebenso $7^7 \approx 10^6$, zusammen $7^{777} \approx 10^{660}$. Das ist nicht ganz so gut wie die erste Schätzung, aber etwas kürzer. Man weiß ja auch, dass $7^2 < 50$ und $2^{10} > 10^3$ ist, also wird der Wert bei jeder Näherung *vergrößert*, d. h., die genaue Stellenzahl ist auf jeden Fall *kleiner* als 661.

Man sieht: Es kommt darauf an, kleine Potenzen der Basis zu finden, die nahe bei einer Stufenzahl im 10er-System liegen oder sonstwie „einfach" gebaut sind. Solche gibt es eigentlich bei jeder Basis, man muss sie nur finden, notfalls durch Ausprobieren.

Wenn man jetzt den TR zu Hilfe nimmt, dann ändern sich die möglichen Strategien. Wir gehen momentan davon aus, dass Logarithmen noch nicht bekannt sind.

Direktes Ausrechnen der Potenz mit dem TR ist nicht möglich, weil sein Zahlbereich i. Allg. nur bis 10^{99} reicht. Bei Tabellenprogrammen beträgt der maximale Zehnerexponent ungefähr 300, auch das ist noch zu wenig. Aber 7^{100} kann der TR berechnen. (Interessante Nebenfrage: Welche Potenz von 7 ist die größte, die noch in den TR passt?) Auch 7^{111} geht noch, und das ist vorteilhaft, weil $7^{777} = (7^{111})^7$:

$$7^{111} \approx 6{,}4 \cdot 10^{93} \quad \Rightarrow \quad 7^{777} \approx 6{,}4^7 \cdot 10^{93 \cdot 7} \approx 40.000 \cdot 10^{651} = 4{,}4 \cdot 10^{656}$$

Damit hat man nicht nur die exakte Stellenzahl ermittelt, sondern eine Näherung mit 2 signifikanten Ziffern, wie sich später zeigt.

Man kann sogar eine Näherung mit voller TR-Genauigkeit erzielen, wenn man aus dem Ergebnis von 7^{111} die Zehnerpotenz herausdividiert und die verbleibende Mantisse mit 7 potenziert:

$$7^{111} : 10^{93} = 6{,}395616902 \xrightarrow{\text{hoch } 7} 437.700{,}5487$$

$$\Rightarrow \quad 7^{777} = 437.700{,}5487 \cdot (10^{93})^7 = 4{,}377005487 \cdot 10^{656}$$

Aber was ist zu tun, wenn der Exponent eine Primzahl ist? Dann funktioniert der Trick mit dem sukzessiven Potenzieren nicht mehr!

Wenn Logarithmen als mathematisches Werkzeug zur Verfügung stehen, wird die Berechnung der Stellenanzahl ganz einfach. Denn für eine natürliche Zahl a mit genau s Dezimalstellen (ebenso für $a \in \mathbb{R}^+$ mit genau s Vorkommastellen) gilt $10^{s-1} \leq a < 10^s$; daraus folgt wegen der Monotonie des Logarithmus (log ist hier immer mit Basis 10 gemeint):

$$\log(10^{s-1}) = s - 1 \leq \log(a) < s = \log(10^s)$$

Ist $a = b^n$, dann braucht man nur noch eine Rechenregel für Logarithmen anzuwenden:

$$\log(b^n) = n \cdot \log(b)$$

O. B. d. A. sei b^n keine Stufenzahl; dann ist $n \cdot \log(b) \notin \mathbb{Z}$, und man muss das Ergebnis *aufrunden*, um die Anzahl der Dezimalstellen zu erhalten. Für unser Beispiel ergibt sich:

$$777 \cdot \log(2) = 656{,}6411771 \quad \Rightarrow \quad 657 \text{ Stellen}$$

Außerdem kann man die Nachkommastellen von $n \cdot \log(b)$ ausnutzen, um b^n mit voller TR-Genauigkeit zu berechnen.

Allgemein gilt für eine Zahl in Gleitkommadarstellung $a = m \cdot 10^e$ mit $1 \leq m < 10$:

$$\log(a) = \log(m) + e \quad \text{mit} \quad 0 \leq \log(m) < 1$$

Wenn a keine Zehnerpotenz ist, dann ist $\log(m)$ der gebrochene Anteil von $\log(a)$. Ist $a = b^n$, dann zieht man von $n \cdot \log(b)$ den ganzzahligen Anteil ab und erhält somit $\log(m)$ und daraus $m = 10^{\log(m)}$. Im Beispiel:

$$777 \cdot \log(2) - 656 = 0{,}6411770911 \quad \Rightarrow \quad m = 10^{0{,}6411770911} = 4{,}377005487$$

Vergleicht man das Ergebnis mit dem durch ein CAS ermittelten Wert, dann scheinen alle 10 Stellen signifikant zu sein. Aber wenn man diese Kontrolle nicht hat, wie kann man sicher sein, dass das wirklich so ist? Wir werden später darauf eingehen.

Bemerkenswert ist außerdem: Das Ergebnis von $777 \cdot \log(2)$ hat nur 7 Nachkommastellen, aber wenn man den ganzzahligen Anteil abzieht, dann werden wieder volle 10 Nachkommastellen angezeigt, also 3 mehr als vorher. Auch dieses Phänomen werden wir später ausführlich diskutieren – es hat übrigens zur Folge, dass diese Methode sehr weit reicht, d. h., selbst wenn man sehr große Potenzen mit einigen Millionen Dezimalstellen hat, kann man mit einem normalen TR ein paar signifikante Ziffern ausrechnen.

Wir haben bisher das Problem der Berechnung von Potenzen an einem einzigen Beispiel aufgehängt; es sollte jedoch klar sein, dass es sehr viele Varianten zulässt, die je nach Bedarf leichter oder schwieriger gestaltet werden können. Mit etwas Fantasie kann man weitere beziehungsreiche Aufgaben daraus entwickeln. Einige Hinweise hierzu:

- Schätzwerte *ohne TR* zu bestimmen, kann auch für kleine Potenzen reizvoll sein, z. B. 2^{33} oder 3^{22}. Das hat den Vorteil, dass man die Ergebnisse mit dem TR kontrollieren kann.

- Potenzen mit Basis 2 eignen sich wegen $2^{10} \approx 10^3$ sehr gut zum Überschlagsrechnen. 5er-Potenzen sind ebenso gut geeignet, denn es ist $5^{10} \approx 10^7$. (Das hängt natürlich mit den 2er-Potenzen zusammen!) Bei anderen Basen ist es in der Regel schwieriger, eine kleine Potenz nahe einer Stufenzahl im 10er-System zu finden. Wenn man jedoch die Folge der Potenzen mit dem TR durch sukzessives Multiplizieren mit der Basis ausrechnet, erreicht man immer einen passenden Wert. Beispiel mit Basis 3: Wem die Näherung $3^2 \approx 10$ zu ungenau ist, der muss bis 3^{21} weiterrechnen, erst dann wird man fündig mit $3^{21} = 1{,}046\ldots \cdot 10^{10}$. Übrigens ergibt sich daraus eine rationale Näherung für $\log(3)$:

$$3^{21} \approx 10^{10} \quad \Rightarrow \quad 3 \approx 10^{\frac{10}{21}} \quad \Rightarrow \quad \log(3) \approx \frac{10}{21} \approx 0{,}476$$

- Eine Basis b und eine Zahl $s \in \mathbb{N}$ seien gegeben. Finde eine Potenz b^n, die genau s Stellen hat! Wie viele gibt es? Gibt es überhaupt welche?
  TR-Einsatz ist zu empfehlen, ob mit oder ohne Logarithmen. Wie immer gilt jedoch die Regel: Erst schätzen, dann rechnen!
  Variante: Finde eine Basis b, sodass b^{77} genau 99 Dezimalstellen hat! (Gibt es überhaupt eine *ganzzahlige* Basis, die dies erfüllt?) Die Zahlen in diesem Beispiel sind so gewählt, dass man es auch ohne Logarithmen experimentell mit dem TR lösen kann. Durch Variation der Parameter *Exponent* und *Stellenzahl* kann der Schwierigkeitsgrad des Problems beliebig abgesenkt oder angehoben werden.

- Regelmäßig aufgebaute Folgen von Potenzen lassen Muster bei den Anzahlen der Dezimalstellen erkennen. Ein Beispiel: Die Folgenglieder

$$7^7, \ 7^{77}, \ 7^{777}, \ 7^{7777}, \ \ldots$$

haben diese Stellenzahlen:

$$6, \ 66, \ 657, \ 6573, \ 65.730, \ \ldots$$

Übrigens ist $\frac{7}{9} \cdot \log(7) = 0{,}657298\ldots$ Ebenso kann man bei einem festen Exponenten die Basis erhöhen. Für b^{77} mit $b = 1, 2, 3 \ldots$ erhält man folgende Stellenzahlen:

$$1, \ 24, \ 37, \ 47, \ 54, \ 60, \ 66, \ 70, \ 74, \ 77, \ 81, \ 84, \ \ldots$$

Bis $b = 19$ ist das mit dem TR ohne Logarithmen machbar. (Zwischenfrage: Wie viele Stellen – ungefähr – hat die 1000. Zahl der Folge?) Eine Regel für den *exakten* Aufbau der Folge ist nicht klar zu erkennen, dennoch sind Beobachtungen möglich, z. B.: Wenn man b verdoppelt, nimmt die Stellenzahl meistens um 23 zu, manchmal um 24. Im Prinzip handelt es sich um eine vergröberte Version der Funktion $77 \cdot \log(b)$; solche Aktivitäten sind also auch als Vorerfahrungen zur Logarithmusfunktion nützlich.

3.1.2 Ein sparsamer Algorithmus zum Potenzieren

Wir wenden uns nun der Frage zu: Wie bringt man einem Gerät, das nur die Grundrechenarten beherrscht, das Potenzieren bei? Flexible Strategien sind hier nicht gefordert. Gesucht ist ein *Algorithmus*, der für beliebige Basen $b \in \mathbb{R}$ und Exponenten $n \in \mathbb{N}$ (wir beschränken uns zunächst auf diesen Fall) möglichst sparsam die Potenz b^n berechnet.

Üblicherweise wird Potenzieren mit natürlichen Zahlen als Exponenten auf sukzessives Multiplizieren mit der Basis b zurückgeführt, mit der folgenden rekursiven Definition:

$$b^n = \begin{cases} b^{n-1} \cdot b, & \text{wenn } n > 1 \\ b, & \text{wenn } n = 1 \end{cases}$$

Zur konkreten Berechnung ist das jedoch wenig geeignet, insbesondere für große Exponenten, weil dafür $n-1$ Multiplikationen notwendig sind. Besser geht es mit sukzessivem *Quadrieren*, denn das Quadrat einer Zahl x wird mit einer einzigen Multiplikation $x \cdot x$ berechnet. Ist z. B. $n = 100$ und ist b^{50} bereits bekannt, dann kann man mit $(b^{50})^2 = b^{100}$ ganze 49 Multiplikationen gegenüber der obigen Definition einsparen, ähnlich mit $(b^{25})^2 = b^{50}$. Wenn man dann b^{25} auf Quadrieren zurückführen will, hat man ein kleines Problem, weil der Exponent ungerade ist; aber $b^{25} = (b^{12})^2 \cdot b$, für diesen Schritt braucht man eine zusätzliche Multiplikation. So kann man sich wieder bis $b^1 = b$ herunterhangeln, gemäß der folgenden rekursiven Definition:

$$b^n = \begin{cases} \left(b^{\frac{n}{2}}\right)^2, & \text{wenn } n \text{ gerade} \\ \left(b^{\frac{n-1}{2}}\right)^2 \cdot b, & \text{wenn } n > 1 \text{ ungerade} \\ b, & \text{wenn } n = 1 \end{cases}$$

Auf den ersten Blick sieht sie natürlich viel komplizierter aus als die erste Version, aber für die Berechnung ist die zweite wesentlich besser geeignet.

Das folgende Programm realisiert diese Definition:

Funktion Potenz(b, n)
    Wenn $n = 1$ dann setze Potenz := b
        sonst [Wenn n mod 2 = 0 dann setze Potenz := (Potenz(b, $n/2$)^2
                    sonst setze Potenz := (Potenz(b, $(n-1)/2$)$^2 \cdot b$]
    Ende der Funktion.

Wie immer ist der *Ablauf* einer solchen Prozedur wegen der rekursiven Verschachtelung nicht direkt nachvollziehbar. Deswegen analysieren wir jetzt das Verfahren anhand Tab. 3.2 mit dem Beispiel $n = 100$.

Zunächst wird der Exponent sukzessive durch 2 mit Rest dividiert, d. h., in den Spalten 1 und 2 der Tabelle wird *von oben nach unten* gerechnet: Spalte 1 enthält jeweils den Quotienten, Spalte 2 den Rest, also die Parität des zugehörigen Exponenten (0 für gerade, 1 für

Tab. 3.2 Potenzieren mit
sukzessivem Quadrieren

Exponent	Parität	Potenz
100	0	$(b^{50})^2 = b^{100}$
50	0	$(b^{25})^2 = b^{50}$
25	1	$(b^{12})^2 \cdot b = b^{25}$
12	0	$(b^6)^2 = b^{12}$
6	0	$(b^3)^2 = b^6$
3	1	$(b^1)^2 \cdot b = b^3$
1	1	$b^1 = b$

ungerade). Wenn man beim Exponenten 1 angelangt ist, werden die Potenzen *von unten nach oben* ausgerechnet (Spalte 3), und zwar mit Fallunterscheidung gemäß der Parität in Spalte 2. Insgesamt sind nur 8 Multiplikationen notwendig, um b^{100} zu berechnen (statt 99 mit sukzessivem Multiplizieren), nämlich 6 Quadrate und 2 zusätzliche Multiplikationen mit b.

Die 2. Spalte ergibt von unten nach oben gelesen die Entwicklung von n ins Dualsystem, hier:

$$100 = 1100100_{(2)}$$

Allgemein wird also die Anzahl der Schritte durch die Stellenzahl von n im Dualsystem bestimmt, sie beträgt ungefähr $\log_2(n)$. Pro Schritt sind 1–2 Multiplikationen auszuführen.

Genauer: Hat der Exponent s Stellen im Dualsystem, dann braucht man $s - 1$ Quadrate (der letzte Schritt, der führenden 1 entsprechend, benötigt kein Quadrat) und für jede Ziffer 1 außer der ersten eine weitere Multiplikation.

Man kann den Algorithmus ohne große Mühe auch als Tabellenblatt realisieren. Technischer Tipp: Damit man bei Variation von n nicht immer die Anzahl der Zeilen anpassen muss, sollte man die Rekursion bei $n = 0$ stoppen und dann beginnend mit $b^0 = 1$ hochrechnen. So kann man die Zeilenzahl ein wenig größer wählen als unbedingt notwendig; mehrfaches Dividieren $0 : 2 = 0$ Rest 0 und anschließendes Hochrechnen $(b^0)^2 = 1^2 = 1$ stört nicht. Für das Hochrechnen der Potenzen ist eine Wenn-dann-Formel zu verwenden, deren Bedingung auf die Spalte *Parität* zugreift.

Eine kurze Exkursion zu den Exponenten $\notin \mathbb{N}$ (mehr oder weniger als Erinnerung): Für negative $n \in \mathbb{Z}$ ist b^n schlicht der Kehrwert von b^{-n}. Für rationale Exponenten $x = \frac{m}{n}$ ist b^x definiert als $b^{\frac{m}{n}} = \sqrt[n]{b^m}$, und hier treten die ersten mathematischen Probleme auf: Bisher (mit *ganzzahligen* Exponenten) haben wir beliebige Basen $b \neq 0$ zugelassen; selbst der Fall $b = 0$ ist nur für $n \in \mathbb{Z}, n < 0$ verboten. Jetzt aber darf man, wenn der Exponent ein gekürzter Bruch mit geradem Nenner (= Wurzelexponent) ist, keine negativen Basen nehmen. Mathematisch löst man das Problem meist durch „Wegdefinieren", indem man für b^x mit $x \notin \mathbb{Z}$ nur Basen $b > 0$ zulässt. Aber TR reagieren je nach Typ auf negative Basen mit rationalen Exponenten recht unterschiedlich, hier ist Platz genug für Experimente mit dem eigenen Gerät.

Für irrationale x ist b^x entweder über Grenzprozesse

$$b^x = \lim_{n\to\infty} b^{x_n} \quad \text{mit} \quad x_n \in \mathbb{Q}, x_n \to x$$

oder über die „Mutter aller Exponentialfunktionen" exp und deren Umkehrfunktion ln definierbar:

$$b^x = \exp(x \cdot \ln(b))$$

Auch hier muss man sich von den negativen Basen verabschieden, weil der Logarithmus nur für positive Argumente definiert ist. Wie man so eine beliebige Potenz tatsächlich berechnet, wäre eine weitere spannende Frage, aber wir verzichten auf die weitere Diskussion numerischer Aspekte; nur den Fall des Exponenten 0,5 (Quadratwurzeln) werden wir im Abschn. 3.2.5 ausführlich behandeln.

3.1.3 Sehr große Exponenten

Wir kommen jetzt noch einmal zu der in Abschn. 3.1.1 skizzierten Methode zurück, mit einem normalen TR ein paar signifikante Stellen einer großen Potenz zu berechnen, und zwar logarithmisch. Zur Erinnerung:

$$a = b^n \qquad \Rightarrow \qquad \log(a) = n \cdot \log(b)$$
$$a = m \cdot 10^e \qquad \Rightarrow \qquad \log(a) = \log(m) + e \qquad \Rightarrow \qquad m = 10^{\log(a)-e}$$

Bei den bisher betrachteten Größenordnungen kann man annehmen, dass alle angezeigten Stellen von m signifikant sind, aber wie ist es bei *sehr* großen Potenzen? Als Testobjekt nehmen wir die größte derzeit bekannte Primzahl (Stand März 2014):

$$2^{57.885.161} - 1$$

Aufgrund der Näherung $2^{10} \approx 10^3$ können wir die Anzahl der Dezimalstellen mit der Faustregel „Exponent durch 10 mal 3" überschlagen: Sie hat mehr als 17 Millionen Ziffern!

Ob man von der Zweierpotenz 1 abzieht oder nicht, spielt für die Größe der Zahl keine Rolle, auch nicht für die ersten signifikanten Ziffern, deswegen rechnen wir ab jetzt mit $a = 2^{57.885.161}$. Die folgenden Zahlen wurden mit dem TR Casio fx-991DE berechnet; bei anderen Typen können die Ergebnisse leicht abweichen.

Logarithmisch bekommen wir die *genaue* Anzahl von Dezimalstellen:

$$\log(a) = 57.885.161 \cdot \log(2) = 17.425.169{,}76 \quad \Rightarrow \quad 17.425.170 \text{ Stellen}$$

Wie oben schreiben wir die Potenz in Gleitkommadarstellung $a = m \cdot 10^e$ mit $1 \leq m < 10$ und logarithmieren; dann ist $\log(m)$ der gebrochene Anteil von $\log(a)$, und wenn man $e = 17.425.169$ davon abzieht, dann erhält man auf dem TR-Display:

$$\log(m) = 0{,}7648838$$

Das sind fünf Ziffern mehr, als vorhin angezeigt.

Der TR rechnet intern mit mehr Stellen, als er angibt; diese „überschüssigen" Stellen nennt man *Schutzstellen*; sie sind dafür gedacht, dass die unvermeidlichen Rundungsfehler und ihre Auswirkungen bei längeren Rechnungen gar nicht erst zutage treten, sodass man sich auf die angezeigten Ziffern in der Regel verlassen kann. Die Anzahl der Schutzstellen variiert je nach Typ des TR, in unserem Fall sind es 5.

Weiter mit der Rechnung: Hat man $\log(m)$ auf dem Display, dann tippt man einfach 10^{ANS} und erhält:

$$m = 5{,}818871947$$

Das sind wieder volle 10 Stellen, aber das heißt nicht, dass alle zehn signifikant sind! Eine numerische Faustregel besagt: Man kann nicht mehr rausholen, als man reinsteckt. $\log(m)$ ist auf 7 Stellen gerundet; wenn wir annehmen, dass alle signifikant sind, dann können wir bei m auch nicht mehr als 7 signifikante Stellen erwarten. (Tipp: Verifizieren Sie das mit Intervallrechnung!) Genaueres liefert die folgende Fehleranalyse.

Die absolute Fehlerschranke für den Rundungsfehler von $\log(m)$ beträgt $5 \cdot 10^{-8}$. Setzt man $\tilde{m}$ gleich der obigen TR-Anzeige, dann gilt:

$$\log(m) = \log(\tilde{m}) \pm 5 \cdot 10^{-8} = 0{,}5003329 \pm 5 \cdot 10^{-8} \quad \Rightarrow \quad m = \tilde{m} \cdot 10^{\pm 5 \cdot 10^{-8}}$$

Wenn x nahe bei 0 ist, dann ist 10^x nahe bei 1. Der TR sagt:

$$10^{5 \cdot 10^{-8}} = 1{,}000000115; \quad 10^{5 \cdot 10^{-8}} - 1 = 1{,}1512926 \cdot 10^{-7}$$

(Wieder mal werden beim zweiten Ergebnis 5 Stellen mehr angezeigt als beim ersten.) Damit ergibt sich:

$$m = \tilde{m} \cdot \left(1 \pm 1{,}16 \cdot 10^{-7}\right) = \tilde{m} \pm \tilde{m} \cdot 1{,}16 \cdot 10^{-7}$$

Hier wurde absichtlich *aufgerundet*, da es sich um Fehler*schranken* handelt. Mit $\tilde{m} \approx 5{,}82$ kann man grob abschätzen:

$$m = \tilde{m} \pm 7 \cdot 10^{-7}$$

Das heißt: Der Fehler in dem TR-Ergebnis $m = 5{,}818871947$ liegt höchstens in der 6. Nachkommastelle, inklusive der Vorkommastelle sind also 6 Stellen signifikant.

Anmerkungen:

- Bei kleineren Mantissen (grob gesagt $m \leq 4$) wird die Abschätzung etwas besser, bei s Stellen von $\log(m)$ sind dann möglicherweise sogar s Stellen von m signifikant, aber mehr auch nicht.

- Wir sind hier davon ausgegangen, dass es sich beim Fehler des TR-Wertes für $\log(m)$ um einen reinen Rundungsfehler handelt. d. h., dass der Logarithmus richtig berechnet wurde. Rechenungenauigkeiten in der 15. Stelle können natürlich noch hinzukommen.

- Interessant ist vielleicht noch die allgemeine Näherung für 10^x bei $x \approx 0$ (hier wird $e^y \approx 1 + y$ für $y \approx 0$ verwendet):

$$10^x = \left(e^{\ln(10)}\right)^x = e^{\ln(10) \cdot x} \approx 1 + \ln(10) \cdot x \quad \text{mit} \quad \ln(10) \approx 2{,}3.$$

- Wie ist es bei kleineren Potenzen, etwa bei unserem anfänglichen Beispiel 7^{777}? Von den 15 Stellen des TR (inklusive der Schutzstellen) für $777 \cdot \log(7)$ werden drei durch Subtraktion der Vorkommastellen vernichtet, es bleiben 12 für $\log(m)$ übrig, und mit einer analogen Überlegung ergibt sich, dass dann mindestens 11 Stellen von m signifikant sind; wir können also davon ausgehen, dass die angezeigten 10 Ziffern stimmen. Aber schon wenn die Potenz „nur" 100.000 Dezimalstellen hat, muss man vorsichtig sein!

Schlusswort Es ist doch eigentlich sehr erstaunlich, dass man bei einer Potenz mit mehr als 17 Mio. Dezimalstellen die ersten sechs Stellen mit einem normalen TR ausrechnen kann, wenn man die Logarithmen als *mathematisches* Werkzeug zu Hilfe nimmt. Zwar ist das logarithmische Rechnen mit der Erfindung der TR und Computer stark in Vergessenheit geraten, natürlich zu Recht, wenn es nur um die Multiplikation und Division von „normalen" Zahlen geht. Man sieht jedoch, dass es die Reichweite eines TR erheblich vergrößert.

Ein möglicher Einwand: Warum nimmt man für solche Rechnungen nicht gleich ein CAS? Dazu ist Folgendes zu sagen:

Erstens geht es auch (und besonders) im Mathematikunterricht darum, *angemessene* und *ständig verfügbare* Werkzeuge zu nutzen, und zwar bis zu ihrer Leistungsgrenze, die offenbar bei *geschicktem* Einsatz weit höher liegt, als man normalerweise annimmt.

Zweitens hat selbst ein CAS seine Grenzen: Manche Programme scheitern schon bei der Gleitkommadarstellung der größten bekannten Primzahl und von wesentlich kleineren 2er-Potenzen, aber logarithmisch klappt es dann wieder, auch größere Stellenzahlen der Mantisse sind ohne Weiteres berechenbar.

Noch ein Beispiel: Bei Potenzen b^n mit $b, n \in \mathbb{N}, b \geq 2$ gibt es immer wieder welche, die knapp über einer Zehnerpotenz liegen, d. h., die mit einer 1 gefolgt von vielen Nullen beginnen (die Nullenfolgen können sogar beliebig lang werden). Zur Demonstration sollten die ersten 12 Stellen von $13^{910.265.381} = 100000000144\ldots$ berechnet werden (diese Zahl hat über 1 Mrd. Dezimalstellen, wie man mit einem TR exakt ausrechnen kann). Ein handelsübliches CAS ist nicht mehr in der Lage, diese Gleitkommadarstellung auszurechnen (Fehlermeldungen *Overflow*, *Überprüfen Sie Ihre Eingabe* o. Ä.), aber mit logarithmischer Rechnung funktioniert es (vgl. [13], S. 242)!

3.1.4 Aufgaben zu 3.1

1. Es sei $b \in \mathbb{N}$. Als *einfache Potenz* von b bezeichnen wir eine Potenz b^n mit $n \in \mathbb{N}$, die nahe bei einer Stufenzahl 10^s liegt (egal, ob darüber oder darunter).

   a) Bestimmen Sie eine einfache Potenz von $b = 13$ durch Ausprobieren, mit einem TR oder einem Tabellenprogramm. Logarithmen sollen an dieser Stelle (noch) nicht verwendet werden.

   b) Benutzen Sie das Ergebnis von a), um Potenzen von 13 abzuschätzen, z. B. 13^{1000}. Varianten: Andere Basen; andere Exponenten in b).

2. Wenn einfache Potenzen von b_1 und b_2 bekannt sind, wie bekommt man daraus eine einfache Potenz von $b = b_1 \cdot b_2$? (Beispiel $b_1 = 2$ und $b_2 = 3$)

   Anmerkung: Die Potenz, die man so erhält, muss nicht unbedingt die „einfachste" sein, d. h., es kann durchaus einfache Potenzen mit kleineren Exponenten geben; vgl. das Beispiel in Aufg. 3.

3. Mit Hilfe von Logarithmen geht es leichter, denn wenn man $\log(b)$ durch einen Bruch approximiert, kann man daraus eine einfache Potenz gewinnen. Beispiel $b = 6$:

$$\log(6) = 0{,}77815\ldots \approx \frac{7}{9} \quad \Rightarrow \quad 9 \cdot \log(6) \approx 7 \quad \Rightarrow \quad 6^9 \approx 10^7$$

$$\text{Probe (TR):} \quad 6^9 = 10.077.696 \approx 10^7 \quad \text{o. k.!}$$

Um eine gute Näherung von $\log(b)$ durch einen Bruch zu finden, braucht man ein wenig Zahlgefühl; manchmal hilft der Kehrwert bzw. im Fall $b > 10$, also $\log(b) > 1$, auch der Kehrwert des gebrochenen Anteils. Beispiel $b = 13$:

$$\log(13) = 1{,}11394\ldots; \text{ mit } x = 0{,}11394\ldots \text{ ist } \frac{1}{x} = 8{,}776\ldots \approx 8\frac{7}{9} = \frac{79}{9}$$

$$\Rightarrow \quad x \approx \frac{9}{79} \quad \Rightarrow \quad \log(13) \approx 1 + \frac{9}{79} = \frac{88}{79} \quad \Rightarrow \quad 13^{79} \approx 10^{88}.$$

$$\text{Probe (TR):} \quad 13^{79} = 1{,}0035\ldots \cdot 10^{88} \quad \text{o. k.!}$$

Probieren Sie das Verfahren für selbst gewählte Basen aus!

Anmerkung: Ein Algorithmus zur Berechnung guter rationaler Näherungen für reelle Zahlen ergibt sich aus der Theorie der *Kettenbrüche*.

4. Wie gut sind solche einfachen Potenzen? Um das zu beurteilen, kann man den relativen Fehler r der Näherung $b^n \approx 10^s$ betrachten (mit der Stufenzahl als exaktem Wert). Zeigen Sie: Ist m die Mantisse der Gleitkommadarstellung von b^n (mit $1 \le m < 10$),

Tab. 3.3 Ein paar Mersenne-Primzahl-Exponenten	p	entdeckt
	521	1952
	4.253	1961
	44.497	1979
	756.839	1992
	6.972.593	1999
	37.156.667	2008

dann ist

$$r = \begin{cases} m - 1, & \text{wenn } b^n > 10^s \\ \frac{m}{10} - 1, & \text{wenn } b^n < 10^s \end{cases}$$

(Man kann also den relativen Fehler direkt an der Mantisse m ablesen!)

5. Eine *Mersenne-Primzahl* ist eine Primzahl der Form $2^p - 1$; der Exponent p ist dabei notwendigerweise selbst eine Primzahl. Bezeichnung: $M_p = 2^p - 1$
   Bis heute sind nur 48 solche Zahlen bekannt. Der Rekord der größten bekannten Primzahl wurde fast immer von einer Mersenne-Primzahl gehalten. Tab. 3.3 enthält eine kleine Auswahl der Exponenten p, und zwar liefern sie jeweils die kleinste Primzahl M_p mit 10^s Dezimalstellen, für $s = 3, \ldots, 8$. Die 2. Spalte enthält das Jahr, in dem M_p als Primzahl entlarvt wurde. (Für eine komplette Liste vgl. z. B. Wikipedia $\rightarrow$ Mersenne-Primzahl.)

   a) Wie viele Dezimalstellen hat M_p jeweils genau?
      Für welche Exponenten können Sie mit Ihrem TR volle 10 signifikante Ziffern von M_p ausrechnen?

   b) Wenn man M_p mit dem sparsamen Potenzierungsalgorithmus exakt ausrechnen will, wie viele Schritte werden jeweils dazu benötigt?
      Betrachten Sie in der Tabelle den Rechenaufwand zum Potenzieren in Abhängigkeit von der Stellenzahl des Exponenten: Welches *Wachstumsverhalten* beobachten Sie?

3.2 Wurzeln

In realen Kontexten kommen Quadratwurzeln recht häufig vor, und man greift unwillkürlich zum TR, wenn man sie ausrechnen will (muss). Trotzdem ist es sinnvoll und notwendig, sich über den ungefähren Wert Klarheit zu verschaffen, nicht nur um den TR zu kontrollieren (Fehler können z. B. durch *Vertippen* entstehen), sondern auch um ohne TR die *Größenordnung* der Wurzel zu ermitteln, wenn es nicht auf genaue Zahlen ankommt.

Wenn man sich z. B. die Fläche von Deutschland (ca. $357.000 \, \text{km}^2$) als Quadrat vorstellen möchte, dann kommt man mit einer Seitenlänge von $600 \, \text{km}$ sehr gut hin. Oder: Wie weit kann man vom Brocken (höchster Berg im Harz) aus sehen? Seine Höhe beträgt

1142 m. Die Faustregel besagt: Wurzel aus Höhe in Metern, mal 3,6 = Sichtweite in km (vgl. Abschn. 1.3). Mit $\sqrt{1142} \approx 34$ ergibt sich: $34 \cdot 3{,}6 \approx 35 \cdot 3{,}5 \approx 35^2 : 10 \approx 120\,\mathrm{km}$, im Hinblick auf die prinzipielle Unschärfe der Faustregel eine völlig ausreichende Angabe.

Um das *Schätzen* von Quadratwurzeln geht es im Abschn. 3.2.1: Mit etwas Übung schafft man ohne Weiteres zwei signifikante Ziffern von Wurzeln aus *beliebigen* Zahlen. Das ist nicht nur von praktischer Bedeutung, sondern auch als „Rechenkunststück" sehr effektvoll.

In der Arithmetik ganzer Zahlen spielen Quadratzahlen eine große Rolle. Wenn man eine Quadratzahl $a = n^2$ mit $n \in \mathbb{N}$ gegeben hat, wie ermittelt man die Wurzel n? Klar: TR rausholen, $\sqrt{a}$ eintippen, fertig. Was ist aber, wenn der TR oder das Telefon mit der Rechner-App gerade nicht zu finden ist? Wenn a nicht mehr als 8 Dezimalstellen hat, kann man die Wurzel mit ein wenig schriftlichem Rechnen schnell und sicher bestimmen; vgl. Abschn. 3.2.2. Oder was ist, wenn der TR zwar wiedergefunden wurde, die Quadratzahl aber 20 Dezimalstellen hat? (Der PC mit dem CAS ist gerade nicht verfügbar.) Es geht auch mit einem normalen TR ohne Probleme durch Eintippen von $\sqrt{a}$, aber nicht wegen versteckter TR-Funktionen, sondern wegen der Struktur der Quadratzahl-Folge (Abschn. 3.2.3). Die praktische Bedeutung dieser arithmetischen Probleme ist zwar gleich null, das macht sie aber nicht weniger interessant.

Noch verblüffender wird es bei den höheren Potenzen (Abschn. 3.2.4): Wenn $a = n^k$ mit $n \in \mathbb{N}$ gegeben ist, wie viele Ziffern von a braucht man, um die k-te Wurzel n zu bestimmen? Der mehrfache Kopfrechen-Weltmeister Gert Mittring zog z. B. die 13. Wurzel aus einer 100-stelligen Zahl in 11,46 Sekunden! Wir werden nicht sein Geheimnis lüften, wie er eine solche Mammut-Zahl im Kopf verarbeitet (Hut ab vor dieser Meisterleistung!), aber wir werden zeigen, dass wir die Aufgabe mit einem normalen TR lösen können – auch das ist nicht ganz selbstverständlich.

Abschließend diskutieren wir im Abschn. 3.2.5 das *Heron-Verfahren*; das ist ein einfacher und schneller Algorithmus zur Berechnung der Quadratwurzel aus einer beliebigen positiven reellen Zahl.

3.2.1   Schätzen von Quadratwurzeln

Es sei $a = 1.234.567$. Wie groß ist $\sqrt{a}$ ungefähr?

Rezept   Man teile die Ziffern von rechts nach links in Zweiergruppen ein, jeder Zifferngruppe entspricht eine Stelle der Wurzel:

$$a = 1|23|45|67$$

$\sqrt{a}$ hat also 4 Stellen vor dem Komma. Dann schätze man die Wurzel aus der höchsten Zweiergruppe, eventuell (wenn diese sehr klein ist, wie im Beispiel) ergänzt durch die folgende Gruppe, und ergänze so viele Nullen wie nötig:

$$\sqrt{123} \approx 11 \text{ wegen } 11^2 = 121, \text{ also } \sqrt{a} \approx 1100.$$

Kontrolle mit TR: $\sqrt{a} = 1111{,}110706 \dots$ ☺

Noch ein Beispiel: $a = 12|34|56|78$; $\sqrt{12} \approx 3{,}5$; $\sqrt{a} \approx 3500$

Das geht ebenso gut mit Dezimalbrüchen kleiner als 1: Die Ziffern werden vom Komma ausgehend nach rechts in Zweiergruppen eingeteilt, dann funktioniert es analog.

$$a = 0{,}00|75|14|03|87; \quad \sqrt{75} \approx 8{,}7; \quad \sqrt{a} \approx 0{,}087$$

Was steckt dahinter? Was braucht man, um diesen „Trick" zu beherrschen?

Zunächst ist klar: Beim Quadrieren einer Stufenzahl (Zehnerpotenz) verdoppelt sich die Anzahl der Nullen; umgekehrt wird beim Wurzelziehen die Anzahl der Nullen halbiert – sofern sie *gerade* ist.

Schreibt man also $a = m \cdot 10^{2e}$ mit einer Zahl m zwischen 1 und 100 (genauer $1 \leq m < 100$), dann ist $\sqrt{a} = \sqrt{m} \cdot 10^e$; der Zehnerexponent von $\sqrt{a}$ entspricht bei Radikanden $a > 1$ genau der Anzahl von Zweiergruppen vor dem Komma, bei Radikanden $a < 1$ ist es die Anzahl der Zweiergruppen bis einschließlich der höchsten Gruppe $\neq 0$. Wenn a bereits in Zehnerpotenz-Schreibweise gegeben ist (z. B. $a = 1{,}2345 \cdot 10^{-13}$), dann braucht man nur noch ggf. den Zehnerexponenten gerade zu machen, d. h., man muss den Zehnerexponenten um 1 vermindern und dafür das Komma um eine Stelle nach rechts schieben ($a = 12{,}345 \cdot 10^{-14}$).

Der zweite (etwas schwierigere) Teil besteht darin, $\sqrt{m}$ für eine Zahl m mit $1 \leq m < 100$ abzuschätzen. Dazu muss man die Quadrate einstelliger Zahlen beherrschen (das bedeutet nicht nur, die Quadrate ausrechnen zu können, sondern sie ständig zur Verfügung zu haben!), denn damit kann man den ganzzahligen Anteil von $\sqrt{m}$ sofort hinschreiben, z. B.:

$$m = 68 \quad \Rightarrow \quad 64 < m < 81 \quad \Rightarrow \quad 8 < \sqrt{m} < 9 \quad \Rightarrow \quad \sqrt{m} = 8, \dots$$

Die 1. Nachkommastelle ist dann abzuschätzen, je nachdem wie weit m von den beiden Quadratzahlen entfernt ist; nützlich sind dabei auch die Quadrate „halber" Zahlen, z. B.

$$2{,}5^2 \approx 2 \cdot 3 = 6; \quad 3{,}5^2 \approx 3 \cdot 4 = 12; \quad \dots \quad 9{,}5^2 \approx 9 \cdot 10 = 90$$

(das funktioniert auch noch, wenn der ganze Anteil größer als 10 ist!). Im obigen Beispiel ist $8^2 = 64 < 68 < 72 \approx 8{,}5^2$ genau mittig $\Rightarrow$ $8 < \sqrt{68} < 8{,}5$ etwa in der Mitte, also $\sqrt{68} \approx 8{,}25$.

Bei kleinen Zahlen m (etwa $m < 4$) empfiehlt es sich, auch die Quadrate der Zahlen bis 20 zu kennen, z. B. mit $m = 1{,}8$:

$$13^2 = 169, \quad 14^2 = 196; \quad 1{,}69 < m = 1{,}8 < 1{,}96 \quad (m \text{ ist etwas näher an } 1{,}69)$$
$$\Rightarrow \quad 1{,}3 < \sqrt{m} < 1{,}4 \quad \Rightarrow \quad \sqrt{m} \approx 1{,}34$$

Die 3. Stelle mag unsicher sein, aber mit Sicherheit ist auf 2 Stellen gerundet $\sqrt{m} \approx 1{,}3$.

Man sieht: Zauberei ist es wirklich nicht. Alles, was man braucht, ist Zahlengefühl und ein bisschen Rechenfertigkeit, vor allem aber Verzicht auf hohe Genauigkeitsansprüche, was ja für das Überschlagsrechnen typisch ist. Man muss auch nicht jede Operation sofort im Kopf ausführen; beim Üben darf man auch mal Notizen machen, später geht es dann umso leichter und sicherer auch ohne Papier und Bleistift.

Wer die Quadratwurzeln beherrscht, darf sich an die Kubikwurzeln wagen. Im Prinzip geht es genauso, mit dem Unterschied, dass man den Radikanden a in der Form

$$a = m \cdot 10^{3e} \quad \text{mit} \quad 1 \leq m < 1000$$

schreibt; die übliche Notation großer Zahlen mit Dreierblöcken von Ziffern (z. B. $a = 23.456.708$) kommt einem dabei sehr zugute. Um $\sqrt[3]{m}$ abzuschätzen, sollte man die 3. Potenzen einstelliger Zahlen beherrschen. Viel Spaß beim Üben!

3.2.2   Wurzeln aus „kleinen" Quadratzahlen ohne TR

In diesem Abschnitt sind TR nur erlaubt, um Quadratzahlen $a = n^2$ mit $n \in \mathbb{N}$ zu erzeugen. Damit $\sqrt{a} = n$ zunächst verborgen bleibt, sollte man entweder einen Partner bitten, irgendwelche ganzen Zahlen zu quadrieren, oder die Zufallszahlen-Funktion des TR benutzen. (Z. B. erzeugt beim Casio fx-991DE die Eingabe `RANInt#(100;1000)²` das Quadrat einer 3-stelligen Zahl.) Für den Fall, dass momentan weder das eine noch das andere verfügbar ist, seien hier ein paar Quadratzahlen zum Üben bereitgestellt (für den Anfang 6-stellig):

419.904;   674.041;   710.649;   555.025;   110.224;   277.729;   956.484

Wie kann man Wurzeln aus 3- oder 4-stelligen Zahlen ziehen? Hier ist $n = \sqrt{a}$ 2-stellig, und man kann die beiden Ziffern recht einfach bestimmen. Beispiel $a = 4489$: Ist $n = 10z + e$, dann muss die Zehnerziffer $z = 6$ sein, denn $60^2 = 3600 < a < 70^2 = 4900$. Da a auf 9 endet, kommen für e nur 3 und 7 infrage; aber $65^2 = 4225$ (Rechentrick! $6 \cdot 7 = 42$ und 25 anhängen), also ist $n > 65$, mithin $e = 7$ und $n = 67$.

Bei 6-stelligen Quadratzahlen (n ist 3-stellig) kann man die Hunderterziffer ebenso eindeutig bestimmen, aber für den Einer von n bleiben in der Regel zwei Ziffern zur Auswahl, und beim Zehner wird es mit dieser arithmetischen Methode noch schwieriger. Ganz schlimm wird es bei 7- oder 8-stelligen Quadratzahlen (4-stellige Wurzeln). Dennoch kann man auch in diesen Fällen die Wurzeln ohne großen Aufwand bestimmen.

Rezept

Man nehme einen Schätzwert s für $\sqrt{a} = n$, am besten eine runde Zehnerzahl. Dann dividiere man $a : s$ (schriftlich!), das Ergebnis sei q; die Nachkommastellen von q kann

Tab. 3.4 Beispiele zur Wurzelberechnung

	a	s	q	Mitte	Test
(1)	826.821	900	918	909	☺
(2)	237.169	500	474	487	☺
(3a)	292.681	500	585	542	☹
(3b)	292.681	550	532	541	☺
(3c)	292.681	540	542	541	☺☺

man weglassen. Dann ist das arithmetische Mittel von s und q (ggf. wieder abgerundet) gleich der gesuchten Wurzel: $\frac{s+q}{2} = n$

Beispiel: $a = 744.769$

Der Schätzwert für die Wurzel sei $s = 850$ (vgl. Abschn. 3.2.1). Rechnung:

$$
\begin{array}{l}
744769 : 850 = 876, \ldots \\
\underline{6800} \\
\quad 6476 \\
\quad \underline{5950} \qquad \text{Mitte zwischen 850 und 876:} \\
\qquad 5269 \qquad n = \underline{863} \\
\qquad \underline{5100} \\
\qquad\quad 169
\end{array}
$$

Man sieht: s und q liegen dicht beieinander, sodass man zur Berechnung des arithmetischen Mittels noch nicht einmal nach der Formel vorgehen muss; besser ist es, den Unterschied (hier 26) zu bestimmen und die Hälfte davon zur kleineren Zahl zu addieren. (Um die Probe zu machen, ob tatsächlich $n^2 = a$ ist, darf man ausnahmsweise den TR benutzen.)

Noch ein paar Beispiele (die Division wird nicht explizit ausgeführt) finden sich in Tab. 3.4.

Bei den Beispielen (1) und (2) konnte man s sogar günstig als runde Hunderterzahl wählen, das macht das Dividieren einfacher. Offenbar klappt das aber nicht immer, im Beispiel (3a) haben wir wohl zu schlecht geschätzt: Die Wurzel aus einer ungeraden Zahl kann nicht gerade sein. Immerhin könnte man sagen: 1 und 9 sind als Endziffern möglich, und 542 liegt näher an 541 als an 539 oder 549. Besser klappt es offenbar mit $s = 550$ (die Division ist auch hier recht einfach), aber mit $s = 540$ kann man sogar die Mitte zwischen s und q sofort ablesen.

Machen Sie selbst ein paar Tests in dieser Weise, und probieren Sie es auch mit 7- oder 8-stelligen Quadratzahlen! (Material: 2.070.721; 16.353.936; 43.059.844; 12.694.969)

Was steckt dahinter?

Für die folgende Analyse gehen wir davon aus, dass $q = \frac{a}{s}$ der *exakte* Quotient ist, d. h. nicht auf eine ganze Zahl abgerundet. Es gilt also $a = s \cdot q$; o. B. d. A. sei $s > q$ (andern-

Abb. 3.1 Flächenverwandlung

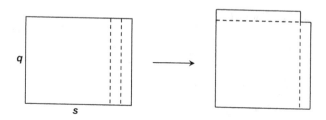

falls vertausche man die Rollen von s und q). Dann ist $\tilde{n} = \frac{s+q}{2}$ unser Näherungswert für $n = \sqrt{a}$.

Geometrisch kann man das Verfahren wie folgt interpretieren: $a = n^2$ ist die Fläche eines Quadrates mit der gesuchten Seitenlänge n. Die Gleichung $a = s \cdot q$ bedeutet: Wir kennen ein Rechteck mit dem gleichen Flächeninhalt, seine Seitenlängen sind s und q. Man verwandelt dieses Rechteck nun in ein *Fast-Quadrat*: Die waagerechte Seitenlänge des Rechtecks sei s, die senkrechte sei q. Man teilt das Rechteck in ein Quadrat mit Seitenlänge q und zwei Streifen mit der Breite $d := \frac{s-q}{2}$. Der äußere Streifen wird abgeschnitten und oben linksbündig angeklebt, sodass ein Quadrat entsteht, dem oben rechts ein kleines, ebenfalls quadratisches Stück fehlt (vgl. Abb. 3.1).

Die Seitenlänge dieses Fastquadrates beträgt:

$$q + d = q + \frac{s-q}{2} = \frac{s+q}{2} = \tilde{n}$$

Seine Fläche ist gleich der Fläche des gesuchten Quadrates mit der Seitenlänge n. Mit anderen Worten: Wenn man aus dem Fastquadrat ein flächengleiches Vollquadrat herstellen will, dann muss man die Seitenlänge *verkleinern*, also muss gelten:

$$\tilde{n} = \frac{s+q}{2} > n$$

Arithmetisch bedeutet dies nichts anderes als die *Ungleichung vom arithmetischen und geometrischen Mittel* (vgl. dazu Aufg. 3):

Für beliebige reelle Zahlen $x, y > 0$ mit $x \neq y$ gilt $\frac{x+y}{2} > \sqrt{x \cdot y}$, hier also:

$$\tilde{n} = \frac{s+q}{2} > \sqrt{s \cdot q} = \sqrt{a} = n$$

Fazit

- Bei der Berechnung von q und $\tilde{n}$ dürfen wir getrost die Nachkomma-Anteile weglassen, d. h. *abrunden* auf die nächst kleinere ganze Zahl.
- Wenn $\tilde{n}$ nach dem Abrunden immer noch falsch ist, (vgl. Beispiel (3a)), dann ist n auf jeden Fall *kleiner* als $\tilde{n}$.

Experten haben längst bemerkt, dass es sich bei diesem „Trick" um den 1. Schritt des *Heron-Verfahrens* zur näherungsweisen Berechnung von $\sqrt{a}$ für eine *beliebige* reelle Zahl $a > 0$ handelt (vgl. Abschn. 3.2.5): Die rekursiv definierte Folge

$$x_{n+1} = \frac{1}{2}\left(x_n + \frac{a}{x_n}\right)$$

konvergiert für *jeden* Startwert $x_0 > 0$ gegen $\sqrt{a}$, und zwar *von oben* (monoton fallend); wenn x_0 aber schon sehr nahe bei der Wurzel liegt, dann geht es sehr schnell, in diesem Fall ($\sqrt{a}$ ganzzahlig) reicht ein einziger Schritt, wenn man x_1 abrundet.

Wie genau muss der Schätzwert sein?

Wir haben gesehen: Bei „einfachen" Schätzwerten (z. B. runde Hunderter) kann man leicht dividieren, aber dann treffen wir n manchmal nicht im 1. Versuch. Das sollten wir genauer untersuchen.

Wir gehen wieder davon aus, dass $q = \frac{a}{s}$ exakt gilt. Wenn nun $\tilde{n} = \frac{s+q}{2}$ beim Abrunden genau gleich m sein soll, dann muss gelten:

$$\tilde{n} < n + 1 \quad \Rightarrow \quad \tilde{n} - n < 1 \quad \Rightarrow \quad \frac{s+q}{2} - n < 1$$

Daraus ergibt sich unter Beachtung von $q = \frac{a}{s} = \frac{n^2}{s}$ Folgendes:

$$\begin{aligned} s + q - 2n < 2 \quad &\Leftrightarrow \quad s + \frac{n^2}{s} - 2n < 2 \\ &\Leftrightarrow \quad s^2 + n^2 - 2ns = (s-n)^2 < 2s \quad\quad (3.1) \\ &\Leftrightarrow \quad |s - n| < \sqrt{2s} \end{aligned}$$

In Worten: Wenn s nicht weiter als $\sqrt{2s}$ von der gesuchten Wurzel n entfernt ist, dann finden wir n mit Sicherheit im 1. Schritt. Für eine Abschätzung in einem gewissen Bereich, z. B. 6-stelliger Quadratzahlen, müssen wir den Worst Case annehmen, also die kleinstmögliche Zahl für s. Mit $a > 100.000$ gilt aber immer $n > \sqrt{100.000} \approx 316$, somit können wir auch von $s > 316$ ausgehen, und daraus erhalten wir die folgende Abschätzung:

$$|s - n| < \sqrt{2 \cdot 316} \approx 25$$

Fazit Bei 6-stelligen Quadratzahlen ist ein auf glatte 50er gerundeter Schätzwert (d. h. eine Zahl der Form x00 oder x50) vollkommen ausreichend! Das bedeutet, dass man guten Gewissens eine Zahl wählen darf, durch die man leicht dividieren kann.

Wie ist es bei 7- oder 8-stelligen Quadratzahlen? Die Wurzel ist dann 4-stellig. Eine entsprechende Analyse zeigt (Details bitte selbst ausführen): Bei 8-stelligen Quadratzahlen genügt *immer* eine auf glatte Hunderter gerundete Zahl als Schätzwert. Bei 7-stelligen

Quadratzahlen genügt eine solche Zahl *in der Regel*, hier gibt es Ausnahmen wie z. B. $a = 1.100.401$: Mit dem Schätzwert $s = 1000$ erhält man den Quotienten $q = 1100$, der Mittelwert ist 1050, aber die Wurzel ist natürlich ungerade, und zwar mit Endziffer 1 oder 9. Sie wird vermutlich 1049 sein, denn 1051 kommt nicht in Frage, weil die Wurzel kleiner als der Mittelwert sein muss. (Der Schätzwert $s = 1100$ ergibt $q = 1000$, also im Prinzip dasselbe.) Dieser Ausnahmefall kommt aber relativ selten vor. Auf jeden Fall genügt bei 7-stelligen Quadratzahlen der Endziffern-Check oder sogar die Prüfung auf *gerade oder ungerade*.

Wenn man sich nicht traut, die 4-stellige Wurzel aus einer 8-stelligen Quadratzahl auf runde Hunderter genau zu schätzen, d. h. mit 2 signifikanten Ziffern, dann kann man auch den 1. Heron-Schritt dazu verwenden, mit einer leichten Division durch eine glatte 1000er-Zahl einen guten Schätzwert zu bestimmen. Beispiel $a = 32.341.969$: Mit $s = 6000$ rechnet man

$$
\begin{array}{r}
32341969 : 6000 = 5390 \\
\underline{30000} \\
23419 \\
\underline{18000} \\
54196 \\
\underline{54000} \\
1969
\end{array}
$$

Den Mittelwert braucht man nur auf Hunderter gerundet, also nimmt man gleich die Mitte zwischen 6000 und 5400, das ergibt 5700 als guten Schätzwert.

Wer ungern viele Nullen schreibt, der kann bei dieser Division gleich die drei Nullen des Divisors weglassen und entsprechend beim Dividenden die untersten drei Stellen wegrunden: Die Division $32.342 : 6$ führt zum gleichen Ergebnis. Zur Mittelwertbildung mit dem Quotienten muss natürlich wieder die ursprüngliche Zahl 6000 genommen werden.

Das Gleiche ist natürlich auch für 10-stellige Quadratzahlen möglich (solche sind mit einem TR gerade noch problemlos erzeugbar), aber hier wird die schriftliche Division mit 5-stelligem Divisor und Quotienten schon ein wenig lästig, sodass es keinen Spaß mehr macht. Zudem muss der Schätzwert auf runde 500er genau sein, sozusagen mit $2\frac{1}{2}$ signifikanten Stellen; diese Genauigkeit auf Anhieb zu erreichen, ist nicht ganz einfach.

Ein interessanter Kontrast ist die Bestimmung der 3. Wurzel aus einer 6-stelligen *Kubikzahl*. Beispiel $a = 373.248$: Die 3. Wurzel n ist 2-stellig, $n = 10z + e$. Die Zehnerziffer z kann analog wie bei den Quadratzahlen ermittelt werden, wenn man die 3. Potenzen der Ziffern kennt.

$$7^3 = 343 < 373 < 8^3 = 512 \quad \Rightarrow \quad 70^3 = 343.000 < a < 80^3 = 512.000$$

Also ist $z = 7$. Die Einerziffer e der Wurzel ist im Unterschied zu den Quadratzahlen durch die Einerziffer von a (hier 8) *eindeutig bestimmt*; um das zu erkennen, genügt die Liste der Ziffern hoch 3 (bitte selbst aufstellen). Zur Einerziffer 8 von $n^3 = a$ gehört die Einerziffer 2 von n, also ist $n = 72$.

Ein paar Kubikzahlen zum Üben: 857.375; 148.877; 314.432; 778.688; 140.608; 456.533

3.2.3 Wurzeln aus 20-stelligen Quadratzahlen

...mit einem normalen TR – wie kann das gehen?

Ein Beispiel: $a = 19.093.039.099.143.383.529$ ist eine Quadratzahl (mit CAS errechnet).

$\sqrt{a}$ ist 10-stellig, würde also genau in die TR-Anzeige passen. Wenn man die TR-Wurzelfunktion benutzen möchte, wird der Radikand a bei der Eingabe gerundet, intern vermutlich auf mehr als 10 Stellen (je nach Typ unterschiedlich), aber mehr als 15 Stellen interne Rechengenauigkeit sind nicht üblich.

Studierende reagieren häufig mit Ratlosigkeit auf dieses Problem. Nur wenige Vorwitzige tippen einfach $\sqrt{a}$ mit dem Radikanden in voller Länge ein und erhalten:

$$4.369.558.227$$

Es ist *scheinbar* eine ganze Zahl, denn eventuelle Nachkommastellen, die als Folge der Rundung von a zwangsläufig entstehen müssen, werden gar nicht angezeigt. Aber ist diese gerundete Zahl tatsächlich die exakte Wurzel?

Die höchsten Ziffern der angezeigten Zahl (wir nennen sie n) dürften auf jeden Fall stimmen, denn nur die letzten Ziffern von a gehen beim Runden verloren. Aber auch die Einerziffer könnte richtig sein, denn 7^2 endet auf 9, genau wie der Radikand. Man kann diesen *Endziffern-Check* sogar auf mehrere Ziffern ausdehnen: Wenn man die Zahl aus den letzten fünf Ziffern von n quadriert (das geht mit dem TR gerade noch exakt), dann müssen die fünf Endziffern dieses Quadrates mit den fünf Endziffern von a übereinstimmen. Probe:

$$58.227^2 = 3.390.\mathbf{383.529} \quad ☺$$

Offenbar hat der TR wirklich die exakte Wurzel ermittelt! Klappt das immer?

Bei einem TR älterer Bauart kann es vorkommen, dass man nicht mehr als 10 Stellen einer Zahl eingeben kann, dann muss a auf 10 Stellen gerundet werden: $a \approx 1.909.303.910 \cdot 10^{10}$ Die Eingabe $\sqrt{1.909.303.910}$ liefert das Ergebnis $33.903{,}83529$; dabei können wir das Komma ignorieren, denn wir haben den Faktor $\sqrt{10^{10}} = 10^5$ weggelassen. Genügen wirklich immer die höchsten 10 Stellen zur Berechnung der *exakten* Wurzel?

Wir sollten das erst einmal mit Zahlen ausprobieren, die wir besser überblicken können. Mit $n = 45.678$ erhalten wir die Quadratzahl $n^2 = a = 2.086.479.684$.

a auf 5 Stellen gerundet: $\quad \sqrt{2.086.500.000} = 45.678{,}22238 \quad ☺$

(Runden auf ganze Zahl ergibt n)

a auf 4 Stellen gerundet: $\quad \sqrt{2.086.000.000} = 45.672{,}74899 \quad ☹$

(nach Runden knapp daneben)

Offenbar genügt die obere Hälfte der Stellen von a zur exakten Berechnung der Wurzel (Nachkommastellen sind einfach wegzurunden), aber weniger geht nicht.

Übrigens kann man sich auch das Eintippen der Nullen ersparen (ähnlich wie oben beim Weglassen der Zehnerpotenz und Ignorieren des Kommas), aber mit Vorsicht:

$$\sqrt{20.865} = 144,4472222 \quad \text{☹☺} \quad \text{(schöne Ziffernfolge, aber voll daneben!)}$$

Man darf nur eine *gerade* Anzahl von Nullen weglassen oder ein Komma passend setzen:

$$\sqrt{2086,5} = 45,67822238 \quad \text{☺} \quad \text{(Komma 3 Stellen nach rechts, runden} \rightarrow \text{o. k.)}$$

Zur Analyse nehmen wir jetzt *noch* kleinere Zahlen: Angenommen, wir haben einen Spielzeug-TR, der mit 3-stelliger Genauigkeit rechnet und anzeigt.

1. Beispiel: Die 6-stellige Quadratzahl $a = 208.849$ wird dann intern auf 3 Stellen gerundet zu $\tilde{a} = 209.000$. Dann ist $n = \sqrt{a} = 457$, und $\sqrt{\tilde{a}} = 457,16\ldots$ würde im 3-stelligen TR-Display tatsächlich das richtige Ergebnis (nach Rundung) anzeigen.
2. Beispiel: $a = 357^2 = 127.449$ wird 3-stellig gerundet zu $\tilde{a} = 127.000$; mit $\sqrt{\tilde{a}} = 356,37\ldots$ würde aber im 3-stelligen Display auf 356 gerundet, also nicht das richtige Ergebnis angezeigt.

Es scheint also nicht immer hundertprozentig zu funktionieren. Deshalb sollten wir das genauer untersuchen.

Zurück zum 1. Beispiel: Wir vergleichen $a = n^2$ mit den benachbarten Quadratzahlen $(n \pm 1)^2$.

$$456^2 \qquad \xleftarrow[-2 \cdot 457 + 1 = -913]{} \qquad 457^2 \qquad \xrightarrow[+2 \cdot 457 + 1 = +915]{} \qquad 458^2$$
$$= 207.936 \qquad\qquad = 208.849 \qquad\qquad = 209.764$$

In der Tat ist der Unterschied zu den benachbarten Quadratzahlen so groß, dass er die Tausenderziffer, d. h. die kleinste Ziffer der oberen Hälfte beeinflusst. Mit anderen Worten: $a = 457^2$ ist die *einzige* Quadratzahl, die 3-stellig gerundet 209.000 ergibt.

Im 2. Beispiel sieht es so aus:

$$356^2 \qquad \xleftarrow[-2 \cdot 357 + 1 = -713]{} \qquad 357^2 \qquad \xrightarrow[+2 \cdot 357 + 1 = +715]{} \qquad 358^2$$
$$= 126.736 \qquad\qquad = 127.449 \qquad\qquad = 128.164$$

Hier gibt es *zwei* Quadratzahlen, die auf 127.000 gerundet werden. Zwar könnte man mit „gerade/ungerade" entscheiden, welche die richtige Quadratzahl ist, aber die schlichte Methode, „untere Hälfte der Ziffern wegrunden, Wurzel ziehen und auf ganze Zahl runden", scheint nicht idiotensicher zu sein. Wann versagt sie?

Es sei $a = n^2$ eine beliebige 6-stellige Quadratzahl, und $\tilde{a}$ sei die auf 3 Stellen gerundete Zahl. Wenn man auf Tausender rundet, dann wird die Zahl maximal um einen halben

Tausender geändert. Für den absoluten Rundungsfehler $\Delta a = \tilde{a} - a$ gilt also:

$$|\Delta a| \leq 500$$

Weiterhin sei $\tilde{n} = \sqrt{\tilde{a}}$ die *nicht gerundete* Wurzel aus der gerundeten Quadratzahl, und $\Delta n = \tilde{n} - n$ sei die Abweichung von der gesuchten exakten Wurzel n. Das Problem ist nun: Wie groß kann Δn werden? Wenn immer $|\Delta n| < 0{,}5$ wäre, dann würde $\tilde{n}$ auf eine ganze Zahl gerundet immer den richtigen Wert n liefern, aber das stimmt offenbar nicht.

Abschätzung des Maximalwertes von Δn: Nach Definition ist $\tilde{a} = \tilde{n}^2$, also

$$a + \Delta a = (n + \Delta n)^2 = n^2 + 2n \cdot \Delta n + (\Delta n)^2$$
$$\Rightarrow \quad \Delta a = 2n \cdot \Delta n + (\Delta n)^2 \quad \text{wegen} \quad a = n^2.$$

Nun ist n eine 3-stellige Zahl, und Δn wird immer in der Größenordnung von 1 liegen, also im Vergleich zu n sehr klein sein; daher können wir $(\Delta n)^2$ getrost weglassen:

$$\Delta a \approx 2n \cdot \Delta n$$

Da $|\Delta a| \leq 500$ ist, gilt:

$$2n \cdot |\Delta n| \leq 500 \quad \Rightarrow \quad |\Delta n| \leq \frac{500}{2n}$$

Um den größtmöglichen Wert von $|\Delta n|$ zu erhalten (Worst Case), müssen wir auf der rechten Seite den kleinstmöglichen Wert von n einsetzen. Da $a = n^2$ 6-stellig ist, gilt $n^2 > 100.000$ und somit $n > \sqrt{100.000} \approx 316$; daraus ergibt sich:

$$|\Delta n| \leq \frac{500}{2 \cdot 316} = 0{,}766\ldots < 0{,}8$$

Fazit Die exakte Wurzel n kann um maximal 0,8 von $\tilde{n} = \sqrt{\tilde{a}}$ abweichen, d. h.:

$$\tilde{n} - 0{,}8 < n < \tilde{n} + 0{,}8$$

Dieses Intervall hat eine Länge von 1,6; es kann also *zwei* ganze Zahlen enthalten, und nur eine davon ist die richtige Zahl. Weil wir davon ausgehen müssen, dass unser Spielzeug-TR nur den 3-stellig gerundeten Wert von $\tilde{n}$ anzeigen kann, können wir uns nicht immer auf die TR-Anzeige verlassen; allerdings gibt es eine gute Nachricht: Der richtige Wert liegt maximal um 1 daneben.

Gleichwohl wird es in der überwiegenden Mehrzahl der Fälle funktionieren. Schauen wir uns die Fehlerabschätzung

$$|\Delta n| \leq \frac{500}{2n} < 0{,}8$$

noch einmal an: Was bedeutet die *Worst Case*-Annahme im Einzelnen?

1. Maximaler Rundungsfehler von 500;
2. Minimales n von 316.

Im obigen 2. Beispiel $a = 357^2 = 127.449$ ist sowohl der Rundungsfehler sehr groß (nämlich 449) als auch n sehr klein!

Wie kann man die obere Schranke für den Betrag des Maximalfehlers Δn von 0,8 auf 0,5 drücken? Wenn $n > 500$ ist *oder* wenn der Rundungsfehler weniger als 316 beträgt, ist das offenbar der Fall, und das trifft wohl für die allermeisten Quadratzahlen zu; z. B. ist schon die erste Bedingung $\sqrt{a} > 500$ für fast $\frac{3}{4}$ aller 6-stelligen Quadratzahlen erfüllt. Falls es wirklich mal nicht funktionieren sollte (erkennbar am *gerade/ungerade*-Test), wird die Prüfung der Endziffer auf jeden Fall das richtige Ergebnis liefern.

Allgemein gilt, dass man bei einer Quadratzahl $a = n^2$ mit einer *geraden* Stellenanzahl $2s$ zum Wurzelziehen die untere Hälfte der Stellen fast immer ignorieren kann. Die obige Fehleranalyse lässt sich direkt verallgemeinern:

Es sei $\tilde{a}$ der auf s Stellen gerundete Wert; die kleinste Stelle der gerundeten Zahl gehört zum Stellenwert 10^s, und der maximale Rundungsfehler Δa beträgt eine halbe Einheit dieses Stellenwerts:

$$\Delta a = \tilde{a} - a \quad \Rightarrow \quad |\Delta a| \le 0,5 \cdot 10^s$$

Mit $\tilde{n} = \sqrt{\tilde{a}} = n + \Delta n$ folgt genau wie oben die Abschätzung für Δn:

$$|\Delta n| \le \frac{0,5 \cdot 10^s}{2n}$$

Als $2s$-stellige Zahl ist $a \ge 10^{2s-1} = 0,1 \cdot 10^{2s}$; daraus ergibt sich:

$$n = \sqrt{a} \ge \sqrt{0,1} \cdot 10^s \approx 0,316 \cdot 10^s \quad \Rightarrow \quad |\Delta n| \le \frac{0,5 \cdot 10^s}{2 \cdot 0,316 \cdot 10^s} < 0,8$$

Die o. g. Konsequenzen aus dieser Abschätzung sind unmittelbar übertragbar, z. B. auf unser Ausgangsproblem mit den 20-stelligen Quadratzahlen.

Ein kürzerer Weg Mit Hilfe der Fehlerfortpflanzung bei Funktionen (vgl. Abschn. 2.4.3) kann man die Abschätzung des absoluten Fehlers auch direkt, also ohne den Umweg über den relativen Fehler beweisen. Denn für $y = f(x) = \sqrt{x}$ gilt wegen $f'(x) = \frac{1}{2\sqrt{x}}$:

$$\varepsilon(y) \approx \frac{1}{2\sqrt{x}} \cdot \varepsilon(x)$$

Um die obigen Bezeichnungen weiterverwenden zu können, setzen wir $x = a$ und $y = n = \sqrt{a}$:

$$\varepsilon(n) \approx \frac{1}{2\sqrt{a}} \cdot \varepsilon(a)$$

Nun ist $\varepsilon(a) = 0.5 \cdot 10^s$ (Fehlerschranke beim Runden auf s Stellen), und weil a eine $2s$-stellige Zahl ist, ergibt sich:

$$a \geq 10^{2s-1} = \frac{10^{2s}}{10} \quad \Rightarrow \quad \sqrt{a} \geq \frac{10^s}{\sqrt{10}} \quad \Rightarrow \quad \frac{1}{\sqrt{a}} \leq \frac{\sqrt{10}}{10^s} < \frac{3.2}{10^s}$$

Somit gilt:

$$\varepsilon(n) < \frac{1}{2} \cdot \frac{3.2}{10^s} \cdot 0.5 \cdot 10^s = 0.8$$

Schlussbemerkungen Wir weisen an dieser Stelle nochmals darauf hin, dass das „Ignorieren der unteren Hälfte der Stellen" als „Ersetzen durch Nullen" zu verstehen ist. Ist s eine ungerade Zahl, dann kann man beim Eintippen in den TR nicht einfach die s Endnullen der gerundeten Zahl $\tilde{a}$ weglassen, sondern man muss eine *gerade* Anzahl von Nullen weglassen oder das Komma entsprechend setzen, z. B. im *kleinen* Fall $s = 5$:

$$a = 2.045.481.529; \quad \tilde{a} = 2.045.500.000$$

$$\sqrt{20.455} = 143{,}02\ldots \quad \odot$$

$$\sqrt{204.550} = 452{,}272\ldots \text{ oder } \sqrt{2045{,}5} = 45{,}2272\ldots \quad \Rightarrow \quad \sqrt{a} = 45.227 \quad \odot$$

Was ist, wenn a eine *ungerade* Stellenzahl hat? Es ist wohl nicht zu empfehlen, die „größere Hälfte" der Ziffern wegzurunden, weil es bei der genauen Hälfte schon Probleme gibt. Aber wenn man eine Zahl mit $2s - 1$ Stellen auf s Stellen rundet, dann dürfte nichts mehr schiefgehen, denn der Rundungsfehler Δa wird *relativ* zu a etwas kleiner, dadurch wird die Abschätzung für Δn etwas besser. (Bitte die Details selbst ausführen!)

3.2.4 Höhere Wurzeln

Wie geht es weiter? Wie viele Stellen braucht man etwa, um aus einer 20-stelligen *Kubikzahl* $a = n^3$ mit $n \in \mathbb{N}$ die 3. Wurzel zu ziehen?

Ein Testobjekt (mit CAS erzeugt): $a = 70.123.011.069.692.344.392$

$n = \sqrt[3]{a}$ hat 7 Dezimalstellen. Reichen vielleicht schon die ersten 7 Ziffern von a, um diese 7 Ziffern von n zu bestimmen? Wenn man Endziffern von a weglässt, muss man auf die Dreierblöcke achten, eventuell nach einem Dreierblock im Radikanden ein Komma setzen oder mit Nullen auffüllen. Wir probieren es vorsichtshalber mit 8 Ziffern:

$$\sqrt{70.123.011} = 412{,}3697999 \quad \Rightarrow \quad n = 4.123.698 \text{ ??}$$

Weil wir 4 Dreierblöcke weggelassen haben, müssen wir das Komma in der Wurzel um 4 Stellen nach rechts schieben und dann runden. Das Ergebnis sieht gut aus, der Rundungsfehler ist *sehr* gering. Darum sollten wir es einmal mit weniger Ziffern versuchen.

7 Ziffern: $\sqrt{70.123.010} = 412{,}3697979$ ☺

5 Ziffern: $\sqrt{70.123} = 41{,}23697783$ ☺

Nach Kommaverschieben und Runden ergibt sich immer dieselbe Zahl n. Beim letzten Beispiel mag es daran liegen, dass zufällig an der 6. Stelle von a eine 0 steht und der durch die 7. Ziffer entstehende Rundungsfehler relativ klein ist. Jedenfalls ergibt die Probe mit dem TR

$$n^3 = 4123.698^3 = 7{,}012301107 \cdot 10^{19}$$

Übereinstimmung mit den ersten 10 Ziffern von a, wobei die letzte Ziffer 7 gerundet ist. Auch der Endziffern-Check verläuft positiv: $698^3 = \ldots 392$ ☺ (das sind die 3 Endziffern von a).

Test mit der Nachbar-Kubikzahl:

$$(n + 1)^3 = 4123.699^3 = 7{,}012306208 \cdot 10^{19}$$

Der Unterschied zu n^3 liegt in der 7. Stelle der Potenz, also reichen offenbar die ersten 7 Stellen von a aus, um n zu identifizieren. Reicht das *immer*?

Außerdem ist $7 \approx \frac{20}{3}$; könnte das ein Hinweis auf eine mögliche *Verallgemeinerung* sein??

Bei einer 4. Wurzel ist es nach dem Ergebnis von Abschn. 3.2.3 recht plausibel, dass man nur das oberste Viertel der Ziffern von a braucht, denn $\sqrt[4]{a} = \sqrt{\sqrt{a}}$; für die erste Quadratwurzel braucht man die Hälfte der Ziffern, für die zweite die Hälfte der Hälfte. Wenn die Vermutung für 3. Wurzeln stimmt, könnte man das entsprechend auf 6. Wurzeln übertragen. Dann braucht man für die k-te Wurzel vielleicht nur $\frac{s}{k}$ Stellen (der Bruch müsste natürlich ggf. gerundet werden)?

Dazu untersuchen wir exemplarisch die 7. Potenzen 5-stelliger Zahlen, also:

$$a = n^7 \quad \text{mit} \quad n \in \mathbb{N}, 10^4 \leq n < 10^5 \quad \Rightarrow \quad 10^{28} \leq a < 10^{35}$$

a hat demnach 29 bis 35 Dezimalstellen, d. h., die Anzahl der Ziffern von a wird zunächst nicht fest vorgegeben. Solche Zahlen mit ihrer vollen Ziffernfolge zu berechnen, ist ohne CAS nicht sinnvoll; aber darum geht es auch gar nicht. Wir berechnen ähnlich wie oben mit einem normalen TR den Unterschied zwischen zwei benachbarten 7. Potenzen (Tab. 3.5).

Die Differenzen sind natürlich unterschiedlich groß (je nach Größe von n), aber sie wirken sich immer in der 4. oder 5. Stelle von a aus, sodass vermutlich die ersten 5 Stellen von a immer ausreichen, um $n = \sqrt[7]{a}$ eindeutig zu berechnen; das sind (zufällig?) genauso viele wie die Anzahl der Ziffern von n.

Man könnte sagen: Durch die ersten fünf Ziffern von a sind die fünf Ziffern von n optimal „codiert".

Tab. 3.5 7. Potenzen 5-stelliger Zahlen

n	$a = n^7$	Differenz
12.345	$4{,}369559524 \cdot 10^{28}$	
12.346	$4{,}372037803 \cdot 10^{28}$	$2{,}44\ldots \cdot 10^{25}$
44.444	$3{,}425247614 \cdot 10^{32}$	
44.445	$3{,}425787132 \cdot 10^{32}$	$5{,}3\ldots \cdot 10^{28}$
98.765	$9{,}166878528 \cdot 10^{34}$	
98.766	$9{,}167528254 \cdot 10^{34}$	$6{,}4\ldots \cdot 10^{30}$

Tab. 3.6 Anzahlen der 7. Potenzen mit fester Stellenzahl

s	n_s	A_s	D_s
29	13.895	3.900	$2{,}3 \cdot 10^{25}$
30	19.306	5.400	$1{,}7 \cdot 10^{26}$
31	26.826	7.500	$1{,}2 \cdot 10^{27}$
32	37.275	10.400	$0{,}86 \cdot 10^{28} = 8{,}6 \cdot 10^{27}$
33	51.794	14.500	$6{,}2 \cdot 10^{28}$
34	71.968	20.200	$4{,}5 \cdot 10^{29}$
35	99.999	28.000	$3{,}2 \cdot 10^{30}$

Ein anderes qualitatives Argument: Es gibt nur 90.000 Zahlen der Form $a = n^7$ mit einer 5-stelligen Zahl n; diese verteilen sich auf den immens großen Zahlenraum der 29- bis 35-stelligen Zahlen. Der mittlere Abstand zweier benachbarter 7. Potenzen beträgt somit:

$$\frac{10^{35} - 10^{28}}{90.000} \approx \frac{10^{35}}{10^5} = 10^{30}$$

Zwar ist dieser Mittelwert für 29-stellige Zahlen ziemlich sinnlos, aber man kann das Argument quantitativ verfeinern, etwa indem man die 7. Potenzen nach den Stellenzahlen sortiert:

Zur jeweiligen Anzahl s der Stellen von a ($s = 29, \ldots, 35$) wird die maximale Wurzel n_s berechnet vermöge

$$n_s = \left[\sqrt[7]{10^s} \right] = \left[10^{s/7} \right];$$

dabei bezeichnet die *Gauß-Klammer* $[x]$ die größte ganze Zahl $\leq x$. Deren Differenzen $n_s - n_{s-1}$ ergeben die Anzahlen A_s der 7. Potenzen mit genau s Stellen, in der Tab. 3.6 auf Hunderter gerundet. Dann ist $D_s = \frac{9 \cdot 10^{s-1}}{A_s}$ der mittlere Abstand der 7. Potenzen mit genau s Stellen. D_s wird auf 2 Stellen gerundet angegeben. (Man kann die Tabelle natürlich mit Excel erstellen, aber auch mit dem Casio-TR im Table-Modus geht es sehr schnell und einfach!)

Man sieht: Die mittleren Abstände nehmen zwar zu, aber *relativ* zu s nehmen sie leicht ab. Der Stellenwert der höchsten Ziffer einer s-stelligen Zahl a ist 10^{s-1}, und die mittlere

Differenz liegt immer um 3 oder 4 Zehnerpotenzen darunter, sodass sich der Unterschied benachbarter 7. Potenzen in der 4. oder 5. Stelle von a auswirkt.

Zur genaueren Analyse gehen wir ähnlich vor wie bei den Quadratwurzeln (Abschn. 3.2.3). Es sei $n \in \mathbb{N}$ eine 5-stellige Zahl und $a = n^7$. $\tilde{a} = a + \Delta a$ sei ein Näherungswert für a und

$$\tilde{n} = \sqrt[7]{\tilde{a}} = n + \Delta n$$

die zugehörige (nicht ganzzahlige) Wurzel. Die Frage ist: Wie groß darf Δa sein, damit $\tilde{n}$ auf eine ganze Zahl gerundet den korrekten Wert n ergibt, d. h., damit in jedem Fall $|\Delta n| \le 0,5$ ist?

Aus $\tilde{a} = \tilde{n}^7$ erhält man mit dem allgemeinen binomischen Satz:

$$a + \Delta a = (n + \Delta n)^7 = n^7 + \binom{7}{1} \cdot n^6 \cdot \Delta n + \binom{7}{2} \cdot n^5 \cdot (\Delta n)^2 + \dots$$
$$\approx n^7 + 7 \cdot n^6 \cdot \Delta n$$

Denn die Summanden mit Exponenten > 1 für Δn sind vernachlässigbar klein. Wegen $a = n^7$ folgt daraus:

$$\Delta a \approx 7 \cdot n^6 \cdot \Delta n \quad \Rightarrow \quad \frac{\Delta a}{a} \approx \frac{7}{n} \cdot \Delta n$$

Wenn $\Delta n < 0,5$ sein soll, dann muss also gelten:

$$\frac{|\Delta a|}{a} < \frac{7}{n} \cdot 0,5 = \frac{7}{2n} \tag{3.2}$$

Auf wie viele Stellen darf man a runden, damit die Ungleichung (3.2) erfüllt ist?

Dazu erinnern wir an die Rundungsfehler (vgl. Abschn. 2.2.2). Es sei a eine beliebige positive Zahl in Gleitkomma-Schreibweise:

$$a = m \cdot 10^e \quad \text{mit} \quad 1 \le m < 10$$

Die Näherung $\tilde{a} = \tilde{m} \cdot 10^e$ sei die auf x Stellen gerundete Zahl; dann beträgt der absolute Rundungsfehler maximal 5 Einheiten in der folgenden $(x + 1)$-ten Stelle der Mantisse. Die gerundete Mantisse $\tilde{m}$ hat genau $x - 1$ Nachkommastellen, der Stellenwert der letzten Ziffer ist somit 10^{x-1}, also gilt für die maximalen Rundungsfehler von m und a:

$$|\Delta m| = |\tilde{m} - m| \le 5 \cdot 10^{-x} \quad \Rightarrow \quad |\Delta a| = |\tilde{a} - a| \le 5 \cdot 10^{e-x}$$

Für den *relativen* Rundungsfehler von a folgt daraus die Abschätzung:

$$\frac{|\Delta a|}{a} \le \frac{5 \cdot 10^{e-x}}{m \cdot 10^e} = \frac{5}{m} \cdot 10^{-x}$$

Diese relative Fehlerschranke ist unabhängig vom Zehnerexponenten e. Mit anderen Worten: Der *relative* Rundungsfehler hängt nicht von der Größenordnung der Zahl a ab, was ja plausibel ist (dafür hat man ihn erfunden!).

Zurück zur Ungleichung (3.2). Wenn beim Runden von $a = m \cdot 10^e$ auf x Stellen immer die richtige Wurzel herauskommen soll (d. h., $\tilde{n} = \sqrt[7]{a}$ ganzzahlig gerundet soll n ergeben), dann muss gelten:

$$\frac{5}{m} \cdot 10^{-x} \leq \frac{7}{2n} \quad \Leftrightarrow \quad 10^{-x} \leq \frac{7m}{10n}$$

$$\Leftrightarrow \quad 10^x \geq \frac{10n}{7m}$$

(3.3)

Um ein x zu finden, das diese Ungleichung für alle möglichen Fälle gültig macht, müssen wir den schlimmsten Fall annehmen, und zwar den größtmöglichen Zähler und den kleinstmöglichen Nenner. n ist 5-stellig, also $n < 10^5$, und nach Definition der Mantisse gilt $m \geq 1$; daraus folgt:

$$10^x \geq \frac{10 \cdot 10^5}{7} = \frac{10^6}{7}$$

Das kleinste $x \in \mathbb{N}$, das diese Ungleichung erfüllt, ist $x = 6$. Das bedeutet: Runden von a auf *sechs* Stellen führt immer zum Ziel. Dieses Ergebnis scheint mit den obigen Experimenten nicht ganz im Einklang zu stehen, bei denen immer 5 Stellen, häufig sogar nur 4 Stellen ausreichten. Mögliche Ursachen dieser Diskrepanz: Vielleicht haben wir zu pessimistisch abgeschätzt. Oder es gibt seltene Fälle, bei denen 5 Stellen *nicht* ausreichen!?

Schauen wir uns die Ungleichung (3.3) noch einmal genau an. Große Werte von x werden erzwungen, wenn n groß und m klein ist, denn in diesem Fall wird die rechte Seite $\frac{10n}{7m}$ eine große Zahl ergeben. Außerdem ist in der Herleitung von (3.3) die weitere *Worst Case*-Annahme versteckt, dass der Rundungsfehler maximal ist. Wenn wir nun eine Zahl $a = n^7$ suchen, bei der die Rundung auf 5 Stellen *nicht* ausreicht, dann brauchen wir

1. ein großes n,
2. ein kleines m,
3. einen großen Rundungsfehler nach der 5. Stelle.

Große n gibt es bei 35-stelligen a, also für $n > 71.968$ (vgl. Tab. 3.7), und dort sind die kleinsten Mantissen von a zu finden, wenn man *knapp* oberhalb dieser Grenze sucht. Nun braucht man nur noch einen großen Rundungsfehler nach der 5. Stelle, und mit ein wenig Probieren wird man tatsächlich fündig (vgl. Tab. 3.7).

Das zweite Beispiel ist nur hinzugefügt, um zu zeigen, dass in diesem Fall der Rundungsfehler immer noch sehr groß ist, aber offenbar nicht groß genug, um ein Gegenbeispiel zu produzieren!

Fazit Die Zahlen a, bei denen man mehr als 5 Stellen zum Ziehen der 7. Wurzel benötigt, existieren zwar, aber sie sind sehr selten; vielleicht ist das obige Beispiel sogar das einzige.

Tab. 3.7 Beispiele für 7. Wurzeln

n	a (mit TR)	$\tilde{a}$	$\tilde{n}$	$\tilde{n}$ gerundet
72.005	$1{,}003549001 \cdot 10^{35}$	$1{,}0035 \cdot 10^{35}$	$72.004{,}497\ldots$	72.004 ☹☹
72.006	$1{,}003646566 \cdot 10^{35}$	$1{,}0036 \cdot 10^{35}$	$72.005{,}520\ldots$	72.006 ☺

Eines sollte klar sein: Diese Analyse ist exemplarisch für das Ziehen der k-ten Wurzel aus einer s-stelligen Zahl. Ist $a = n^k$ mit $n, k \in \mathbb{N}$ und $a = m \cdot 10^{s-1}$, dann dividiere man den Zehnerexponenten $s - 1$ mit Rest durch k, um die Anzahl der Stellen von n zu erhalten:

$$s - 1 = q \cdot k + r \quad \text{mit} \quad 0 \leq r < k \quad \Rightarrow \quad n = \sqrt[k]{a} = \left(\sqrt[k]{m \cdot 10^r} \right) \cdot 10^q$$

Wegen $1 \leq \sqrt[k]{m \cdot 10^r} < 10$ folgt daraus, dass n genau $q + 1$ Stellen hat. Kurz gesagt: Die Stellenzahl der Wurzel n ist gleich $\frac{s}{k}$, ggf. aufgerundet zur nächstgrößeren ganzen Zahl.

Die allgemeine Analyse zeigt, dass man in der Regel von a nur so viele Stellen braucht, wie n hat. Genauer: Wenn man die Stellenzahl z von n wie oben ermittelt, dann runde man a auf z Stellen zu $\tilde{a}$, und $\sqrt[k]{\tilde{a}}$ auf- oder abgerundet wird in den allermeisten Fällen die exakte Wurzel n liefern.

Noch einmal zurück zur Ungleichung (3.3): Die Konstante 7 steht dort stellvertretend für den Wurzelexponenten k, und daraus folgt: Wenn k größer wird, etwa $k \geq 10$, dann ist $10^x \geq \frac{10n}{k \cdot m}$ sogar im schlimmsten Fall $n \approx 10^z$ und $m \approx 1$ immer erfüllt, wenn $x \approx z$ ist. Somit gibt es solche Ausnahmen wie im Fall $k \approx 7$ überhaupt nicht mehr, und für noch größere k, etwa $k \geq 100$, kann die Anzahl benötigter Ziffern sogar abnehmen.

Unter diesen Aspekten werden wir jetzt die *Weltmeister-Aufgaben* des Kopfrechnen-Genies Gerd Mittring betrachten; damit soll seine Leistung keineswegs geschmälert, sondern nur ins rechte Licht gerückt werden. Die Aufgaben lauten (vgl. [19]):

(1) Aus einer 100-stelligen Zahl die 13. Wurzel zu ziehen (Weltrekordzeit: 11,46 Sekunden);

(2) aus einer 1000-stelligen Zahl die 137. Wurzel zu ziehen.

Zu (1) schreibt er (ebd., S. 181f.):

„Dabei hängte ich auch die Leute ab, die die Aufgabe auf dem Computer rechnen wollten. Das lag nicht daran, dass der Computer nicht schnell genug rechnen konnte, sondern die Bediener schafften es einfach nicht, die Aufgabe schnell genug einzutippen."

Hätten sie gewusst, dass sie nur die ersten 8 der 100 Ziffern brauchten (denn $100/13 = 7,69\ldots$ aufgerundet ergibt 8), dann hätten sie es sicher geschafft, sogar mit einem TR!

Tab. 3.8 13. Wurzeln aus gerundeten Zahlen	$\tilde{a}$	$\tilde{n}$
	$376.973.710 \cdot 10^{91}$	$45.678.962{,}96$
	$376.973.700 \cdot 10^{91}$	$45.678.962{,}87$
	$376.974.000 \cdot 10^{91}$	$45.678.965{,}67$

Die Wurzel n ist 8-stellig, und die Kenntnis der exakten Stellenzahl von a engt zusätzlich den Bereich für n stark ein:

$$10^{99} \leq a < 10^{100} \quad \Rightarrow \quad 10^{99/13} \leq n < 10^{100/13}$$
$$\Rightarrow \quad 41.246.263{,}8 \leq n < 49.238.826{,}3$$

Die 1. Ziffer von n ist also in jedem Fall eine 4. Hinzu kommt, dass die Einerziffer von n gleich der Einerziffer von a sein muss. Denn die Folge der Endziffern von Potenzen n^1, n^2, n^3, ... ist periodisch mit einer Periodenlänge von 1, 2 oder 4 (bitte ausprobieren!), sodass beim Exponenten 13 immer eine neue Periode beginnt. Somit sind zwei der 8 Ziffern von n vorweg bekannt, es sind „nur noch" 6 Ziffern auszurechnen.

Ein Testobjekt: $a = 376973714072\ldots81603$ (mit CAS erzeugt)

Die restlichen 83 Ziffern sind sowieso uninteressant und wurden gleich weggelassen. Wenn man a in den TR eingibt, muss man das Komma so setzen, dass als Zehnerexponent ein ganzzahliges Vielfaches von 13 stehen bleibt, sonst geht es schief:

$$a = 3{,}76\ldots \cdot 10^{99} = 376.973.714{,}072\ldots \cdot 10^{91}$$

Vor dem Komma stehen sogar 9 Ziffern, also mehr als unbedingt nötig. Vorsichtshalber nehmen wir diese 9 Ziffern und tippen ein:

$$\sqrt[13]{376.973.714} = 4{,}5678963$$

Wenn man $\sqrt[13]{10^{91}} = 10^7$ berücksichtigt, also das Komma um 7 Stellen nach rechts verschiebt, dann ergibt sich $n = 45.678.963$. Der Endziffern-Check ist positiv, zudem ist bemerkenswert, dass genau die 8 Stellen von n angezeigt werden, d. h., man braucht die TR-Anzeige gar nicht zu runden. Das kann nur daran liegen, dass die beiden folgenden Ziffern der Wurzel gleich 0 sind; $\tilde{n} = \sqrt[13]{\tilde{a}}$ ist also schon sehr genau. Vielleicht wären wir schon mit 8 Ziffern von a oder noch weniger ausgekommen? Die Tab. 3.8 zeigt: Es hätten sogar 7 Ziffern von a ausgereicht, 6 aber nicht.

Alternativ könnte man auch die Nachbarzahlen von n potenzieren und die höchste Stelle suchen, bei der sich die Potenzen ändern; diese wird auf jeden Fall nötig sein, um die Wurzel eindeutig zu identifizieren.

Nicht viel anders ist die Situation bei der Aufgabe (2), aus einer 1000-stelligen Zahl die 137. Wurzel zu ziehen. Wegen $1000/137 \approx 7{,}3$ (aufrunden!) reichen die ersten 8 Stellen von a auf jeden Fall, wahrscheinlich genügen sogar 7. Der Bereich für die möglichen Wurzeln ist sogar noch enger:

$$10^{999} \le a < 10^{1000} \quad \Rightarrow \quad 10^{999/137} \le a < 10^{1000/137}$$

$$\Rightarrow \quad 19.587.129{,}8 \le n < 19.919.116{,}56$$

Also lauten die ersten beiden Ziffern von n in jedem Fall 19, und insgesamt gibt es nur ca. 332.000 mögliche Werte für n, von denen wiederum 90 % ausscheiden, wenn man die Endziffer anschaut, denn auch hier stimmen die Endziffern von n und a überein (mit der gleichen Begründung wie bei der 13. Wurzel).

Ein Testobjekt: $a = 136958258795\ldots$ (985 weitere Ziffern) $\ldots 187$

(Es wäre ein Kinderspiel, die komplette Zahl mit einem CAS auszurechnen, aber diese 15 Ziffern wurden mit einem normalen TR berechnet! Wie wohl?)

Um die 137. Wurzel zu ziehen, muss man die passende Zehnerpotenz bestimmen, da der TR eine Eingabe von Zehnerexponenten > 99 nicht erlaubt:

$$a = 1{,}3\ldots \cdot 10^{999}; \; 999 = 7 \cdot 137 + 40 \quad \Rightarrow \quad a = (1{,}3\ldots \cdot 10^{40}) \cdot 10^{7 \cdot 137}$$

$$\Rightarrow \quad n = \sqrt[137]{1{,}3\ldots \cdot 10^{40}} \cdot 10^{7}$$

Außerdem runden wir a auf 7 Stellen:

$$\tilde{a} = 1{,}369583 \cdot 10^{40} \quad \Rightarrow \quad \tilde{n} = \sqrt[137]{\tilde{a}} = 1{,}963214704 \quad \text{(mit TR)}$$

Verschiebt man das Komma um 7 Stellen nach rechts und rundet, dann erhält man die exakte Wurzel $n = 19.632.147$. Wer ein CAS als Schiedsrichter befragen möchte, soll es tun – das Ergebnis stimmt.

Damit wollen wir, wie oben gesagt, nicht die weltmeisterliche Leistung abwerten, solche Wurzeln *im Kopf* zu berechnen; dazu gehören noch viele andere Rechen- und Merkfähigkeiten, die ein „normaler" Rechner eben nicht hat, vielleicht auch ein paar Geheimrezepte. Schließlich mussten wir sogar ein wenig handwerkliches Geschick aufwenden, um das Problem *TR-fähig* zu machen; dass man es überhaupt mit einem normalen TR lösen kann, ist ja nicht ganz selbstverständlich.

3.2.5 Das Heron-Verfahren

Es sei a eine beliebige positive reelle Zahl. Zu berechnen ist $\sqrt{a}$.

Eine „narrensichere" Methode, die häufig auch in Schulbüchern bei der Einführung der Wurzeln praktiziert wird, ist das *systematische Suchen*:

Tab. 3.9 Wurzel suchen

n	x_n	x_n^2	y_n	y_n^2
0	1	1	2	4
1	1,4	1,96	1,5	2,25
2	1,41	1,9881	1,42	2,0164
3	1,414	1,999396	1,415	2,002225

Man bestimmt sukzessive Näherungen x_n, y_n mit genau n Nachkommastellen, sodass x_n maximal mit $x_n^2 < a$ und y_n minimal mit $y_n^2 > a$ ist.

Beispiel $a = 2$ (siehe Tab. 3.9): So erhält man eine Intervallschachtelung $[x_n; y_n]$ für $\sqrt{a}$ mit $y_n - x_n = 10^{-n}$.

Damit ist die Wurzel beliebig genau berechenbar, mit einer kontrollierbaren Anzahl von Schritten, und man kann das Verfahren sogar automatisieren. Man hätte also eine wirksame Methode – wenn es keine bessere gäbe.

Wesentlich schneller, dabei ebenso sicher ist das *Heron-Verfahren*. Wir entwickeln es zunächst mit einem sehr anschaulichen geometrischen Ansatz; am Schluss des Abschnitts werden wir als Alternative einen algebraisch-numerischen Ansatz vorstellen, der abstrakter ist, aber gewisse Vorteile bietet.

Geometrische Idee $\sqrt{a}$ ist die Seitenlänge eines Quadrates mit dem Flächeninhalt a. Hat man ein Rechteck mit einer gegebenen Seitenlänge x und dem Flächeninhalt a, so ist $\frac{a}{x} = y$ die Länge der anderen Seite. Man versucht nun, das Rechteck in ein flächengleiches umzuwandeln, das der Quadratform wenigstens näherkommt. Als erste neue Seitenlänge wählt man $x' = \frac{x+y}{2}$.

Abbildung 3.2 zeigt eine Konstruktion dieses Rechtecks; tatsächlich ist es wesentlich „quadratischer" als das ursprüngliche, aber immer noch ist die waagerechte Seite länger als die senkrechte. (Aufgabe: In Abb. 3.2 ist $|AB| = x$, $|BC| = y$; F ist der Mittelpunkt von AE. Analysieren Sie die Figur, beschreiben Sie die Konstruktion und verifizieren Sie die Flächengleichheit der beiden Rechtecke $ABCD$ und $AFGH$!)

Abb. 3.2 zum Heron-Verfahren

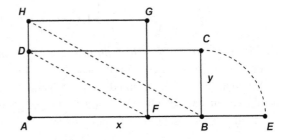

Tab. 3.10 Heron-Verfahren

n	x_n	$\frac{a}{x_n}$
0	1	2
1	1,5	1,333...
2	**1,41**666...	**1,411**764706
3	**1,414215686**	**1,414211438**
4	**1,414213562**	**1,414213562**

Arithmetische Interpretation:

1. Ist x eine Näherung für $\sqrt{a}$, dann ist $y := \frac{a}{x}$ auch eine Näherung. Wenn $x > \sqrt{a}$, dann ist $y = \frac{a}{x} < \frac{a}{\sqrt{a}} = \sqrt{a}$; damit gilt $x > \sqrt{a} > y$. Wenn $x < \sqrt{a}$, gilt das Umgekehrte; man hat also in jedem Fall ein *Intervall*, in dem $\sqrt{a}$ liegt.

2. Das *arithmetische Mittel* $x' := \frac{1}{2}\left(x + \frac{a}{x}\right)$ von x und y liegt zwischen x und y, ist also (hoffentlich) eine bessere Näherung.

3. Tatsächlich gilt wegen der *Ungleichung vom arithmetischen und geometrischen Mittel* (vgl. Aufg. 3; o. B. d. A. sei $x \neq \sqrt{a}$, also $x \neq \frac{a}{x}$):

$$x' = \frac{1}{2}\left(x + \frac{a}{x}\right) > \sqrt{x \cdot \frac{a}{x}} = \sqrt{a}$$

Daraus folgt mit $y' := \frac{a}{x'}$ wie in 1. (übrigens auch für $x < \sqrt{a}$!):

$$x' > \sqrt{a} > y'$$

Insgesamt ergibt sich im Fall $x > \sqrt{a}$ die Ungleichungskette:

$$x > x' > \sqrt{a} > y' > y$$

Ausgehend vom Intervall $[y; x]$, das die Wurzel enthält, hat man also ein *kleineres* Intervall $[y'; x']$ konstruiert, das *ebenfalls* die Wurzel enthält.

Wiederholt man diesen Prozess, so ergeben sich immer bessere Näherungen für $\sqrt{a}$.

Dazu definiert man eine *rekursive Folge* x_n mit $x_0 > 0$ (beliebig) als Startwert und

$$x_{n+1} = \frac{1}{2}\left(x_n + \frac{a}{x_n}\right) \text{ für alle } n \geq 0.$$

Das ist die *Rekursionsvorschrift für das Heron-Verfahren*.

Für ein Beispiel mit $a = 2$ und $x_0 = 1$ siehe Tab. 3.10.

Schon nach 4 Schritten sind die Intervallgrenzen auf dem TR mit 10-stelliger Anzeige nicht mehr zu unterscheiden, d. h., mit TR-Genauigkeit ist x_4 gleich der Wurzel. Die Folge x_n scheint also $\sqrt{a}$ sehr gut zu approximieren. In der Tat gilt:

▶ Für jeden Startwert $x_0 > 0$ konvergiert die Folge des Heron-Verfahrens gegen $\sqrt{a}$.

Beweis der Konvergenz O.B.d.A. sei $x_0 \neq \sqrt{a}$, denn sonst wäre die Folge konstant. Für alle $n \geq 1$ gilt dann $x_n > \sqrt{a}$ (nur x_0 kann kleiner als $\sqrt{a}$ sein, siehe oben); außerdem ist $x_n > x_{n+1}$, denn aus $x_n > \sqrt{a}$ folgt $\frac{a}{x_n} < \sqrt{a}$, also $x_n > \frac{a}{x_n}$, und x_{n+1} ist das arithmetische Mittel dieser Zahlen, liegt also dazwischen.

Daher ist die Folge (eventuell mit Ausnahme des Startwerts x_0) nach unten beschränkt durch $\sqrt{a}$ und streng monoton fallend, mithin konvergent; der Grenzwert sei X. $\sqrt{a}$ ist eine untere Schranke für x_n, also gilt $X > 0$. Aus der Rekursionsvorschrift

$$x_{n+1} = \frac{1}{2}\left(x_n + \frac{a}{x_n}\right)$$

folgt durch Übergang zum Grenzwert:

$$X = \frac{1}{2}\left(X + \frac{a}{X}\right) \quad \text{(beachte } X > 0)$$

Durch Auflösen dieser Gleichung nach X ergibt sich sofort $X = \sqrt{a}$.

Damit ist bewiesen, *dass* die Folge konvergiert; wir untersuchen jetzt, *wie* sie konvergiert.

Schnelle Konvergenz ist beim Heron-Verfahren garantiert. Denn für den absoluten Fehler $x_n - \sqrt{a}$ nach n Schritten gilt, wie man leicht nachrechnet, die rekursive Beziehung:

$$x_{n+1} - \sqrt{a} = \frac{1}{2x_n}\left(x_n - \sqrt{a}\right)^2$$

Für $n \geq 1$ folgt daraus wegen $x_n > \sqrt{a}$ die Abschätzung:

$$x_{n+1} - \sqrt{a} \leq \frac{1}{2\sqrt{a}}\left(x_n - \sqrt{a}\right)^2$$

Dieses Verhalten nennt man *quadratische Konvergenz*. Grob gesagt heißt das: Ist man schon nahe bei der Wurzel, so wird die Anzahl der signifikanten Nachkommastellen bei jedem Iterationsschritt *verdoppelt*.

Etwas genauer: Zur Vereinfachung sei jetzt $a > 1$ angenommen. Wenn x_n und $\frac{a}{x_n}$ bereits auf s Nachkommastellen übereinstimmen, dann ist auf jeden Fall $x_n - \sqrt{a} < 10^{-s}$; aus der obigen Abschätzung folgt:

$$x_{n+1} - \sqrt{a} \leq \frac{1}{2}\cdot\left(x_n - \sqrt{a}\right)^2 < \frac{1}{2}\cdot 10^{-2s}$$

Also sind $2s$ Nachkommastellen von x_{n+1} signifikante Stellen der Wurzel. Das bedeutet eine sehr schnelle Konvergenz, sodass man bei der TR-Berechnung mit einem guten Startwert schon nach drei bis vier Iterationsschritten die volle TR-Genauigkeit erreicht hat. Konvergenz ist auch bei ungünstigen Startwerten gesichert; gleichwohl sollte man zur Minimierung des Aufwandes den Startwert nicht beliebig wählen (z. B. sind $x_0 = 1$ oder $x_0 = a$ zwar immer möglich, aber nicht immer günstig), sondern man sollte einen Schätzwert für $\sqrt{a}$ bestimmen.

Anmerkung zur Handhabung des TR: Bei rekursiven Verfahren wie diesem ist die Befehlswiederholung mit Hilfe der ANS-Taste sehr nützlich. Tastenfolge mit $a = 13$ und Startwert $x_0 = 4$:

$$4 \boxed{=} (\boxed{\text{ANS}} + 13 / \boxed{\text{ANS}}) / 2 \boxed{=} \boxed{=} \boxed{=} \dots$$

(Bei manchen alten TR funktioniert das nicht, und das ist ein großer Mangel, wie auch die nächsten Kapitel zeigen werden.)

Ein anderer Ansatz Alternativ zur obigen geometrischen Idee kann man ein Verfahren zur Wurzelberechnung mit einer *algebraisch-numerischen Idee* entwickeln.

Dazu sei x eine Näherung für $\sqrt{a}$, mit einem kleinen Fehler $d := x - \sqrt{a}$. Dann gilt:

$$\sqrt{a} = x - d \quad \Rightarrow \quad a = (x - d)^2 = x^2 - 2xd + d^2$$

Wenn d klein ist, dann ist d^2 im Vergleich zu den anderen Summanden *sehr* klein, wir machen also keinen großen Fehler, wenn wir d^2 weglassen:

$$a \approx x^2 - 2xd$$

Durch diese *Linearisierung* kann man eine Näherung für den Fehler d ausrechnen und damit eine bessere Näherung für $\sqrt{a}$ bestimmen.

Die Zahl $\tilde{d}$, die die obige „Ungefähr-Gleichung" *exakt* erfüllt, kann nämlich schlicht und einfach als Lösung einer linearen Gleichung ausgerechnet werden:

$$a = x^2 - 2x\tilde{d} \quad \Rightarrow \quad \tilde{d} = \frac{x^2 - a}{2x}$$

Dann ist zu erwarten, dass $x' := x - \tilde{d}$ eine bessere Näherung für $\sqrt{a}$ ist. Vereinfacht stellt sich x' so dar:

$$x' = x - \frac{x^2 - a}{2x} = \frac{2x^2 - x^2 + a}{2x} = \frac{x^2 + a}{2x} = \frac{1}{2}\left(x + \frac{a}{x}\right)$$

Es ergibt sich also genau dasselbe wie bei der geometrischen Idee. Gleichwohl ist diese Methode nicht nur als eine andere Herleitung des Heron-Verfahrens zu bewerten. Ihr Vorteil besteht darin, dass man sie unmittelbar verallgemeinern kann: Auf die ganz gleiche Art – ohne zusätzliche Idee – ist es möglich, Verfahren zur Berechnung von $\sqrt[k]{a}$ für beliebige Wurzelexponenten $k \in \mathbb{N}$ zu entwickeln (vgl. Aufg. 6).

Möchte man obige geometrisch motivierte Idee auf die Berechnung von $\sqrt[k]{a}$ verallgemeinern, so braucht man doch noch eine zusätzliche Überlegung: Durch $x_{n+1} = \frac{1}{2}\left(x_n + \frac{a}{x_n}\right)$ wird das arithmetische Mittel *zweier* Zahlen gebildet, deren Produkt a ergibt, was man schön geometrisch als Flächeninhalte von Rechtecken deuten kann; bei drei Zahlen könnte man Quader und Rauminhalte zur Veranschaulichung nehmen, das geht allerdings bei $k > 3$ Zahlen nicht mehr. Aber die Idee der fortgesetzten Mittelwertbildung ist trotzdem verallgemeinerbar: Durch

$$x_{n+1} = \frac{1}{k}\left(\underbrace{x_n + \ldots + x_n}_{k-1\text{-mal}} + \frac{a}{x_n{}^{k-1}}\right)$$

wird das arithmetische Mittel von k Zahlen gebildet, deren Produkt a ist, wobei dabei günstigerweise gleich angenommen wird, dass die ersten $k - 1$ gleich sind (das ist die zusätzlich nötige Überlegung).

3.2.6 Aufgaben zu 3.2

1. Schätzen von Wurzeln: Probieren Sie es auch mit größeren Wurzelexponenten!
   Tipps: Die 4. Wurzel erhält man, wenn man zweimal hintereinander die Quadratwurzel zieht. Analog bei 6. Wurzeln: nacheinander Quadratwurzel und 3. Wurzel (oder umgekehrt). Bei 5. Wurzeln geht es so nicht, da muss man 5er-Ziffernblöcke abtrennen und mit dem höchsten (maximal 5-stelligen) Block die 5. Wurzel schätzen; dazu braucht man Anhaltspunkte für die 5. Potenzen der Ziffern, etwa so: $2^5 = 32$; $4^5 \approx 1000$; $8^5 \approx 32.000$.
   Beispiele: $\sqrt[5]{12\,34567\,89876\,54321} \approx 1500$; $\sqrt[5]{1234\,56712\,34567} \approx 410$
2. Finden Sie Beispiele dafür, dass ein 4-stelliger Spielzeug-TR aus einer 8-stelligen Quadratzahl *nicht* die exakte Wurzel berechnet!
   Konkret: Eine 8-stellige Quadratzahl $a = n^2$ (mit $n \in \mathbb{N}$) soll auf 4 Stellen gerundet werden ($\to \tilde{a}$), und $\sqrt{\tilde{a}}$ ganzzahlig gerundet soll *nicht* $\sqrt{a} = n$ ergeben.
   Versuchen Sie das Gleiche auch mit einem 5-stelligen TR und 10-stelligen Quadratzahlen.
3. Verifizieren Sie die Ungleichung vom arithmetischen und geometrischen Mittel:

   Für alle positiven reellen Zahlen a, b ist $\dfrac{a + b}{2} \geq \sqrt{a \cdot b}$;

   Gleichheit gilt genau dann, wenn $a = b$.

   a) Analysieren Sie dazu die Figur in Abb. 3.3 (Tipp: euklidischer Höhensatz).
   b) Beweisen Sie die Ungleichung algebraisch.
4. Wie verhält sich die Heron-Folge für *negative* a? Stellen Sie die Folge grafisch dar; probieren Sie verschiedene negative Werte für a und verschiedene Startwerte aus.

Abb. 3.3 Zum arithmetischen
und geometrischen Mittel

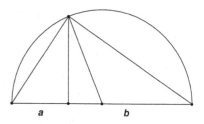

(Beachten Sie: Für $a < 0$ ist $\sqrt{a}$ innerhalb der reellen Zahlen nicht definiert.)

5. Betrachten Sie die folgenden rekursiv definierten Folgen: Es sei $a > 0$ beliebig und

$$(1) \quad x_0 = a, \, x_{n+1} = \frac{1}{2}\left(x_n + \frac{a}{x_n^2}\right)$$

$$(2) \quad x_0 = a, \, x_{n+1} = \frac{1}{3}\left(2x_n + \frac{a}{x_n^2}\right)$$

$$(3) \quad x_0 = a, \, x_{n+1} = \sqrt{\frac{a}{x_n}}$$

Berechnen Sie für $a = 2$ jeweils einige Folgenglieder. Beschreiben Sie das Verhalten der Folgen. Was vermuten Sie bezüglich der Konvergenz und ggf. des Grenzwertes?

6. Entwickeln Sie ein Verfahren zur Berechnung k-ter Wurzeln ($k \in \mathbb{N}, k > 2$) analog zur algebraisch-numerischen Idee! (Tipp: Wenn man $(x - d)^k$ mit dem allgemeinen binomischen Satz entwickelt, sind alle Potenzen d^j mit $j > 1$ sehr, sehr klein.)

3.3 Die Berechnung von π

3.3.1 Wie viele Dezimalstellen braucht der Mensch?

Die Kreiszahl π gehört zweifellos zu den bekanntesten Zahlen. Das liegt zum einen daran, dass Kreise, Kugeln, Zylinder, Kegel usw. häufig in Natur und Technik vorkommen, und zu ihrer Berechnung braucht man eben π; jeder Praktiker kennt die Formeln „Pi mal Durchmesser" für den Kreisumfang sowie „Pi mal Daumen" für irgendeine grobe Schätzung. Zum andern geht eine beinahe mystische Faszination von dieser Zahl aus, denn die schlichte Form des Kreises erweist sich als ziemlich widerspenstig, wenn es um seine Berechnung geht. Das sprichwörtliche Problem der „Quadratur des Kreises", also aus einem Kreis ein flächengleiches Quadrat mit Zirkel und Lineal zu konstruieren, blieb zwei Jahrtausende lang ungelöst, bis der Nachweis der Unlösbarkeit gelang. In der Dezimalbruchentwicklung von π ist das einzig Regelmäßige die Unregelmäßigkeit; die Ziffernfolge kann ohne Weiteres als Würfel-Ersatz für Zufallsversuche herangezogen werden. Weiterhin trifft man π in zahlreichen mathematischen Zusammenhängen an, die absolut nichts mit Kreisen zu tun haben. Das alles stachelt die Neugier an und führt zu immer neuen Rekorden in der π-Berechnung; der letzte Rekord wurde im Oktober 2011 aufgestellt: 10 Billionen Stellen! (Daraus machen wir doch gleich eine Aufgabe zum Überschlagsrechnen: Stellen Sie sich vor, diese Ziffern werden hintereinander auf einen Papierstreifen geschrieben. Wie lang wird der Streifen ungefähr? Wie oft könnte man ihn um den Äquator wickeln?)

Wofür braucht man eigentlich so viele Stellen? Diese Frage stellt man sich unwillkürlich beim Lesen der Nachricht. Bevor wir uns der Frage zuwenden, wie man π berechnen kann, werden wir kurz die Frage untersuchen: Welche Genauigkeit ist erforderlich, wenn man in verschiedenen Kontexten mit π rechnet?

- Für grobe Näherungen und Überschlagsrechnungen reicht der Wert $\pi \approx 3$ völlig aus; der relative Fehler ist dann $\frac{3-\pi}{\pi} > \frac{-0,14}{3,14} \approx -0,045$, also dem Betrage nach knapp 5 %. Ggf. kann man Endergebnisse etwas nach oben runden. (Beispiele in Aufg. 1)
- Im Bereich Technik/Handwerk braucht man in der Regel nicht mehr als 3 bis 5 Stellen:

$$\pi \approx 3,14 \qquad \text{für geringe Genauigkeit bzw.}$$

$$\pi \approx 3,1416 \qquad \text{für höhere Genauigkeit.}$$

Beispiel: Welches Volumen hat ein zylindrischer Tank von 8 m Länge und 2 m Durchmesser? (Siehe Aufg. 2.)

Beachten Sie, dass Maßangaben allemal mit Fehlern behaftet sind: Ein Fehler von ± 1 mm in der Messung von Länge oder Durchmesser muss hier wohl toleriert werden; dadurch ergeben sich weit größere Unterschiede als durch einen gerundeten π-Wert.

- Auf TR hat man π mit mindestens 10 Stellen zur Verfügung. Das ist in diesem Kontext mehr als genug. Auf Billigrechnern ohne π-Konstante kann man die obigen dezimalen oder auch *rationale* Näherungen benutzen:

$$\pi \approx \frac{22}{7} \quad \text{oder} \quad \pi \approx \frac{355}{113} \quad \text{(diese ist verblüffend genau!).}$$

- Im wissenschaftlichen Bereich sind die Anforderungen sicherlich höher, aber: Die Entfernung Erde-Sonne beträgt ungefähr 150 Mio. km. Wäre die Bahn der Erde um die Sonne ein exakter Kreis mit diesem Radius, so könnte man dessen Umfang mit den 10 Stellen eines TR auf ± 50 m genau berechnen, also genauer als physikalisch sinnvoll. Noch extremer: Die größte mit heutigen Methoden beobachtbare Entfernung im Weltall beträgt ca. 9 Mrd. Lichtjahre; 1 Lichtjahr sind $9,5 \cdot 10^{15}$ m, also beträgt dieser „Radius des Weltalls" ca. 10^{26} m. Der Durchmesser eines Atomkerns liegt in der Größenordnung von 10^{-16} m. Würde man also eine Kugel mit dem größten beobachtbaren Radius in der kleinsten beobachtbaren Längeneinheit berechnen, so wären 42 Dezimalstellen notwendig. Selbst wenn man für π vorsichtshalber 3 Stellen mehr nimmt, braucht man nicht mehr als 45 Stellen. 35 davon waren bereits im 17. Jahrhundert bekannt, und heutzutage berechnet ein CAS 1000 Stellen von π in Sekundenbruchteilen.

Hier sind die ersten 51 Stellen:

$$\pi \approx 3{,}14159265358979323846264338327950288419716939937510\ldots$$

Wer die Realität mathematisch erfassen möchte, braucht also von den 10 Billionen bekannten Stellen mit Sicherheit nicht mehr als diese wenigen.

Nun zur Kreisberechnung: Die ersten Quellen stammen aus der Zeit um 2000 v. Chr. (Babylonier: $\pi = 3\frac{1}{8} = 3{,}125$; Ägypter: $\pi = \left(\frac{16}{9}\right)^2 \approx 3{,}16$; verschiedene andere Quellen benutzen $\pi = 3$). Die Entstehung dieser Näherungen ist unklar, aber die Vermutung liegt nahe, dass sie durch *Messen* gefunden wurden, nachdem man erkannt hatte, dass das Verhältnis von Umfang zu Durchmesser bei allen Kreisen das gleiche ist (zweifellos ist das die Erkenntnisleistung, die der Bestimmung von π vorangehen musste).

Wie genau kann man denn π durch Messungen erhalten?

Umfang U und Durchmesser D eines Kaffeepotts wurden gemessen, es ergaben sich die Werte $U = 245\,\text{mm}$, $D = 78\,\text{mm}$. Der Quotient

$$\frac{U}{D} = \frac{245}{78} = 3{,}141025641$$

stimmt in 4 Dezimalstellen mit π überein, scheint also verblüffend genau zu sein. Aber: Wenn wir π nicht kennten, wie viele Stellen dürften wir dann als signifikant akzeptieren? Mit Lineal oder Maßband kann man die Längenmaße höchstens auf 0,5 mm genau ablesen, also müsste man angeben: $U = 245 \pm 0{,}5\,\text{mm}$, $D = 78 \pm 0{,}5\,\text{mm}$. Der größtmögliche bzw. kleinstmögliche Quotient beträgt dann (vgl. Abschn. 2.4.1):

$$\frac{245{,}5}{77{,}5} = 3{,}1677 \quad \text{bzw.} \quad \frac{244{,}5}{78{,}5} = 3{,}1146$$

Wir müssen also π in diesem Intervall annehmen; die genauestmögliche Angabe ist, sinnvoll gerundet:

$$3{,}114 \leq \pi \leq 3{,}168 \quad \text{oder} \quad \pi = 3{,}141 \pm 0{,}027 \quad \text{oder einfacher} \quad \pi = 3{,}14 \pm 0{,}03$$

Das heißt: Nicht einmal die 3. Stelle (2. Nachkommastelle) ist sicher; die Messung hat nur zwei signifikante Stellen ergeben. Immerhin beträgt der maximale Fehler weniger als 1 % des mittleren Wertes.

Fazit

- Unser scheinbar sehr genaues Ergebnis mit 4 übereinstimmenden Dezimalstellen war ein Zufallsprodukt.

- Die „schlechten" Näherungen der Babylonier und Ägypter sind mit den damals möglichen groben Messmethoden kaum zu verbessern. (Man beachte, dass die Näherungen auch zweckmäßig, also *einfach* sein sollten!)

Zur eigentlichen Berechnung von π waren zwei Jahrtausende lang *geometrische* Methoden vorherrschend. Die bekannteste stammt von Archimedes (3. Jahrhundert v. Chr.): Er approximierte den Kreis durch regelmäßige Polygone und fand die Abschätzung

$$3\frac{10}{71} < \pi < 3\frac{1}{7}$$

(Näheres im folgenden Abschnitt). Noch im Jahr 1592 benutzte Ludolph van Ceulen die Archimedische Methode, um 32 Nachkommastellen von π zu berechnen.

Erst im 17. Jahrhundert, als sich die Analysis entwickelte, entdeckte man grundsätzlich neue Darstellungen von π als Grenzwert von *rationalen* Zahlenfolgen, die zumeist relativ einfach gebaut waren. Einige Beispiele:

(1) $\dfrac{\pi}{2} = \dfrac{2}{1} \cdot \dfrac{2}{3} \cdot \dfrac{4}{3} \cdot \dfrac{4}{5} \cdot \dfrac{6}{5} \cdot \dfrac{6}{7} \cdot \ldots$ \hfill (Wallis 1655)

(2) $\dfrac{4}{\pi} = 1 + \cfrac{1^2}{2 + \cfrac{3^2}{2 + \cfrac{5^2}{2 + \cfrac{7^2}{2 + \ldots}}}}$ \hfill (Brouncker 1655)

(3) $\dfrac{\pi}{6} = \dfrac{1}{2} + \dfrac{1}{2 \cdot 3 \cdot 2^3} + \dfrac{1 \cdot 3}{2 \cdot 4 \cdot 5 \cdot 2^5} + \dfrac{1 \cdot 3 \cdot 5}{2 \cdot 4 \cdot 6 \cdot 7 \cdot 2^7} + \ldots$ \hfill (Newton 1665)

(4) $\dfrac{\pi}{4} = 1 - \dfrac{1}{3} + \dfrac{1}{5} - \dfrac{1}{7} + \dfrac{1}{9} - + \ldots$ \hfill (Leibniz 1674)

(5) $\dfrac{\pi^2}{6} = \dfrac{1}{1^2} + \dfrac{1}{2^2} + \dfrac{1}{3^2} + \dfrac{1}{4^2} + \dfrac{1}{5^2} + \ldots$ \hfill (Euler 1736)

Die Methoden wurden immer weiter verbessert, um die Berechnung zu vereinfachen und zu beschleunigen, sodass im Jahr 1705 erstmals der aus dem archimedischen Zeitalter stammende Rekord von 35 Stellen gebrochen wurde. Die damals erzielte Genauigkeit von 72 Stellen stand schon jenseits aller praktischen Erfordernisse; nichtsdestoweniger ging die Rekordjagd weiter, getrieben von der Suche nach Gesetzmäßigkeiten in der Ziffernfolge: Ist der Dezimalbruch periodisch, also π rational? (Nein.) Gibt es andere Regelmäßigkeiten? (Bis heute hat man keine gefunden.)

Abb. 3.4 Kreis mit ein- und
umbeschriebenem Sechseck

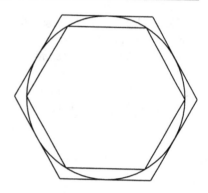

3.3.2 Archimedes und seine Nachfolger

Archimedes berechnete die Seitenlängen von regelmäßigen Polygonen, die dem Kreis um-
und einbeschrieben werden, und zwar ausgehend vom Sechseck (vgl. Abb. 3.4) durch
sukzessive Verdopplung der Eckenzahl bis hin zum 96-Eck. Genauer: Er berechnete *Abschätzungen* für die *Verhältnisse* des Kreisdurchmessers zu den Seitenlängen und erhielt
daraus eine obere und eine untere Schranke für das Verhältnis vom Umfang zum Durchmesser, eben für π.

Für die *obere* Schranke ging er so vor (vgl. Abb. 3.5):

Es sei $\angle AOC = 30°$, dann ist AC die halbe Seite des umbeschriebenen Sechsecks, und
es gilt:

$$|OA| : |AC| = \sqrt{3} : 1 > 265 : 153$$
$$|OC| : |AC| = 2 : 1 = 306 : 153$$

Abb. 3.5 Eckenverdopplung,
obere Schranke

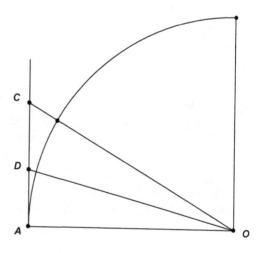

Das ist der Anfang der Abschätzung. Halbiert man $\angle AOC$ (die Winkelhalbierende schneide AC in D), so ist AD die halbe Seite des umbeschriebenen Zwölfecks.

Es gilt der Satz: In jedem Dreieck teilt eine Winkelhalbierende die Gegenseite im Verhältnis der anliegenden Seiten. Das heißt in diesem Fall (für das Dreieck AOC):

$$|OC| : |OA| = |CD| : |DA|$$

Daraus folgt:

$$(|OC| + |OA|) : |OA| = (|CD| + |DA|) : |DA| = |AC| : |DA|$$

Durch Umstellen dieser Verhältnisgleichung und Einsetzen der obigen Werte ergibt sich:

$$|OA| : |AD| = (|OC| + |OA|) : |AC| > (306 + 265) : 153 = 571 : 153 \qquad (3.4)$$

Damit könnte man schon den Umfang des Zwölfecks abschätzen. Als Startwert für die nächste Eckenverdopplung braucht man jedoch noch eine Abschätzung für $|OD| : |AD|$. Diese ergibt sich mit dem Satz des Pythagoras im rechtwinkligen Dreieck ODA:

$$|OD|^2 : |AD|^2 = \left(|OA|^2 + |AD|^2\right) : |AD|^2$$
$$> \left(571^2 + 153^2\right) : 153^2 = 349.450 : 153^2 \qquad (3.5)$$
$$|OD| : |AD| = \sqrt{|OA|^2 + |AD|^2} : |AD| > 591\frac{1}{8} : 153$$

Denn $\sqrt{349.450} = 591{,}143\ldots > 591\frac{1}{8}$.

Halbiert man jetzt $\angle AOD$, so erhält man genauso die Abschätzungen für die entsprechenden Verhältnisse beim 24-Eck usw.; Archimedes berechnete in 4 Schritten die folgenden Werte (beachte: $|OA|$ ist der Kreisradius r): Die Tab. 3.11 enthält zusätzlich die daraus resultierenden Näherungen für π: Ist S_n die Seitenlänge des umbeschriebenen n-Ecks (z. B. $S_6 = 2 \cdot |AC|$, $S_{12} = 2 \cdot |AD|$), so gilt:

$$\pi < \frac{n \cdot S_n}{2r} = \frac{n \cdot S_n/2}{r}$$

Zur Vereinfachung wurde der letzte Bruch $\dfrac{96 \cdot 153}{4673\frac{1}{2}}$ noch nach oben abgeschätzt:

$$\pi < 3\frac{1}{7} = 3{,}142857\ldots$$

Noch einmal zurück zur geometrischen Herleitung dieser Abschätzung:

Ist $\alpha = \angle AOC$ und $\frac{\alpha}{2} = \angle AOD$, dann gilt in moderner trigonometrischer Notation:

$$\tan(\alpha) = \frac{|AC|}{|OA|}, \quad \sin(\alpha) = \frac{|AC|}{|OC|}, \quad \tan\left(\frac{\alpha}{2}\right) = \frac{|AD|}{|OA|}$$

Tab. 3.11 Obere Schranken für π

n	$r : S_n/2 >$	$\pi <$
6	265 : 153	$\dfrac{6 \cdot 153}{265} = 3{,}464151$
12	571 : 153	$\dfrac{12 \cdot 153}{571} = 3{,}215441$
24	$1162\frac{1}{8} : 153$	$\dfrac{24 \cdot 153}{1162\frac{1}{8}} = 3{,}159729$
48	$2334\frac{1}{4} : 153$	$\dfrac{48 \cdot 153}{2334\frac{1}{4}} = 3{,}146193$
96	$4673\frac{1}{2} : 153$	$\dfrac{96 \cdot 153}{4673\frac{1}{2}} = 3{,}142827$

Aus der Gl. (3.4) wird in dieser Schreibweise die genial einfache *Halbwinkelformel*:

$$\frac{1}{\tan\left(\frac{\alpha}{2}\right)} = \frac{1}{\tan(\alpha)} + \frac{1}{\sin(\alpha)} \tag{3.6}$$

Und hinter Gl. (3.5) verbirgt sich eine Umrechnungsformel von tan zu sin (mit $\beta = \frac{\alpha}{2}$):

$$\frac{1}{\sin(\beta)} = \sqrt{\frac{1}{\tan^2(\beta)} + 1} \tag{3.7}$$

Beide gelten für beliebige Winkel α und β, nicht nur für die hier betrachteten speziellen Werte. (Vgl. Aufg. 5.)

Ganz ähnlich leitete Archimedes eine *untere Schranke* für π ab, und zwar so (Abb. 3.6): Es sei $\angle BAC = 30°$, damit ist BC die Seite des einbeschriebenen Sechsecks. Halbiert man $\angle BAC$ (die Winkelhalbierende schneide den Kreis in D), dann ist BD die Seite des

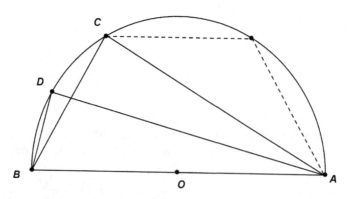

Abb. 3.6 Eckenverdopplung, untere Schranke

Tab. 3.12 Untere Schranken für π

n	$d : s_n \leq$	$\pi >$
6	$2 : 1$	$\dfrac{6 \cdot 1}{2} = 3$
12	$3013\frac{3}{4} : 780$	$\dfrac{12 \cdot 780}{3013\frac{3}{4}} = 3{,}105765$
24	$1838\frac{9}{11} : 240$	$\dfrac{24 \cdot 240}{1838\frac{9}{11}} = 3{,}132447$
48	$1009\frac{1}{6} : 66$	$\dfrac{48 \cdot 66}{1009\frac{1}{6}} = 3{,}139224$
96	$2017\frac{1}{4} : 66$	$\dfrac{96 \cdot 66}{2017\frac{1}{4}} = 3{,}140910$

einbeschriebenen Zwölfecks. Die Winkel bei C und D betragen nach dem Thalessatz je 90°. Sind

$$\frac{1}{\tan(30°)} = |AC| : |BC| \quad \text{und} \quad \frac{1}{\sin(30°)} = |AB| : |BC|$$

bekannt, so kann man mit Gl. (3.6) und (3.7) die entsprechenden Werte für 15° ausrechnen. Dann wird der Winkel wie oben sukzessive halbiert.

Archimedes startete mit

$$|AC| : |BC| = \sqrt{3} : 1 < 1351 : 780$$
$$|AB| : |BC| = 2 : 1 = 1560 : 780$$

und erhielt nach 4 Schritten die Werte in der Tab. 3.12. (Beachten Sie: Um eine *untere* Schranke für π zu erhalten, muss jetzt in der anderen Richtung abgeschätzt werden!)

Auch hier enthält die Tabelle die resultierenden Näherungen für π: Ist s_n die Seitenlänge des einbeschriebenen n-Ecks, so ist $\pi > \frac{n \cdot s_n}{d}$.

Der letzte Näherungsbruch $\frac{96 \cdot 66}{2017\frac{1}{4}}$ wurde noch zur Vereinfachung nach unten abgeschätzt zu

$$\pi > 3\frac{10}{71} = 3{,}140845\ldots$$

Typisch für die antike griechische Arithmetik ist der Umgang mit Größenverhältnissen (also mit rationalen Zahlen), wobei die Verhältniszahlen (Zähler und Nenner) entweder ganzzahlig oder einfache Brüche sind. Quadratwurzeln werden durch Brüche approximiert, wobei in diesem Fall konsequent entweder nur nach oben oder nur nach unten abgeschätzt wird. Die anfänglichen Abschätzungen für $\sqrt{3}$, nämlich

$$\frac{265}{153} < \sqrt{3} < \frac{1351}{780},$$

Tab. 3.13 π-Berechnung nach Archimedes

n	$u_n/2$ „exakt"	$u_n/2$ n. Arch.	$U_n/2$ „exakt"	$U_n/2$ n. Arch.
6	**3**	**3**	3,46410161	**3,464**151
12	**3,10582854**	**3,105**765	3,21539030	**3,215**441
24	**3,13262861**	**3,132**447	3,15965994	**3,159**729
48	**3,13935020**	**3,139**224	3,14608621	**3,146**193
96	**3,14103195**	**3,140**910	3,14271460	**3,142**827

Endergebnis nach Archimedes: $3\frac{10}{71} \approx 3,140845$; $3\frac{1}{7} \approx 3,142857$

sind sogar *beste Approximationen* in folgendem Sinne: Es gibt keine rationale Zahl *mit kleinerem Nenner*, die eine bessere untere bzw. obere Schranke für $\sqrt{3}$ ergibt.

Bei jeder Eckenverdopplung tritt eine Quadratwurzel auf, die durch eine rationale Zahl approximiert wird. Außerdem soll das Endergebnis möglichst einfach sein, d. h. ein Bruch mit möglichst kleinen Zahlen als Zähler und Nenner. Die dabei auftretenden Rundungsfehler sind unvermeidlich, wenn die Rechnung nicht unnötig kompliziert werden soll. Ihr Einfluss darf jedoch nicht größer sein als der *Verfahrensfehler*, der dadurch entsteht, dass man den Kreisumfang durch Polygone approximiert. In diesem Fall besteht der Verfahrensfehler aus dem Unterschied des Kreisumfangs zu den Umfängen der ein- und umbeschriebenen 96-Ecke.

Um den Einfluss der Rundungsfehler bei Archimedes zu beurteilen, berechnen wir jetzt die entsprechenden Näherungen für π mit dem Computer. Wir benutzen dazu eine äquivalente, aber bequemere Darstellung, die im 17. Jahrhundert von Snellius, Gregory und Huygens formuliert worden ist.

Es seien U_n bzw. u_n die Umfänge der um- bzw. einbeschriebenen regelmäßigen n-Ecke. Dann gilt (mit dem Kreisradius 1):

$$U_6 = 4 \cdot \sqrt{3}, u_6 = 6$$

$$U_{2n} = \frac{2 \cdot U_n \cdot u_n}{U_n + u_n}, u_{2n} = \sqrt{u_n \cdot U_{2n}}$$

(Zur Herleitung vgl. [31].) Für solche rekursiven Verfahren sind Tabellenprogramme prädestiniert. In der Regel rechnen sie mit maximal 15-stelliger Genauigkeit. Die angezeigten Werte sind üblicherweise auf 9 Stellen gerundet; wir können also davon ausgehen, dass sie im Rahmen der angezeigten Genauigkeit exakt sind. Tabelle 3.13 enthält die mit Excel berechneten „exakten" Werte für $u_n/2$, $U_n/2$ und zum Vergleich die von Archimedes berechneten Werte aus Tab. 3.11 und Tab. 3.12 in dezimaler Näherung. Die übereinstimmenden Stellen sind hervorgehoben.

Man sieht: Die Rundungsfehler machen sich bei Archimedes erst ab der 5. Dezimalstelle bemerkbar (die Vorkommastelle wird mitgezählt); dagegen beträgt der Verfahrensfehler maximal $\frac{U_{96}}{2} - \frac{u_{96}}{2} \approx 0,0017$. Der Gesamtfehler von Archimedes beträgt maximal $3\frac{1}{7} - 3\frac{10}{71} \approx 0,002$, er liegt also in der 4. Dezimalstelle; die Rechengenauigkeit ist um eine Stel-

Tab. 3.14 Absolute Fehler der Näherungen für π

n	e_n	E_n
6	−0,14	0,32
12	−0,036	0,074
24	−0,0090	0,018
48	−0,0022	0,0045
96	−0,00056	0,0011

le höher als unbedingt notwendig. Somit hat Archimedes *optimal* gerechnet, im folgenden Sinne: Die Rechnung ist

a) genau genug, sodass die prinzipiell mögliche Genauigkeit auch erreicht wird,

b) nicht zu genau, sodass der Aufwand gering bleibt.

Außerdem sind die Abschätzungen in jedem Falle *korrekt*, d. h., die archimedischen Werte für u_n sind immer *kleiner*, für U_n immer *größer* als die exakten Werte; auch im vereinfachten Endergebnis wurde richtig abgeschätzt.

Mit dem Verfahren von Archimedes war nun π beliebig genau berechenbar. Allerdings reichte die Genauigkeit der einfachen Näherung $π \approx \frac{22}{7}$ für die meisten praktischen Anwendungen aus; zuweilen wurde dieser Bruch sogar als *exakter* Wert für π angesehen. So dauerte es ziemlich lange, bis die Genauigkeit wesentlich gesteigert wurde: Im Jahr 1596 berechnete der holländische Mathematiker Ludolph van Ceulen (1540–1610) 20 Nachkommastellen von π, wenige Jahre später sogar 35 Stellen, und zwar mit nichts anderem als der antiken archimedischen Methode. Ihm zu Ehren wurde π bis zum Ende des 19. Jahrhunderts die *Ludolph'sche Zahl* genannt.

Um den hierzu benötigten Aufwand abzuschätzen, berechnen wir jetzt zu den Näherungen $p_n = u_n/2$, $P_n = U_n/2$ die absoluten Fehler $e_n = p_n - π$, $E_n = P_n - π$ und stellen die Folgen p_n und P_n grafisch dar. (Vgl. Tab. 3.14; die Fehler sind auf 2 Dezimalstellen gerundet. Zu den Werten von p_n, P_n vgl. die obige Tab. 3.13 und die grafische Darstellung in Abb. 3.7)

Es fällt auf, dass sich die Folgen sehr regelmäßig ihrem gemeinsamen Grenzwert nähern, sie ziehen sich trichterförmig zusammen. Genauer:

- Beide absoluten Fehler werden bei Verdopplung von n ungefähr geviertelt.
- Die Näherung p_n ist ungefähr doppelt so „gut" wie P_n, d. h., der absolute Fehler e_n ist etwa halb so groß wie E_n (vom Vorzeichen abgesehen).

Wenn sich dieses Fehlerverhalten so fortsetzt, kann man schließen: In 5 Schritten wird der Fehler 5-mal geviertelt, also um einen Faktor von $\left(\frac{1}{4}\right)^5 \approx \frac{1}{1000}$ verkleinert. Mit anderen Worten: In 5 Schritten gewinnt man 3 Dezimalstellen an Genauigkeit.

Für 20 Nachkommastellen, 18 mehr als Archimedes, würde man dann ausgehend vom 96-Eck noch 30 Rekursionsschritte weiter gehen müssen. (Tatsächlich soll Ludolph van

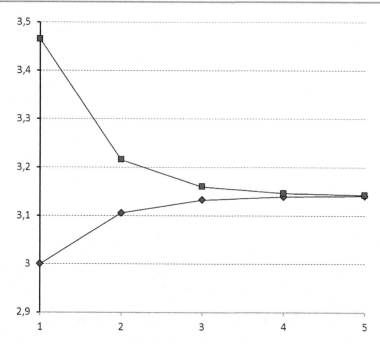

Abb. 3.7 Diagramm der Näherungen für π

Ceulen dafür die Umfänge von Polygonen mit $60 \cdot 2^{29}$ Ecken berechnet haben.) Und für weitere 15 Stellen muss man noch einmal 25 Schritte draufsetzen, und zwar so, dass *alle Zwischenrechnungen* mit der höheren Genauigkeit ausgeführt werden; man kann also nicht einfach dort weiterrechnen, wo man aufgehört hat, sondern man muss die gewünschte Genauigkeit von Anfang an durchziehen. Ein immenser Aufwand.

Aus der Regelmäßigkeit der Fehler ergibt sich noch eine weitere Konsequenz: Die zweite Beobachtung besagt, dass p_n nur etwa halb so weit von π entfernt ist wie P_n, d. h., π würde das Intervall $[p_n, P_n]$ ungefähr dritteln. Wenn man nun die Zahl q_n so bestimmt, dass sie dieses Intervall *genau* drittelt, so wird q_n viel näher an π liegen als die Ausgangswerte. In der Tat: Es ist

$$q_n = p_n + \frac{1}{3} \cdot (P_n - p_n) = \frac{2p_n + P_n}{3};$$

für $n = 96$ ergibt sich auf 10 Stellen gerundet: $q_{96} = 3{,}141592834$, also eine Näherung, die auf 7 Stellen genau ist, das bedeutet gegenüber den Ausgangswerten p_{96}, P_{96} einen beachtlichen Gewinn von 4 Dezimalstellen, erzielt durch eine einfache arithmetische Operation.

Allerdings können wir diese Steigerung der Genauigkeit nur deshalb so gut beurteilen, weil wir π bereits kennen. Wenn wir davon ausgehen, dass π der unbekannte, zu berechnende Grenzwert ist, so wissen wir nicht einmal, ob der obige Wert q_{96} größer oder kleiner

Tab. 3.15 Bessere	n	q_n
Näherungen für π	6	3,15470053837925
	12	3,14234913054466
	24	3,14163905621999
	48	3,14159554040839
	96	3,14159283380880
	192	3,14159266485025
	384	3,14159265429352

als π ist. Wir können höchstens die Folge q_n ($n = 6, 12, 24, \ldots$) beobachten und daraus Schlüsse ziehen. Die Werte sind diesmal in der Tab. 3.15 mit maximaler Genauigkeit (15 Stellen) angezeigt.

- Vermutlich ist die Folge monoton fallend, also $q_n > \pi$.
- Es bleiben immer mehr Stellen unverändert; es ist anzunehmen, dass diese *stabilen* Stellen auch gültige Stellen von π sind.

Diese Beobachtungen dürfen aber nicht vorschnell als gesichert angesehen werden; zu einer Begründung wäre noch einiges zu tun.

Die erste wesentliche *methodische* Verbesserung geht auf Snellius zurück (1614). Er löste das allgemeinere Problem, die Bogenlänge zu einem gegebenen Winkel durch Strecken zu approximieren, durch die folgenden Konstruktionen:

Ein Kreis mit Mittelpunkt M und Radius r sei gegeben. AB sei ein Durchmesser sowie C ein weiterer Punkt auf dem Kreis. $\alpha = \angle AMC$ sei ein spitzer Winkel.

(1) Der Durchmesser AB wird um den Radius r über B hinaus verlängert, der Endpunkt D_1 dieser Strecke wird mit C verbunden. Die Gerade D_1C schneide die in A anliegende Tangente im Punkt F_1. Dann gilt $|AF_1| < |\overset{\frown}{AC}|$ (Länge des Bogens von A nach C) (vgl. Abb. 3.8 mit $r = 3$ cm und $\alpha = 60°$).

(2) Durch C wird eine Gerade g so gelegt, dass die Gerade AB und der Kreis eine Strecke der Länge r aus g ausschneiden (vgl. Abb. 3.9: $|D_2E_2| = r$). Dann gilt $|AF_2| > |\overset{\frown}{AC}|$.

Diese Konstruktion ist übrigens nicht mit Zirkel und Lineal ausführbar, sondern nur mit einem *Einschiebelineal*, auf dem eine Strecke der Länge r markiert ist. Deshalb wurde in der DGS-Konstruktion (Abb. 3.9) der Punkt D_2 so geschoben, dass $|D_2E_2|$ ungefähr gleich r (3 cm) ist.

Beide Näherungen sind so gut, dass man bei nicht zu großen Winkeln schon sehr genau messen muss, um überhaupt im Rahmen der Zeichengenauigkeit einen Unterschied zwischen Bogenlänge und Länge der zugeordneten Strecke festzustellen.

Snellius hat übrigens seine Abschätzungen nicht beweisen können (bzw. sein Versuch war fehlerhaft); erst Huygens hat 1654 den Beweis nachgeliefert. Die erste Konstruktion wurde auch schon früher von Cusanus zur Approximation der Bogenlänge verwendet.

Abb. 3.8 Zur π-Bestimmung
von Snellius, 1. Teil

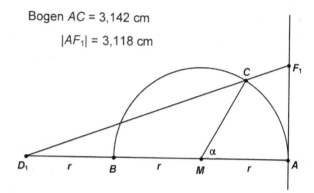

Bogen AC = 3,142 cm

$|AF_1|$ = 3,118 cm

Abb. 3.9 Zur π-Bestimmung
von Snellius, 2. Teil

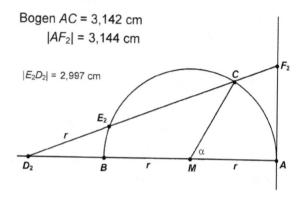

Bogen AC = 3,142 cm

$|AF_2|$ = 3,144 cm

$|E_2 D_2|$ = 2,997 cm

Um die Qualität der Näherungen besser zu beurteilen und vor allem um π zu bestimmen, berechnen wir jetzt die Streckenlängen trigonometrisch. Es gilt (der Beweis sei Ihnen zur Übung überlassen, vgl. Aufg. 6):

a) $\quad |AF_1| = \dfrac{3 \cdot \sin(\alpha)}{2 + \cos(\alpha)} \cdot r$

b) $\quad |AF_2| = \left(2\sin\left(\dfrac{\alpha}{3}\right) + \tan\left(\dfrac{\alpha}{3}\right) \right) \cdot r$

Für die folgenden Berechnungen setzen wir $r = 1$. Wegen $\pi = \frac{180°}{\alpha} \cdot |\widehat{AC}|$ erhält man aus den Schranken für die Bogenlänge auch Intervalle für π; ist insbesondere $\alpha = \frac{180°}{n}$ mit einer ganzen Zahl $n > 3$, so ist $\pi = n \cdot |\widehat{AC}|$, also $n \cdot |AF_1| < \pi < n \cdot |AF_2|$.

Zur Berechnung der Fehler in der folgenden Excel-Tabelle (Tab. 3.16) wird die „eingebaute" Konstante für π verwendet.

Es zeigt sich:

- Schon bei $\alpha = 30°$ erreichen die Werte die Qualität der archimedischen Näherung mit dem 96-Eck.
- Die zweite Näherung ist sogar noch um eine Dezimalstelle besser als die erste.

Tab. 3.16 Zur π-Berechnung von Snellius

n	α	π aus AF_1	abs. Fehler	π aus AF_2	abs. Fehler
6	30	3,140237343	−0,00136	3,141740016	0,000147
12	15	3,141509994	−8,27E−05	3,141601788	9,14E−06
24	7,5	3,141587519	−5,14E−06	3,141593223	5,70E−07
48	3,75	3,141592333	−3,20E−07	3,141592689	3,56E−08
96	1,875	3,141592634	−2,00E−08	3,141592656	2,22E−09

- Bei $n = 96$ erzielt Snellius eine beachtliche Genauigkeit von 8 Stellen für π.
- Bei jeder Halbierung des Winkels werden die Näherungen um mindestens eine Stelle besser. Genauer: In beiden Fehler-Spalten verkleinern sich die Werte ungefähr um den Faktor $\frac{1}{16}$. Wenn das so weitergeht, dann erhält man mit fünf weiteren Schritten eine Verbesserung um dem Faktor $16^{-5} = 2^{-20} \approx 10^{-6}$, also 6 Dezimalstellen mehr. (Diese Regelmäßigkeit des Fehlers könnte man auch an der *Differenz* der beiden Näherungen ablesen, also ohne die genaue Kenntnis von π.) Gegenüber der archimedischen Methode wird somit die Anzahl der Rekursionsschritte halbiert; allerdings wird dieser Vorteil erkauft durch komplizierter gebaute Terme. (Wie viele Schritte müsste man vermutlich weiter rechnen, um den Rekord von van Ceulen mit 35 Nachkommastellen zu übertreffen?)

Damit hatte Snellius ein wesentlich effektiveres Verfahren zur π-Berechnung gefunden. (Beachten Sie: Die Winkelfunktionen können aus den einfachen Werten für $\alpha = 30°$, $45°$ etc. mit Hilfe trigonometrischer Formeln beliebig genau berechnet werden, dazu benötigt man nur die Grundrechenarten und Quadratwurzeln.) Allerdings brauchte er zunächst die Ergebnisse von Ludolph van Ceulen, um seine Methode zu verifizieren, denn er hatte keinen Beweis; erst Huygens lieferte das theoretische Fundament. Gleichwohl hat niemand auf diese Art einen neuen Rekord in der π-Berechnung aufgestellt; die weitere Entwicklung war geprägt durch eine grundsätzlich neue Methode, die etwa gleichzeitig entstand, nämlich die Analysis. Die Geometrie hatte ihren Dienst getan.

3.3.3 Analytische Methoden

Die Liste der klangvollen Namen, die mit analytischen Darstellungen von π verbunden sind (vgl. die Beispiele am Schluss von Abschn. 3.3.1), ließe sich noch beliebig fortsetzen. Sie ist ein Beleg für die zentrale Bedeutung dieser Zahl. Zwar stand nicht immer die eigentliche Berechnung von π im Vordergrund, aber sie tauchte bei der Untersuchung von elementaren Funktionen, Potenzreihen, Integralen, … immer wieder auf, manchmal in natürlicher Art und Weise, manchmal aber auch unerwartet. Beispiel Integralrechnung:

$$\int_{-1}^{1} \sqrt{1 - x^2}\, \mathrm{d}x = \frac{\pi}{2}$$

ist klar, denn dieses Integral ist gleich der Fläche des Halbkreises.

$$\int_0^1 \frac{1}{1+x^2}\,dx = \frac{\pi}{4}$$

ist nicht so klar, aber: Die Stammfunktion von $\frac{1}{1+x^2}$ ist $\arctan(x)$.

$$\int_{-\infty}^{\infty} \exp(-x^2)\,dx = \sqrt{\pi}$$

ist gänzlich überraschend: Weit und breit keine Geometrie in Sicht!

Häufig ergaben sich neue Berechnungsmethoden für π sozusagen als Abfallprodukte analytischer Untersuchungen.

Welche der fünf Darstellungen aus Abschn. 3.3.1 eignet sich nun zur π-Berechnung?

Um das Ergebnis vorwegzunehmen: Bis auf Newtons Reihe (3) sind sie in der angegebenen Form völlig ungeeignet. (Das soll die Verdienste der anderen Autoren nicht schmälern; insbesondere Euler hat andere Reihen für π angegeben, die sehr schnell konvergieren.)

Beispiel (1) Das unendliche Produkt von Wallis $\frac{\pi}{4} = \frac{2}{1} \cdot \frac{2}{3} \cdot \frac{4}{3} \cdot \frac{4}{5} \cdot \frac{6}{5} \cdot \frac{6}{7} \cdots$ gilt als Durchbruch, weil es die erste Darstellung von π als Grenzwert einer Folge *rationaler* Zahlen war, also die lästigen Quadratwurzeln vermied. Die Konvergenz ist jedoch furchtbar schlecht („Entdeckung der Langsamkeit"); selbst im 1000. Schritt ändert sich noch die 3. Nachkommastelle.

Beispiel (4) Die Leibniz'sche Reihe ist ein Spezialfall der von Gregory entdeckten Potenzreihe

$$\arctan(x) = x - \frac{x^3}{3} + \frac{x^5}{5} - \frac{x^7}{7} + \frac{x^9}{9} - + \ldots,$$

denn für $x = 1$ ergibt sich $\arctan(1) = \frac{\pi}{4}$. Die Reihe konvergiert mit $x = 1$ nicht viel besser als das Wallis-Produkt, weil die Summanden nur sehr langsam abnehmen; auch beim 1000. Schritt ändert sich die Summe noch um $\frac{1}{1999} \approx 0{,}0005$. Gleichwohl bildet die arctan-Reihe die Grundlage für zahlreiche Rekorde (siehe unten).

Beispiel (3) Bei der Newton-Reihe $\frac{\pi}{6} = \frac{1}{2} + \frac{1}{2 \cdot 3 \cdot 2^3} + \frac{1 \cdot 3}{2 \cdot 4 \cdot 5 \cdot 2^5} + \frac{1 \cdot 3 \cdot 5}{2 \cdot 4 \cdot 6 \cdot 7 \cdot 2^7} + \ldots$, die übrigens als Spezialfall für $x = \frac{1}{2}$ aus der Potenzreihe für $\arcsin(x)$ hervorgeht, nehmen die Summanden a_n stark ab, insbesondere wegen der Zweierpotenzen im Nenner; daher ist eine gute Konvergenz zu erwarten. Tatsächlich sind mit 8 Summanden ($n = 7$) bereits 6 Stellen von π erreicht; vgl. Tab. 3.17.

Tab. 3.17 π-Berechnung nach Newton

n	a_n	s_n	$s_n \cdot 6 \approx \pi$
0	0,5	0,5	3,00000000
1	0,02083333	0,52083333	3,12500000
2	0,00234375	0,52317708	3,13906250
3	0,00034877	0,52352585	3,14115513
4	5,9340E-05	0,52358519	3,14151117
5	1,0924E-05	0,52359611	3,14157671
6	2,1183E-06	0,52359823	3,14158942
7	4,2617E-07	0,52359866	3,14159198

Ohne die Kenntnis von π wüsste man allerdings noch nicht, wie viele Stellen dieser Näherung gültig sind: Man müsste den *Abbrechfehler* abschätzen, der durch das Weglassen der höheren Summanden verursacht wird. Alternierende Reihen wie z. B. die Leibniz-Reihe, wo bei den Summanden das Vorzeichen wechselt, haben in dieser Hinsicht einen großen Vorteil: Je zwei benachbarte Partialsummen schließen den Grenzwert ein.

Zurück zur arctan-Reihe: Der einfachste Spezialfall, die Leibniz'sche Reihe

$$\arctan(1) = 1 - \frac{1}{3} + \frac{1}{5} - \frac{1}{7} + \frac{1}{9} - + \ldots,$$

taugt nicht viel zur Berechnung; dennoch kann man durch geeignete Maßnahmen einiges an Information herausholen, etwa durch eine *Fehleranalyse:*

In der Tab. 3.18 sind die ersten zehn Summanden a_n, die Partialsummen s_n sowie deren Vierfache als Näherungen für π ausgerechnet. Diagramm a in Abb. 3.10 zeigt den Verlauf der Folge $t_n = 4 \cdot s_n$. Sie nähert sich ihrem Grenzwert im Zickzack (oszillierend), und zwar regelmäßig.

Tab. 3.18 π mit der arctan-Reihe

n	a_n	s_n	$t_n = 4 \cdot s_n$
1	1	1	4
2	−0,333333	0,666666	2,66667
3	0,2	0,866666	3,46667
4	−0,142857	0,723809	2,89524
5	0,111111	0,834920	3,33968
6	−0,090909	0,744011	2,97605
7	0,076923	0,820934	3,28374
8	−0,066667	0,754268	3,01707
9	0,058823	0,813091	3,25237
10	−0,052632	0,760459	3,04184

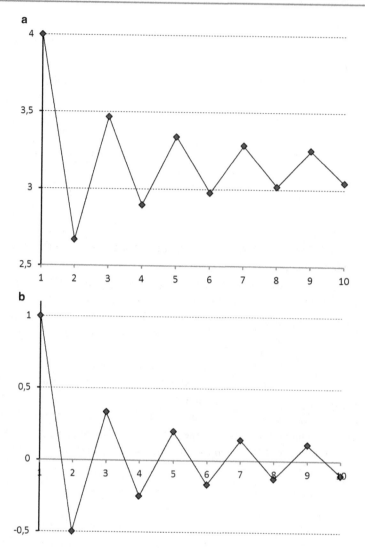

Abb. 3.10 Grafische Analyse von Tab. 3.18

Das Bild gleicht der *alternierenden harmonischen Folge* 1, $-\frac{1}{2}, \frac{1}{3}, -\frac{1}{4}, \frac{1}{5}, \ldots$ (Diagramm b in Abb. 3.10); wenn man diese um den (unbekannten) Grenzwert π nach oben verschieben würde, dann würde sie sich beinahe mit t_n decken. Wir gehen also jetzt von der Hypothese aus, dass

$$t_n \approx \pi \pm \frac{1}{n}$$

mit dem positiven Vorzeichen bei ungeraden, dem negativen bei geraden n. Aus zwei benachbarten Folgengliedern können wir dann eine bessere Näherung für π bestimmen:

Tab. 3.19 Verbesserung der arctan-Reihe

1	3,083333
2	3,15
3	3,139286
4	3,142460
5	3,141198
6	3,141797
7	3,141477
8	3,141663
9	3,141547

Ist etwa n gerade, dann gilt:

$$t_n \approx \pi - \frac{1}{n}; \quad t_{n+1} \approx \pi + \frac{1}{n+1}$$

Durch Addition dieser „Ungefähr-Gleichungen" und Auflösen nach π ergibt sich:

$$t_n + t_{n+1} \approx 2\pi - \frac{1}{n} + \frac{1}{n+1}$$

$$\pi \approx \frac{t_n + t_{n+1}}{2} + \frac{1}{2n(n+1)}$$

In Worten: Die bessere Näherung besteht aus dem arithmetischen Mittel der Nachbarglieder plus einem kleinen *Korrekturglied*. (Bei ungeraden n ist dieses zu subtrahieren.) Die Tab. 3.19 zeigt das Ergebnis.

Vermutlich oszilliert diese Folge ebenfalls. Wenn man das nachweisen würde, dann könnte man aus den letzten beiden Tabellenwerten schließen, dass

$$3{,}14154 < \pi < 3{,}14167, \quad \text{mit einem Maximalfehler von } 0{,}00013.$$

Dagegen kann man mit den entsprechenden Partialsummen der Leibniz-Reihe nur die Abschätzung $3{,}04 < \pi < 3{,}26$ angeben (Maximalfehler 0,22); die Fehleranalyse brächte also einen Gewinn von mehr als 3 Dezimalstellen.

Eine andere Möglichkeit, die arctan-Reihe zu nutzen, ist die *Verbesserung der Konvergenz*: Die Potenzreihe konvergiert umso schneller, je kleiner x ist. Wegen

$$\tan\left(\frac{\pi}{6}\right) = \frac{1}{\sqrt{3}} = 0{,}57735\ldots$$

erhält man mit $x = \frac{1}{\sqrt{3}}$ und ein paar algebraischen Umformungen diese Reihe:

$$\pi = 2 \cdot \sqrt{3} \cdot \left(1 - \frac{1}{3 \cdot 3} + \frac{1}{5 \cdot 3^2} - \frac{1}{7 \cdot 3^3} + \frac{1}{9 \cdot 3^4} - + \cdots\right)$$

Nach dem 10. Schritt ergibt sich π damit bereits auf 6 Stellen genau (vgl. Tab. 3.20).

Tab. 3.20 π-Berechnung nach A. Sharp

n	$\pi \approx$	Fehler
0	3,46410162	3,2E-01
1	3,07920144	−6,2E-02
2	3,15618147	1,5E-02
3	3,13785289	−3,7E-03
4	3,14260475	1,0E-03
5	3,14130879	−2,8E-04
6	3,14167431	8,2E-05
7	3,14156872	−2,4E-05
8	3,14159977	7,1E-06
9	3,14159051	−2,1E-06
10	3,14159330	6,5E-07

Im Jahre 1705 berechnete der Astronom Abraham Sharp mit diesem Verfahren 72 Stellen von π; das war der erste mit analytischen Mitteln erzielte Rekord. (Schätzen Sie: Wie viele Schritte hat er dazu gebraucht?)

Mit einem *algebraischen Trick* hat John Machin die Berechnung noch weiter beschleunigt und ein Jahr nach Sharp einen neuen Rekord aufgestellt, und zwar mit der folgenden Idee: Zu einer effizienten Berechnung der Potenzreihe sollte der x-Wert nicht nur möglichst klein, sondern auch *einfach* sein, d. h. ein einfacher Bruch oder Wurzelterm; außerdem sollte arctan(x) ein rationales Vielfaches von π sein. Solche x-Werte gibt es eigentlich nicht mehr, aber immerhin ist $\arctan\left(\frac{1}{5}\right) \approx \frac{\pi}{16}$, denn $\tan(\pi/16) = 0,1989\ldots$; Machins Trick bestand nun darin, den Unterschied zwischen $4 \cdot \arctan\left(\frac{1}{5}\right)$ und $\frac{\pi}{4}$ trigonometrisch zu berechnen.

Setzt man $\alpha := \arctan\left(\frac{1}{5}\right)$, d. h. $\tan(\alpha) = \frac{1}{5}$, so ist $4\alpha \approx \frac{\pi}{4}$. Man kann nun mit Hilfe trigonometrischer Formeln $\tan(4\alpha)$ exakt ausrechnen:

$$\tan(2\alpha) = \frac{2\tan(\alpha)}{1 - \tan^2(\alpha)} = \frac{5}{12}$$

$$\tan(4\alpha) = \frac{2\tan(2\alpha)}{1 - \tan^2(2\alpha)} = \frac{120}{119}$$

Das liegt wie erwartet nahe bei 1. Weiter gilt nach dem Additionstheorem für tan:

$$\tan\left(4\alpha - \frac{\pi}{4}\right) = \frac{\tan(4\alpha) - 1}{1 + \tan(4\alpha)} = \frac{1}{239}$$

Also ist $\arctan\left(\frac{1}{239}\right) = 4\alpha - \frac{\pi}{4}$ und damit letztendlich:

$$\frac{\pi}{4} = 4\arctan\left(\frac{1}{5}\right) - \arctan\left(\frac{1}{239}\right)$$

Tab. 3.21 π-Berechnung nach J. Machin	n	$\pi \approx$
	0	3,18326359832636
	1	3,14059702932606
	2	3,14162102932503
	3	3,14159177218218
	4	3,14159268240440
	5	3,14159265261531
	6	3,14159265362355
	7	3,14159265358860
	8	3,14159265358984
	9	3,14159265358979

Man hat somit *zwei* Potenzreihen auszuwerten, aber das zahlt sich aus, denn für die erste sind die Potenzen von $x = \frac{1}{5} = \frac{2}{10}$ im Dezimalsystem sehr leicht zu berechnen, zum anderen hat die zweite Potenzreihe ein so kleines x, dass sie rasend schnell konvergiert, also nur ein kleines Korrekturglied darstellt. (Vgl. Tab. 3.21: Bereits nach 9 Schritten sind 15 Dezimalstellen von π erreicht.)

Machin berechnete damit 100 Stellen von π. (Wie viele Schritte hat er wohl dazu benötigt?)

Noch im Jahre 1949 wurde Machins Formel benutzt, um mit dem legendären ENIAC-Computer über 2000 Stellen von π zu berechnen; dieser neue Rekord markierte dann auch den Eintritt der π-Berechnung ins Computerzeitalter. Die gesamte Rechenzeit hierfür betrug ca. 70 Stunden.

Im 18. Jahrhundert wurde die Idee von Machin noch weiter verfeinert; Euler und andere fanden eine ganze Reihe ähnlicher Darstellungen von π, die mit der arctan-Reihe mehr oder weniger trickreich ausgewertet werden konnten, aber keine qualitativen Verbesserungen erbrachten. Das Interesse verlagerte sich in der Folgezeit mehr auf theoretische Fragestellungen; Höhepunkte der Entwicklung bildeten zweifellos die Euler'sche Gleichung (1748)

$$e^{i\pi} + 1 = 0$$

sowie der Beweis, dass π eine transzendente Zahl ist (erbracht von Lindemann im Jahre 1882); damit war das zwei Jahrtausende alte Problem der Quadratur des Kreises als unlösbar erkannt.

Gleichwohl bot die magische Zahl π immer noch die Gelegenheit, mit purer Rechenleistung in die Geschichte einzugehen (dass die Rechenkünstler immer wieder π und nicht $\sqrt[11]{111}$ oder ln(187) als Objekt wählten, ist zumindest merkwürdig). Höhepunkte: 1853 berechnete W. Shanks 530 Stellen mit Machins Formel, später 707 Stellen. Dieser Rekord wurde erst 1947 von Ferguson gebrochen, der mit einer mechanischen Rechenmaschine und der Formel

$$\frac{\pi}{4} = 3\arctan\left(\frac{1}{4}\right) + \arctan\left(\frac{1}{20}\right) + \arctan\left(\frac{1}{1985}\right)$$

808 Stellen berechnete und damit die zweite Berechnung von Shanks ab der 527. Stelle als fehlerhaft entlarvte. (Immerhin: Der Gedanke, dass aufgrund dieses Fehlers keine einzige Brücke eingestürzt ist, wirkt beruhigend.) Ferguson konnte jedoch nicht lange von seiner Leistung profitieren, denn zwei Jahre später wurde das Computer-Zeitalter eingeläutet.

In der Folgezeit, nach 1950, fielen die weiteren Rekorde wie reife Früchte vom Baum. Dafür war zum einen natürlich die rasante technische Entwicklung verantwortlich (π war immer wieder ein willkommenes Objekt, wenn neue, schnellere Computer getestet werden sollten); zum anderen war aber auch die theoretische Entwicklung fortgeschritten (z. B. hatte Ramanujan 1914 neue Reihendarstellungen und algebraische Approximationen für π angegeben).

Denn die arctan-Reihe, Grundlage für die meisten analytischen Verfahren, hat die Eigenschaft, dass die Anzahl signifikanter Stellen des Grenzwerts π mit der Anzahl der Iterationsschritte (hier der Summanden) *linear* zunimmt. Beispiel: In der Reihe von Sharp bringen zwei Summanden einen Gewinn von einer Dezimalstelle, die Methode von Machin benötigt 6 Schritte für 9 Dezimalstellen (vgl. die obige Tabellen). Ähnliches gilt übrigens auch für die archimedische Methode, die in 5 Schritten 3 Stellen liefert (vgl. Abschn. 3.3.1).

Eine *qualitativ* wesentlich bessere Methode ergibt die folgende Darstellung von π durch eine dreigliedrige Rekursion (vgl. [6]):
Die Folgen a_n, b_n, p_n seien rekursiv definiert durch $a_0 = \sqrt{2}, b_0 = 0, p_0 = 2 + \sqrt{2}$ und

$$a_{n+1} = \frac{1}{2}\left(\sqrt{a_n} + \frac{1}{\sqrt{a_n}}\right), \quad b_{n+1} = \sqrt{a_n} \cdot \frac{b_n + 1}{b_n + a_n}, \quad p_{n+1} = p_n \cdot b_{n+1} \cdot \frac{1 + a_{n+1}}{1 + b_{n+1}}$$

dann konvergiert die Folge p_n gegen π mit dem Fehler

$$|p_n - \pi| \le \frac{1}{10^{2^n}},$$

d. h., bei jedem Schritt wird die Anzahl der signifikanten Stellen *verdoppelt*, oder anders gesagt: Diese Anzahl wächst *exponentiell*.

Die maximale mit Excel erreichbare Genauigkeit von 15 Stellen ist bereits nach 3 Schritten erreicht (siehe Tab. 3.22); die tatsächlich erzielte Genauigkeit ist also noch höher als durch die Fehlerabschätzung angegeben. (Wie viele Schritte braucht man höchstens, um mit diesem Verfahren 1 Mio., 1 Mrd. oder 50 Mrd. Stellen von π zu berechnen?)

Solche extrem schnellen Algorithmen wurden erstmals 1976 angegeben, obwohl der theoretische Hintergrund (elliptische Funktionen) schon zu Gauß' Zeiten bekannt war:

Tab. 3.22 π-Berechnung nach Borwein und Borwein

n	a_n	b_n	p_n
0	1,41421356237310	0,00000000000000	3,41421356237309
1	1,01505176512822	0,84089641525372	3,14260675394162
2	1,00002789912802	0,99932695352515	3,14159266096605
3	1,00000000009729	0,99999999520684	3,14159265358979

„It is an interesting synthesis of classical mathematics with contemporary computational concerns that has provided us with these methods." ([6]).

Die Konvergenzeigenschaften dieses Verfahrens sind nicht einfach zu beweisen. Seine Schnelligkeit bringt natürlich gegenüber den bisherigen Reihendarstellungen einen entscheidenden Fortschritt, aber eine Eigenschaft hat es mit den alten Methoden gemeinsam: Um die millionste Stelle zu berechnen, müssen *alle Zwischenrechnungen* mit der gewünschten Ziel-Genauigkeit von (mindestens) 1 Mio. Stellen ausgeführt werden.

Diesen Nachteil zu beseitigen, wurde lange Zeit für unmöglich gehalten – bis die folgende Darstellung von Bailey, Borwein und Plouffe gefunden wurde ([2]):

$$\pi = \sum_{i=0}^{\infty} \frac{1}{16^i} \cdot \left(\frac{4}{8i+1} - \frac{2}{8i+4} - \frac{1}{8i+5} - \frac{1}{8i+6} \right)$$

Damit kann man tatsächlich mit vertretbarem Aufwand jede beliebige Stelle ohne Kenntnis der vorigen berechnen (und zwar mit normaler Rechengenauigkeit, also ohne spezielle Hochgenauigkeitsarithmetik) – allerdings nur im 16er-System (auch Hexadezimalsystem genannt), für das Dezimalsystem ist (noch) keine analoge Darstellung bekannt. Die Ausführung der Rechnung ist im Detail immer noch recht komplex, deshalb sollen hier nur kurz die zwei wesentlichen Gründe aufgeführt werden, die die genannte Eigenschaft plausibel machen:

- Brüche sind in jedem Stellenwertsystem periodisch, also kann man jede beliebige Stelle in begrenzter Zeit ausrechnen, und zwar mit ganzzahliger (Kongruenzen-)Rechnung.
- Der Faktor $\frac{1}{16^i}$ bewirkt, dass der i-te Summand der Reihe im 16er-System mindestens bis zur $(i-1)$-ten Stelle nur Nullen hat; zu der 1000. Stelle der Summe leisten also höchstens 1000 Summanden einen Beitrag (eher weniger, da die Brüche in der Klammer mit wachsendem i immer kleiner werden).

Im Gegensatz zu der o. g. dreigliedrigen Rekursion von Borwein ist diese Formel mit elementarer Analysis beweisbar (vgl. [22]), allerdings: „This proof entirely conceals the route to discovery. We found the identity... by a combination of inspired guessing and extensive searching..." ([2]).

Die letzten Beispiele zeigen, dass π jenseits aller praktischen Erfordernisse immer noch die Neugier weckt: π ist Testfall für neue mathematische Theorien und Techniken, und es gibt immer noch unerwartete Resultate. Das Thema ist wohl noch lange nicht beendet.

Einige Hinweise zur Literatur: Eine ausführliche, gut lesbare Darstellung der Geschichte von π vom Altertum bis heute findet man bei [3]. Eine umfangreiche Sammlung der wichtigsten Original-Aufsätze zum Thema π bietet [5], u. a. einen Ausschnitt aus den Werken des Archimedes in englischer Übersetzung sowie viele andere historisch bedeutende Beiträge.

3.3.4 Aufgaben zu 3.3

1. Beispiele für grobe Näherungen und Überschlagsrechnungen mit π (mit Kopfrechnen zu lösen):

   a) Wie viel Meter Maschendraht braucht man, um ein kreisrundes Beet von 8 m Durchmesser einzuzäunen?

   b) Wie viel wiegt ein Baumstamm von 15 m Höhe und einem mittleren Umfang von 1,20 m? (Schätzen Sie die Dichte des Holzes.)

   c) Welchen Durchmesser hat ein kugelförmiger Tank mit 1000 Liter Inhalt?

   Finden Sie selbst weitere Beispiele!

2. Welches Volumen hat ein zylindrischer Tank von 8 m Länge und 2 m Durchmesser?

   a) Berechnen Sie das Volumen einerseits mit der TR-Konstanten für π, andererseits mit den Näherungen 3,14 bzw. 3,1416! Wie groß sind die Unterschiede?

   b) Wie wirkt sich ein Unterschied von 1 mm in der Länge bzw. im Durchmesser auf das Volumen aus? Vergleichen Sie mit den obigen Unterschieden aufgrund der genäherten π-Werte!

3. Zur Messung der Kaffeetasse (Abschn. 3.3.1: $U = 245$ mm, $D = 78$ mm):

   a) Welches Intervall ergibt sich, wenn man den maximalen Messfehler gutwillig mit $\pm 0{,}2$ mm ansetzt?

   b) Wie genau müsste man U und D messen, um π auf 4 Stellen genau zu bestimmen?

   c) Welche Rolle spielt die Größe des gemessenen Gegenstandes? (Was ergibt sich, wenn man eine Regentonne mit der gleichen Genauigkeit ausmisst?)

4. Berechnen Sie jeweils 5–10 Glieder der am Schluss von Abschn. 3.3.1 genannten unendlichen Produkte, Kettenbrüche oder Reihen mit einem TR! (Mit einem Tabellenkalkulationsprogramm kann man leicht noch weiter gehen.) Welche Darstellung eignet sich wohl am besten zur effizienten Berechnung von π?

5. a) Leiten Sie die Formeln

$$(1) \quad \frac{1}{\tan\left(\frac{\alpha}{2}\right)} = \frac{1}{\tan(\alpha)} + \frac{1}{\sin(\alpha)}$$

$$(2) \quad \frac{1}{\sin(\alpha)} = \sqrt{\frac{1}{\tan^2(\alpha)} + 1}$$

Abb. 3.11 Näherung für π
nach Kochansky

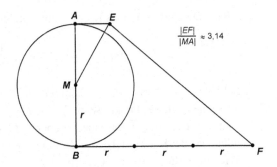

$\frac{|EF|}{|MA|} \approx 3{,}14$

aus den üblichen trigonometrischen Formeln her (u. a. aus der Halbwinkelformel für den Tangens)!

b) Berechnen Sie damit rekursiv eine Wertetabelle für $\frac{1}{\tan(\alpha)}$ und $\frac{1}{\sin(\alpha)}$ mit dem Startwert $\alpha = 30°$ und sukzessiver Winkelhalbierung. Vergleichen Sie die Werte für $\frac{1}{\tan(\alpha)}$ mit den archimedischen Werten (2. Spalte der Tab. 3.11).

6. Beweisen Sie die trigonometrischen Formeln zu den Konstruktionen von Snellius (vgl. Abschn. 3.3.2)!

   Tipp zu (a): Zeichnen Sie in der ersten Konstruktion das Lot von C auf AB als Hilfslinie.

   Tipp zu (b): Zeigen Sie, dass in der zweiten Konstruktion gilt $\angle E_2 D_2 B = \frac{\alpha}{3}$. Zeichnen Sie die Parallele zu AB durch E_2 als Hilfslinie.

7. A. A. Kochansky gab im Jahre 1685 die folgende Näherungskonstruktion für π an (vgl. Abb. 3.11): AE ist parallel zu BF; $\angle AME = 30°$; BF ist dreimal so lang wie der Kreisradius.

   Dann ist EF ungefähr halb so lang wie der Kreisumfang, mit $r = 1$ ist also $|EF| \approx \pi$. Wie gut ist die Näherung?

8. E. W. Hobson löste die Quadratur des Kreises näherungsweise wie folgt (vgl. Abb. 3.12):

Abb. 3.12 Näherung für π
nach Hobson

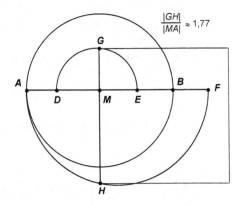

$\frac{|GH|}{|MA|} \approx 1{,}77$

AB sei Durchmesser eines Kreises mit Mittelpunkt M und Radius 1. Weiter sei

$$|MD| = \frac{3}{5}; \quad |ME| = \frac{1}{2}; \quad |MF| = \frac{3}{2}.$$

Schlage über DE und AF die Halbkreise wie in der Skizze. Die Senkrechte auf AB in M schneide diese Halbkreise in G bzw. H.

Dann ist $|GH| \approx \sqrt{\pi}$, das Quadrat über GH hat also ungefähr den gleichen Flächeninhalt wie der Kreis mit AB als Durchmesser. Berechnen Sie $|GH|$! (Tipp: Höhensatz.) Wie gut ist die Näherung $|GH|^2 \approx \pi$?

9. Beweisen Sie diese Formel vom Machin-Typ: $\frac{\pi}{4} = \arctan\left(\frac{1}{2}\right) + \arctan\left(\frac{1}{3}\right)$
   (Tipp: Setze $\alpha := \arctan\left(\frac{1}{2}\right)$, $\beta := \arctan\left(\frac{1}{3}\right)$ und berechne $\tan(\alpha + \beta)$ mit dem Additionstheorem für den Tangens.)

10. Vietá hat im Jahre 1579 eine Darstellung von π als *unendliches Produkt* angegeben, die in der Literatur meistens wie folgt angegeben wird:

$$\frac{2}{\pi} = \sqrt{\frac{1}{2}} \cdot \sqrt{\frac{1}{2} + \frac{1}{2}\sqrt{\frac{1}{2}}} \cdot \sqrt{\frac{1}{2} + \frac{1}{2}\sqrt{\frac{1}{2} + \frac{1}{2}\sqrt{\frac{1}{2}}}} \cdots$$

Dieses Produkt besteht aus unendlich vielen Faktoren a_n, die nacheinander berechnet und aufmultipliziert werden (analog zu einer Reihe mit unendlich vielen Summanden):

$$\frac{2}{\pi} = a_1 \cdot a_2 \cdot a_3 \cdots \quad \text{mit}$$

$$a_1 = \sqrt{\frac{1}{2}}; \quad a_2 = \sqrt{\frac{1}{2} + \frac{1}{2}\sqrt{\frac{1}{2}}}; \quad a_3 = \sqrt{\frac{1}{2} + \frac{1}{2}\sqrt{\frac{1}{2} + \frac{1}{2}\sqrt{\frac{1}{2}}}}; \cdots$$

a) Wie lautet der nächste (der zehnte) Faktor?

b) Diese Schreibweise ist nicht sehr handlich, was die Berechnung angeht; jedoch steckt offenbar eine Rekursion dahinter. Wie kann man die Faktoren a_n *rekursiv* berechnen?

c) Sind die Faktoren a_n bekannt, so kann man Näherungen für $\frac{2}{\pi}$ berechnen durch

$$p_n = a_1 \cdot a_2 \cdot \ldots \cdot a_n;$$

ähnlich wie bei Reihen berechnet man p_n ebenfalls rekursiv mit

$$p_1 = a_1; \quad p_{n+1} = p_n \cdot a_n.$$

Berechnen Sie einige dieser Produkte und daraus Näherungen für π. Ist das Verfahren zur π-Berechnung brauchbar?

11. Ist die Reihe von Bailey, Borwein und Plouffe zur „normalen" π-Berechnung geeignet? Versuchen Sie zunächst *qualitativ* zu beurteilen, wie schnell sie konvergiert. Berechnen Sie die ersten Partialsummen. Wie viele Stellen von π hat man wohl nach 100 Summanden? Wie viele Summanden braucht man, um 1000 Stellen von π zu berechnen?

3.4 Trigonometrische Funktionen

Wenn man einen TR oder Computer verwendet, dann fragt man in der Regel nicht danach, was drinnen alles abläuft. Als Autofahrer denkt man ja auch nicht darüber nach, was alles passiert, wenn man den Zündschlüssel dreht, den Gang einlegt und aufs Gaspedal drückt; Hauptsache, man erreicht sein Ziel.

Aber irgendwann wird man vielleicht doch mal neugierig, wenn man sin(1,234) in den TR eintippt: Wie macht er das eigentlich? Was steckt *mathematisch* dahinter? Bei den Grundrechenarten kann man sich das noch gut vorstellen, denn dafür sind Algorithmen bekannt, die „nur noch" technisch umgesetzt werden müssen. Aber wie die Berechnung elementarer Funktionen wie sin, log usw. funktioniert (bzw. funktionieren *könnte*), ist bei Weitem nicht so klar.

Es ist nicht unsere Absicht, die Berechnung der elementaren Funktionen umfassend zu behandeln, das wäre zu umfangreich und zu anspruchsvoll. Stattdessen wählen wir exemplarisch die trigonometrischen Funktionen, und wir beschränken uns auch nicht auf die Implementierung in Maschinen, sondern betten das Problem in einen wesentlich breiteren Kontext ein. Die drei Abschnitte dieses Kapitels hätten wir auch wie folgt betiteln können:

1. *So war es damals* (Abschn. 3.4.1)
   Schon vor ca. 2000 Jahren wurden astronomische Berechnungen mit Hilfe trigonometrischer Funktionen ausgeführt, dazu brauchte man Tabellen mit relativ hoher Genauigkeit.
2. *So könnte es gehen* (Abschn. 3.4.2)
   Das hier vorgestellte Verfahren wird in der Praxis sicher nicht verwendet, aber es ist in der Sekundarstufe I mit Hilfe grundlegender trigonometrischer Formeln herleitbar. Somit kann es als ein *möglicher* Algorithmus hilfreich sein, um die TR-Tasten zu entzaubern.
3. *So geht es wirklich* (Abschn. 3.4.3)
   Das CORDIC-Schema ist ein Algorithmus, der tatsächlich gebraucht wird, um sin und cos maschinell zu berechnen (jedoch nicht der Einzige!). Das Besondere an ihm ist die raffinierte Verwendung der Arithmetik im Dualsystem, die ja für elektronische Rechner typisch ist.

Abb. 3.13 Sehne im Einheitskreis

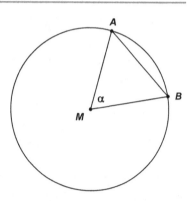

3.4.1 Die Sehnentafeln des Ptolemäus

Der *Almagest* des Ptolemäus fasst das gesamte astronomische Wissen seiner Zeit zusammen. Das umfangreiche Werk enthält u. a. Berechnungen von Sternpositionen mit erstaunlicher Präzision. Zu diesem Zweck benötigte Ptolemäus die *Sehnentafeln*, einen Vorläufer unserer heutigen (und schon wieder veralteten) trigonometrischen Tabellen. Ausgehend von Funktionswerten, die aus einfachen Figuren bekannt sind, berechnete er mit Hilfe geometrisch bewiesener Additionsformeln weitere Werte; ein weiterer geometrischer Satz wurde gebraucht, um eine Fehlerabschätzung durchzuführen. Diese Methode hat zwar heute keine praktische Bedeutung mehr, dennoch ist es bemerkenswert, wie sich die Geometrie als *Werkzeug* in den Dienst der numerischen Mathematik stellte. (Quelle: [23], Band I, 1. Buch, 10. Kapitel)

Für einen Winkel $\alpha = \angle AMB$ im Einheitskreis sei $s(\alpha)$ die Länge der zugehörigen Sehne AB (vgl. Abb. 3.13). Ziel der Sehnentafeln war es, die Funktion $s(\alpha)$ zu tabellieren, und zwar für Winkel von $0°$ bis $180°$ in Abständen von $0{,}5°$. (Zwischenwerte wurden dann durch lineare Interpolation bestimmt.)

Dies ist nichts anderes als eine modifizierte Sinustabelle, denn es gilt $s(\alpha) = 2\sin(\alpha/2)$. Die Sinusfunktion im heutigen Sinne war im Altertum noch nicht gebräuchlich.

Ausgangspunkt war die Konstruktion einbeschriebener regelmäßiger Polygone im Einheitskreis. Folgende Sehnen sind damit am einfachsten zu berechnen:

$$s(60°) = 1 \qquad \text{aus dem regelmäßigen Sechseck,}$$
$$s(90°) = \sqrt{2} \qquad \text{aus dem Quadrat,}$$
$$s(120°) = \sqrt{3} \qquad \text{aus dem gleichseitigen Dreieck.}$$

Etwas komplexer, in der Geometrie Euklids aber wohlbekannt war die Konstruktion der Fünfeck- und Zehneckseite (vgl. Abb. 3.14):

AB sei ein Durchmesser im Einheitskreis; der Radius *MC* stehe senkrecht auf *AB*. *D* halbiert *MB*. Die Strecke *CD* wird von *D* aus auf *AB* abgetragen, d. h. $|ED| = |CD|$. Dann ist *EM* die Zehneckseite und *EC* die Fünfeckseite.

Abb. 3.14 Konstruktion der
Fünfeck- und Zehneckseite

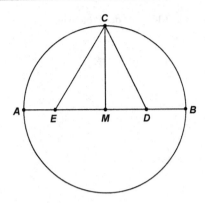

Durch diese zweifellos nichttriviale Konstruktion (vgl. [31], S. 162) sind nun bekannt:

$$s(36°) = |EM| = \frac{\sqrt{5}-1}{2} \qquad \text{aus dem Zehneck,}$$

$$s(72°) = |EC| = \sqrt{\frac{5-\sqrt{5}}{2}} \qquad \text{aus dem Fünfeck.}$$

(Aufgabe: Verifizieren Sie diese Werte anhand der Abb. 3.13!)

Ist $s(\alpha) = |AC|$ bekannt, so ist $s(180° - \alpha) = |BC|$ leicht zu berechnen. Denn nach dem Thalessatz ist $\angle ACB = 90°$ (vgl. Abb. 3.15), und aus dem Satz des Pythagoras folgt dann:

$$s(180° - \alpha) = \sqrt{4 - s(\alpha)^2}$$

Zwecks Bestimmung weiterer Tabellenwerte sollten nun zu gegebenen $s(\alpha)$, $s(\beta)$ die Sehne $s(\alpha - \beta)$ zur *Differenz* sowie die Sehne $s(\alpha/2)$ zum *halben Winkel* berechnet werden.

Abb. 3.15 Berechnung von
$s(180° - \alpha)$

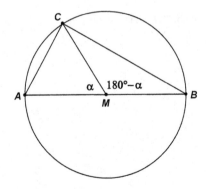

Abb. 3.16 Satz des Ptolemäus

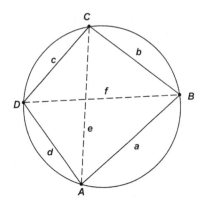

Wichtigstes Hilfsmittel dazu war der *Satz des Ptolemäus* (vgl. Abb. 3.16):

In jedem Sehnenviereck ist das Produkt der Diagonalen gleich der Summe der Produkte gegenüberliegender Seiten: $e \cdot f = a \cdot c + b \cdot d$

Damit löst man das Differenzen-Problem wie folgt (vgl. Abb. 3.17): Im Sehnenviereck $ABCD$ sei jetzt AB ein Durchmesser (Länge 2), und es seien $\alpha = \angle AMC$, $\beta = \angle AMD$. Folgende Sehnen seien bekannt:

$$s(\alpha) = |AC| \text{ und damit } |BC| = s(180° - \alpha),$$
$$s(\beta) = |AD| \text{ und damit } |BD| = s(180° - \beta).$$

Gesucht ist $|DC| = s(\alpha - \beta)$.

Aus dem Satz des Ptolemäus ergibt sich:

$$|AC| \cdot |BD| = |AB| \cdot |DC| + |AD| \cdot |BC|$$

Abb. 3.17 Berechnung von $s(\alpha - \beta)$

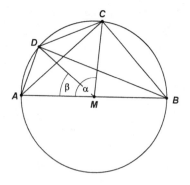

Durch Auflösen und Einsetzen erhält man eine Formel analog dem Additionstheorem des Sinus:

$$s(\alpha - \beta) = \frac{1}{2}(s(\alpha) \cdot s(180° - \beta) - s(\beta) \cdot s(180° - \alpha))$$

Das Halbwinkel-Problem wird ähnlich wie bei der *Eckenverdopplung* zur π-Bestimmung (siehe Abschn. 3.3.2) gelöst und führt zu derselben Formel:

$$s\left(\frac{\alpha}{2}\right) = \sqrt{2 - \sqrt{4 - s(\alpha)^2}}\,.$$

Aus $s(72°)$ und $s(60°)$ kann man jetzt $s(12°)$ berechnen und daraus mit der Halbwinkel-formel: $s(6°)$, $s(3°)$, $s(\frac{3}{2}^°)$, $s(\frac{3}{4}^°)$.

Damit ist man dem angestrebten Wert $s(1°)$ schon recht nahe gekommen. Ptolemäus beweist nun den

---

Satz
Für alle Winkel α, β mit $\alpha > \beta$ ist $\frac{s(\alpha)}{s(\beta)} < \frac{\alpha}{\beta}$.

Die Ungleichung ist äquivalent zu $\frac{\sin(\alpha)}{\sin(\beta)} < \frac{\alpha}{\beta}$ (ersetze dazu $s(\alpha)$ durch $2\sin(\alpha/2)$), und diese wiederum zu $\frac{\sin(\alpha)}{\alpha} < \frac{\sin(\beta)}{\beta}$. In moderner Interpretation lautet dann der Satz:

Die Funktion $\alpha \mapsto \dfrac{\sin(\alpha)}{\alpha}$ ist monoton fallend für $0° < \alpha < 90°$.

Ptolemäus verwendet diesen Satz, um $s(1°)$ nach oben und unten abzuschätzen:

$$\frac{s\left(\frac{3}{2}^°\right)}{s(1°)} < \frac{\frac{3}{2}^°}{1°}, \quad \text{also} \quad \frac{2}{3}s\left(\frac{3}{2}^°\right) < s(1°);$$

$$\frac{s\left(1°\right)}{s\left(\frac{3}{4}^°\right)} < \frac{1°}{\frac{3}{4}^°}, \quad \text{also} \quad s(1°) < \frac{4}{3}s\left(\frac{3}{4}^°\right).$$

In der Genauigkeit der Sehnentafel (3 Nachkommastellen im *60er-System*) sind obere und untere Schranke nun gleich groß, und zwar in seiner Notation:

$$1^{\mathrm{p}}\, 2'\, 50''$$

Das hochgestellte p steht für „partes", d. h. Sechzigstel, die Striche bedeuten wie bei Win-kelmaßen noch gebräuchlich die weiteren Sechzigstel (*Minuten* und *Sekunden*).

Daraus schließt er:

Abb. 3.18 Berechnung von
$s(\alpha + \beta)$

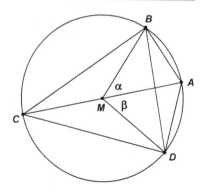

▶   Da also die Sehne zu dem Bogen von $1°$ einmal kleiner, das andere Mal größer
     als der nämliche Betrag ausgewiesen wurde, so werden wir selbstverständlich
     diese Sehne ... ohne beträchtlichen Fehler mit $1^{\mathrm{p}}\,2'\,50''$ ansetzen.

Dieser Wert entspricht dezimal

$$1 \cdot 60^{-1} + 2 \cdot 60^{-2} + 50 \cdot 60^{-3} = 0{,}0174537037\ldots,$$

was mit dem 10-stelligen TR-Wert $s(1°) = 2\sin(0{,}5°) = 0{,}017453071$ schon sehr gut
übereinstimmt (fast 5 signifikante Stellen). Rechnet man den TR-Wert in das 60er-System
um, so ergibt sich in naheliegender Fortsetzung der antiken Stellenwert-Schreibweise:

$$s(1°) = 1^{\mathrm{p}}\,2'\,49''\,51'''\,48''''$$

Gerundet auf drei 60er-Stellen (p, ′, ″) würde also der angegebene Wert herauskommen.
     Mit der Halbwinkelformel ist nun $s(\tfrac{1}{2}°)$ berechenbar, und aus dem Satz des Ptolemäus
folgt auch eine Formel für *Summen* (aus der Abb. 3.18 leicht herzuleiten, im Original
etwas anders bewiesen):

$$s(\alpha + \beta) = \frac{1}{2}\left(s(\alpha) \cdot s(180° - \beta) + s(\beta) \cdot s(180° - \alpha)\right)$$

Die Berechnung der Sehnen zu allen halbzahligen Winkelgrößen ist mit diesen Werkzeugen nur noch eine Fleißaufgabe.

3.4.2   Halbieren und Verdoppeln

Wir betrachten jetzt sin, cos, tan als Funktionen, die auf ganz $\mathbb{R}$ definiert sind (bei tan mit
Ausnahme der Polstellen), wobei die Argumente als Winkel im *Bogenmaß* interpretiert
werden. Will man die Funktionswerte berechnen, so genügt es wegen der Periodizität und

der Symmetrie der Funktionen offenbar, sich auf den Bereich $x \in \left[0; \frac{\pi}{2}\right]$ zu beschränken. Im Grunde reicht sogar $x \in \left[0; \frac{\pi}{4}\right]$, denn:

$$\sin\left(\frac{\pi}{2} - x\right) = \cos(x) = \sqrt{1 - \sin^2(x)}; \quad \tan\left(\frac{\pi}{2} - x\right) = \frac{1}{\tan(x)}$$

(Diese Reduktion ist sicherlich auch ein nichttriviales numerisches Problem, aber wir gehen nicht weiter darauf ein.)

Als Beispiel nehmen wir zunächst den *Sinus*.

Zwei Ideen sind für das folgende Verfahren ausschlaggebend:

1. Für kleine x kann man $\sin(x)$ *näherungsweise* bestimmen. Die einfachste Approximation ist $\sin(x) \approx x$.
2. Mit der *Verdopplungsformel*

$$\sin(2x) = 2\sin(x)\cos(x) = 2\sin(x)\sqrt{1 - \sin^2(x)}$$

können Funktionswerte für größere x berechnet werden. Ist also $s = \sin(x)$ bekannt, so bekommt man durch Anwendung der *Sinus-Verdopplungsfunktion*

$$F(s) = 2s\sqrt{1 - s^2}$$

den Wert für den doppelten Winkel: $F(s) = \sin(2x)$.

Kleine x-Werte kann man mit dem TR immer durch sukzessives Halbieren erreichen; man ist schließlich nicht wie bei den Sehnentafeln auf ganzzahlige Winkel oder andere einfache x-Werte angewiesen. Daraus resultiert die Methode *Halbieren/Verdoppeln*, die folgendermaßen abläuft:

▶ Sei $x \in [0; \frac{\pi}{4}]$ gegeben.

1. Halbiere x solange, bis eine vorgegebene Schranke $\varepsilon > 0$ unterschritten wird;
2. approximiere $\sin(x)$ durch x;
3. wende die Verdopplungsfunktion an, so oft wie vorher halbiert wurde.

Das Beispiel in Tab. 3.23 mit $x = 0{,}4$ und der Schranke $\varepsilon = 0{,}01$ wurde mit einem Tabellenprogramm erzeugt. In der linken Spalte wird von oben nach unten gerechnet (Halbieren), in der letzten Zeile wird approximiert, in der rechten wird von unten nach oben gerechnet (Verdopplungsfunktion).

Zum Vergleich: Die Sinusfunktion des TR ergibt $\sin(0{,}4) = 0{,}3894183424$; immerhin sind 5 Stellen der Näherung signifikant.

Tab. 3.23 sin(0,4) mit Halbie-
ren/Verdoppeln

x	$\sin(x) \approx$
0,4	0,3894207409
0,2	0,1986706069
0,1	0,0998340644
0,05	0,0499794944
0,025	0,0249975586
0,0125	0,0124997559
0,00625	0,00625

Die Berechnung ist auch mit dem TR leicht durchführbar, da sich die Rechenschritte wiederholen, und zwar sowohl abwärts (Halbieren) als auch aufwärts (Verdopplungs-funktion); dazu ist wiederum die Befehlswiederholung unter Benutzung der ANS-Taste praktisch unverzichtbar. Man braucht nicht unbedingt alle Zwischenwerte zu notieren; wichtig ist nur, beim Halbieren die Schritte mitzuzählen, denn aufwärts müssen es gleich viele wie abwärts sein.

Nun zur Fehlerabschätzung Für ein gegebenes $x \in [0; \pi/4]$ sei $y = \sin(x)$ und $\tilde{y}$ die nach dem obigen Verfahren berechnete Näherung. Für den Fehler in y sind im Wesentli-chen zwei Fehlertypen verantwortlich, nämlich

1. der *Abbrechfehler*: Wie gut ist die Näherung $\sin(x) \approx x$ für *kleine x*?
2. *Fehlerfortpflanzung* bei der Verdopplungsfunktion: Da man F mehrfach anwendet, kann sich der Abbrechfehler eventuell potenzieren; hier muss man also Vorsicht walten lassen.

Zu 1. soll an dieser Stelle Tab. 3.24 genügen.

Übrigens zeigen die Ziffern ein interessantes Muster; wenn man davon ausgeht, dass sich $\sin(x)$ lokal ungefähr wie ein Polynom verhält, dann kann man daraus ablesen: Für $x \approx 0$ gilt vermutlich $x - \sin(x) \approx \frac{x^3}{6}$, also $\frac{x - \sin(x)}{x} \approx \frac{x^2}{6}$; tatsächlich ist sogar $x - \sin(x) < \frac{x^3}{6}$. Das werden wir aber nicht beweisen.

Zu 2. verwenden wir die in Abschn. 2.4.3 entwickelten Methoden. Tab. 3.25 zeigt zu-nächst eine mit Excel erstellte Tabelle für den gleichen x-Wert wie oben, diesmal mit den absoluten und relativen Fehlern für *jeden* Zwischenschritt.

Tab. 3.24 $\sin(x)$ für kleine x

x	$\sin(x)$	Abs. Fehler $x - \sin(x)$	Rel. Fehler $[x - \sin(x)]/x$
0,1	0,09983..	$1,7 \cdot 10^{-4}$	$1,7 \cdot 10^{-3}$
0,01	0,00999983..	$1,7 \cdot 10^{-7}$	$1,7 \cdot 10^{-5}$
0,001	0,00099999983..	$1,7 \cdot 10^{-10}$	$1,7 \cdot 10^{-7}$

Tab. 3.25 Fehler beim Halbieren/Verdoppeln

x_i	s_i	$\sin(x_i)$	Abs. Fehler	Rel. Fehler
0,4	0,38942074	0,38941834	2,40E–06	6,16E–06
0,2	0,19867061	0,19866933	1,28E–06	6,42E–06
0,1	0,09983406	0,09983342	6,48E–07	6,49E–06
0,05	0,04997949	0,04997917	3,25E–07	6,51E–06
0,025	0,02499756	0,0249974	1,63E–07	6,51E–06
0,0125	0,01249976	0,01249967	8,14E–08	6,51E–06
0,00625	0,00625	0,00624996	4,07E–08	6,51E–06

(Für Testzwecke mag es erlaubt sein, die Näherungen mit den „exakten" Sinuswerten der eingebauten Excel-Funktion zu vergleichen; wir verlassen uns hier darauf, dass die Maschine richtig arbeitet.)

Auffällig ist: Der *absolute* Fehler wird von unten nach oben größer, er verdoppelt sich ungefähr bei jedem Schritt; bei den obigen 6 Schritten wird also der Abbrechfehler um den Faktor $2^6 = 32$ erhöht. Jedoch bleibt der *relative* Fehler etwa gleich, er verringert sich sogar etwas.

Ist $s = \sin(x)$ irgendein Sinuswert, dann ist $y = F(s) = \sin(2x)$.

Ist $\tilde{s}$ eine Näherung für s, dann ist $\tilde{y} = F(\tilde{s})$ eine Näherung für y.

Nach Abschn. 2.4.3 gilt für den absoluten Fehler:

$$\Delta y \approx F'(s) \cdot \Delta s = \frac{2 \cdot \left(1 - s^2\right)}{\sqrt{1 - s^2}} \cdot \Delta s$$

Die relevanten s-Werte liegen im Intervall $0 < s < 0{,}4$, denn für alle $x \in \left[0; \frac{\pi}{4}\right]$ ist bei den Verdopplungsschritten $s = \sin\left(\frac{x}{2}\right) \leq \sin\left(\frac{\pi}{8}\right) = 0{,}38\ldots < 0{,}4$; außerdem sind bei den ersten Schritten die s-Werte sehr klein, sodass das Verhalten von $F'(s)$ in der Nähe von $s = 0$ wichtig ist.

Eine kleine Wertetabelle zeigt (vgl. Tab. 3.26): Offenbar ist $F'(s) \leq 2$ in diesem Intervall, und $F'(s) \approx 2$ für $s \approx 0$. Unsere Beobachtung in der obigen Tab. 3.25, dass sich der absolute Fehler bei jedem Schritt etwa um den Faktor 2 erhöht, wird dadurch bestätigt.

Tab. 3.26 Wertetabelle von $F'(s)$

s	$F'(s)$
0	2,0
0,1	1,9699
0,2	1,8779
0,3	1,7192
0,4	1,4839

Tab. 3.27 Bessere Näherung von $\sin(x)$ für kleine x	x_n	s_n
	0,4	0,389418323097
	0,2	0,198669320574
	0,1	0,099833411458
	0,05	0,049979166667

Bezüglich des *relativen* Fehlers $r_y = \frac{\Delta y}{y}$ gilt nach Abschn. 2.4.3:

$$r_y = \frac{s \cdot F'(s)}{F(s)} r_s$$

Hier ist

$$\frac{s \cdot F'(s)}{F(s)} = \frac{1 - 2s^2}{1 - s^2}$$

(Zwischenrechnung ausgelassen). Man sieht sofort, dass dieser Vergrößerungsfaktor für den relativen Fehler im Intervall $0 < s < 0{,}4$ nicht mehr als 1 beträgt und für kleine s ungefähr gleich 1 ist. Auch unsere zweite Beobachtung, dass der relative Fehler beim Verdoppeln nicht anwächst, ist damit allgemein nachgewiesen.

Nimmt man wie in unserem Testbeispiel die Schranke $x < 0{,}01$ zum Abbrechen, so folgt aus der o. g. (nicht bewiesenen) Abschätzung $x - \sin(x) < \frac{x^3}{6}$, dass für den relativen Abbrechfehler r gilt:

$$r \approx \frac{x - \sin(x)}{x} < \frac{x^3}{6x} = \frac{x^2}{6} < \frac{0{,}01^2}{6} \approx 1{,}67 \cdot 10^{-5}$$

Der relative Fehler vergrößert sich nicht beim Verdoppeln, somit hat man für alle $x \in [0; \pi/4]$, wenn $\tilde{y}$ die nach unserem Verfahren berechnete Näherung für $\sin(x)$ ist, die Abschätzung

$$\frac{\tilde{y} - \sin(x)}{\sin(x)} < 1{,}67 \cdot 10^{-5},$$

also $\tilde{y} - \sin(x) < \sin(x) \cdot 1{,}67 \cdot 10^{-5} \approx 0{,}7 \cdot 1{,}67 \cdot 10^{-5} \approx 1{,}2 \cdot 10^{-5}$.

D. h., mindestens 4 Nachkommastellen sind sicher.

Verbesserung des Verfahrens: Eine bessere Näherung für kleine x ist $\sin(x) \approx x - \frac{x^3}{6}$ (siehe oben; das sind übrigens die ersten zwei Glieder der Taylor-Reihe von sin). Damit erreicht man schon mit der Schranke $\varepsilon = 0{,}1$ in unserem Beispiel $x = 0{,}4$ eine Genauigkeit von 7 Nachkommastellen, also ein besseres Ergebnis mit weniger Aufwand (vgl. Tab. 3.27).

Zur Berechnung des *Cosinus* braucht man jetzt eigentlich nur noch die Formel

$$\cos(x) = \sqrt{1 - \sin^2(x)}$$

Tab. 3.28 cos(0,4) mit Halbieren/Verdoppeln

x_i	c_i	$\cos(x_i)$	Abs. Fehler	Rel. Fehler
0,4	0,921060740474	0,921060994003	−2,54E−07	−2,75E−07
0,2	0,980066513170	0,980066577841	−6,47E−08	−6,60E−08
0,1	0,995004149029	0,995004165278	−1,62E−08	−1,63E−08
0,05	0,998750256328	0,998750260395	−4,07E−09	−4,07E−09
0,025	0,999687515259	0,999687516276	−1,02E−09	−1,02E−09
0,0125	0,999921875763	0,999921876017	−2,54E−10	−2,54E−10
0,00625	0,999980468750	0,999980468814	−6,36E−11	−6,36E−11

anzuwenden. Trotzdem lohnt es sich, ein analoges Halbieren-Verdoppeln-Verfahren für $\cos(x)$ zu entwickeln, denn bei der Fehleranalyse zeigt sich ein reizvoller Kontrast:

Für kleine x ist die einfachste Näherung $\cos(x) \approx 1 - \frac{x^2}{2}$.

Aus $\cos(2x) = \cos^2(x) - \sin^2(x)$ ergibt sich die Verdopplungsformel:

$$\cos(2x) = 2\cos^2(x) - 1$$

Für die *Cosinus-Verdopplungsfunktion*

$$G(c) = 2c^2 - 1$$

gilt also analog zum Sinus: Ist $c = \cos(x)$, so ist $G(c) = \cos(2x)$.

Die folgende Excel-Tabelle (Tab. 3.28) enthält ein Beispiel mit dem Startwert $x = x_0 = 0,4$ und den Folgen

$$x_{i+1} = \frac{x_i}{2}; \quad x_n < \varepsilon = 0,01;$$

$$c_n = 1 - \frac{x_n^2}{2}; \quad c_i = G(c_{i+1}); \quad c_0 \approx \cos(x);$$

ebenfalls mit den absoluten und relativen Fehlern für jeden Zwischenwert.

Die Näherung für kleine x ist offenbar sehr gut, fast 10 signifikante Stellen in der letzten Zeile (deshalb sind hier auch 12 Nachkommastellen angezeigt; Excel rechnet mit 15-stelliger Gleitkomma-Darstellung). Absolute und relative Fehler sind ungefähr gleich, denn die cos-Werte liegen nahe bei 1. Allerdings vergrößern sich die Fehler beim Verdoppeln erheblich, von den anfänglich 10 signifikanten Stellen gehen vier verloren! Der Fehler scheint sich bei jedem Aufwärtsschritt etwa zu vervierfachen.

Die Fehleranalyse der Verdopplungsfunktion G zeigt tatsächlich:

$$G'(c) = 4c$$

Für $x \in [0; \pi/4]$ ist $0,92 < \cos(x) \leq 1$, also liegen die relevanten c-Werte im Intervall $[0,92; 1]$, und für die meisten Schritte ist $c \approx 1$. Also vergrößert sich bei jedem Schritt der absolute Fehler auf etwas weniger als das 4-Fache.

Für den Vergrößerungsfaktor des relativen Fehlers gilt sogar, wie man leicht nachrechnet:

$$\frac{c \cdot G'(c)}{G(c)} = \frac{4c^2}{2c^2 - 1} \geq 4 \quad \text{für} \quad 0{,}92 < c \leq 1$$

Bei 6 Verdopplungsschritten wird sich der relative Fehler mindestens auf das 4^6-Fache erhöhen, also etwa um den Faktor 4000. Das bedeutet, wie oben beobachtet, einen Verlust von mehr als 3 signifikanten Stellen. Allerdings ist die Genauigkeit im Endergebnis immer noch größer als beim Sinus; das liegt daran, dass die verwendete Näherung für kleine x beim Cosinus qualitativ erheblich besser ist als beim Sinus.

Zur Rechtfertigung dieser Verfahren in Bezug auf die Schulmathematik ist zu sagen: Sie sind elementar herleitbar, es werden nur einfache trigonometrische Formeln benutzt (Additionstheoreme und Pythagoras); daher könnten sie bereits bei der Einführung der trigonometrischen Funktionen im 10. Schuljahr diskutiert werden (vgl. [18] für einen Unterrichtsvorschlag).

3.4.3 Der CORDIC-Algorithmus

Die Abkürzung steht für **CO**ordinate **R**otation for **DI**gital **C**omputers. Mit diesem relativ schnellen Verfahren werden für einen gegebenen Winkel $t \in [0; \pi/2]$ simultan die Funktionswerte $\sin(t)$ und $\cos(t)$ berechnet. Es handelt sich um einen sogenannten *shift-and-add*-Algorithmus, der praktisch ohne zeitaufwendige Multiplikationen auskommt: Außer Additionen benutzt er ausschließlich Multiplikationen mit Zweierpotenzen, die im Dualsystem durch Kommaverschiebung realisiert werden können, also praktisch ohne Rechenaufwand. Dieser Zeitvorteil wird dadurch erkauft, dass man eine gewisse Anzahl von Winkelwerten im Speicher fest ablegen muss.

Für weitere Informationen zum CORDIC-Schema, zu verwandten Verfahren und allgemein zur maschinellen Berechnung elementarer Funktionen vgl. [20].

Die Theorie
Der gegebene Winkel t wird approximiert durch eine Summe bzw. Differenz der Winkel (siehe Tab. 3.29)

$$w_n = \arctan(2^{-n}), \quad n = 0, 1, 2, \ldots,$$

wobei jedes w_n genau einmal vorkommt (mit positivem oder negativem Vorzeichen):

$$t = \sum_{n=0}^{\infty} s_n w_n \quad \text{mit} \quad s_n = 1 \quad \text{oder} \quad -1$$

Man kann diese Darstellung wie folgt entwickeln: Man beginnt eine Folge t_n von Winkeln mit $t_1 = w_0 = \pi/4$; dieser Anfangswinkel wird nun nacheinander um $w_1, w_2, w_3, \ldots$

Tab. 3.29 Die ersten 11 Werte der Winkel w_n

n	w_n	w_n in $^\circ$
0	0,7853982	45
1	0,4636476	26,6
2	0,2449787	14,0
3	0,124355	7,13
4	0,0624188	3,58
5	0,0312398	1,79
6	0,0156237	0,900
7	0,0078123	0,448
8	0,0039062	0,224
9	0,0019531	0,112
10	0,0009766	0,0560

vor- oder zurückgedreht, je nachdem, ob t noch nicht erreicht oder bereits überschritten wurde.

Formale Beschreibung der Rekursion:

$$t_{n+1} = \begin{cases} t_n + w_n, & \text{wenn } t_n < t \\ t_n - w_n, & \text{wenn } t_n > t \end{cases} \quad \Leftrightarrow \quad \begin{aligned} & t_{n+1} = t_n + s_n w_n \\ & \text{mit} \quad s_n = \operatorname{sgn}(t - t_n) \end{aligned} \tag{3.8}$$

Dann ist $\lim_{n \to \infty} t_n = t$; allerdings ist nicht ganz offensichtlich, dass es immer funktioniert, wir werden das später klären. Immerhin kann man an der Tabelle der w_n schon qualitativ erkennen: Die Winkel sind groß genug, sodass keine Lücken entstehen, und mit wachsendem n werden sie so klein, dass das Verfahren immer konvergiert.

(Man beachte: Für $x \approx 0$ ist $\arctan(x) \approx x$, also gilt $w_n \approx 2^{-n}$ für große n; schon für $n \geq 2$ kann man das in der Tab. 3.29 deutlich erkennen.)

Jetzt kommen die Rotationen ins Spiel. Dreht man einen Vektor $\binom{x}{y}$ um den Winkel w, dann hat der gedrehte Vektor diese Koordinaten:

$$\begin{pmatrix} x' \\ y' \end{pmatrix} = \begin{pmatrix} \cos(w) & -\sin(w) \\ \sin(w) & \cos(w) \end{pmatrix} \begin{pmatrix} x \\ y \end{pmatrix} = \cos(w) \begin{pmatrix} 1 & -\tan(w) \\ \tan(w) & 1 \end{pmatrix} \begin{pmatrix} x \\ y \end{pmatrix}$$

Wenn man um einen der Winkel w_n dreht, dann erhält man wegen $\tan(w_n) = 2^{-n}$ (genauso ist w_n definiert!) die folgende Darstellung:

$$\begin{pmatrix} x' \\ y' \end{pmatrix} = \cos(w_n) \begin{pmatrix} 1 & -2^{-n} \\ 2^{-n} & 1 \end{pmatrix} \begin{pmatrix} x \\ y \end{pmatrix}$$

Man beginnt nun mit $\binom{x_0}{y_0} = \binom{1}{0}$ und dreht nacheinander um w_0, w_1, w_2, ... vor oder zurück gemäß der obigen Darstellung von t. Daraus ergibt sich eine rekursiv definierte

Folge von Vektoren:

$$\begin{pmatrix} x_{n+1} \\ y_{n+1} \end{pmatrix} = \cos(w_n) \begin{pmatrix} 1 & -s_n\, 2^{-n} \\ s_n 2^{-n} & 1 \end{pmatrix} \begin{pmatrix} x_n \\ y_n \end{pmatrix} \quad \text{mit} \quad s_n = \pm 1$$

Aufgeteilt in die beiden Komponenten:

$$x_{n+1} = \cos(w_n)\ (x_n - s_n\, 2^{-n}\, y_n)$$
$$y_{n+1} = \cos(w_n)\ (y_n + s_n\, 2^{-n}\, x_n) \tag{3.9}$$

Man beachte: Das Vorzeichen s_n von w_n ist für den Faktor $\cos(w_n)$ unerheblich, da cos eine gerade Funktion ist.

Ist t_n die oben definierte Folge von Winkeln, die t approximiert, dann ist $x_n = \cos(t_n)$ und $y_n = \sin(t_n)$; aus der Konvergenz $t_n \to t$ folgt dann $x_n \to \cos(t)$ und $y_n \to \sin(t)$.

Die Berechnung

Man sieht schon an der Darstellung (3.9), dass das Ziel, die Multiplikationen zu eliminieren, fast erreicht ist – wären da nicht die *Skalierungsfaktoren* $\cos(w_n)$. Da aber in allen Entwicklungen von t jedes w_n genau einmal vorkommt (entweder positiv oder negativ), kann man diese Faktoren bei der rekursiven Berechnung erst einmal weglassen und dann am Schluss komplett anbringen, als konstanten Faktor:

$$\prod_{n=0}^{\infty} \cos(w_n) =: C$$

Zur Berechnung von C kann man auch die einzelnen Faktoren des unendlichen Produkts noch einfacher gestalten, indem man cos durch tan ausdrückt:

$$\cos(w) = \frac{1}{\sqrt{\tan^2(w) + 1}} \quad \text{für alle} \quad w \in [0;\ \pi/2]$$

Daraus folgt:

$$\cos(w_n) = \frac{1}{\sqrt{2^{-2n} + 1}} \quad \text{für alle} \quad n \geq 0$$

$$\Rightarrow \quad C = \prod_{n=0}^{\infty} \cos(w_n) = \frac{1}{\sqrt{\displaystyle\prod_{n=0}^{\infty} (2^{-2n} + 1)}} = 0{,}6072529\ldots$$

Mit einem Tabellenprogramm oder einem CAS kann man den Dezimalwert von C leicht mit ausreichender Genauigkeit vorweg ermitteln.

Für die Folgen mit vereinfachter Rekursionsvorschrift

$$x_{n+1} = x_n - s_n \, 2^{-n} \, y_n$$
$$y_{n+1} = y_n + s_n \, 2^{-n} \, x_n \tag{3.10}$$

erhält man also zunächst *vergrößerte* Werte, da die Faktoren $\cos(w_n) < 1$ weggelassen wurden. Setzt man analog zu oben $x = \lim\limits_{n \to \infty} x_n$ und $y = \lim\limits_{n \to \infty} y_n$, dann muss man die Grenzwerte anschließend mit dem Faktor C verkleinern:

$$C \cdot x = \cos(t) \quad \text{und} \quad C \cdot y = \sin(t)$$

Auch diese Multiplikation kann man noch vermeiden, indem man die Rekursion nicht mit $x_0 = 1$, sondern mit $x_0 = C$ startet (und nach wie vor mit $y_0 = 0$).

Man sieht an der Rekursionsvorschrift (3.10), dass die Folge t_n der Winkel gar nicht explizit gebraucht wird, man benötigt nur die *Vorzeichen*-Folge s_n.

Dazu berechnet man rekursiv die Differenzen-Folge $\Delta_n = t - t_n$ vermöge $\Delta_0 = t$ und

$$\Delta_{n+1} = \begin{cases} \Delta_n + w_n & \text{wenn} \quad \Delta_n < 0 \\ \Delta_n - w_n & \text{wenn} \quad \Delta_n > 0 \end{cases},$$

d. h., für $\Delta_n < 0$ ist Δ_n zu klein, und im nächsten Schritt müssen wir etwas addieren; für $\Delta_n > 0$ ist Δ_n zu groß, und wir müssen etwas subtrahieren. So erreichen wir letztendlich das Ziel $\Delta_n \to 0$, also $t_n \to t$ (Genaueres zur Konvergenz siehe unten). Dann ist s_n nichts anderes als das Vorzeichen von Δ_n, und wir können die obige Definition wie folgt kompakter formulieren:

$$s_n = \text{sgn}(\Delta_n), \quad \Delta_{n+1} = \Delta_n - s_n \, w_n$$

Zusammenfassung der Rekursion:

$$\text{Startwerte} \quad x_0 = C, \quad y_0 = 0, \quad \Delta_0 = t \quad (\Rightarrow s_0 = 1)$$
$$x_{n+1} = x_n - s_n \, 2^{-n} \, y_n$$
$$y_{n+1} = y_n + s_n \, 2^{-n} \, x_n$$
$$\Delta_{n+1} = \Delta_n - s_n \, w_n \quad \text{mit} \quad s_n = \text{sgn}(\Delta_n)$$

Wenn man den Algorithmus mit einem Tabellenprogramm realisieren möchte (siehe Tab. 3.30), dann ist es sinnvoll, für s_n eine Spalte zu reservieren; in einem Maschinenprogramm würde es genügen, dafür das Vorzeichen von Δ_n abzufragen.

Die Winkel w_n müssen mit der gewünschten Genauigkeit im Speicher verfügbar sein. Über die Anzahl der benötigten Schritte (und damit auch über den hierfür benötigten Speicherplatz) kann man Folgendes sagen: Man sieht an der Rekursionsvorschrift, dass die

Tab. 3.30 CORDIC-Schema mit $t = 0,7$

n	Δ_n	s_n	x_n	y_n
0	0,7	1	0,607252935	0
1	−0,0853980	−1	0,607252935	0,607252935
2	0,3782494	1	0,910879403	0,303626468
3	0,1332708	1	0,834972786	0,531346318
4	0,0089158	1	0,768554496	0,635717916
5	−0,0535030	−1	0,728822126	0,683752572
6	−0,0222630	−1	0,750189394	0,660976881
7	−0,0066390	−1	0,760517158	0,649255172
8	0,0011729	1	0,765589464	0,643313631
9	−0,0027330	−1	0,763076520	0,646304215
10	−0,0007800	−1	0,764338833	0,644813831
11	0,0001963	1	0,764968534	0,644067407
12	−0,0002920	−1	0,764654048	0,644440926
13	−4,780E-05	−1	0,764811382	0,644254243
14	7,427E-05	1	0,764890026	0,644160883
15	1,323E-05	1	0,764850710	0,644207568

binäre Komma-Verschiebung ($=$ Multiplikation mit 2^{-n}) die Änderungen verschwinden lässt, sobald der Exponent n die Bit-Länge der Zahlen x_n, y_n überschreitet. Mit anderen Worten: Die binäre Stellenzahl in der verwendeten Genauigkeitsstufe ist ein Maß für die Anzahl der Rekursionsschritte, um $\cos(t)$ und $\sin(t)$ mit dieser Genauigkeit zu ermitteln. Da man wegen $10^3 \approx 2^{10}$ jeweils 3 Dezimalstellen durch ca. 10 Binärstellen codieren kann, braucht man für eine Genauigkeit von 15 Dezimalstellen ca. 50 Schritte.

Beispiel mit $t = 0,7$ – siehe Tab. 3.30.

Vergleicht man die Näherungen in Zeile 15 mit den anderweitig berechneten „exakten" Funktionswerten $\cos(t) = 0,764842\ldots$ und $\sin(t) = 0,644217\ldots$, dann sieht man, dass mit diesen 15 Schritten je 4 signifikante Ziffern der beiden Funktionswerte erzielt werden. Würde man die Tabelle fortsetzen, dann fände man in der Tat bestätigt, dass mit jeweils 10 weiteren Schritten die Genauigkeit um 3 weitere Dezimalstellen zunimmt (bitte selbst versuchen).

Wir haben hier die Genauigkeit des Algorithmus wieder mit „unfairen Mitteln" festgestellt, indem wir die zu berechnenden Werte mit den aus anderen Quellen bekannten Werten verglichen haben. Man könnte zwar den absoluten Fehler auch ohne große Probleme direkt abschätzen (ohne Kenntnis der „exakten" Werte); das soll hier allerdings nicht durchgeführt werden, wir begnügen uns mit der experimentellen Überprüfung.

Eines sollte klar sein: So eine Tabelle ist nichts weiter als eine Simulation, denn in den Formeln wird explizit mit 2^{-n} multipliziert. Wenn man jedoch in Maschinensprache programmiert, dann kann man direkt auf die Binärdarstellung der Zahlen zugreifen, und dann ist ein solches Produkt tatsächlich durch eine Addition im Exponenten zu erledigen.

Zur Konvergenz

Dass die Reihen $\sum_{n=0}^{\infty} s_n w_n$ immer konvergieren, egal wie man die Vorzeichen s_n verteilt, ist leicht einzusehen. Denn für $x > 0$ ist $\arctan(x) < x$, also gilt:

$$w_n = \arctan(2^{-n}) < 2^{-n}$$

Somit ist die geometrische Reihe $\sum_{n=0}^{\infty} 2^{-n}$ eine Majorante für jede solche Reihe.

Übrigens ist der größtmögliche Winkel, für den der CORDIC-Algorithmus funktioniert, sogar etwas größer als $\pi/2$, denn:

$$\sum_{n=0}^{\infty} w_n = 1{,}7432866 \ldots \approx 99{,}883°$$

Es bleibt nur noch zu zeigen, dass keine Lücken entstehen können, d. h., dass *jeder* Winkel $t \in [0; \pi/2]$ so darstellbar ist.

Definiert man für einen gegebenen Winkel die Folge t_n wie in Gl. (3.8), dann gilt offenbar:

$$|t - t_n| \leq w_n$$

Wir werden jetzt Folgendes zeigen:

$$w_n \leq \sum_{i=n+1}^{\infty} w_i \quad \text{für alle} \quad n \tag{3.11}$$

Daraus ergibt sich, dass die im n-ten Schritt verbleibende Lücke auf jeden Fall mit den restlichen Winkeln ausgefüllt werden kann.

Zum Beweis von Gl. (3.11) benutzen wir die „*Dreiecksungleichung*" für arctan, nämlich:

$$\arctan(x + y) \leq \arctan(x) + \arctan(y) \quad \text{für alle} \quad x, y > 0 \tag{3.12}$$

Diese Eigenschaft ist allgemein für alle monoton wachsenden und *rechts* gekrümmten Funktionen $f(x)$ mit $f(0) = 0$ erfüllt.

Das kann man mit Hilfe von Abb. 3.19 begründen.

O. B. d. A. gelte $0 < x < y$, und es sei g die proportionale Funktion mit $g(y) = f(y)$. Dann gilt:

$$g(x + y) = g(x) + g(y)$$

Wegen der Rechtskrümmung von f ist $g(x) < f(x)$ und $f(x + y) < g(x + y)$, und daraus folgt sofort:

$$f(x + y) < g(x + y) = g(x) + g(y) < f(x) + f(y)$$

Abb. 3.19 (©) Zur Begründung von $f(x + y) <$
$f(x) + f(y)$

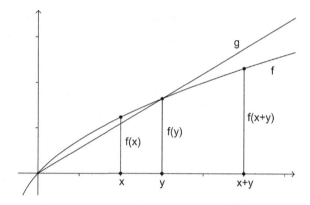

Das kann man auf unendliche Summen verallgemeinern (sofern diese konvergieren); wegen $2^{-n} = \sum\limits_{i=n+1}^{\infty} 2^{-i}$ ergibt sich daraus die Behauptung (3.11):

$$w_n = \arctan(2^{-n}) = \arctan\left(\sum_{i=n+1}^{\infty} 2^{-i}\right) \le \sum_{i=n+1}^{\infty} \arctan(2^{-i}) = \sum_{i=n+1}^{\infty} w_i$$

Anmerkungen

(1) Der CORDIC-Algorithmus ist schon relativ alt, er wurde im Jahre 1959 von J. E.
Volder entwickelt, angeblich zu militärischen Zwecken, um für die Navigation der
B-58-Bomber eine digitale Steuerung zu konstruieren, die bei Überschallgeschwin-
digkeit in Echtzeit funktioniert (Quelle: Wikipedia → CORDIC). Im Laufe der Zeit
sind zahlreiche Varianten hinzugekommen, die die Laufzeit und den Speicherplatz-
bedarf optimieren und an unterschiedliche maschinelle Vorgaben anpassen sollten.

(2) Ein großer Vorteil besteht auch darin, dass außer den trigonometrischen Funktionen
auf ähnliche Weise auch andere elementare Funktionen wie exp, log, Quadratwurzel und sogar Multiplikationen und Divisionen berechnet werden können, sodass
mit einer einheitlichen Programmstruktur viele verschiedene Probleme gelöst werden können.

(3) Der Algorithmus in der o. a. ursprünglichen Version berechnet $\sin(t)$ und $\cos(t)$ simultan, und das ist auch notwendig; wenn man nur eine der Funktionen braucht, wirft
man halt die andere weg (nach dem Motto: Wie fängt der Mathematiker einen Löwen
in der Wüste? Er fängt zwei und lässt einen wieder laufen). Bei zahlreichen Anwen-
dungsproblemen werden aber tatsächlich beide Werte gebraucht.

(4) Es gibt auch eine Reihe anderer Methoden, die für die Berechnung trigonometrischer
Funktionen infrage kommen, selbst die uralten Tabellen mit Interpolation (*table-
lookup*-Verfahren) oder Potenzreihen sind möglich. Welcher Algorithmus wirklich
verwendet wird, hängt von zahlreichen äußeren Bedingungen ab, z. B. von der angestrebten Genauigkeit, vom verfügbaren Speicherplatz oder von den Rechenfähigkei-
ten des Prozessors.

(5) Ob der CORDIC-Algorithmus in TR zum Einsatz kommt, ist unsicher. Manche Geräte rechnen im Dezimalsystem, und dafür ist er nun mal ungeeignet. (Die Hersteller geben i. Allg. keine Auskunft über die interne Programmierung der TR.)

3.4.4 Aufgaben zu 3.4

1. Auf den Spuren von Ptolemäus:
   Berechnen Sie nach seiner Methode eine obere und eine untere Schranke für $s(1°)$ mit der maximalen TR-Genauigkeit. Natürlich sollen nur die Grundoperationen und die Quadratwurzel benutzt werden. Bestimmen Sie daraus eine Näherung und eine absolute Fehlerschranke für $s(1°)$; vergleichen Sie diese Fehlerschranke mit dem maximalen Rundungsfehler bei Ptolemäus' Zahldarstellung (3 Nachkommastellen im 60er-System)!

2. a) Entwickeln Sie $s(36°) = \frac{\sqrt{5}-1}{2}$ in das 60er-System auf 6 Nachkommastellen genau.

   b) Wie groß ist dabei der maximale Rundungsfehler? Wie vielen *dezimalen* Nachkommastellen entspricht das? (Kann der TR die obigen 6 Stellen überhaupt noch verlässlich berechnen?)

3. Untersuchung der Funktion $f(x) = \frac{\sin(x)}{x}$ (x im Bogenmaß):
   Zeichnen Sie den Graphen von f über dem Intervall $[0; 2\pi]$.
   Für $x = 0$ ist f (noch) nicht definiert. Wie kann man f an dieser Stelle stetig ergänzen?

   a) Beweisen Sie analytisch: f ist monoton fallend über dem Intervall $[0; \pi]$.

   b) Bestimmen Sie das kleinste positive *lokale Minimum* der Funktion f.
   (Ist x_0 dieses Minimum, so ist also f im Intervall $[0; x_0]$ monoton fallend. Wegen a) ist $x_0 > \pi$. Es genügt ein Näherungswert für x_0.)

4. Berechnen Sie Näherungen für $\sin(0,7)$ mit Halbieren/Verdoppeln.
   Benutzen Sie dabei die Näherung $\sin(x) \approx x$ für

$$\text{a)} \quad x < 0,1; \qquad \text{b)} \quad x < 0,01; \qquad \text{c)} \quad x < 0,001.$$

Bestimmen Sie in allen Fällen den absoluten Fehler durch Vergleich mit dem TR-Wert von $\sin(0,7)$. Wie viele Dezimalstellen gewinnt man also durch die Verkleinerung der Schranke? Wie verändert sich dabei die Anzahl der benötigten Schritte?

5. Eine Variante des Verfahrens Halbieren/Verdoppeln: *Dritteln/Verdreifachen*
   a) Beweisen Sie: $\sin(3x) = 3\sin(x) - 4\sin^3(x)$
   Es gibt also die *Sinus-Verdreifachungsfunktion* $H(s) = 3s - 4s^3$ mit der Eigenschaft:

$$\text{Ist } s = \sin(x), \text{ dann ist } H(s) = \sin(3x) .$$

Damit kann man ein analoges Verfahren entwickeln, bei dem x nicht halbiert, sondern gedrittelt wird; nach der Näherung für kleine x wird dann statt der Verdopplungsfunktion F die Verdreifachungsfunktion H angewendet, so oft wie x vorher gedrittelt wurde.

Das ist vorteilhaft, weil H eine Polynomfunktion ist; die Quadratwurzeln bei F werden dadurch vermieden, die Berechnung wird einfacher.

b) Testen Sie das Verfahren!

c) Führen Sie eine Fehleranalyse wie beim Halbieren/Verdoppeln durch!

6. a) Berechnen Sie $\cos(0{,}5)$ mit Halbieren/Verdoppeln, und zwar mit 3-stelliger Gleitkomma-Arithmetik (nach *jeder* Operation auf 3 Stellen runden, vgl. Abschn. 2.3.2). Benutzen Sie die Näherung $\cos(x) \approx 1 - \frac{x^2}{2}$ für $x < 0{,}1$.
Wie ist der große Fehler zu erklären?

b) Berechnen Sie stattdessen die Hilfsfunktion $f(x) = 1 - \cos(x)$ mit der entsprechenden Näherung und der Verdopplungsformel:

$$f(2x) = 2f(x)(2 - f(x))$$

(Weisen Sie nach, dass diese Formel richtig ist!) Rechnen Sie auch hier mit 3-stelligen Gleitkommazahlen. Vergleichen Sie den Fehler mit dem obigen.

7. Bisher haben wir nur Sinuswerte für $x \in [0; \pi/4]$ berechnet, mit der Begründung, dass man für größere x u. a. die Formel $\sin\left(\frac{\pi}{2} - x\right) = \cos(x) = \sqrt{1 - \sin^2(x)}$ heranziehen könne. Setzt man also $f(s) = \sqrt{1 - s^2}$, so gilt:

$$\text{Ist } s = \sin(x), \text{ so ist } f(s) = \sin\left(\frac{\pi}{2} - x\right).$$

Wie verhalten sich die Fehler bei dieser Umrechnung? Mit anderen Worten: Wenn man für ein $x \in [0; \pi/4]$ eine Näherung $\tilde{s}$ von $s = \sin(x)$ berechnet hat, wie groß ist dann der absolute bzw. der relative Fehler in der Näherung $f(\tilde{s})$ von $f(s) = \sin\left(\frac{\pi}{2} - x\right)$?

8. Berechnen Sie $\tan(x)$ mit Halbieren und Verdoppeln! Im Einzelnen:

a) Bestimmen Sie eine Verdopplungsfunktion sowie Näherungen für kleine x (beachten Sie: $\tan(x) = \frac{\sin(x)}{\cos(x)}$).

b) Führen Sie eine Fehleranalyse durch.

9. Man kann auch $\tan(x)$ aus $\sin(x)$ berechnen mit der Formel $\tan(x) = \frac{\sin(x)}{\sqrt{1-\sin^2(x)}}$, d. h., mit $f(s) = \frac{s}{\sqrt{1-s^2}}$ gilt: Ist $s = \sin(x)$, so ist $f(s) = \tan(x)$. Wie verhalten sich die Fehler bei dieser Umrechnung (analog zu Aufg. 7)?

Lösen von Gleichungen

4

4.1 Qualitative Analysen und erste Ideen

4.1.1 Grundsätzliches

Das Lösen von Gleichungen gehört zweifellos zu den wichtigsten fundamentalen Ideen der Mathematik.

- Es beginnt schon im 1. Schuljahr: Aufgaben der Form $3 + \boxed{} = 12$ sind im Prinzip Gleichungen, auch wenn sie noch nicht so genannt werden. Später wird dann das Kästchen als Symbol für eine unbekannte Zahl durch eine Variable ersetzt, mit der man algebraisch operieren kann.
- Ein etwas komplexeres Beispiel aus der Grundschule: Fülle die Zahlenmauer aus (Abb. 4.1)! Regel für Zahlenmauern: Die Summe der Zahlen in benachbarten Steinen ergibt die Zahl im Stein darüber. Man kann das Problem algebraisch lösen, indem man z. B. den mittleren Basisstein mit einer Variablen x belegt und eine lineare Gleichung aufstellt; der Schulstufe angemessen sind aber andere Strategien, etwa das *systematische Probieren*. Das Gleiche gilt für viele andere Übungsformen, auch in der Sekundarstufe I.
- Zahlbereichserweiterungen werden in der Regel dadurch motiviert, dass in den „alten" Zahlbereichen gewisse Gleichungen nicht immer lösbar sind, z. B. bei der Erweiterung von $\mathbb{N}$ nach $\mathbb{Z}$: Die Gleichung $a + x = b$ ist für $a < b$ nicht in $\mathbb{N}$ lösbar, deshalb braucht man neue Zahlen, nämlich die negativen.

Abb. 4.1 Zahlenmauer

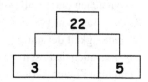

© Springer-Verlag Berlin Heidelberg 2015
B. Schuppar, H. Humenberger, *Elementare Numerik für die Sekundarstufe*,
Mathematik Primarstufe und Sekundarstufe I + II, DOI 10.1007/978-3-662-43479-6_4

- Die Erweiterung von $\mathbb{Q}$ zu $\mathbb{R}$ fällt dabei ein wenig aus dem Rahmen: Es gibt zwar algebraische Gleichungen wie $x^2 = 2$, die nicht in $\mathbb{Q}$ lösbar sind und daher „neue" Zahlen notwendig machen. Aber das genügt nicht. Dezimalbrüche können beliebig lang werden, und der neue Bereich der *unendlichen* Dezimalbrüche hat auch eine Existenzberechtigung, die allerdings nicht algebraisch motiviert ist. Abgesehen davon gibt es Situationen, bei denen Gleichungen eine Rolle spielen, die aber nicht mit algebraischen Methoden behandelt werden können. Prominentes Beispiel: U sei der Umfang, d der Durchmesser eines Kreises, dann hat die Gleichung $U = x \cdot d$ zweifellos genau eine Lösung, weil U aus geometrischen Gründen proportional zu d ist. Somit wird die Suche nach x durch einen *funktionalen* Zusammenhang motiviert. Bemerkenswert: Die Mathematiker haben bekanntlich sehr lange gebraucht, bis sie sich über die Natur der „neuen" Zahl $x = \pi$ Klarheit verschafft haben.
- Bei den Anwendungen der Mathematik in Wissenschaft, Technik, Industrie, Wirtschaft besteht zweifellos ein großer Teil der Aktivitäten aus dem Lösen komplexer Gleichungen wie linearen Gleichungssystemen mit sehr vielen Unbekannten, Differentialgleichungen, Funktionalgleichungen etc.; es ist wohl nicht übertrieben zu sagen, dass die professionelle numerische Mathematik sich hauptsächlich mit theoretischen Untersuchungen und praktischen Lösungsverfahren für Gleichungen befasst.

Wir wollen an dieser Stelle die Rolle der Gleichungen in der Schulmathematik nicht umfassend diskutieren, das würde den Rahmen sprengen. Aber ein paar allgemeine Gedanken sind trotzdem notwendig, um das Thema in den Kontext *Numerik* einzuordnen.

Wir befassen uns in diesem Kapitel mit Gleichungen der Form $f(x) = g(x)$, wobei f und g „beliebige" reelle Funktionen sind. Für unsere Beispiele werden wir jedoch keine ausgefallenen Funktionen benutzen. Was in Bezug auf allgemeine Analysen „beliebig" bedeutet, wird sich aus dem Kontext ergeben; gewisse „natürliche" Eigenschaften wie die Stetigkeit werden wir ihnen zuschreiben müssen, in der Regel werden wir sie sogar als differenzierbar voraussetzen. Eine solche Gleichung numerisch zu lösen heißt, Methoden zur Berechnung von Zahlen zu finden, die die Gleichung *näherungsweise* lösen, sodass der Fehler $|f(x) - g(x)|$ beliebig klein gemacht werden kann.

Der Begriff *Gleichung* kommt in der Sekundarstufe I fast ausschließlich in Verbindung mit den Attributen *linear* und *quadratisch* vor, er wird somit größtenteils der Algebra zugeordnet. Vielleicht hängt diese Präferenz damit zusammen, dass lineare und quadratische Gleichungen mit algebraischen Verfahren *exakt* lösbar sind. Gleichwohl findet man haufenweise Probleme, die zu andersartigen Gleichungen führen, wie die folgenden Beispiele zeigen werden. Algebraische Methoden sind dann sehr schwierig oder führen gar nicht zum Ziel, sodass man sich mit numerischen Lösungen begnügen muss. In realen Kontexten entstehen daraus allerdings keine Nachteile, weil ein Zahlenwert in aller Regel genau das ist, was man braucht, wobei man sich wiederum über die notwendige oder sinnvolle Genauigkeit der numerischen Lösung Gedanken machen muss. Man sollte das Attribut *ungenau* auch in diesem Fall nicht mit der üblichen negativen Konnotation versehen. Denn wenn man Zahlenwerte als Lösungen einer Gleichung benötigt, dann bekommt man in der

Abb. 4.2 Schnitt durch die Halbkugel

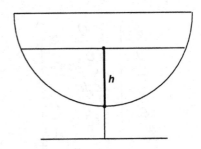

Regel „nur" eine Näherung. Selbst wenn die Gleichung algebraisch lösbar ist (typisches Beispiel ist eine quadratische Gleichung), dann hat man nichts anderes als algebraische Terme (z. B. mit Wurzeln), mit denen man die Lösungen beliebig genau ausrechnen kann, und das ist wieder ein numerisches Problem mit allen Konsequenzen.

Funktionale Aspekte spielen beim Aufstellen und Lösen von Gleichungen eine zentrale Rolle, selbst dann, wenn sie algebraisch lösbar sind.

Beispiele:

(1) Wie hoch steht die Flüssigkeit in einem halbkugelförmigen Glas, wenn es genau halb voll ist (oder halb leer, je nach Laune)?

Das Volumen V eines Kugelsegmentes mit der Höhe h beträgt, wenn die Kugel den Radius R hat (vgl. Abb. 4.2):

$$V = \frac{\pi}{3} h^2 (3R - h)$$

Das Halbkugelvolumen beträgt $V_{HK} = \frac{2\pi}{3} R^3$.

Ist also $V = \frac{1}{2} V_{HK} = \frac{\pi}{3} R^3$, so folgt $R^3 = h^2 (3R - h)$. Dividiert man die Gleichung durch R^3, so erhält man daraus mit $x := \frac{h}{R}$ eine Gleichung 3. Grades:

$$1 = x^2 \cdot (3 - x) \quad \Leftrightarrow \quad x^3 - 3x^2 + 1 = 0$$

Mit einer kleinen Wertetabelle ist der Graph der Polynomfunktion $p(x) = x^3 - 3x^2 + 1$ schnell skizziert (vgl. Abb. 4.3). Es gibt drei Lösungen (Nullstellen der Funktion

Abb. 4.3 Tabelle und Graph von $y = x^3 - 3x^2 + 1$

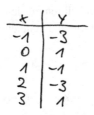

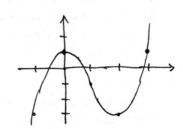

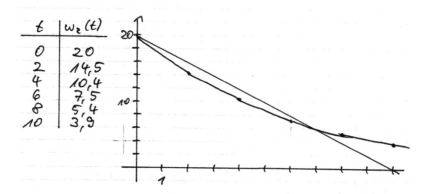

Abb. 4.4 Wertverlust-Modelle

$p(x)$); die für das Problem relevante Lösung liegt offenbar zwischen 0 und 1. Solche Polynomgleichungen 3. Grades sind zwar algebraisch lösbar, aber diese Verfahren sind nicht einfach, sie gehören jedenfalls nicht zur Schulmathematik.

(2) Ein Auto verliert im Laufe seines „Lebens" an Wert; dafür gibt es zwei verschiedene Modelle, den *linearen* und den *exponentiellen* Wertverlust. Ein Zahlenbeispiel: Der Neuwert betrage 20 k€. (Um nicht so viele Nullen schreiben zu müssen, verwenden wir die Einheit *Kilo-Euro*.)

   a) Beim linearen Wertverlust vermindert sich der Wert jährlich um den gleichen Betrag, etwa 2 k€.

   b) Beim exponentiellen Wertverlust vermindert sich der Wert jährlich um den gleichen Prozentsatz des aktuellen Wertes, etwa um 15 %.

Das führt zu zwei Funktionen $w_1(t)$ und $w_2(t)$, wobei t die Zeit in Jahren sei. Die Funktionsgraphen, mit einer kleinen Wertetabelle grob gezeichnet, zeigen den qualitativen Verlauf (vgl. Abb. 4.4; auch bei b) ist die Tabelle für ganzzahlige t schnell zu erstellen, und zwar *rekursiv*, indem man den Anfangswert 20 immer wieder mit 0,85 multipliziert.)

Man kann darüber streiten, welches Modell eher der Realität entspricht (der *Markt* regelt den Wert, nicht die Mathematik), aber damit befassen wir uns jetzt nicht. Theoretisch interessant ist die folgende Beobachtung: Es gibt einen Zeitpunkt $t > 0$, zu dem beide Modelle den gleichen Wert ergeben. Erster Ansatz zur Bestimmung dieser Zeit t: Funktionsterme aufstellen und gleichsetzen.

Die in a) und b) genannten Zahlen führen zu den Termen $w_1(t) = 20 - 2 \cdot t$ und $w_2(t) = 20 \cdot 0{,}85^t$, die daraus resultierende Gleichung lautet:

$$20 - 2 \cdot t = 20 \cdot 0{,}85^t$$

Mit algebraischen Methoden hat man keine Chance, die Lösung zu bestimmen. Aus dem Graphen kann man jedoch ablesen, dass $t \approx 6{,}5$ ist; das mag im vorliegenden

Abb. 4.5 Lösungen der Gleichung $\sin(x) = 0,2 \cdot x - 1$

Abb. 4.6 Schachtel aus einem
DIN-A4-Blatt

Kontext sogar genau genug sein. Aber was tut man in vergleichbaren Fällen, wenn eine höhere Genauigkeit gefragt ist?

(3) Ähnlich gelagert sind die Probleme bei den sogenannten *Kepler'schen Gleichungen* der Form $\sin(x) = a \cdot x + b$, die algebraisch nicht auflösbar sind. (Der Name rührt daher, dass sie bei der Berechnung von Planetenpositionen auftreten.) Gleichungen wie diese oder wie in (2) fasst man zu den *transzendenten* Gleichungen zusammen, im Gegensatz zu den *algebraischen* Gleichungen der Form $P(x) = 0$, wobei $P(x)$ eine Polynomfunktion ist. Typisches Merkmal der transzendenten Gleichungen ist, dass sie transzendente Funktionen wie z. B. Exponential- oder trigonometrische Funktionen enthalten. Einfaches Beispiel einer Kepler'schen Gleichung:

$$\sin(x) = 0,2 \cdot x - 1 \quad (x \text{ im Bogenmaß})$$

Die Graphen von $y = \sin(x)$ und $y = 0,2 \cdot x - 1$ schneiden einander in drei Punkten (vgl. Abb. 4.5), also hat die Gleichung genau 3 Lösungen, und zwar die x-Koordinaten der Schnittpunkte; deren Werte kann man anhand der Grafik schätzen. Immerhin, das ist schon eine ganze Menge an Informationen.

(4) Aus einem DIN-A4-Blatt werden an den vier Ecken gleich große Quadrate mit der Seitenlänge x ausgeschnitten, die Restfigur wird zu einer Schachtel gefaltet (Abb. 4.6). Für welches x hat die Schachtel ein Volumen von genau $1000\,\text{cm}^3$? Das Blatt hat die Maße $29,7\,\text{cm} \times 21\,\text{cm}$, somit kann man das Volumen $V(x)$ wie folgt ausrechnen:

$$V(x) = (29,7 - 2x) \cdot (21 - 2x) \cdot x$$

Das ist ein Polynom 3. Grades; es sind diejenigen x mit $V(x) = 1000$ gesucht. Vom Typ her ist diese Gleichung nicht anders als im Beispiel (1), aber hier führt der Kontext in natürlicher Weise zu einer Funktion, und man sucht das Argument zu einem gegebenen Funktionswert. Im Prinzip besteht das Problem also darin, die *Umkehrfunktion* von $V(x)$ zu bestimmen.

Fazit: Wenn man den Zuordnungs-Aspekt des Funktionsbegriffs in den Vordergrund stellt, dann bedeutet die Berechnung der Umkehrfunktion f^{-1} einer Funktion f (mit der Funktionsgleichung $y = f(x)$) nichts anderes als das Lösen von Gleichungen $f(x) = y$ mit gegebenen y-Werten. Man sollte diese Sichtweise nicht außer Acht lassen. Unter dem Aspekt *Funktion als Ganzes* gewinnt das Problem des Umkehrens einer Funktion f eine ganz andere Bedeutung: Die Lösungen der obigen Gleichungen setzen sich zu einem *neuen Objekt* zusammen, eben zu der Umkehrfunktion f^{-1} (mit der Funktionsgleichung $x = f^{-1}(y)$).

Auch im Hinblick auf die curriculare Entwicklung ist die Interpretation des Umkehrens einer Funktion als Lösen einer Gleichung wichtig, selbst wenn die Funktion im Prinzip leicht umkehrbar ist (was für die Schachtel-Funktion *nicht* zutrifft). Beispiel: Es sei $V(r)$ das Volumen einer Kugel mit Radius r; eine Frage wie „Welchen Radius hat eine Kugel mit $1\,\mathrm{m}^3$ Volumen?" kann schon formuliert und numerisch gelöst werden, bevor die 3. Wurzeln behandelt wurden, sozusagen als Vorbereitung für die Umkehrung der Potenzfunktionen.

Mögliche Frage Warum wurden die Graphen in den obigen Beispielen mit der Hand gezeichnet? Es gibt doch Funktionenplotter, die viel genauer zeichnen können!?

Ja, sicher – aber das geht in diesem Fall am Ziel vorbei. Wenn man eine Vorstellung von den beteiligten Funktionen hat, dann ist so eine Skizze in kurzer Zeit erstellt, und die gewünschten *qualitativen* Merkmale der Lösungen stehen schneller zur Verfügung als mit jedem Werkzeug, denn hier spielt Präzision keine Rolle. Selbst auf einer einsamen Insel kann man die Skizze mit einem Stock in den Sand zeichnen – bei der nächsten Flut ist sie weg. Es geht nur darum, den mentalen Bildern von den Funktionen und Gleichungen etwas auf die Beine zu helfen. Eine gewisse Vertrautheit mit der Gestalt der Funktionsgraphen ist dafür natürlich notwendig; Funktionenplotter können allerdings sehr hilfreich sein, um die Vorstellungen von Funktionen zu *entwickeln*. Zudem sind die Werkzeuge äußerst nützlich, wenn die Funktionsterme so kompliziert gebaut sind, dass sie die Vorstellungskräfte überfordern. Auch wenn der Funktionsterm Parameter enthält, kann man sehr gut die Auswirkungen der Parameter-Variation erforschen.

4.1.2 Die grafische Methode

Gegeben sei eine Gleichung $f(x) = g(x)$ mit zwei Funktionen f, g. Die Schnittpunkte ihrer Graphen liefern die Lösungen der Gleichung, und zwar als die x-Koordinaten dieser Schnittpunkte. Wenn die Graphen einander nicht schneiden, ist die Gleichung unlösbar.

Zwar hat die grafische Methode prinzipielle Grenzen, denn der gezeichnete Ausschnitt der Koordinatenebene ist endlich (was machen die Funktionen außerhalb des Bereichs?), und die Auflösung kann nicht beliebig gesteigert werden. Gleichwohl sollte man dieses Verfahren nicht unterschätzen; in der Regel kann man auch mit groben Handskizzen (siehe oben) substanzielle *qualitative* Aussagen machen.

Das gilt nicht zuletzt dann, wenn es algebraische Lösungsverfahren gibt. Selbst bei *linearen* Funktionen f und g kann man die beiden Graphen schnell skizzieren, um die ungefähre Lage der Lösung zu bestimmen; das ist vor allem zur Kontrolle der Rechnung nützlich.

Eine *quadratische* Gleichung in der Normalform $x^2 + px + q = 0$ wird sinnvollerweise umgeformt zu $x^2 = -px - q$, denn links steht dann immer die Normalparabel und rechts eine lineare Funktion, beide sind leicht zu skizzieren. Mögliche Beobachtungen:

- Wenn $q < 0$ ist, dann ist der y-Achsenabschnitt der linearen Funktion positiv, also gibt es immer zwei Schnittpunkte mit der Parabel, und zwar auf verschiedenen Seiten der y-Achse, d. h., in diesem Fall gibt es immer 2 Lösungen mit verschiedenen Vorzeichen.
- Wenn $q > 0$ ist, dann kann es keine, eine oder zwei Lösungen geben; im letzten Fall haben beide das gleiche Vorzeichen. Wenn q groß und $|p|$ klein ist (flache Gerade), dann gibt es wahrscheinlich keine Lösung.

Ähnlich kann man vorgehen bei einer Polynomgleichung 3. Grades der Form $x^3 = mx + b$. Das sieht nach Einschränkung auf einen Spezialfall aus, aber man kann jede Gleichung 3. Grades durch eine Variablentransformation auf diese Gestalt bringen. Wir ersparen uns hier solche algebraischen Tricks. Mögliche Beobachtungen (bitte mit Skizzen nachvollziehen und durch eigene Entdeckungen ergänzen!):

- Die Gleichung ist immer lösbar; normalerweise gibt es eine Lösung oder drei Lösungen, in Ausnahmefällen auch zwei (dann ist die Gerade tangential zu $y = x^3$).
- Ist $m < 0$ (fallende Gerade), dann gibt es immer genau eine Lösung; sie hat das gleiche Vorzeichen wie b.
- Also können zwei oder drei Lösungen nur vorkommen, wenn $m > 0$ ist. Bei einer flachen Geraden (m klein) muss b schon sehr klein sein, um drei Lösungen zu erzeugen.

Das letzte Beispiel für solche qualitativen Untersuchungen sei die Kepler'sche Gleichung:

$$\sin(x) = m \cdot x + b \quad (x \text{ im Bogenmaß})$$

- Ist $|m| > 1$, dann hat die Gleichung genau eine Lösung. Das ist optisch zwar recht plausibel, aber zur genauen Begründung braucht man die Tatsache, dass die Steigung der Sinusfunktion beträglich niemals größer als 1 ist; dazu muss man die Ableitung von sin kennen.
- Ist $m = 0$, dann gibt es unendlich viele Lösungen, sofern $|b| \leq 1$ ist. Hier liegt wieder das Problem der Umkehrfunktion vor (siehe oben).

- Ist $m \neq 0$, dann gibt es nur endlich viele, und zwar umso mehr, je kleiner $|m|$ ist.
- I. Allg. ist die Anzahl der Lösungen ungerade; gerade ist sie nur dann, wenn die lineare Funktion eine Tangente für $\sin(x)$ ist, und zwar in genau einem Punkt (auch zwei Tangentialpunkte können vorkommen!).

4.1.3 Numerisches Lösen

Mit dem richtigen Werkzeug ist das kein Problem. Selbst die TR der Mittelklasse (z. B. der Casio fx-991) haben heutzutage eine SOLVE-Taste: Man tippt eine Gleichung mit dem Buchstaben X für die Unbekannte ein; es genügt auch ein Term, wenn die Nullstelle des Terms gesucht ist. Anschließend drückt man die SOLVE-Taste, gibt einen groben Näherungswert für die gesuchte Lösung ein und bekommt die zugehörige Lösung in der Regel mit maximaler TR-Genauigkeit.

Beispiele mit Tastenfolgen für den Casio fx-991 (bei anderen TR kann die Tastenfolge natürlich etwas anders aussehen): Man unterscheide die Ergebnistaste $\boxed{=}$ von dem alphanumerischen Zeichen = (vgl. Beispiel b)). Die Zahl zwischen den beiden $\boxed{=}$-Tasten ist der Wert, in dessen Nähe nach der Lösung gesucht wird.

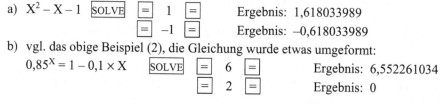

a) $\text{X}^2 - \text{X} - 1$ $\boxed{\text{SOLVE}}$ $\boxed{=}$ 1 $\boxed{=}$ Ergebnis: 1,618033989

$\boxed{=}$ –1 $\boxed{=}$ Ergebnis: –0,618033989

b) vgl. das obige Beispiel (2), die Gleichung wurde etwas umgeformt:

$0{,}85^{\text{X}} = 1 - 0{,}1 \times \text{X}$ $\boxed{\text{SOLVE}}$ $\boxed{=}$ 6 $\boxed{=}$ Ergebnis: 6,552261034

$\boxed{=}$ 2 $\boxed{=}$ Ergebnis: 0

Man beachte: Der Bereich, in dem die gesuchte Lösung liegt, muss *vorweg* bekannt sein, wenn man dieses Werkzeug sinnvoll benutzen möchte. Eine qualitative Untersuchung in der oben beschriebenen Art ist also unbedingt notwendig. Der einzugebende Näherungswert muss nicht sehr genau sein, aber mit „falschen" Werten kann man Überraschungen erleben wie im obigen Beispiel b): Ist der Näherungswert zu klein (hier 2), dann bekommt man die triviale Lösung 0. Allgemein gilt: Je besser die Näherung, desto kürzer die Rechenzeit. Bei komplexen Gleichungen ist das nicht unwichtig, der TR braucht nämlich manchmal zum Lösen viele Sekunden.

Mit geeigneten Computerprogrammen ist es noch einfacher: Jedes CAS hat einen Befehl zum numerischen Lösen von Gleichungen, wobei man in der Regel sofort *alle* Lösungen bekommt, und zwar mit einer voreingestellten Genauigkeit oder mit einer selbst gewählten Anzahl von Dezimalstellen, die mitunter sogar beliebig groß sein darf.

Es geht auch mit Tabellenprogrammen: Bei Excel gibt es die Option *Zielwertsuche*. Im Prinzip wird damit eine Gleichung der Form $f(x) = y$ mit gegebenem y gelöst (vgl. die Anmerkungen zum Beispiel (4)). Schon die Bezeichnung „Zielwertsuche" ist eine interessante Variante zu „Gleichung lösen", denn sie bezieht sich ausschließlich auf den

Tab. 4.1 Systematisches
Probieren

t	$f(t)$
6	$-0{,}0228$
7	$0{,}0205$
6,5	$-2{,}28 \cdot 10^{-3}$
6,6	$2{,}11 \cdot 10^{-3}$
6,55	$-9{,}93 \cdot 10^{-5}$
6,56	$3{,}4 \cdot 10^{-4}$
6,553	$3{,}25 \cdot 10^{-5}$
6,552	$-1{,}15 \cdot 10^{-5}$

funktionalen Aspekt, auf das Problem des Umkehrens einer Funktion. Bezüglich des Lösens von Gleichungen ist das keineswegs eine Einschränkung, denn jede Gleichung kann in die Form $f(x) = 0$ umgewandelt werden, sodass man die Argumente x zum Zielwert 0 suchen kann. Wir werden dieses Werkzeug jedoch nicht weiter ausnutzen, denn die Syntax ist nicht ganz einfach, und außerdem sind die Ergebnisse zumeist nicht sehr genau.

Aber auch ohne die Automaten kommt man schnell zu substanziellen Ergebnissen, vor allem wenn nur eine geringe Genauigkeit erforderlich ist, etwa 3–4 signifikante Dezimalstellen. Die Strategie ist systematisches Probieren, die passende Darstellung ist die Wertetabelle.

Zum Ausprobieren wählen wir wieder die Gleichung aus Beispiel (2). Die Lösung von $20 - 2 \cdot t = 20 \cdot 0{,}85^t$ ist die Nullstelle der Funktion $f(t) = 0{,}85^t - 1 + 0{,}1 \cdot t$. Die Tab. 4.1 skizziert den Lösungsweg.

1. Schritt: Wir wissen, dass die gesuchte Lösung zwischen $t = 6$ und $t = 7$ liegt, also beginnen wir die Suche mit diesen zwei Werten.

Schon jetzt sieht man, warum es sinnvoll ist, die Gleichung in die *Nullstellen-Form* zu bringen: Die Funktionswerte $f(t)$ wechseln in diesem Intervall ihre Vorzeichen von $-$ nach $+$; unsere Aufgabe ist, den Punkt t_0 des Vorzeichenwechsels (das ist die Nullstelle!) genauer einzugrenzen. Die Absolutbeträge von $f(t)$ an den Intervallgrenzen sind ein Maß dafür, wie weit t_0 von diesen Grenzen entfernt ist; um sie zu vergleichen, brauchen wir nicht mehr als 2–3 signifikante Stellen von $f(t)$ zu notieren. Hier sind beide Werte absolut etwa gleich groß, also liegt t_0 ungefähr mittig dazwischen.

2. Schritt: $t = 6{,}5$ ist immer noch zu klein, da $f(6{,}5) < 0$ ist, also versuchen wir $t = 6{,}6$. Wieder ist t_0 ungefähr in der Mitte zwischen 6,5 und 6,6; wir können ähnlich wie oben vorgehen.

3. Schritt: t_0 liegt näher an 6,55; die Beträge der Funktionswerte verhalten sich ungefähr wie $1 : 3$, also ist der Abstand von t_0 zu 6,6 ca. dreimal größer als zu 6,5. Wir probieren es mit 6,553. Das ist aber zu groß, weil $f(6{,}553) > 0$ ist. Mit $t = 6{,}552$ ist tatsächlich wieder $f(t) < 0$, und dieser Wert ist betraglich deutlich kleiner als $f(6{,}553)$, also liegt t_0 näher an der unteren Grenze.

Abb. 4.7 (©) Bisektion

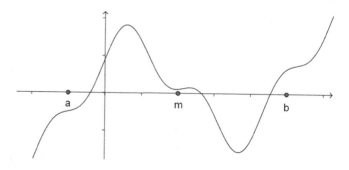

Fazit Mit $t_0 \approx 6,552$ haben wir eine Näherung für die gesuchte Lösung mit 4 signifikanten Stellen erzielt, und das mit nur 8 Funktionsauswertungen. Vielleicht geht es nicht immer so glatt; wenn man sich einmal verschätzt, dann muss man eben einen Funktionswert „zu viel" ausrechnen, aber mit ein wenig Zahlgefühl kann man wirklich mit 2 Auswertungen eine weitere signifikante Stelle von t_0 gewinnen. Im Prinzip kann man das beliebig weit treiben, aber irgendwann ist es genug. Wenn man wirklich 10 Dezimalstellen braucht (was vermutlich selten vorkommt), dann nimmt man doch die SOLVE-Taste oder ein anderes Werkzeug.

Gleichwohl sollte man den ideellen Wert solcher Aktivitäten nicht verachten: Der direkte Kontakt zur Funktion vermittelt ein viel größeres Erlebnis als jeder Automat. Im Curriculum sollten diese *halbautomatischen* Methoden sogar *vor* den Lösungswerkzeugen eingesetzt werden, aber man muss sich darauf einstellen, dass die Schüler/-innen die SOLVE-Taste auf dem TR bereits entdeckt haben, bevor sie sie entdecken *sollen*.

Das oben skizzierte Verfahren beruht auf linearer Interpolation per Überschlagsrechnung. Es ist absichtlich nicht streng algorithmisch formuliert, da es nicht zum Programmieren gedacht ist; beim Umgang mit TR darf man durchaus flexibler vorgehen.

4.1.4 Ein Suchalgorithmus

Man kann die systematische Suche auch automatisieren, am einfachsten in der Form der *Intervallhalbierung*, auch *Bisektion* genannt.

Es sei $f : D \longrightarrow \mathbb{R}$ eine stetige Funktion ($D \subseteq \mathbb{R}$). Gesucht ist eine Nullstelle von f.

Man bestimmt nun ein Start-Intervall $I_0 = [a; b] \subseteq D$ so, dass $f(a)$ und $f(b)$ verschiedene Vorzeichen haben: sgn $f(a) \neq$ sgn $f(b)$. Nach dem *Zwischenwertsatz* für stetige Funktionen gibt es dann in I_0 mindestens eine Nullstelle (evtl. auch mehrere; vgl. Abb. 4.7).

Es sei jetzt $m = \frac{a+b}{2}$ die Intervallmitte. Dann hat $f(m)$ entweder das Vorzeichen von $f(a)$ oder von $f(b)$, also wechselt f entweder im rechten oder im linken Teilintervall das Vorzeichen (es sei denn, m trifft zufällig *genau* auf eine Nullstelle):

Ist sgn $f(m) = $ sgn $f(a)$, so liegt eine Nullstelle in $[m; b]$. Setze dann $I_1 = [m; b]$.

Ist sgn $f(m) = $ sgn $f(b)$, so liegt eine Nullstelle in $[a; m]$. Setze dann $I_1 = [a; m]$.

(Anmerkung: In Abb. 4.7 trifft der zweite Fall zu, also sucht man in $[a; m]$ weiter; gleichwohl liegen auch in $[m; b]$ Nullstellen von f!)

Wiederholt man diesen Vorgang, so ergibt sich eine *Intervallschachtelung* $I_0, I_1, I_2, \ldots$ für eine Nullstelle x_0 von f. Die Länge der Intervalle wird bei jedem Schritt halbiert, also konvergiert das Verfahren mit Sicherheit, und außerdem erhält man daraus eine einfache Abschätzung für den absoluten Fehler nach n Schritten. Faustregel: 10 Schritte bringen 3 Dezimalstellen mehr. Denn nach 10 Schritten hat sich die Länge des Intervalls um den Faktor $2^{-10} \approx 10^{-3}$ verkleinert. Ist eine vorgegebene Genauigkeit erreicht, kann man abbrechen.

Das folgende Programm ist in einem Pseudocode formuliert, sozusagen als Vorlage für die Formulierung in einer beliebigen imperativen Programmiersprache. Es setzt voraus, dass f als Funktion in der Programmiersprache definiert ist. Als Eingabe benötigt es die Grenzen a, b eines Start-Intervalls sowie eine absolute Fehlerschranke ε für die Genauigkeit; Ausgabe ist ein Näherungswert für eine Nullstelle im angegebenen Intervall mit einem absoluten Fehler, dessen Betrag kleiner als ε ist. Wenn f an den Grenzen des Start-Intervalls das gleiche Vorzeichen hat, gibt es eine Fehlermeldung.

```
Funktion Nullstelle(a, b, epsilon)
    Setze ya := f(a), yb := f(b);
    Wenn sgn(ya) = sgn(yb) dann (drucke „Falsches Startintervall", Ende Funktion);
    Wiederhole
        Setze m := (a + b) / 2, ym := f(m);
        Wenn ym = 0 dann Ende der Schleife;
        Wenn sgn(ym) = sgn(yb)     dann setze b := m, yb := ym
                                    sonst setze a := m, ya := ym
    bis b − a < epsilon;
    Setze Nullstelle := m
Ende der Funktion.
```

Eigenschaften des Intervallhalbierungs-Verfahrens:

- Es ist einfach und „narrensicher", für eine große Klasse von Funktionen geeignet (nur die Stetigkeit wird vorausgesetzt).
- Die Konvergenz ist mäßig schnell, aber gut kontrollierbar.
- Es benötigt wenig Rechenaufwand (pro Schritt nur eine Funktionsauswertung).
- Enthält das Startintervall mehrere Nullstellen, so weiß man nicht, *welche* man findet; die Anfangswerte müssen also sorgfältig ausgewählt werden.
- Das Verfahren funktioniert nur bei Nullstellen mit Vorzeichenwechsel, also z. B. nicht bei *doppelten Nullstellen*, wo die Nullstelle gleichzeitig lokales Extremum ist.

4.1.5 Aufgaben zu 4.1

1. Testen Sie die Nullstellensuche mit systematischem Probieren: Bestimmen Sie z. B. die drei Nullstellen der Gleichung $x^3 - 3x^2 + 1 = 0$ (vgl. Abschn. 4.1.1 Beispiel 1), jeweils mit 3 signifikanten Ziffern; oder wählen Sie selbst eine Gleichung beliebiger Art (nicht unbedingt eine Polynomgleichung), untersuchen Sie qualitativ (grafisch) die Anzahl und die ungefähre Lage der Lösungen und bestimmen Sie Näherungswerte wie oben.

2. Zur offenen Schachtel aus einem DIN-A4-Blatt (vgl. Abschn. 4.1.1 Beispiel 4):
   a) Die Schachtel soll das Volumen $1100 \, \text{cm}^3$ (bzw. $500 \, \text{cm}^3$) haben. Bestimmen Sie jeweils die zugehörige Höhe x durch systematisches Probieren mit angemessener Genauigkeit. (Hinweis: Es gibt jeweils *zwei* solche Schachteln.)
   b) Wenn man bei den in a) bestimmten Werten die Höhe x um $0,01 \, \text{cm}$ ($= 0,1 \, \text{mm}$) ändert, um wie viel ändert sich jeweils das Volumen?
   Skizzieren Sie den Graphen der Funktion $V = V(x)$ und erklären Sie die Unterschiede.

3. Eine Leiter von $4 \, \text{m}$ Länge wird an eine senkrechte Wand gelehnt. Vor der Wand steht eine Kiste, die $1 \, \text{m}$ breit und $1 \, \text{m}$ hoch ist. Wie weit ist die Leiter von der Wand entfernt, wenn sie die Kiste berührt? Gesucht ist also (vgl. Abb. 4.8) $x = |OA|$.
   a) Zeichnen Sie die Figur maßstabsgetreu (möglichst genau, nicht zu klein) und bestimmen Sie durch Messen einen Näherungswert für x.
   b) Nimmt man $y = |OB|$ als Hilfsgröße, dann kann man aus den geometrischen Bedingungen (1) Pythagoras im Dreieck AOB, (2) Ähnlichkeit der Dreiecke AOB und AQP zwei Gleichungen für x und y ableiten; eliminiert man y, dann erhält man eine Gleichung für x. Stellen Sie diese Gleichung auf und berechnen Sie die Lösung durch systematisches Probieren auf mm genau!
   Anmerkungen: Es gibt zwei Lösungen, die aber symmetrisch zueinander sind (*flach liegende Leiter*, gespiegelt an der Hauptdiagonalen: x und y sind vertauscht). Algebraisch führt dieses Problem auf eine Polynomgleichung 4. Grades, die zwar auflösbar ist, aber mit ziemlich viel Aufwand; zudem ist die Figur in Abb. 4.8 auch geometrisch

Abb. 4.8 Leiter mit Kiste

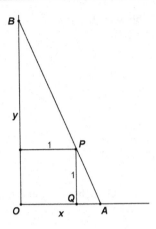

anspruchsvoll: Sie ist mit Zirkel und Lineal konstruierbar, aber mit Methoden, die nicht unbedingt zum Standard der Mittelstufen-Geometrie gehören (vgl. [28]).

4. Das in Abb. 4.9 skizzierte Glas hat die Form eines Kegelstumpfes; die Höhe beträgt $H = 8$ cm, der Boden hat den Radius $r_1 = 3$ cm, der obere Rand den Radius $r_2 = 5$ cm (jeweils Innenmaße). Das Volumen ist mit der Kegelstumpf-Formel zu berechnen:

$$V = \frac{\pi}{3} H \left(r_1^2 + r_1 r_2 + r_2^2 \right) = \frac{\pi}{3} \cdot 392 \approx 410{,}5 \, \text{cm}^3$$

Wie hoch muss man das Glas mit Wasser füllen, damit es genau halb voll ist? Gesucht ist die Höhe h. (Schätzen Sie zuerst!)

a) Der Radius r des Wasserspiegels hängt linear von h ab. Bestimmen Sie die Funktion $r = r(h)$.

b) Das Wasservolumen beträgt dann:

$$V(h) = \frac{\pi}{3} h \left(r_1^2 + r_1 r + r^2 \right) = \frac{\pi}{3} h \left(9 + 3r + r^2 \right)$$

Abb. 4.9 Glas

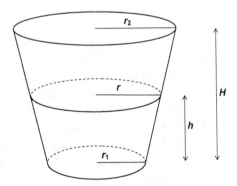

Abb. 4.10 Kreissektor →
Trichter

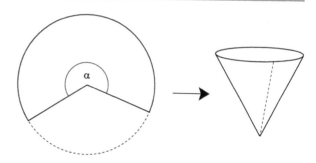

Gesucht ist h mit $V(h) = \frac{1}{2}V$, also:

$$\frac{\pi}{3}h(9 + 3r + r^2) = \frac{1}{2} \cdot \frac{\pi}{3} \cdot 392 \quad \Leftrightarrow \quad f(h,r) := h(9 + 3r + r^2) = 196$$

Wenn man nun den Term für $r(h)$ einsetzt und die Gleichung algebraisch vereinfacht, bekommt man wieder eine Polynomgleichung 3. Grades. Numerisch kommt
man viel schneller zum Ziel, wenn man ein Tabellenprogramm einsetzt: Aus h berechne r, dann aus h und r den Funktionswert $f(h, r)$; nun variiert man h so lange,
bis der Zielwert 196 hinreichend genau erreicht ist.

Testen Sie das Verfahren: Schreiben Sie ein passendes Tabellenblatt (mit 3 Spalten
für h, $r(h)$ und $f(h, r)$) und ermitteln Sie die gesuchte Lösung!

Anmerkung: Das Problem ist sogar algebraisch lösbar (Trick: Man ergänzt den Kegel-
stumpf zu einem Kegel; für einen Kegel mit der Höhe h gilt $V(h) \sim h^3$), aber das ist
nicht unser Thema. Solche relativ komplexen Probleme sind jedenfalls auf die obige
Weise *numerisch* mit vertretbarem Aufwand lösbar.

5. Aus einem kreisförmigen Blatt Papier mit Radius R wird vom Mittelpunkt aus ein
   Winkel herausgeschnitten, der verbleibende Kreissektor wird zu einem Trichter (Kegel) geformt (vgl. Abb. 4.10). Es sei x der Anteil des Winkels α am Vollkreis. (Wenn
   man z. B. einen rechten Winkel ausschneidet, bleibt ein Winkel $\alpha = 270°$ übrig, das
   sind $\frac{3}{4}$ des Vollkreises, also ist $x = 0{,}75$.) Das Volumen des Trichters berechnet sich
   dann wie folgt:

$$V(x) = \frac{\pi}{3} \cdot R^3 \cdot x^2 \cdot \sqrt{1 - x^2}$$

a) Es sei $R = 12\,\text{cm}$. Berechnen Sie x und den daraus resultierenden Winkel α, sodass
   das Volumen des Trichters $500\,\text{cm}^3$ beträgt. α soll mit Winkelmesser-Genauigkeit,
   also mit einer absoluten Fehlerschranke von 0,5° bestimmt werden. (Beachten Sie:
   Ähnlich wie in Aufg. 3 gibt es *zwei* Lösungen!)

b) Beweisen Sie die Formel für $V(x)$ und skizzieren Sie den Graphen der Funktion.

c) Aus dem Reststück des Kreises lässt sich ein weiterer Trichter basteln. Wie groß
   muss x sein, damit sein Volumen halb so groß ist wie das Volumen des ersten
   Trichters?

6. Zur grafischen Methode: Vorgegeben sei die Gleichung $\sin(x) = ax^2 + b$ (x im Bogenmaß) mit Parametern $a, b \in \mathbb{R}$. Was können Sie qualitativ über die Lösbarkeit und die Anzahl der Lösungen (abhängig von den Parametern) aussagen? Betrachten Sie auch Spezialfälle (Festlegen eines der Parameter, z. B. $a = 1$ oder $b = 0$).

7. Es sei $p(x) = x^3 - 3x^2 + 1$ die bereits mehrfach erwähnte Polynomfunktion.

   a) Wenn man den Intervallhalbierungs-Algorithmus mit den Intervallen

$$(1) \quad I_0 = [-2\,;4] \qquad \text{bzw.} \qquad (2) \quad I_0 = [-2\,;3]$$

   startet, gegen welche Nullstelle von $p(x)$ konvergiert das Verfahren jeweils?

   b) Zeigen Sie: Wenn ein Startintervall alle drei Nullstellen enthält, so konvergiert das Verfahren niemals gegen die mittlere Nullstelle (falls diese nicht exakt gleich einer Intervallmitte ist).

4.2 Rekursive Folgen

Was die Aktivitäten in diesen Abschnitt mit dem Lösen von Gleichungen zu tun haben, wird anfangs noch nicht klar. Gleichwohl sind sie als Vorspann für den folgenden Abschn. 4.3 gedacht, der eine spezielle Form von Gleichungen behandelt; sie können aber genauso gut eigenständig betrachtet werden, als ergiebige Quelle für arithmetische, algebraische und funktionale Probleme.

4.2.1 Lineare Rekursionsterme

Man wähle irgendeine natürliche Zahl als Startwert, z. B. 1, und wiederhole die Rechenvorschrift „Teile durch 2 und addiere 5".

Es entsteht eine Folge von Bruchzahlen, die anfangs noch leicht mit der Hand zu berechnen ist:

$$1, \frac{11}{2}, \frac{31}{4}, \frac{71}{8}, \frac{151}{16}, \frac{311}{32}, \dots$$

Später wird man eher zum TR greifen (die Befehlswiederholung ist für solche rekursiven Folgen extrem nützlich: Anfangs gibt man den Startwert ein und drückt $\boxed{=}$, anschließend tippt man die Tastenfolge ANS/2 + 5 und drückt immer wieder $\boxed{=}$), oder man schreibt ein Tabellenblatt, das allerdings nur Dezimalzahlen liefert. Auch der TR schaltet beim 10. Schritt oder schon früher auf Dezimalschreibweise um, aber bis dahin hat man genügend viele Brüche, um Muster zu finden und zu analysieren, etwa folgende:

- Im Nenner stehen die Zweierpotenzen, weil immer wieder durch 2 dividiert wird, aber welche Regel steckt in den Zählern? Mit etwas Scharfblick sieht man:
  „Nenner mal 10 minus 9".

- In der Dezimaldarstellung erkennt man: Die Folge läuft auf 10 zu, und zwar von unten, monoton wachsend; die Anzahl der führenden Ziffern 9 wird immer größer. (Bei den Brüchen ist das nicht so leicht zu sehen!) Nach einiger Zeit, etwa ab dem 35. Schritt, zeigt das TR-Display oder der Tabellenwert genau 10 an – sind dann die Folgenglieder wirklich *gleich* 10? (Diese Frage ist selbst unter Studierenden nicht unumstritten.)
- Welche Reste fehlen an der 10, d. h., wie groß ist die Differenz zwischen 10 und einem Folgenglied? Aus der Regel „Zähler = Nenner · 10 − 9" kann man ableiten: „Rest = 9 : Nenner", und weil die Nenner immer größer werden, wird der Rest immer kleiner, sogar beliebig klein. Also kommt die Folge der 10 beliebig nahe, erreicht sie aber nie ganz, d. h., die TR- oder Tabellen-Anzeige ist *gerundet*.
- Die Folge der Nenner ist ganz einfach rekursiv zu berechnen: Es wird immer wieder verdoppelt. Kann man die Folge der Zähler

$$1, 11, 31, 71, 151, \ldots$$

vielleicht auch rekursiv ausrechnen? Ja, es gibt sogar verschiedene Möglichkeiten, aber so ganz offensichtlich sind sie nicht. Hier kommt es darauf an, Strategien zu entwickeln bzw. bereits bekannte Strategien auszuprobieren.

Variante 1: Wie viel kommt jeweils hinzu? Die Differenzen benachbarter Folgenglieder sind 10, 20, 40, 80 usw., also immer 10-mal eine Zweierpotenz oder genauer 10·Nenner. Diese Regel kann man übrigens leicht aus der Rechenvorschrift ableiten: Wenn das aktuelle Folgenglied $\frac{a}{b}$ lautet, dann ist die nächste Bruchzahl $\frac{a}{2b} + 5 = \frac{a+10b}{2b}$.

Variante 2: Mit etwas Geduld findet man die Regel „mal 2 plus 9". Im Nachhinein ist das plausibel, denn die Nenner werden immer verdoppelt, aber die Brüche werden nur ein bisschen größer, also muss jeweils der nächste Zähler ein bisschen größer als das Doppelte des vorigen sein.

Wir haben bisher absichtlich eine formale Darstellung vermieden, denn es geht zunächst darum, die Muster zu erkennen und zu beschreiben, und zwar auf einem Sprachniveau, das auch von Schüler/-innen der 6. Klasse erreicht werden kann; individuelle, flexible Ausdrucksmöglichkeiten sollten nicht durch Zwänge der formalen Sprache be- oder verhindert werden. Gleichwohl hilft eine formale Darstellung in späteren Jahren und nicht zuletzt als Hintergrund für die Lehrperson, um die Muster kompakt darzustellen, zu begründen und zu verallgemeinern. Ein kleines Beispiel: Wenn man unsere Folge mit $n = 0$ beginnend nummeriert und die n-te Bruchzahl mit x_n bezeichnet, dann ergibt sich aus der Beobachtung die folgende formale Beschreibung:

$$x_n = \frac{10 \cdot 2^n - 9}{2^n} = 10 - \frac{9}{2^n}$$

Anhand dieses Terms kann man leicht überprüfen: Wenn man die Folge so *definiert*, dann erfüllt sie tatsächlich unsere Rechenvorschrift $x_{n+1} = \frac{x_n}{2} + 5$. Außerdem sieht man: Was an der 10 fehlt, ist eine *geometrische Folge* mit dem Quotienten $\frac{1}{2}$, die somit monoton gegen 0 konvergiert.

Weitere Aktivitäten und Beobachtungen Mit anderen Startwerten statt 1 erhält man ganz ähnliche Folgen, und alle laufen auf die 10 zu – mit einem kleinen Unterschied: Wenn man mit einer Zahl > 10 beginnt, dann sind alle Folgenglieder größer als 10, und die Folge *fällt* monoton. Was ist, wenn man mit 10 beginnt? Dann kommt immer wieder 10 heraus – die Folge ist *konstant*. Anders gesagt: Bei dieser Rechenvorschrift reproduziert die 10 sich selbst.

Nicht nur der Startwert, sondern auch und vor allem die Rekursionsvorschrift kann vielfach variiert werden.

Andere Summanden statt 5, z. B. „Teile durch 2 und addiere 3": Hier ändert sich nicht sehr viel, die Folgen haben andere Grenzwerte, und bei den Zählern ist die Regel manchmal nicht so leicht zu erkennen, aber qualitativ sind die Phänomene die gleichen. Ebenso bei anderen Teilern statt 2, z. B. „Teile durch 3 und addiere 5".

Zwischenbemerkung Der Begriff *Grenzwert* wird in diesem Abschnitt ausschließlich nichtformal verwendet, als „die Zahl, zu der die Folge hinläuft".

Allgemein kann man diese Rekursionen beschreiben als „Teile durch a und addiere b", mit beliebigen Zahlen $a, b > 0$; wenn man die Folgen nicht zu kompliziert gestalten will, dann sollte man kleine natürliche Zahlen a, b wählen. Hier entsteht in natürlicher Weise das Problem: Wie hängt der Grenzwert von den Parametern a, b ab? Zunächst kann man experimentell vorgehen, z. B. bei festem a den Summanden b variieren, oder umgekehrt. Anhand der Daten versucht man, für den Grenzwert einen Term mit den Variablen a, b aufzustellen. Wesentlich effektiver und kürzer geht es, wenn man eine frühere Beobachtung ausnutzt: *Der Grenzwert ist diejenige Zahl, die sich bei der Rechenvorschrift selbst reproduziert.* Wenn wir die Rekursion formal mit $x_{n+1} = \frac{x_n}{a} + b$ beschreiben, dann suchen wir die Zahl x mit $x = \frac{x}{a} + b$. Das ist eine schlichte lineare Gleichung, mit der Lösung $x = \frac{a \cdot b}{a-1}$. Man wird unwillkürlich diese durch einen „Zaubertrick" entwickelte Formel mit den experimentell gefundenen Resultaten vergleichen, und es stimmt!

Zurück zu den Folgen: Bei der Rekursion $x_{n+1} = \frac{x_n}{a} + b$ sind im Prinzip alle reellen Zahlen a, b mit $a \neq 0$ als Parameter zugelassen. Wir haben bisher nur natürliche Zahlen betrachtet, damit die arithmetischen Phänomene überschaubar bleiben. Aber auch mit einfachen Bruchzahlen a, b entstehen interessante arithmetische Probleme (irrationale Zahlen stehen momentan nicht zur Diskussion). Hierzu einige Anmerkungen:

- Die Zahlenfolgen werden komplexer. Man sieht das schon deutlich an dem einfachen Beispiel $a = \frac{3}{2}, b = 1$ mit Startwert 1:

$$1, \frac{5}{3}, \frac{19}{9}, \frac{65}{27}, \frac{211}{81}, \frac{665}{243}, \ldots \quad \text{Wie heißt die nächste Bruchzahl?}$$

Die rekursive oder explizite Beschreibung der Zähler-Folge erweist sich als nicht mehr so einfach.

- Variation des Aufgabenformats: Mit welchen Parametern wurde diese Folge erzeugt?

$$1, \frac{5}{6}, \frac{3}{4}, \frac{17}{24}, \frac{11}{16}, \frac{65}{96}, \ldots$$

- Wir beschränken uns auf $a, b > 0$. Denn für $b < 0$ ergibt sich nichts grundsätzlich Neues, die Zahlen wandern nur in den negativen Bereich. Den Fall $a < 0$ diskutieren wir gleich anschließend in einer etwas anderen Interpretation.
- Im Fall $0 < a < 1$ werden die Folgenglieder immer größer, sogar beliebig groß („sie laufen gegen unendlich"). Die arithmetischen Probleme bleiben bestehen, aber es gibt keinen Grenzwert mehr. Trotzdem gibt es immer noch eine Zahl, die sich bei der Rechenvorschrift selbst reproduziert; dieser *Fixpunkt* bekommt also eine Bedeutung unabhängig vom Grenzwert.

Noch eine Variante der Rechenvorschrift:

„Teile durch 2 und ziehe das Ergebnis von 5 ab."

Formale Beschreibung: $x_{n+1} = 5 - \frac{x_n}{2}$

Mit dem Startwert 1 ergeben sich diese Bruchzahlen:

$$1, \frac{9}{2}, \frac{11}{4}, \frac{29}{8}, \frac{51}{16}, \frac{109}{32}, \ldots$$

Die Folge der Zähler ist nicht so einfach zu durchschauen wie im anfänglichen Beispiel, und an der Dezimaldarstellung ist deutlich zu erkennen, dass die Zahlen abwechselnd größer und kleiner werden, und sie nähern sich der Zahl $3,33333\ldots$: Der Grenzwert ist vermutlich $3\frac{1}{3}$, und die Folgenglieder wachsen oder fallen nicht monoton, sondern sie schwanken um diesen Wert herum. So eine Folge nennen wir *oszillierend*. Auch die Differenzen zum Grenzwert $d_n = x_n - \frac{10}{3}$ verhalten sich ganz ähnlich:

$$-\frac{7}{3}, \frac{7}{6}, -\frac{7}{12}, \frac{7}{24}, \ldots$$

Schon jetzt erkennt man deutlich das Muster, es ist wieder eine geometrische Folge, aber diesmal mit dem Quotienten $-\frac{1}{2}$; die Zahlen werden betraglich beliebig klein, aber mit wechselnden Vorzeichen (*alternierende* Folge).

Alle rekursiven Folgen mit der Vorschrift $x_{n+1} = b - \frac{x_n}{a}$, wobei $a > 1$ sei, haben im Prinzip das gleiche Verhalten. Die Bestimmung des Grenzwerts als Fixpunkt der Rekursionsvorschrift funktioniert hier genauso wie oben, mit fast derselben Formel:

$$x = b - \frac{x}{a} \quad \Rightarrow \quad x = \frac{a \cdot b}{a + 1}$$

Eigentlich ist ja die „neue" Rekursion nichts anderes als die alte mit $a < 0$, aber möglicherweise ist die verbale Beschreibung „Teile durch -2 und addiere 5" für Schüler/-innen etwas gewöhnungsbedürftig (zumindest vor der 7. Klasse), die andere Formulierung hat also durchaus einen Sinn.

Zurück zum Beispiel: Die folgende Beobachtung ist vielleicht nicht ganz offensichtlich, aber dennoch bemerkenswert. Jede Zahl der Folge ist das *arithmetische Mittel der beiden Vorgänger*! Formal:

$$x_{n+1} = \frac{x_n + x_{n-1}}{2} \text{ für } n > 0$$

Wir wollen dieses Phänomen nicht detailliert untersuchen, nur so viel sei gesagt: Es gilt für alle Folgen mit $a = 2$ (für $a \neq 2$ müsste man *gewichtete Mittel* heranziehen), unabhängig von b. Das kann man auch als neue Rekursionsvorschrift auffassen, die immer auf *zwei* Werte zurückgreift.

Wenn also der Parameter b aus der Rekursionsvorschrift verschwunden ist, wie ist die Folge dann eindeutig zu beschreiben?

Des Rätsels Lösung: Man braucht für diese *Doppel-Rekursion* auch *zwei Anfangswerte*, dort steckt also jetzt die Information. Das Verschwinden von b hat noch eine andere Konsequenz: Es ist nicht mehr möglich, den Grenzwert x als Fixpunkt der Rekursionsvorschrift zu berechnen, denn die Gleichung $x = \frac{x+x}{2}$ führt auf die wahre, aber nicht sehr tiefsinnige Aussage $x = x$. Problem: Wie hängt der Grenzwert von den beiden Anfangswerten x_0, x_1 ab?

4.2.2 Rekursionsterme mit Reziproken

Wir untersuchen jetzt weitere Folgen von Bruchzahlen, mit einer etwas anderen Rechenvorschrift. Ein Beispiel: „Nimm den Kehrwert und addiere 2."

Wie üblich starten wir mit 1 und erhalten diese Bruchzahlen:

$$1, 3, \frac{7}{3}, \frac{17}{7}, \frac{41}{17}, \frac{99}{41}, \frac{239}{99}, \ldots$$

Der Zähler eines Bruches wird immer zum Nenner des nachfolgenden, das ist klar. Zur arithmetischen Untersuchung brauchen wir also nur eine einzige Folge a_n ganzer Zahlen zu betrachten (die Zähler): $1, 3, 7, 17, 41, 99, 239, \ldots$

Eine rekursive Darstellung ist recht einfach zu finden, entweder durch scharfes Hinsehen oder indem man im Rekursionsterm $x_{n+1} = \frac{1}{x_n} + 2$ die Variable x_n explizit als Bruch hinschreibt: $x_n = \frac{a_n}{a_{n-1}}$ für $n > 0$. Es ergibt sich eine Doppelrekursion à la Fibonacci:

$$a_{n+1} = 2 \cdot a_n + a_{n-1} \quad \text{mit} \quad a_0 = 1 \quad \text{und} \quad a_1 = 3.$$

Wenn man übrigens im Rekursionsterm den Summanden 2 durch 1 ersetzt, erhält man die Fibonacci-Zahlen als Zähler und Nenner der Brüche. Wie man weiß, ist eine explizite Darstellung der Fibonacci-Folge schwierig ($\rightarrow$ Binet'sche Formel)! Für unser Beispiel dürfte es nicht viel anders aussehen, vermutlich sind alle derart erzeugten Folgen vom Typ her gleichartig.

An der Dezimaldarstellung erkennt man wieder: Die Folgenglieder werden abwechselnd größer und kleiner, sie nähern sich oszillierend einem Grenzwert x, der aber keine „einfache" Zahl zu sein scheint, nämlich $x = 2{,}4142135\ldots$

Wer die Dezimalbruchentwicklung von $\sqrt{2}$ kennt, der könnte $x = \sqrt{2} + 1$ vermuten, aber ist es wirklich so?

Bei den linearen Rekursionstermen haben wir beobachtet, dass der Grenzwert sich selbst reproduziert. Gilt hier vielleicht ebenso

$$\frac{1}{\sqrt{2} + 1} + 2 = \sqrt{2} + 1?$$

Mit einem geeigneten TR kann man die Gleichung bestätigen, mit Handrechnung ist es eine schöne Übung zum Thema Bruch- und Wurzelterme. Das ist allerdings noch kein Beweis, dass dieser Fixpunkt tatsächlich der Grenzwert ist. Außerdem haben wir ihn „zufällig" anhand der Dezimaldarstellung entdeckt; was kann man tun, wenn man $\sqrt{2}$ nicht auswendig weiß oder wenn in anderen Beispielen der Grenzwert (man hat ja nur ein paar Stellen zur Verfügung) keine Erinnerung wachruft? Besser noch: Wie kann man ihn *vorhersagen*?

Ähnlich wie in Abschn. 4.2.1 leiten wir aus der Rekursionsvorschrift $x_{n+1} = \frac{1}{x_n} + 2$ eine Gleichung für den Fixpunkt x ab; nur die beiden Lösungen der resultierenden *quadratischen* Gleichung kommen für den Grenzwert infrage:

$$x = \frac{1}{x} + 2 \quad \Rightarrow \quad x^2 = 1 + 2x \quad \Rightarrow \quad x = 1 \pm \sqrt{2}$$

Man sollte diesen Schritt nicht unterschätzen. Zunächst erscheint er wie ein Zaubertrick, aber trotz (oder gerade wegen?) seiner Einfachheit ist er von zentraler Bedeutung. Auf der einen Seite steht der dynamische Aspekt „Die Folge läuft auf einen Grenzwert x zu", auf der anderen Seite der statische Aspekt „Der Fixpunkt x der Rekursionsvorschrift erfüllt eine Gleichung". Dass man damit zwei Seiten desselben Objektes beleuchtet, ist eine wichtige Erkenntnis, mit der wir uns noch ausführlich befassen werden.

Der Nachweis, dass die Differenzen $d_n = x_n - x$ gegen 0 gehen, gelingt hier bei Weitem nicht so leicht wie in Abschn. 4.2.1: Mit Hilfe expliziter Terme für x_n haben wir dort die Differenzen als geometrische Folge erkannt, deren Quotient betraglich kleiner als 1 war. Aber wir haben hier keinen expliziten Term für x_n, geschweige denn für d_n. Wir können jedoch numerisch bestätigen, dass sich d_n wenigstens *annähernd* wie eine geometrische Folge verhält (vgl. Tab. 4.2; am besten macht man das mit einem Tabellenprogramm, nicht mit einem TR): Die Quotienten $q_n = \frac{d_{n+1}}{d_n}$ erreichen schon nach 10 Schritten einen Wert, bei dem die ersten 5 Dezimalstellen stabil bleiben: $q = -0{,}17157\ldots$

Das heißt: Die Differenzen d_n laufen gegen 0, sogar relativ schnell (je kleiner $|q|$, desto schneller). Welche Bedeutung hat dieser Wert q sonst noch? Kann man ihn auch vorhersagen, ähnlich wie den Grenzwert x? Das wäre nicht uninteressant, denn damit hätten wir

	n	x_n	d_n	q_n
Tab. 4.2 Folge mit Differenzen und deren Quotienten	0	1	−1,4142140	−0,414214
	1	3	0,5857864	−0,138071
	2	2,3333333	−0,0808800	−0,177520
	3	2,4285714	0,0143579	−0,170559
	4	2,4117647	−0,0024490	−0,171747
	5	2,4146341	0,0004206	−0,171543
	6	2,4141414	−7,21E–05	−0,171578

eine Information darüber, *wie schnell* die Folge x_n gegen x läuft. Wir verschieben das auf Abschn. 4.3 – nur so viel sei hier verraten: Es stellt sich heraus, dass $q = 2\sqrt{2} - 3$ ist.

Dennoch haben wir jetzt schon eine Möglichkeit, die Konvergenz genauer zu analysieren, denn in diesem Fall pendelt die Folge um den Grenzwert x herum; diese Eigenschaft lässt sich relativ leicht beweisen (vgl. Aufg. 2). Wenn wir zeigen können, dass die Differenzen zweier benachbarter Folgenglieder betraglich beliebig klein werden, dann bekommen wir eine Intervallschachtelung für x durch je zwei benachbarte Folgenglieder.

Rechnet man die Differenzen $x_{n+1} - x_n$ explizit als Brüche aus, dann erkennt man ein Zahlenmuster. Exemplarisch für $n = 2$ und $n = 3$:

$$\frac{17}{7} - \frac{7}{3} = \frac{17 \cdot 3 - 7^2}{7 \cdot 3} = \frac{2}{21}; \quad \frac{41}{17} - \frac{17}{7} = \frac{41 \cdot 7 - 17^2}{17 \cdot 7} = \frac{-2}{119}$$

Weitere Versuche bestätigen die Beobachtung: Im Zähler steht abwechselnd 2 oder −2, und die Nenner sind die Produkte aus den Nennern der Folgenglieder. Da diese Nenner schnell wachsen, werden die Differenzen betraglich beliebig klein.

Um die Eigenschaften der Differenzen allgemein nachzuweisen, müsste man noch eine Menge tun. Ein Beweis durch vollständige Induktion ist zwar machbar, aber weil unser Hauptinteresse nicht der Arithmetik gilt, sehen wir an dieser Stelle davon ab. Immerhin ist die Evidenz der Muster beeindruckend; man hegt kaum noch Zweifel, *dass* es so ist – der Beweis würde „nur" noch die Frage klären, *warum* es so ist.

Variation der Parameter Man wähle andere Summanden statt 2 oder multipliziere den Kehrwert zusätzlich mit einem konstanten Faktor. Allgemein betrachten wir Rekursionsterme der Form

$$x_{n+1} = \frac{a}{x_n} + b$$

mit reellen Zahlen $a, b \neq 0$. (Die Folgen mit $a = 0$ oder $b = 0$ sind zwar definiert, aber nicht sehr interessant.) Je nach Wahl der Parameter und des Startwerts kann es vorkommen, dass irgendein $x_n = 0$ ist, dann stoppt die Folge (vgl. Aufg. 4), aber das sind Ausnahmefälle ohne große Bedeutung.

Wenn $a > 0$ ist, dann verhalten sich die Folgen qualitativ ganz ähnlich wie im obigen Beispiel. Die zentrale Frage ist: Wie hängt der Grenzwert von a und b ab? Das kann man

wie in Abschn. 4.2.1 untersuchen, entweder experimentell oder mit Hilfe einer Gleichung
für den Fixpunkt des Rekursionsterms:

$$x = \frac{a}{x} + b \quad \Rightarrow \quad x^2 - bx - a = 0 \quad \Rightarrow \quad x = \frac{1}{2}\left(b \pm \sqrt{b^2 + 4a}\right)$$

Im vorliegenden Fall $a > 0$ ist die Gleichung immer lösbar, man muss nur entscheiden,
welche der beiden Lösungen der Grenzwert ist; vermutlich ist dafür das Vorzeichen von b
maßgebend.

Abgesehen von der „endgültigen" Lösung des Grenzwert-Problems gibt es immer noch
reizvolle Zahlenmuster in den Folgen zu entdecken, insbesondere bei ganzzahligen Parametern a, b. Theoretisch interessant ist in diesem Fall auch die Tatsache, dass ein Quadratwurzelterm als Grenzwert einer Folge *rationaler* Zahlen auftritt. (In Einzelfällen kann
es jedoch vorkommen, dass der Grenzwert rational ist, und zwar dann, wenn $b^2 + 4a$ eine
Quadratzahl ist, z. B. mit $a = 2$ und $b = 1$; weitere Beispiele sind leicht zu finden.)

Daraus entsteht das Umkehrproblem: Kann man zu jedem Quadratwurzelterm eine
solche Folge rationaler Zahlen finden, die ihn als Grenzwert hat? Beispielsweise zu
$x = \sqrt{7} + 2$?

Man muss zunächst eine quadratische Gleichung basteln, die x als Lösung hat:

$$x = \sqrt{7} + 2 \quad \Rightarrow \quad x - 2 = \sqrt{7} \quad \Rightarrow \quad (x - 2)^2 = 7$$
$$\Rightarrow \quad x^2 - 4x + 4 = 7 \quad \Rightarrow \quad x^2 = 4x + 3$$

Diese Gleichung kann man in die Fixpunkt-Form umwandeln und daraus den Rekursionsterm ablesen:

$$x = 4 + \frac{3}{x} \quad \Rightarrow \quad x_{n+1} = 4 + \frac{3}{x_n}$$

Also können wir $a = 3$ und $b = 4$ setzen; mit $x_0 = 1$ ergibt sich z. B. diese Folge:

$$1,7, \frac{31}{7}, \frac{145}{31}, \frac{673}{145}, \frac{3127}{673}, \ldots$$

Auch mit anderen Startwerten x_0 erreicht man denselben Grenzwert.

Wir sollten jetzt noch den Fall $a < 0$ untersuchen. Beispiel $a = -1$, $b = 3$, also
$x_{n+1} = 3 - \frac{1}{x_n}$; mit $x_0 = 1$ erhalten wir:

$$1, 2, \frac{5}{2}, \frac{13}{5}, \frac{34}{13}, \frac{89}{34}, \frac{233}{89}, \ldots$$

Im Unterschied zu $a > 0$ ist diese Folge *monoton* wachsend (bei Startwerten größer als
der Grenzwert wird sie fallend sein, aber auch monoton). Wer mit der Fibonacci-Folge
vertraut ist, wird die Zähler und Nenner erkannt haben: Es sind die Fibonaccizahlen mit
ungeraden Indizes.

Die Folgen verhalten sich zwar qualitativ anders, aber den Grenzwert können wir genauso ausrechnen: Aus der allgemeinen Formel ergibt sich $x = \frac{1}{2}(3 + \sqrt{5}) = 1 + \varphi$, wobei $\varphi = \frac{\sqrt{5}+1}{2}$ das Teilverhältnis des Goldenen Schnitts bezeichnet.

Bei den Folgen mit $a < 0$ ist man vor Überraschungen nicht sicher. Probieren Sie etwa die folgenden Beispiele:

$$(1) \quad x_{n+1} = 1 - \frac{1}{x_n} \qquad (2) \quad x_{n+1} = 2 - \frac{3}{x_n} \qquad (3) \quad x_{n+1} = 2 - \frac{1}{x_n}$$

(Falls ein Startwert nicht funktioniert, weil ein Folgenglied 0 wird, nehmen Sie einfach einen anderen.) Im Unterschied zum Fall $a > 0$ kann es hier nämlich passieren, dass die Gleichung für den Grenzwert keine Lösung hat. Das wirft ein interessantes Licht auf die Logik unserer Überlegungen:

> *Wenn* die rekursive Folge $x_{n+1} = \frac{a}{x_n} + b$ einen Grenzwert x hat, *dann* ist x eine Lösung der Gleichung $x^2 - bx - a = 0$, also $x = \frac{1}{2}(b \pm \sqrt{b^2 + 4a})$.

Die Kontraposition dieser Aussage bedeutet: Wenn die quadratische Gleichung *keine* Lösung besitzt, dann hat die Folge auch keinen Grenzwert!

Über diese Tatsache hinaus ist es hochinteressant, solche Folgen zu beobachten, denn ihre Gestalten sind außerordentlich vielfältig, ein reiches Feld für Experimente mit einem Tabellenprogramm.

Anmerkungen zu den obigen Beispielen:

In (1) ist die Folge immer periodisch mit der Periodenlänge 3, unabhängig vom Startwert. (Aufgabe: Weisen Sie algebraisch nach, dass $x_{n+3} = x_n$ ist!)

Die Grafik der Folge im Beispiel (2) sieht auf den ersten Blick ziemlich chaotisch aus, auf lange Sicht sind dennoch gewisse Muster zu erkennen.

Die Folgen (3) konvergieren zwar gegen 1, aber die Differenzen $d_n = x_n - 1$ verhalten sich nicht wie eine geometrische Folge, auch nicht annähernd.

4.2.3 Terme mit Wurzeln oder Quadraten

Grundsätzlich kann man mit jedem Funktionsterm $f(x)$ eine rekursive Folge $x_{n+1} = f(x_n)$ erzeugen, derartige allgemeine Untersuchungen verschieben wir jedoch auf den Abschn. 4.3. Wir werden jetzt noch zwei weitere „einfache" Beispiele diskutieren; das erste betrifft Terme mit Wurzeln, z. B.:

„Ziehe die Wurzel und addiere 3."

Wie immer ist der Startwert x_0 im Prinzip beliebig, aber nichtnegativ sollte er schon sein. Wir verlassen damit den Bereich der Bruchzahlen, die arithmetischen Probleme sind damit hinfällig, hier sind Dezimalzahlen gefragt.

Man erhält eine monoton konvergierende Folge, und der Grenzwert x ist wie oben als Fixpunkt des Rekursionsterms berechenbar, wiederum als Lösung einer quadratischen Gleichung:

$$x = \sqrt{x} + 3 \quad \Rightarrow \quad x - 3 = \sqrt{x} \quad \Rightarrow \quad (x-3)^2 = x \quad \Rightarrow \quad x^2 - 7x + 9 = 0$$

Da alle Folgenglieder mindestens 3 sind, ist $x = \frac{1}{2}(7 + \sqrt{13})$ die passende Lösung.

Auch wenn man statt 3 eine andere Konstante $b > 0$ addiert, ergibt sich qualitativ das Gleiche, und es ist kein großes Problem, ausgehend vom Rekursionsterm $x_{n+1} = \sqrt{x_n} + b$ eine allgemeine Formel für x aufzustellen.

Die Differenzen $d_n = x_n - x$ verhalten sich auch hier ungefähr wie eine geometrische Folge, wie man mit einem Tabellenprogramm überprüfen kann (analog zu Tab. 4.2 in Abschn. 4.2.2).

Bei der Variante „Wurzel ziehen und von b subtrahieren" ($x_{n+1} = b - \sqrt{x_n}$) sieht es ähnlich aus, mit einem kleinen Unterschied: Die Folgen sind *oszillierend*. Die Gleichung für den Fixpunkt führt auf dieselbe quadratische Gleichung wie im ersten Beispiel, aber hier muss man die Lösung mit der negativen Wurzel nehmen.

Zum Abschluss sei noch ein Beispiel erwähnt, das im Kontext des numerischen Lösens von Gleichungen keine große Rolle spielt; es soll jedoch ein Schlaglicht auf die Vielfalt der Phänomene werfen, die bei rekursiven Folgen auftreten können. Die einfache Rechenvorschrift

„Quadriere und ziehe c ab"

erzeugt nämlich je nach Wahl der Konstanten c verblüffend viele Arten von Folgen.

Für c ist nur der Bereich $0 < c < 2$ interessant, andernfalls werden die Folgenglieder sehr schnell sehr groß (vgl. Aufg. 5b). Auch der Startwert sollte passend gewählt werden; unser Standardwert ist $x_0 = 0$.

Es ist empfehlenswert, die Folgen mit einem Tabellenprogramm nicht nur zu berechnen, sondern auch grafisch darzustellen. Technischer Tipp: Für den Parameter c sollte man unbedingt eine Zelle mit einem Namen versehen und diesen Namen im Term verwenden; somit kann man die Wirkung der Variation von c sofort beobachten.

Eine Vorbemerkung zu den folgenden Beispielen: Die Beschreibungen beziehen sich auf die gezeigten Ausschnitte der Folgen; ob es so weitergeht, ist in der Regel nicht gesichert, das müsste ein Gegenstand weiterer Untersuchungen sein. Wir ersparen uns jedoch die permanente Wiederholung der Adjektive *vermutlich*, *anscheinend* o. Ä. und verzichten an dieser Stelle weitgehend auf eine theoretische Analyse.

- Für $0 < c < 0{,}75$ konvergiert die Folge gegen eine negative Zahl, und zwar je größer c, desto langsamer. Wie immer kann man den Grenzwert als Fixpunkt der Rekursionsfunktion ausrechnen:

$$x = x^2 - c \quad \Rightarrow \quad x = \frac{1}{2}\left(1 - \sqrt{1 + 4c}\right)$$

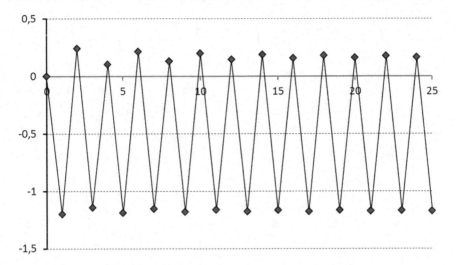

Abb. 4.11 Diagramm der Folge mit $c = 1{,}2$

Die 2. Lösung $x' > 0$ dieser Gleichung ist zwar auch ein Fixpunkt. Aber wenn man $x_0 \approx x'$ wählt, dann läuft die Folge entweder schnell gegen ∞ oder sie fällt und konvergiert wie vorher gegen x, je nachdem ob $x_0 > x'$ oder $x_0 < x'$.

- Für $0{,}75 < c \le 1{,}2$ pendelt die Folge zwischen zwei Häufungspunkten hin und her (Abb. 4.11 mit $c = 1{,}2$); deren Summe scheint gleich -1 zu sein, das deutet auf die zwei Lösungen einer quadratischen Gleichung der Form $x^2 + x + q = 0$ hin. Allerdings sind es nicht die Lösungen der obigen Fixpunktgleichung.
- Für $c \approx 1{,}3$ bilden sich sogar 4 Häufungspunkte heraus, zwischen denen die Folge regelmäßig pendelt (Abb. 4.12). Für größere c löst sich diese Ordnung wieder auf, das Verhalten wird immer chaotischer.
- Bei $c = 1{,}75$ gibt es eine neue Ordnung: Die Folge pendelt zwischen *drei* Häufungspunkten (Abb. 4.13).
- Für größere c löst sich diese Ordnung langsam wieder auf; wählt man c zwischen 1,8 und 2, dann ist überhaupt keine Ordnung mehr zu erkennen (Abb. 4.14). Allerdings bleiben die Werte von x_n auf das Intervall $-2 < x_n < 2$ beschränkt.

Wie oben gesagt, verzichten wir auf eine genauere Analyse, aber ein paar Ansätze seien trotzdem erwähnt.

Im Fall $c \approx 1$ pendelt die Folge schließlich zwischen zwei Werten, die vermutlich von einer quadratischen Gleichung stammen, aber nicht von der Fixpunktgleichung $x = x^2 - c$. Da jedes *zweite* Folgenglied einem dieser Werte nahekommt, müssten sie die Fixpunktgleichung der *doppelten* Rekursion erfüllen:

$$\left(x^2 - c\right)^2 - c = x$$

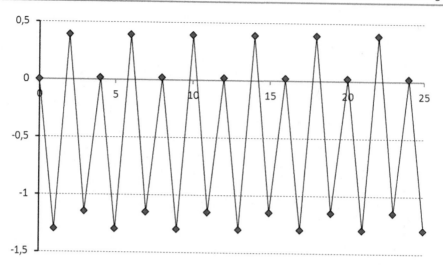

Abb. 4.12 Diagramm der Folge mit $c = 1{,}3$

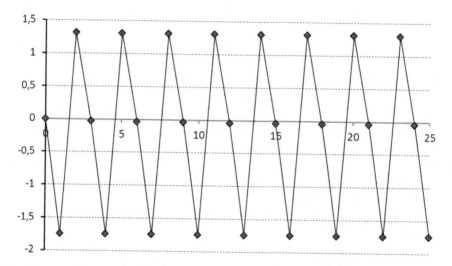

Abb. 4.13 Diagramm der Folge mit $c = 1{,}75$

Die Lösungen dieser Gleichung sind die Nullstellen eines Polynoms 4. Grades:

$$P(x) = \left(x^2 - c\right)^2 - c - x$$

Wie man mit einem CAS feststellen kann, zerfällt dieses Polynom in zwei quadratische Faktoren:

$$P(x) = \left(x^2 - x - c\right) \cdot \left(x^2 + x + 1 - c\right)$$

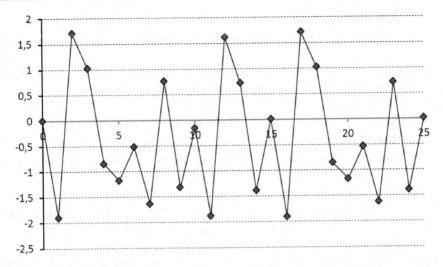

Abb. 4.14 Diagramm der Folge mit $c = 1{,}9$

Der zweite Faktor liefert die beiden Häufungspunkte. Beispiel $c = 1{,}2$:

$$x^2 + x - \frac{1}{5} = 0 \quad \Rightarrow \quad x_{1,2} = -\frac{1}{2} \pm \frac{3\sqrt{5}}{10}$$

mit den Dezimalwerten $x_1 \approx 0{,}1708$ und $x_2 \approx -1{,}1708$.

Den merkwürdigen Fall $c = 1{,}75$ mit 3 Häufungspunkten kann man ähnlich untersuchen. Die Fixpunktgleichung der dreifachen Rekursion ergibt analog ein Polynom 8. Grades:

$$P(x) = \left(\left(x^2 - c \right)^2 - c \right)^2 - c - x$$

Mit $c = \frac{7}{4}$ liefert das CAS die folgende Zerlegung:

$$P(x) = \frac{1}{256} \left(4x^2 - 4x - 7 \right) \cdot \left(8x^3 + 4x^2 - 18x - 1 \right)^2$$

Numerisches Lösen der Polynomgleichung 3. Grades $8x^3 + 4x^2 - 18x - 1 = 0$ ergibt tatsächlich die drei Häufungspunkte, gerundet $-1{,}747$, $-0{,}055$ und $1{,}302$.

4.2.4 Aufgaben zu 4.2

1. Es seien $a, b \in \mathbb{R}^+$ mit $a > 1$.
   a) Wie in Abschn. 4.2.1 betrachten wir die rekursiven Folgen x_n mit $x_{n+1} = \frac{x_n}{a} + b$; der Grenzwert sei x. Beweisen Sie algebraisch: Für einen Startwert $x_0 < x$ ist die

Folge monoton wachsend und durch x nach oben beschränkt; für Startwerte $x_0 > x$ gilt entsprechend, dass die Folge monoton fällt und durch x nach unten beschränkt ist.

b) Es sei nun $x_{n+1} = b - \frac{x_n}{a}$; der Grenzwert heiße nach wie vor x. Zeigen Sie analog, dass die Folge sich oszillierend verhält, d. h., wenn $x_n < x$ ist, dann ist $x_{n+1} > x$ und umgekehrt.

2. a) Wir betrachten jetzt die Folgen mit der Rekursionsvorschrift $x_{n+1} = \frac{1}{x_n} + 2$; der Grenzwert ist bekanntlich $x = \sqrt{2} + 1$ (vgl. Abschn. 4.2.2). Beweisen Sie, dass die Folge sich für beliebige Startwerte x_0 oszillierend verhält, d. h., $x_n < x \Leftrightarrow x_{n+1} > x$.

b) Verallgemeinern Sie den Beweis auf rekursive Folgen mit $x_{n+1} = \frac{a}{x_n} + b$, wobei a, b beliebige positive reelle Zahlen seien. (Der Grenzwert x ist bekanntlich Lösung einer quadratischen Gleichung. Klären Sie zunächst die Frage: *Welche* Lösung ist es?)

3. Bezüglich der in Aufg. 2a) genannten Folge mit Startwert 1 haben wir beobachtet: Es genügt, die Folge z_n der Zähler anzugeben, um die Folge eindeutig zu beschreiben (alle x_n sind rational!), und diese Folge ganzer Zahlen erfüllt eine Rekursion vom Fibonacci-Typ:

$$z_0 = 1, z_1 = 3; \quad z_{n+1} = 2 \cdot z_n + z_{n-1} \quad \text{für alle } n > 0$$

Drehen Sie jetzt den Spieß um: Die ganzzahlige Folge z_n sei definiert durch beliebige Startwerte z_0, z_1 und die Rekursionsvorschrift

$$z_{n+1} = a \cdot z_n + b \cdot z_{n-1} \quad \text{für} \quad n > 0$$

mit beliebigen ganzen Zahlen $a, b \neq 0$ als Parametern. Interpretieren Sie dies vermöge $x_n = \frac{z_{n+1}}{z_n}$ als *einfach-rekursive* Folge von dem in Abschn. 4.2.2 diskutierten Typ! Wie lautet die Rekursionsvorschrift? Wie verhält sich die Folge x_n?

4. a) Die Rekursion „Nimm den Kehrwert und addiere 1" funktioniert nicht mit dem Startwert $x_0 = 0$ (wegen Division durch 0). Aber auch viele weitere Startwerte sind verboten. Welche? (Tipp: Fast alle sind *negative* rationale Zahlen.)

b) Variante: Ähnliches passiert immer dann, wenn bei der Rekursionsvorschrift der Kehrwert beteiligt ist. Suchen Sie die verbotenen Startwerte für die folgenden Rekursionsvorschriften:

(i)   Nimm den Kehrwert und addiere 2

(ii) Subtrahiere den Kehrwert von 2

(iii) Subtrahiere den Kehrwert von 5

Wählen Sie selbst weitere Beispiele.

5. Die Folge x_n mit $x_{n+1} = x_n^2 - 1$ ist für den Startwert $x_0 = 1$ ziemlich langweilig. Für kleine $x_0 > 0$ pendelt die Folge zwischen den Häufungspunkten 0 und -1, aber z. B. für $x_0 = 2$ wächst sie sehr schnell an.

a) Es muss also eine Zahl $a < 2$ geben, sodass die Folge für $x_0 < a$ beschränkt bleibt und für $x_0 > a$ unbeschränkt wächst. Prüfen Sie experimentell (mit TR oder besser mit einem Tabellenprogramm): Wo genau liegt diese Grenze a?

b) Es sei $x_0 = 2$. Nach wie vielen Schritten wird der Zahlbereich des TR bzw. des Tabellenprogramms gesprengt? Welches Folgenglied ist das kleinste mit mehr als 1 Mio. Dezimalstellen? Wie viele Dezimalstellen hat x_{100}? (Überschlag genügt.)
Tipp: Das „-1" in der Rekursionsvorschrift ist für diese Fragen schon recht früh irrelevant!

4.3 Fixpunktgleichungen

4.3.1 Das Iterationsverfahren

Kurzes Resümee vom Abschn. 4.2:

Wir haben rekursive Folgen erzeugt, indem wir von einer Startzahl ausgehend eine gewisse Rechenvorschrift immer wieder ausgeführt haben. Dass bei einem solchen regelhaft ablaufenden Prozess (fast) immer Muster entstehen, ist letztendlich nicht verwunderlich.

Die meisten dieser Folgen näherten sich immer mehr einer bestimmten Zahl, genannt *Grenzwert*; diese Zahl war gekennzeichnet durch die Eigenschaft, dass sie sich bei der Rechenvorschrift selbst reproduzierte, daher haben wir sie *Fixpunkt* genannt. Wir konnten dann auch den Fixpunkt anhand einer Gleichung ausrechnen; allerdings kamen nicht alle Fixpunkte als Grenzwert vor.

Wenn wir jetzt den Rekursionsterm als *Funktion* auffassen, dann bekommen wir eine neue Interpretation des Fixpunkts, nämlich als Schnittpunkt des Funktionsgraphen mit der Geraden $y = x$, genannt Hauptdiagonale. Ein Beispiel aus Abschn. 4.2.2: Die Rechenvorschrift „Nimm den Kehrwert und addiere 2" verdichtet sich zur Funktion $y = \frac{1}{x} + 2$, die mit $y = x$ einen Schnittpunkt bei $x \approx 2{,}4$ hat (vgl. Abb. 4.15).

Wir haben damit nicht nur unseren Blick auf den Grenzwert der Folge zentriert, sondern auch und vor allem einen Aspektwechsel vorgenommen. Zur Erinnerung: Die fundamentalen Aspekte des Funktionsbegriffs sind

1. der Zuordnungs-Aspekt,
2. der Kovariations-Aspekt (Änderungsverhalten),
3. die Funktion als Ganzes.

Mit der obigen Interpretation der selbstreproduzierenden Zahl eines Terms als Schnittpunkt des Funktionsgraphen mit der Hauptdiagonalen ist der Aspekt *Funktion als Ganzes* gegenüber dem Zuordnungs-Aspekt deutlich in den Vordergrund gerückt. (Das Änderungsverhalten wird demnächst auch eine wichtige Rolle spielen, aber jetzt noch nicht.)

Grundsätzlich können wir als Rekursionsterm jede beliebige Funktion $y = \varphi(x)$ zugrunde legen; wenn die durch wiederholte Anwendung von φ erzeugte Folge konvergiert,

Abb. 4.15 (©) Graph der
Funktion $y = \frac{1}{x} + 2$

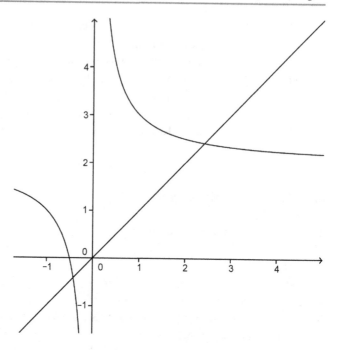

dann wird der Grenzwert ein Fixpunkt von φ sein, also eine Lösung der Gleichung $x = \varphi(x)$.

Wenn wir nun unsere Aufmerksamkeit dem Lösen von Gleichungen zuwenden, dann drehen wir einfach den Spieß um: Eine Gleichung der Form $x = \varphi(x)$ mit einer reellen Funktion φ heißt *Fixpunktgleichung*. Wir können versuchen, sie anhand einer Folge $x_{n+1} = \varphi(x_n)$ mit einem passenden Startwert x_0 näherungsweise zu lösen, d. h. ein Folgenglied x_k mit einem großen k zu berechnen (vielleicht ist die Folge dort schon *stabil*: $x_{k+1} \approx x_k$).

Die Hoffnung, auf diese Art numerische Lösungen der Gleichung zu finden, ist nicht unbegründet. Denn unter der Voraussetzung, dass die Funktion φ *stetig* ist (für eine „normale" Gleichung sicherlich eine Minimalvoraussetzung), gilt tatsächlich:

▶   *Wenn* die Folge $x_{n+1} = \varphi(x_n)$ konvergiert, *dann* ist der Grenzwert ein Fixpunkt von φ.

Beweis Es sei $x^* = \lim\limits_{n \to \infty} x_n$, dann gilt:

$$x^* = \lim_{n \to \infty} x_{n+1} = \lim_{n \to \infty} \varphi(x_n) \overset{\downarrow}{=} \varphi\left(\lim_{n \to \infty} x_n\right) = \varphi(x^*)$$

Die entscheidende Gleichheit (mit einem Pfeil markiert) folgt aus der Stetigkeit von φ.

Abb. 4.16 (©) Graph von
$\varphi(x) = \frac{1}{x(3-x)}$

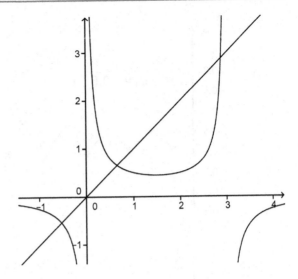

Anwendung Es sind nun zwei Fragen zu klären, um zu untersuchen, ob und wie dieses *Iterationsverfahren* zum Lösen von Gleichungen nützlich ist.

- Wann konvergieren die Folgen?
- Wie schnell konvergieren sie, d. h., wie viele Rechenschritte sind notwendig, um den Grenzwert mit brauchbarer Genauigkeit zu ermitteln?

Hinzu kommt, dass eine Gleichung häufig nicht in Fixpunkt-Form gegeben ist, aber man kann jede Gleichung algebraisch in eine Fixpunktgleichung umwandeln, in der Regel sogar auf verschiedene Arten; daraus entsteht die weitere Frage: Welche Fixpunkt-Form ist günstig?

Beispiele:

(1) Die Polynomgleichung 3. Grades $x^3 - 3x^2 + 1 = 0$ (vgl. Abschn. 4.1, Beispiel (1)) kann folgendermaßen in eine Fixpunktgleichung umgewandelt werden:

$$x^2(x-3) = -1 \quad \Rightarrow \quad x = \frac{-1}{x(x-3)} = \frac{1}{x(3-x)}$$

Die gesuchten Nullstellen des Polynoms sind die Fixpunkte der Funktion $\varphi(x) = \frac{1}{x(3-x)}$ (Abb. 4.16).

Es gibt drei Lösungen, mit den grafisch ermittelten Schätzwerten $-0{,}5$, $0{,}6$ und $2{,}9$. Wenn man diese Schätzwerte jeweils als Startwerte für die Iteration mit φ wählt, dann ergeben sich die in Abb. 4.17 dargestellten Folgen.

Die Fixpunkte Nr. 1 und 3 sind offenbar nicht als Grenzwerte zu erreichen, die Folgen laufen von ihnen weg. Das kann natürlich am Startwert x_0 liegen, aber weitere

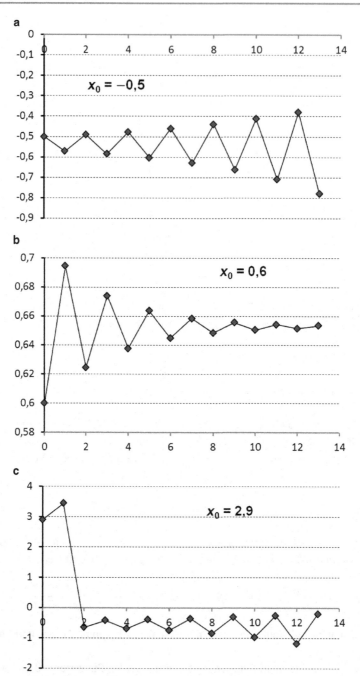

Abb. 4.17 Diagramme von 3 Folgen mit verschiedenen Startwerten

Tab. 4.3 Folge mit
$\varphi(x) = \frac{1}{2}(\sin(x) + 1)$

n	x_n
0	0,9
1	0,89166345
2	0,88905884
3	0,88823951
4	0,88798124
5	0,88789977
6	0,88787406
7	0,88786595
8	0,88786339
9	0,88786258
10	0,88786233

Versuche mit anderen Startwerten (bitte selbst durchführen) zeigen, dass es nicht so ist. Im Fall 3 können die Folgen auch anders aussehen. Aber keine Folge konvergiert gegen diese Fixpunkte; es ist nicht übertrieben, sie *abstoßend* zu nennen.

Nur Fixpunkt Nr. 2 verhält sich gutartig, er ist *anziehend*, wenn auch nicht sehr stark; nach 15 Schritten ändern sich die ersten 2 Dezimalstellen nicht mehr, nach 50 Schritten sind es die ersten sieben, die konstant bleiben, nämlich 0,6527036. Vermutlich sind es gültige Stellen der Lösung, aber mit einem ziemlich großen Aufwand erzielt. Typisch ist der *trichterförmige* Verlauf der Folgen, wobei die sich öffnenden Trichter zwar schön aussehen, aber leider nichts nutzen zur Bestimmung der Lösung. (Oder vielleicht doch? Siehe Abschn. 4.3.2!)

Wie die Folgen sich verhalten, die man in der Nähe eines abstoßenden Fixpunkts startet, ist im Allgemeinen völlig unklar; auch kleinste Änderungen des Startwerts können große Wirkungen haben. So läuft z. B. die Folge mit $x_0 = 2,8$ schließlich gegen Fixpunkt Nr. 2, aber niemals gegen den designierten Wert (bei ca. 2,9).

(2) Die Gleichung $\sin(x) = 2x - 1$ (x im Bogenmaß) hat genau eine Lösung $x \approx 0,9$; das kann man grafisch leicht herausfinden. Bekanntlich hat man keine Chance, eine solche *Kepler'sche Gleichung* algebraisch zu lösen (vgl. Abschn. 4.1.1). Eine naheliegende Art, sie in eine Fixpunktgleichung zu verwandeln, ist die folgende:

$$x = \frac{1}{2}(\sin(x) + 1)$$

Mit der Iterationsfunktion $\varphi(x) = \frac{1}{2}(\sin(x) + 1)$ und dem Startwert $x_0 = 0,9$ erhält man eine monoton fallende Folge, die recht schnell konvergiert: Bereits nach 10 Schritten sind 6 Dezimalstellen stabil, sodass man $x = 0,887862$ als Lösung ansetzen kann (vgl. Tab. 4.3).

Nicht immer hat man so ein Glück. Betrachten Sie z. B. die Gleichung $\sin(x) = \frac{1}{5}x - 1$: Das analoge Vorgehen ergibt die Fixpunktgleichung $x = 5(\sin(x) + 1)$.

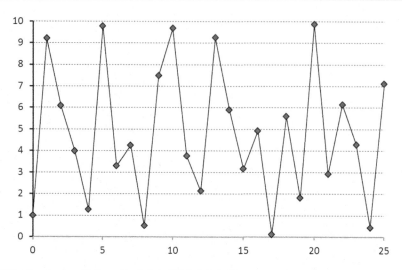

Abb. 4.18 Graph einer Folge mit $\varphi(x) = 5\,(\sin(x) + 1)$

Sie hat 3 Lösungen, aber egal welchen Startwert man wählt, man bekommt keine konvergente Folge! (Beispiel siehe Abb. 4.18)

Da die Funktion φ nur Werte zwischen 0 und 10 hat, bleiben zwar die Folgen auf dieses Intervall beschränkt, aber sonst verhalten sie sich ziemlich chaotisch, es ist kein Muster festzustellen.

Man könnte es ja mit einer anderen Fixpunkt-Form probieren. Aus der ursprünglichen Gleichung erhält man durch Addieren von $\frac{4}{5}x + 1$ auf beiden Seiten eine andere, äquivalente Gestalt:

$$\sin(x) + \frac{4}{5}x + 1 = x$$

Das sieht komplizierter aus und ist sicher auch nicht so naheliegend, aber erfolgreich: Mit der Funktion $\varphi(x) = \sin(x) + \frac{4}{5}x + 1$ und passenden Startwerten kann man immerhin für zwei der drei Fixpunkte relativ schnell gute Näherungen erzielen:

$$x^* \approx 3{,}4556 \qquad \text{mit oszillierender Konvergenz,}$$
$$x^{**} \approx 8{,}6162 \qquad \text{mit monotoner Konvergenz.}$$

Der dritte Fixpunkt $x^{***} \approx 6{,}611$ ist wieder abstoßend: Selbst wenn man ganz in der Nähe startet, laufen die Folgen monoton weg von ihm und zu dem kleineren oder dem größeren Fixpunkt hin. So ein chaotisches Verhalten wie oben ist aber nicht mehr zu beobachten.

(3) Die Gleichung $\exp(x) = x + 2$ gehört ebenfalls zu den transzendenten Gleichungen, die algebraisch prinzipiell nicht auflösbar sind. Sie hat zwei Lösungen:

$$x^* \approx -1{,}8 \text{ und } x^{**} \approx 1{,}1$$

Durch die naheliegende Umformung $x = \exp(x) - 2$ erhält man eine einfache Fixpunktgleichung, und mit $\varphi(x) = \exp(x) - 2$ erweist sich x^* als anziehend, mit monotonen Folgen: $x^* \approx -1{,}8414$ mit $x_0 = 1$ nach 7 Schritten. Aber x^{**} ist abstoßend, und wenn man mit $x_0 > x^{**}$ startet, wachsen die Folgenglieder sehr schnell an, sodass man nach wenigen Schritten den Zahlbereich des TR sprengt. Für $x_0 < x^{**}$ wird die Folge von x^* angezogen.

Wie ist trotzdem x^{**} zu erreichen? Auch mit der Umkehrfunktion von exp kann man die ursprüngliche Gleichung nach x auflösen:

$$x = \ln(x + 2)$$

Mit $\varphi(x) = \ln(x + 2)$ verhalten sich die Folgen genau umgekehrt wie im 1. Versuch: x^* ist abstoßend und x^{**} ist anziehend. Mit Startwerten $x_0 < x^*$ bricht die Folge bald zusammen, aber nicht wegen des begrenzten Zahlbereichs im TR, sondern aus mathematischen Gründen: Der Logarithmus ist nur für positive Argumente definiert.

Iteration linearer Funktionen Als Ansatz zu einer *systematischen Analyse* des Folgen-Verhaltens untersuchen wir nun die Fixpunktgleichungen mit einer *linearen* Funktion φ.

$$x = m \cdot x + b$$

Die Iteration mit $\varphi(x) = m \cdot x + b$ erzeugt zwar hübsche Folgen (vgl. Abschn. 4.2.1), aber niemandem würde im Ernst einfallen, auf diese Art eine lineare Gleichung zu lösen. Gleichwohl erweisen sich die hierbei auftretenden Phänomene als paradigmatisch für alle „braven" Iterationsfunktionen φ, und außerdem können wir an die in Abschn. 4.2.1 gesammelten Erfahrungen anknüpfen.

Jede lineare Funktion hat genau einen Fixpunkt x^*, sofern $m \neq 1$ ist. (Man kann x^* algebraisch leicht ausrechnen, aber das ist momentan belanglos.) Es sei $x_0 \neq x^*$ ein beliebiger Startwert und x_n die zugehörige Folge mit $x_{n+1} = m \cdot x_n + b$. Für den Fehler im n-ten Schritt $\Delta_n = x_n - x^*$ gilt Folgendes:

$$\Delta_{n+1} = x_{n+1} - x^* = (m \cdot x_n + b) - \underbrace{(m \cdot x^* + b)}_{=x^*} = m \cdot (x_n - x^*) = m \cdot \Delta_n$$

Somit erweist sich Δ_n als *geometrische Folge*, deren Quotient gleich der Steigung der linearen Funktion ist:

$$\Delta_n = m^n \cdot \Delta_0$$

Wir können also das Verhalten der Iteration wie folgt beschreiben:

$$|m| \begin{cases} < 1 & \Rightarrow \quad \Delta_n \to 0 \quad \Rightarrow \quad x_n \to x^*, \quad \text{anziehender Fixpunkt} \\ > 1 & \Rightarrow \quad |\Delta_n| \to \infty, \quad \text{abstoßender Fixpunkt} \end{cases}$$

$$m \begin{cases} > 0 & \Rightarrow \quad \Delta_n \quad \text{monoton} \\ < 0 & \Rightarrow \quad \Delta_n \quad \text{alternierend} \end{cases}$$

Tab. 4.4 Klassifizierung der Iteration

$m = \varphi'(x^*)$	Funktion φ ist bei x^* ...	Folge mit $x_0 \approx x^*$ ...	Fixpunkt ist
$0 < m < 1$	flach steigend	konvergiert monoton gegen x^*	anziehend
$-1 < m < 0$	flach fallend	konvergiert oszillierend gegen x^*	anziehend
$m > 1$	steil steigend	läuft monoton weg von x^*	abstoßend
$m < -1$	steil fallend	läuft oszillierend weg von x^*	abstoßend

Für $m > 0$ ist demnach die Folge x_n ebenfalls monoton; ob wachsend oder fallend, richtet sich nach dem Vorzeichen von Δ_0. Für $m < 0$ ist x_n oszillierend.

Im Fall der Konvergenz ($|m| < 1$) gilt außerdem: Je kleiner $|m|$ ist, desto schneller konvergiert die Folge.

Allgemeiner Fall Wenn nun φ eine *stetig differenzierbare* Funktion ist (das war oben mit „brave Funktion" gemeint), dann kann man φ in einer Umgebung eines Fixpunkts x^* durch die Tangente an den Graphen von φ im Punkt $(x^*|x^*)$, also durch eine lineare Funktion approximieren:

$$\varphi(x) \approx \varphi(x^*) + \varphi'(x^*) \cdot (x - x^*) \quad \text{für } x \approx x^*$$

Somit gilt für eine Folge x_n mit $x_{n+1} = \varphi(x_n)$, wenn $\Delta_n = x_n - x^*$ wie oben den Fehler im n-ten Schritt bezeichnet:

$$\Delta_{n+1} = \varphi(x_n) - x^* = \varphi(x_n) - \varphi(x^*) \approx \varphi'(x^*) \cdot (x_n - x^*) = \varphi'(x^*) \cdot \Delta_n$$

Fazit Δ_n verhält sich in der Nähe von x^* *ungefähr* wie eine geometrische Folge, und zwar mit dem Quotienten $\varphi'(x^*)$. Damit können wir das Verhalten der Folgen aufgrund der Gestalt von φ nach den Typen in Tab. 4.4 klassifizieren.

Anmerkungen:

- Was *flach* und *steil* bedeutet, wird implizit klar, sei aber noch einmal betont: Es richtet sich danach, ob $|\varphi'(x^*)|$ kleiner oder größer als 1 ist. Im Fall einer bei x^* steigenden Funktion kann man bei eingezeichneter Hauptdiagonale leicht optisch entscheiden, ob sie flach oder steil ist: Wenn der Graph von φ die Hauptdiagonale von oben nach unten schneidet (in Richtung wachsender Argumente gesehen), dann ist φ flach, andernfalls steil. Bei fallenden Funktionen ist das nach Augenmaß nicht so leicht zu unterscheiden, dazu müsste man die Normale zur Hauptdiagonale im Fixpunkt einzeichnen: Dann kann man wieder mit Augenmaß leicht entscheiden, ob der Schnitt des Funktionsgraphen flacher oder steiler ist als mit dieser Normalen (Steigung $= -1$); vgl. Abb. 4.19.

Abb. 4.19 (©) Normale zur Hauptdiagonale

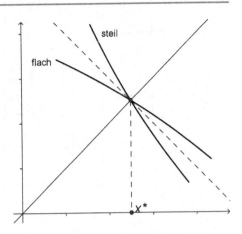

- Bei abstoßenden Fixpunkten x^* kann man nur sagen, dass die Folgen *nicht gegen* x^* konvergieren, daraus folgt aber keinesfalls die Divergenz, wie auch einige Beispiele gezeigt haben. Denn die Approximation von φ durch eine lineare Funktion ist eine *lokale* Eigenschaft; es ist daher in diesem Fall unmöglich, über den weiteren Verlauf der Folgen Allgemeines zu sagen, das hängt stark von den speziellen *globalen* Eigenschaften der Funktion φ ab.

- Bei anziehenden Fixpunkten gilt: Je flacher die Funktion bei x^* ist, desto schneller konvergiert die Folge. Dadurch bekommt man einen Anhaltspunkt bezüglich der Konvergenzgeschwindigkeit, also der numerischen Brauchbarkeit des Verfahrens. Ist z. B. $|\varphi'(x^*)| \approx 0{,}5$, dann verkleinert sich der Fehler nach je 10 Schritten auf ca. $\frac{1}{1000}$ des ursprünglichen Fehlers, denn $0{,}5^{10} \approx 10^{-3}$, damit gewinnt man also 3 signifikante Dezimalstellen des Fixpunkts. Bei $|\varphi'(x^*)| \approx 0{,}1$ erhält man sogar mit *jedem* Schritt eine signifikante Stelle mehr.

  Das setzt natürlich voraus, dass man die Ableitung $\varphi'(x^*)$ kennt, wenigstens näherungsweise. Wie man mit geringem Aufwand vernünftige Schätzwerte bekommt, werden wir in Abschn. 4.3.2 diskutieren.

- In der Klassifizierung fehlt der Fall $\varphi'(x^*) = 0$, d. h. waagerechte Tangente im Fixpunkt. Nach dem Motto „je flacher, desto besser" ist eine extrem gute Konvergenz zu erwarten, das macht den Fall interessant. Die Aussage, dass der Fehler Δ_n sich ungefähr wie eine geometrische Folge mit Quotient $\varphi'(x^*)$ verhält, wird hier allerdings ziemlich sinnlos; stattdessen muss man eine bessere Approximation von φ finden. Genaueres in Abschn. 4.3.2.

- Auch die Fälle $\varphi'(x^*) = \pm 1$ sind in den obigen Typen nicht enthalten: Einerseits ist die Hauptdiagonale selbst eine Tangente an den Graphen von φ, andererseits schneidet sie ihn senkrecht. Wir verzichten auf eine Untersuchung dieser Sonderfälle, weil sie für das Lösen von Gleichungen kaum eine Rolle spielen.

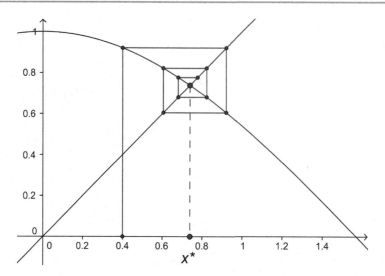

Abb. 4.20 (©) Spinnwebdiagramm

Grafische Darstellung der Iteration Unser Ergebnis von oben (anziehend bei flachem Schnitt, abstoßend bei steilem Schnitt) lässt sich auch sehr schön mittels sogenannter *Spinnwebdiagramme* darstellen. Sie haben diesen Namen, weil sich in den beiden Fällen von Oszillation ($m = \varphi'(x^*) < 0$) ein spinnwebenartiges Gebilde ergibt. Die grafische Bedeutung des Iterierens einer Funktion φ bei Startwert x_0 kann so beschrieben werden:

- Beginnend auf der x-Achse bei x_0 gehe zunächst senkrecht zum Graphen von φ,
- dann waagerecht zur Hauptdiagonale, wieder senkrecht zum Graphen von φ usw., immer abwechselnd.

Am Beispiel der Funktion $\varphi(x) = \cos(x)$ und Startwert $x_0 = 0{,}4$ wird dies in Abb. 4.20 dargestellt, es entsteht eine Art Spinnennetz, das sich zum Fixpunkt $x^* \approx 0{,}74$ zusammenzieht.

Zusammenstellung der obigen Ergebnisse mittels dieser Darstellung:

Anziehender Fixpunkt bei flachem Schnitt mit der Hauptdiagonale: $|\varphi'(x^*)| < 1$
    (siehe Abb. 4.21)
Abstoßender Fixpunkt bei steilem Schnitt mit der Hauptdiagonale: $|\varphi'(x^*)| > 1$
    (siehe Abb. 4.22)

Man bekommt also zwei Doppel-Trichter für die Verlaufsformen der Graphen von φ, je einen für *anziehende* und einen für *abstoßende* Fixpunkte (Abb. 4.23).

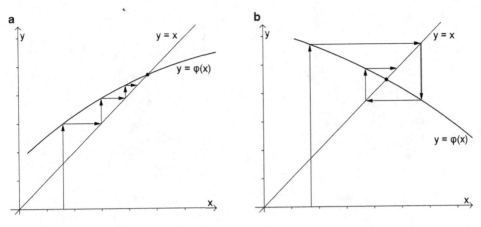

Abb. 4.21 (©) Anziehender Fixpunkt, flacher Schnitt mit der Hauptdiagonale

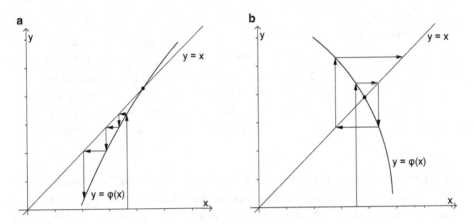

Abb. 4.22 (©) Abstoßender Fixpunkt, steiler Schnitt mit der Hauptdiagonale

4.3.2 Weitere Beispiele und Ergänzungen

Wir überprüfen jetzt die Theorie anhand von Beispielen, die wir früher diskutiert haben, insbesondere wenn $\varphi'(x)$ leicht zu bestimmen ist. Wenn der Fixpunkt zumindest näherungsweise bekannt ist, dann kann man zur Kontrolle auch die Fehler $\Delta_n = x_n - x^*$ sowie deren Quotienten $q_n = \frac{\Delta_{n+1}}{\Delta_n}$ mit einem Tabellenprogramm ausrechnen, wie wir es in einigen Fällen bereits getan haben.

(1) $\varphi(x) = \exp(x) - 2$ (vgl. Abschn. 4.3.1 Beispiel (3))

Mit $x^* \approx -1{,}8414$ und $\varphi'(x) = \exp(x)$ ergibt sich $\varphi'(x^*) = 0{,}1586$. Das bestätigt das beobachtete Verhalten der Folgen, nämlich schnelle monotone Konvergenz; darüber hinaus nähern sich die Fehlerquotienten genau diesem Wert (vgl. Tab. 4.5).

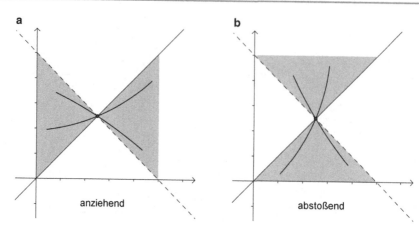

Abb. 4.23 (©) Trichter

Tab. 4.5 Folge mit Fehlern und Fehlerquotienten

n	x_n	Δ_n	q_n
0	-2	$-0{,}158594$	$0{,}1466575$
1	$-1{,}864665$	$-0{,}023259$	$0{,}1567642$
2	$-1{,}845052$	$-0{,}003646$	$0{,}1583056$
3	$-1{,}841983$	$-0{,}000577$	$0{,}1585486$
4	$-1{,}841497$	$-9{,}15\text{E}{-}05$	$0{,}1585871$
5	$-1{,}841420$	$-1{,}45\text{E}{-}05$	$0{,}1585931$

Für den zweiten Fixpunkt $x^{**} \approx 1{,}1462$ ist $\varphi'(x^{**}) = 3{,}1462$. Das bedeutet, dass er abstoßend ist, aber für die andere Iterationsfunktion $\psi(x) = \ln(x + 2)$ war er anziehend. Hier ergibt sich $\psi'(x) = \frac{1}{x+2}$, also $\psi'(x^{**}) \approx \frac{1}{3{,}1462} \approx 0{,}318$, das ist (nicht nur zufällig) der Kehrwert von $\varphi'(x^{**})$. Nebenbei wird die gute, aber nicht sehr gute Konvergenz der Iteration mit ψ bestätigt.

(2) Die in Abschn. 4.2.3 diskutierten Rechenvorschriften „Wurzel ziehen und a addieren" mit einer Konstanten $a > 0$ führen zu Funktionen der Form $\varphi(x) = \sqrt{x} + a$. Das sind nach oben verschobene Wurzelfunktionen, die beim eindeutig bestimmten Schnittpunkt mit der Hauptdiagonalen in jedem Fall flach ansteigen. Somit ist der Fixpunkt anziehend, mit monoton konvergierenden Folgen. Nebenbei bemerkt: Die quadratische Gleichung für den Fixpunkt hat wie immer zwei Lösungen, aber es gibt nur einen Fixpunkt, also muss man bei der Auswahl aufpassen.

Etwas anders sieht es im Fall „Wurzel ziehen und von a subtrahieren" aus: Die Funktion $\varphi(x) = a - \sqrt{x}$ ist monoton fallend, und das erklärt die oszillierende Konvergenz der Folgen, die wir in Abschn. 4.2.3 beobachtet haben. Für kleine a kann es sogar vorkommen, dass der Fixpunkt abstoßend ist, weil φ beim Schnitt mit der Hauptdiagonalen steil werden kann. In diesem Fall muss $a < 1$ sein, wie man sich schnell klarmacht; wo genau liegt die Grenze, für welches a geht der flach fallende in einen steil fallenden Verlauf über? Wir könnten das experimentell herausfinden, aber wir wollen ja unsere Theorie auf Brauchbarkeit testen. Für welches a ist also $\varphi'(x^*) = -1$?

Skizze der Rechnung (Details bitte ergänzen): Die Gleichung für den Fixpunkt x^* ist $x = a - \sqrt{x}$, daraus folgt $x^* = \frac{1}{2}(2a + 1 - \sqrt{4a + 1})$. Mit $\varphi'(x) = -\frac{1}{2\sqrt{x}}$ ergibt sich durch Einsetzen von x^* in die Bedingung $\varphi'(x^*) = -1$ eine Gleichung für a:

$$-\frac{1}{\sqrt{2 \cdot \left(2a + 1 - \sqrt{4a + 1}\right)}} = -1$$

Dieses Monster vereinfacht sich zu einer quadratischen Gleichung mit der einzigen positiven Lösung $a = \frac{3}{4}$.

Experimente werden bestätigen, dass die Folgen für $a > 0{,}75$ konvergieren, aber für $a < 0{,}75$ nicht. (Dabei muss man die Startwerte vorsichtig wählen, damit die Folgenglieder nicht negativ werden.)

(3) Aus der Rechenvorschrift „Kehrwert plus 2" (vgl. Abschn. 4.2.2) entsteht die Funktion $\varphi(x) = \frac{1}{x} + 2$ mit der Ableitung $\varphi'(x) = -\frac{1}{x^2}$. Schon damals haben wir die zwei Fixpunkte als Lösungen der quadratischen Gleichung $x^2 = 1 + 2x$ ausgerechnet:

$$x^* = 1 + \sqrt{2}, \qquad x^{**} = 1 - \sqrt{2}$$

Der positive Wert erwies sich als anziehender Fixpunkt mit oszillierenden Folgen, und die Quotienten der Fehler Δ_n näherten sich dem Wert $-0{,}1716$. Tatsächlich gilt:

$$\varphi'(x^*) = \frac{1}{\left(1 + \sqrt{2}\right)^2} = 2\sqrt{2} - 3 \approx -0{,}1716$$

Für den negativen Fixpunkt ist $\varphi'(x^{**}) = -2\sqrt{2} - 3 \approx -5{,}8284$. Somit ist er abstoßend, aber vielleicht klappt ja auch hier der Trick mit der Umkehrfunktion?! Man kann sie sogar ohne Formalitäten direkt aus der Rechenvorschrift ableiten: „Minus 2, Kehrwert" (in dieser Reihenfolge!) führt zu der Funktion $\psi(x) = \frac{1}{x-2}$ mit der Ableitung

$$\psi'(x) = -\frac{1}{(x - 2)^2} :$$

$$\psi'(x^{**}) = \psi'(1 - \sqrt{2}) = -\frac{1}{(-1 - \sqrt{2})^2} \approx -0{,}1716$$

Das ist zum einen gleich $\varphi'(x^*)$, zum andern der Kehrwert von $\varphi'(x^{**})$.

Tab. 4.6 Begriffspaare

statisch	dynamisch
Funktion φ	Folge mit Rekursionsterm φ
Fixpunkt x^* von φ = Schnitt des Graphen von φ mit der Hauptdiagonalen	selbstreproduzierende Zahl
anziehender Fixpunkt, φ flach bei x^*	Folge konvergiert gegen x^*
φ steigend	Folge ist monoton (steigend oder fallend!)
φ fallend	Folge oszilliert

Allgemeines zur Umkehrfunktion Wir nehmen die Beispiele (1) und (3) zum Anlass, das Stichwort *Umkehrfunktion* aufzugreifen. Wenn die Funktion φ einen Fixpunkt x^* hat und in einer Umgebung von x^* lokal umkehrbar ist (das trifft für stetig differenzierbare Funktionen mit $\varphi'(x^*) \neq 0$ immer zu), dann hat φ^{-1} den gleichen Fixpunkt. Wenn nun x^* bezüglich φ abstoßend ist, dann ist x^* anziehend bezüglich φ^{-1}, und umgekehrt. Denn die Graphen von φ und φ^{-1} sind spiegelsymmetrisch zur Hauptdiagonalen; wenn φ beim Schnittpunkt mit der Hauptdiagonalen steil ist, dann ist φ^{-1} flach, und umgekehrt. (Um das zu verdeutlichen, skizzieren Sie bitte mindestens eines der obigen Beispiele!)

Auch formal kann man diese Beziehung rechtfertigen:

$$(\varphi^{-1})'\,(x^*) = \frac{1}{\varphi'(x^*)}, \quad \text{also gilt} \quad |(\varphi^{-1})'(x^*)| < 1 \quad \Leftrightarrow \quad |\varphi'(x^*)| > 1.$$

Somit kann man abstoßende Fixpunkte anziehend machen, indem man mit der Umkehrfunktion arbeitet. Auf der Ebene der Folgen bedeutet dies, dass die Iteration quasi rückwärts ausgeführt wird: Wegen $x_n = \varphi(x_{n-1})$ gilt auch $x_{n-1} = \varphi^{-1}(x_n)$. Wenn man mit x_0 startet, kann man auch negative ganze Zahlen als Indizes zulassen und mit der rekursiven Definition $x_{n-1} = \varphi^{-1}(x_n)$ die Folge *nach links* fortsetzen. (Das geht natürlich nur, wenn man die Umkehrfunktion leicht berechnen kann; oft genug trifft das nicht zu.)

An dieser Stelle sei eine kleine Reflexion über die verschiedenen Darstellungsweisen und Argumentationsebenen erlaubt. Wir pendeln ständig zwischen der eher statischen Funktionen-Welt (Aspekt *Funktion als Ganzes*) und der dynamischem Folgen-Welt (*Zuordnungs*-Aspekt der Funktion, hier speziell das wiederholte Anwenden) hin und her; das verbindende Element oder die Brücke ist die Fixpunktgleichung $x = \varphi(x)$. Die Begriffspaare, die in den zwei Welten einander entsprechen, lassen sich wie in Tab. 4.6 gegenüberstellen.

Man muss gut aufpassen, auf welcher Ebene man gerade argumentiert, sonst kann es Missverständnisse und Verwirrung geben. Typisches Beispiel: Der Begriff *monoton* ist in beiden Welten sinnvoll anwendbar, hat aber verschiedene Bedeutungen (deshalb haben wir ihn für Funktionen eigentlich nie verwendet, nur mit der Differenzierung *steigend – fallend*).

Verbesserung der Konvergenz Wir haben beobachtet, dass sich der Fehler $\Delta_n = x_n - x^*$ ziemlich regelmäßig verhält, annähernd wie eine geometrische Folge:

$$\Delta_{n+1} \approx q \cdot \Delta_n \quad \text{mit} \quad q = \varphi'(x^*)$$

Diese Regelmäßigkeit kann man ausnutzen, um die Konvergenzgeschwindigkeit des Verfahrens entscheidend zu verbessern. Denn für eine geometrische Folge $a_n = a \cdot q^n$ ist die Differenzenfolge $D_n := a_{n+1} - a_n$ ebenfalls eine geometrische Folge, und zwar mit dem gleichen Quotienten:

$$D_n = a \cdot q^{n+1} - a \cdot q^n = a \cdot (q-1) \cdot q^n$$

Diese Eigenschaft gilt dann *näherungsweise* auch für die Differenzen d_n der Fehler Δ_n:

$$d_n := \Delta_{n+1} - \Delta_n = (x_{n+1} - x^*) - (x_n - x^*) = x_{n+1} - x_n$$

$$\Rightarrow \quad q_n := \frac{d_{n+1}}{d_n} = \frac{x_{n+2} - x_{n+1}}{x_{n+1} - x_n} \approx q = \varphi'(x^*)$$

Grafische Interpretation: q_n ist die Steigung der Sekante, die durch die beiden zu x_n und x_{n+1} gehörenden Punkte des Graphen von φ verläuft, denn $q_n = \frac{\varphi(x_{n+1}) - \varphi(x_n)}{x_{n+1} - x_n}$.

Somit kann man q näherungsweise bestimmen, ohne den Fixpunkt x^* zu kennen. Wenn man einen guten Startwert hat, genügen die ersten drei Folgenglieder x_0, x_1, x_2.

Nun ist $x_2 - x^* \approx q \cdot (x_1 - x^*)$; wenn man statt x^* eine Zahl $\bar{x}$ so bestimmt, dass diese Ungefähr-Gleichung *exakt* gilt, dann müsste $\bar{x}$ eine gute Näherung für x^* sein.

Die lineare Gleichung $x_2 - \bar{x} = q \cdot (x_1 - \bar{x})$ hat die Lösung $\bar{x} = \frac{x_2 - q \cdot x_1}{1-q}$. Wenn wir für q die Näherung $\frac{x_2 - x_1}{x_1 - x_0} \approx q$ einsetzen, dann erhalten wir aus den ersten drei Folgengliedern eine Näherung für x^* mit einer wesentlichen Steigerung der Genauigkeit. Mit der so berechneten Zahl als Startwert kann man das Verfahren wiederholen.

Für die Berechnung mit TR ist es sicher zu aufwendig; mit einem Tabellenprogramm geht es jedoch problemlos. Es ist besonders effektiv, wenn das einfache Iterationsverfahren schlecht konvergiert, aber das Schönste daran ist: Es funktioniert sogar für *abstoßende* Fixpunkte!

Nun zwei Beispiele mit $\varphi(x) = \frac{1}{x(3-x)}$ (siehe obiges Beispiel (1)) – vgl. Tab. 4.7 mit Startwert 0,6 und Tab. 4.8 mit Startwert −0,5:

Zu Tab. 4.7: Vergleicht man den in 2 Schritten ermittelten Wert von $\bar{x}$ mit der auf 10 Stellen genauen TR-Lösung 0,6527036447, dann sieht man, dass bereits 5 Stellen signifikant sind; mit dem normalen Iterationsverfahren würde eine solche Genauigkeit erst nach ca. 35 Schritten erreicht.

Zu Tab. 4.8: Mit dem Startwert −0,5 erzielt man eine vergleichbare Genauigkeit für den ersten Fixpunkt (auf 10 Stellen genau lautet er −0,5320888862); bekanntlich ist er abstoßend, d. h. mit der einfachen Iteration überhaupt nicht zu erreichen.

Mit dem dritten Fixpunkt klappt es aber nur dann, wenn man den Startwert schon sehr nah wählt, etwa $x_0 = 2{,}88$. Das liegt offenbar daran, dass die Funktion φ an dieser Stelle sehr steil verläuft (vgl. Abb. 4.16), d. h., der Fixpunkt ist *stark* abstoßend.

Tab. 4.7 Beispiel zur Konvergenzverbesserung

x_n	$d_n = x_{n+1} - x_n$	$q_n = d_{n+1}/d_n$	$\bar{x}$
0,6	0,09444444	−0,73975904	
0,69444444	−0,06986613		
0,62457831			0,65428593
0,65428593	−0,00272154	−0,72139499	
0,65156439	0,0019633		
0,6535277			0,65270493

Tab. 4.8 Konvergenz bei einem abstoßenden Fixpunkt

x_n	$d_n = x_{n+1} - x_n$	$q_n = d_{n+1}/d_n$	$\bar{x}$
−0,5	−0,07142857	−1,14	
−0,57142857	0,08142857		
−0,49			−0,53337784
−0,53337784	0,00276842	−1,15107246	
−0,53060942	−0,00318665		
−0,53379607			−0,53209084

Rückblick und Ausblick Wir erinnern uns an den Abschn. 3.2.5. Das Heron-Verfahren zur Berechnung von Quadratwurzeln

$$x_{n+1} = \frac{1}{2}\left(x_n + \frac{a}{x_n}\right) \quad \text{mit einer reellen Zahl} \quad a > 0$$

ist im Grunde nichts anderes als eine Fixpunkt-Iteration mit der Funktion $\varphi(x) = \frac{1}{2}(x + \frac{a}{x})$. Die Fixpunktgleichung $x = \varphi(x)$ wird in wenigen Schritten zu $x^2 = a$ vereinfacht; es sind tatsächlich $x = \pm\sqrt{a}$ die beiden Fixpunkte von φ. Wir können uns auf $x > 0$ beschränken, da φ ungerade (punktsymmetrisch zum Nullpunkt) ist. Der Graph zeigt, dass φ bei $x^* = \sqrt{a}$ *sehr* flach verläuft, die Funktion scheint dort sogar einen Tiefpunkt zu besitzen (Abb. 4.24, mit $a = 2$).

In der Tat gilt:

$$\varphi'(x) = \frac{1}{2}\left(1 - \frac{a}{x^2}\right) \quad \Rightarrow \quad \varphi'(x^*) = \varphi'\left(\sqrt{a}\right) = 0$$

Die Näherung für den absoluten Fehler

$$x_{n+1} - x^* \approx \varphi'(x^*) \cdot (x_n - x^*)$$

besagt in diesem Fall überhaupt nichts. Aber wir können φ mit Hilfe der 2. Ableitung in der Umgebung von x^* anhand des Taylor'schen Satzes durch eine Parabel approximieren,

Abb. 4.24 (©) Graph von $\varphi(x) = \frac{1}{2}(x + \frac{2}{x})$

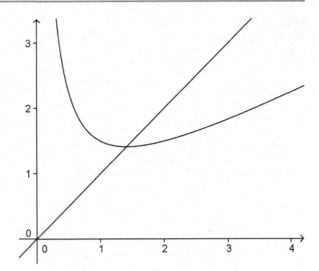

deren Scheitelpunkt bei x^* liegt:

$$\varphi(x) - \varphi(x^*) \approx \frac{1}{2}\varphi''(x^*) \cdot (x - x^*)^2$$

Daraus folgt:

$$x_{n+1} - x^* = \varphi(x_n) - \varphi(x^*) \approx \frac{1}{2}\varphi''(x^*) \cdot (x_n - x^*)^2$$

Nun ist $\varphi''(x) = \frac{a}{x^3}$, also $\varphi''(x^*) = \frac{a}{(\sqrt{a})^3} = \frac{1}{\sqrt{a}}$, und damit ergibt sich für den Fehler $\Delta_n = x_n - x^*$:

$$\Delta_{n+1} \approx \frac{1}{2\sqrt{a}}\Delta_n^2$$

Genau diese *quadratische Konvergenz* haben wir im Abschn. 3.2.5 beobachtet und auch auf einem anderen Weg nachgewiesen.

Wir haben damit exemplarisch gezeigt, dass das Iterationsverfahren im Fall $\varphi'(x^*) = 0$ noch viel besser konvergiert als normalerweise. Im Abschn. 4.4 werden wir dieses Verhalten in einem allgemeineren Kontext wiederfinden.

4.3.3 Theoretische Hintergründe

Das Prinzip der wiederholten Anwendung einer Funktion hat sich in zahlreichen anderen Kontexten als wirksam erwiesen, sodass es weitgehend verallgemeinert worden ist. Von zentraler Bedeutung sind dabei der Begriff der *kontrahierenden Abbildung* und der

Abb. 4.25 (©)
Inklusionsbedingung:
$I = [a; b]$, $\varphi(I) \subseteq I$

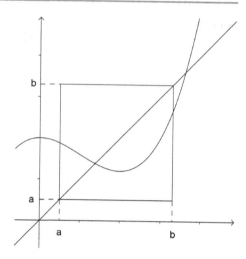

Banach'sche Fixpunktsatz. Um die Verbindung mit den bisherigen Aktivitäten nicht zu verlieren, bleiben wir zunächst im Bereich der reellen Funktionen.

▶ Es sei $I = [a; b] \subseteq \mathbb{R}$ ein abgeschlossenes Intervall. Eine Funktion $\varphi : I \to \mathbb{R}$
    heißt **kontrahierend** (auf I), wenn es eine Konstante K mit $0 \leq K < 1$ gibt,
    sodass für alle $x_1, x_2 \in I$ gilt:

$$|\varphi(x_2) - \varphi(x_1)| \leq K \cdot |x_2 - x_1|$$

φ verringert also den Abstand zwischen zwei Zahlen.

Diese *Kontraktionsbedingung* ist äquivalent dazu, dass alle Sekanten des Graphen flach sind, und zwar mit einer Steigung vom Betrag $\leq K < 1$. (Wir reden jetzt nicht von Tangenten, da φ nicht unbedingt differenzierbar sein muss.)

Wichtige Anmerkung: Alle kontrahierenden Abbildungen sind stetig auf I.

Banach'scher Fixpunktsatz für reelle Funktionen:
Es sei $\varphi : I \to \mathbb{R}$ eine kontrahierende Funktion mit $\varphi(I) \subseteq I$.

Dann hat φ genau einen Fixpunkt $x^* \in I$, und jede Iterationsfolge mit $x_0 \in I$,
$x_{n+1} = \varphi(x_n)$ konvergiert gegen x^*.

Grafisch bedeutet die *Inklusionsbedingung* $\varphi(I) \subseteq I$, dass der Graph von φ komplett innerhalb des Quadrates $I \times I$ liegt (vgl. Abb. 4.25; die dort gezeichnete Funktion erfüllt diese Bedingung, ist aber nicht kontrahierend).

Beweis des Satzes

(a) *Es gibt einen Fixpunkt.*

Es sei $I = [a; b]$. Wegen $\varphi(I) \subseteq I$ ist $\varphi(a) \geq a$ und $\varphi(b) \leq b$. Also ist die Funktion $f(x) := \varphi(x) - x$ stetig auf I, und es gilt $f(a) \geq 0$, $f(b) \leq 0$. Nach dem Zwischenwertsatz für stetige Funktionen gibt es ein $x^* \in [a; b]$ mit $f(x^*) = 0$, d. h. $\varphi(x^*) = x^*$.

(b) *Der Fixpunkt $x^* \in I$ ist eindeutig bestimmt.*

Gäbe es zwei verschiedene Fixpunkte $x^*, y^* \in I$, dann wäre nach der Kontraktionsbedingung $|x^* - y^*| = |\varphi(x^*) - \varphi(y^*)| \leq K|x^* - y^*| < |x^* - y^*|$. Widerspruch.

(c) *Jede φ-Iterationsfolge konvergiert gegen x^*.*

Denn für alle $n \in \mathbb{N}$ gilt:

$$|x_n - x^*| = |\varphi(x_{n-1}) - x^*| \leq K|x_{n-1} - x^*| \leq \ldots \leq K^n|x_0 - x^*|$$

Wegen $0 \leq K < 1$ bildet also $x_n - x^*$ eine Nullfolge. Daraus folgt die Behauptung.

Verallgemeinerung Als ersten Ansatz kann man einen Kontext aus der ebenen Geometrie heranziehen, der möglicherweise entscheidend zur Erweiterung der Begriffe und des Satzes beigetragen hat.

Eine *Ähnlichkeitsabbildung* ist eine längenverhältnistreue Abbildung der Ebene auf sich. Formal: Für zwei Punkte A, B bezeichne $d(A, B)$ den euklidischen Abstand. Eine Ähnlichkeitsabbildung φ ist dadurch definiert, dass es eine Konstante $K > 0$ gibt mit

$$d(\varphi(A), \varphi(B)) = K \cdot d(A, B) \quad \text{für alle Punkte } A, B \text{ der Ebene.}$$

Es gilt der fundamentale Satz, der bei der Klassifikation dieser Abbildungen eine zentrale Rolle spielt:

▶ Jede Ähnlichkeitsabbildung mit Faktor $K \neq 1$ hat genau einen Fixpunkt.

Die Iteration der Abbildungen erzeugt Punktfolgen mit typischen Gestalten, und zwar spiralförmig im gleichsinnigen und zickzackförmig im gegensinnigen Fall (siehe Abb. 4.26), und wenn der Ähnlichkeitsfaktor $K < 1$ ist, dann ziehen sich alle Punktfolgen zu *dem* Fixpunkt hin zusammen: Egal mit welchem Punkt man beginnt, es ist immer derselbe Grenzpunkt.

Der entscheidende Schritt zur Verallgemeinerung des Banach'schen Fixpunktsatzes besteht nun darin, dass man die Eigenschaften der Grundmenge (Definitions- und Wertebereich von φ) auf das Wesentliche reduziert. Leser/-innen, die mit dem Begriff der Cauchyfolge nicht vertraut sind, können die nächste Seite ohne großen Verlust überschlagen, der allgemeine Satz wird nur im Abschn. 6.5 noch einmal verwendet.

a   b

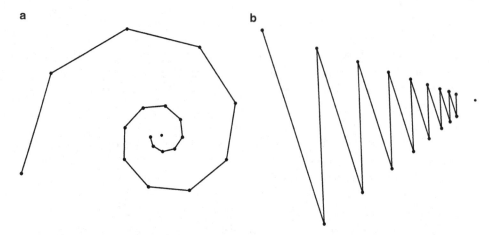

Abb. 4.26 Iteration von Ähnlichkeitsabbildungen

▶   Ein *metrischer Raum* ist eine beliebige nichtleere Menge M, versehen mit einer
    Distanzfunktion (Metrik) $d : M \times M \to \mathbb{R}$, sodass für alle $x, y, z \in M$ gilt:

   (1) $d(x, y) \geq 0; \quad d(x, y) = 0 \quad \Leftrightarrow \quad x = y$

   (2) $d(x, y) = d(y, x)$ (Symmetrie)

   (3) $d(x, y) \leq d(x, z) + d(z, y)$ (Dreiecksungleichung)

Ein metrischer Raum M heißt *vollständig*, wenn jede Cauchyfolge in M konvergiert.

    Jede nichtleere Teilmenge $M \subseteq \mathbb{R}$ mit der Funktion $d(x, y) = |x - y|$ ist ein metrischer Raum, aber i. Allg. nicht vollständig. Alle abgeschlossenen Intervalle $I = [a; b]$, auch unbeschränkte, sind jedoch vollständig.

    Wie bei den reellen Funktionen heißt eine Funktion $\varphi : M \to M$ *kontrahierend*, wenn es eine Konstante $0 \leq K < 1$ gibt, sodass $d(\varphi(x), \varphi(y)) \leq K \cdot d(x, y)$ für alle $x, y \in M$.

Allgemeiner Banach'scher Fixpunktsatz

Es sei M ein vollständiger metrischer Raum, und $\varphi : M \to M$ sei eine kontrahierende Funktion. Dann hat φ genau einen Fixpunkt $x^* \in M$, und jede Folge mit $x_0 \in M$, $x_{n+1} = \varphi(x_n)$ konvergiert gegen x^*.

Der folgende Beweis bietet einen reizvollen Kontrast zum Spezialfall reeller Funktionen: Dort haben wir den Zwischenwertsatz für stetige reelle Funktionen benutzt, um die Existenz eines Fixpunkts nachzuweisen; das machte den Beweis einfach und durchsichtig.

Hier funktioniert das nicht mehr, für metrische Räume gibt es kein Analogon zum Zwischenwertsatz. Stattdessen beweist man direkt, dass jede φ-Iterationsfolge konvergiert, und zwar gegen einen Fixpunkt; dabei spielen geometrische Folgen und Reihen eine zentrale Rolle.

Zunächst der einfache Teil des Beweises: Die *Eindeutigkeit* des Fixpunkts wird genauso bewiesen wie im obigen Spezialfall. Wenn es zwei Fixpunkte x^*, y^* gäbe, dann würde gelten (man beachte $d(x^*, y^*) > 0$ und $K < 1$):

$$d(x^*, y^*) = d(\varphi(x^*), \varphi(y^*)) \leq K \cdot d(x^*, y^*) < d(x^*, y^*)$$

Widerspruch.

Zum Beweis der *Existenz* eines Fixpunkts sei $x_0 \in M$ beliebig und $x_{n+1} = \varphi(x_n)$ für alle $n \geq 0$. Ist $n > 0$, so gilt wegen der Kontraktionsbedingung:

$$d(x_n, x_{n+1}) = d(\varphi(x_{n-1}), \varphi(x_n)) \leq K \cdot d(x_{n-1}, x_n)$$

Wiederholt man diese Abschätzung n-mal, dann folgt für alle $n \geq 0$:

$$d(x_n, x_{n+1}) \leq K^n \cdot d(x_0, x_1)$$

Es seien jetzt $m, n \in \mathbb{N}$ beliebig, o. B. d. A. gelte $n < m$. Durch mehrfache Anwendung der Dreiecksungleichung folgt:

$$\begin{aligned}
d(x_n, x_m) &\leq d(x_n, x_{n+1}) + d(x_{n+1}, x_{n+2}) + \ldots + d(x_{m-1}, x_m) \\
&\leq K^n \cdot d(x_0, x_1) + K^{n+1} \cdot d(x_0, x_1) + \ldots + K^{m-1} \cdot d(x_0, x_1) \\
&= K^n \cdot d(x_0, x_1) \cdot \left[K^0 + K^1 + \ldots + K^{m-1-n} \right]
\end{aligned}$$

In der eckigen Klammer steht eine Partialsumme der geometrischen Reihe mit dem Quotienten K, somit ist sie kleiner als deren Grenzwert $\frac{1}{1-K}$. Daraus ergibt sich:

$$d(x_n, x_m) < K^n \cdot d(x_0, x_1) \cdot \frac{1}{1 - K}$$

Das bedeutet aber, dass der Abstand $d(x_n, x_m)$ für hinreichend große m, n beliebig klein gemacht werden kann, dass also x_n eine Cauchyfolge ist. Wegen der Vollständigkeit des metrischen Raumes ist sie konvergent im M; der Grenzwert sei x^*. Dass er ein Fixpunkt ist, folgt genau wie bei den reellen Funktionen aus der Stetigkeit von φ (jede kontrahierende Abbildung auf M ist auch stetig):

$$x^* = \lim_{n \to \infty} x_{n+1} = \lim_{n \to \infty} \varphi(x_n) = \varphi(\lim_{n \to \infty} x_n) = \varphi(x^*)$$

Zurück zu den reellen Funktionen Wir werden nun die Klassifikation der Fixpunkte, die in Abschn. 4.3.2 bereits behandelt wurde, im Hinblick auf den Banach'schen Fixpunktsatz etwas präziser formulieren. Wichtige Hilfsmittel sind der Mittelwertsatz der Differentialrechnung und das Minimax-Theorem über stetige Funktionen (jede stetige Funktion auf einem beschränkten abgeschlossenen Intervall hat ein ebensolches Intervall als Wertemenge, d. h., deren Maximum und Minimum werden als Funktionswerte angenommen).

Satz zur Klassifikation von Fixpunkten

Es sei $D \subseteq \mathbb{R}$ und $\varphi : D \to \mathbb{R}$ eine stetig differenzierbare Funktion; x^* sei ein Fixpunkt von φ. Als *Umgebung* von x^* bezeichnen wir ein abgeschlossenes und beschränktes Intervall $I = [a, b]$ mit $a < x^* < b$.

1. Es sei $I \subseteq D$ eine Umgebung von x^* mit $\varphi(I) \subseteq I$. Ist $|\varphi'(x)| < 1$ in I, dann ist φ kontrahierend auf I, und jede φ-Iterationsfolge mit $x_0 \in I$ konvergiert gegen x^*, d. h., der Fixpunkt ist *anziehend*. I heißt dann *Kontraktionsintervall* für x^* bezüglich φ.

2. Ist $|\varphi'(x)| > 1$ in einer Umgebung von x^*, dann konvergiert keine φ-Iterationsfolge mit $x_0 \in I$ gegen x^*, d. h., der Fixpunkt ist *abstoßend*.

Anmerkung Eigentlich würde die Voraussetzung genügen, dass die Ableitung *beim Fixpunkt* betraglich kleiner bzw. größer als 1 ist, denn wegen der Stetigkeit von φ' würden daraus die in 1. und 2. genannten Bedingungen folgen. Das wäre als Bedingung aber unpraktisch, weil man in der Regel den Fixpunkt x^* nicht genau kennt (man will ihn ja finden!).

Die Inklusionsbedingung $\varphi(I) \subseteq I$ ist leicht zu überprüfen, wenn φ monoton auf I ist, denn man braucht dann nur die Intervallgrenzen zu testen: Ist φ steigend, dann muss gelten $\varphi(a) \geq a$ und $\varphi(b) \leq b$; analog $\varphi(a) \leq b$ und $\varphi(b) \geq a$ bei einer fallenden Funktion. Ist φ nicht monoton, dann muss man streng genommen die Hoch- und Tiefpunkte auf I bestimmen, aber häufig genügt auch die *optische* Prüfung anhand des Graphen von φ.

Beweis von 1. Um den Banach'schen Fixpunktsatz für reelle Funktionen anwenden zu können, ist nur noch zu zeigen, dass φ die Kontraktionsbedingung erfüllt. Dazu sei $K = \max_{x \in I} |\varphi'(x)|$; nach dem Minimax-Theorem gibt es ein $\bar{x} \in I$ mit $|\varphi'(\bar{x})| = K$, und nach Voraussetzung ist dann $K < 1$. Es ist nun zu zeigen, dass für alle $x_1, x_2 \in I$ die zugehörige Sekante des Graphen von φ flach ist. Das folgt aus dem Mittelwertsatz, denn er besagt, dass die Sekantensteigung gleich der Tangentensteigung an einem Zwischenpunkt ist:

$$\frac{\varphi(x_2) - \varphi(x_1)}{x_2 - x_1} = \varphi'(\xi) \quad \text{für ein} \quad \xi \in [x_1, x_2]$$

$$\Rightarrow \quad |\varphi(x_2) - \varphi(x_1)| = |\varphi'(\xi)| \cdot |x_2 - x_1| \leq K \cdot |x_2 - x_1|$$

Wegen $K < 1$ folgt die Behauptung.

Beweis von 2. Er funktioniert ähnlich wie beim Banach'schen Fixpunktsatz, nur umgekehrt. Denn ist $x_0 \in I$ beliebig, dann werden die Folgenglieder bei der Iteration von φ langsam, aber sicher aus dem Intervall hinausgeschoben, weil φ steil ist. Genauer: Nach dem Minimax-Theorem gibt es eine Konstante $K > 1$, sodass $|\varphi'(x)| \geq K$ für alle $x \in I$. Angenommen, die Folge x_n mit $x_{n+1} = \varphi(x_n)$ konvergiert gegen x^*, dann liegen alle bis auf endlich viele Folgenglieder in I. Wir können dann den Startwert x_0 gleich so wählen, dass *alle* Folgenglieder in I liegen. Es gilt jedoch (wieder wird der Mittelwertsatz benutzt):

$$|x_n - x^*| = |\varphi(x_{n-1}) - \varphi(x^*)| = |\varphi'(\xi)| \cdot |x_{n-1} - x^*| \quad \text{für ein} \quad \xi \in [x_{n-1}, x^*]$$
$$\geq K \cdot |x_{n-1} - x^*| \geq \ldots \geq K^n \cdot |x_0 - x^*|$$

Die geometrische Folge K^n wächst unbeschränkt, weil $K > 1$ ist. Für hinreichend große n ist also $x_n \notin I$, denn I ist ein beschränktes Intervall; Widerspruch.

Die Bestimmung von Kontraktionsintervallen für anziehende Fixpunkte ist nicht nur theoretisch interessant, denn sie betrifft die Auswahl günstiger Startwerte für die Iteration. Ein einfaches Beispiel (vgl. Beispiel (3) in Abschn. 4.3.1):

$$\varphi(x) = \exp(x) - 2$$

Der anziehende Fixpunkt ist $x^* \approx -1{,}8$. Gesucht sind Grenzen a, b mit $a < b$ für ein Kontraktionsintervall $[a, b]$. Wegen $\varphi'(x) = \exp(x)$ ist die Ableitungsbedingung immer erfüllt, wenn $b < 0$.

Zur Inklusionsbedingung: φ ist monoton wachsend, und es gilt $\varphi(x) > -2$ für alle x, also kann man $a \leq -2$ beliebig wählen; für $x < 0$ ist $\varphi(x) < 1$, also wähle man b knapp unter 0. Somit ist z. B. $I = [-5; -0{,}1]$ ein Kontraktionsintervall.

Das Intervall $I' = [-3; 1]$ erfüllt zwar auch $\varphi(I') \subseteq I'$, aber für $x > 0$ ist φ steil, also ist I' kein Kontraktionsintervall. Gleichwohl konvergiert die Iteration auch für alle $x_0 \in I'$ gegen x^*. Der *Einzugsbereich* eines Fixpunkts x^*, also die Menge aller Startwerte x_0 mit $x_n \to x^*$, ist in der Regel größer als jedes Kontraktionsintervall I; mit anderen Worten: $x_0 \in I$ ist nur eine *hinreichende* Bedingung für die Konvergenz der Iteration, aber *keine notwendige*. Der Einzugsbereich muss noch nicht einmal ein beschränktes Intervall sein, er kann auch Lücken aufweisen oder unbeschränkt sein (im vorliegenden Beispiel gehören alle $x_0 < 0$ dazu).

Ein weiteres Beispiel (vgl. Abschn. 4.3.1, Beispiel (2)):

$$\varphi(x) = \sin(x) + \frac{4}{5}x + 1$$

Diese Funktion hat zwei anziehende Fixpunkte $x^* \approx 3{,}5$ und $x^{**} \approx 8{,}6$. Es ist $\varphi'(x) = \cos(x) + \frac{4}{5}$. Bei der Suche nach einem Kontraktionsintervall braucht man, da $\varphi'(x) > -1$

Abb. 4.27 (©) Funktion φ
über dem Intervall $[1; 5]$

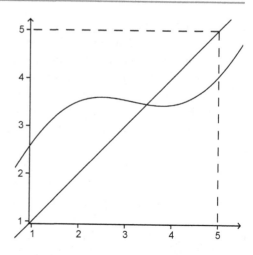

für alle x ist, nur noch die Bedingung $\varphi'(x) < 1$ zu erfüllen:

$$\varphi'(x) = 1 \quad \Rightarrow \quad \cos(x) = \frac{1}{5} \quad \Rightarrow \quad x_1 = 1{,}365 \quad \text{und} \quad x_2 = 4{,}913$$

Das sind die beiden Grenzen links und rechts von x^*, bis zu denen $|\varphi'(x)| < 1$ gilt. Setzt man z. B. $I = [1{,}4; 4{,}9]$, dann ist die Ableitungsbedingung für I erfüllt (man beachte: Hier *muss* die untere Grenze aufgerundet und die obere abgerundet werden!). φ ist in diesem Bereich nicht monoton, also müsste man streng genommen den maximalen und den minimalen Funktionswert in I ausrechnen, um die Inklusionsbedingung zu prüfen, aber wie man sich optisch leicht überzeugt, ist sie auch erfüllt (vgl. Abb. 4.27).

Ähnliches gilt für x^{**}, das Intervall I muss nur um 2π nach rechts geschoben werden. Damit hat man praktisch die größtmöglichen Kontraktionsintervalle gefunden. Aber die Einzugsbereiche sind wiederum viel größer; vermutlich konvergieren die Folgen für *beliebige* Startwerte $x_0 \in \mathbb{R}$, und die beiden Bereiche werden durch den mittleren (abstoßenden) Fixpunkt $x^{***} \approx 6{,}6$ getrennt: Für $x_0 < x^{***}$ läuft x_n gegen x^*, für $x_0 > x^{***}$ gegen x^{**}. Zeichnet man ein Spinnwebdiagramm, dann *sieht* man das auch unmittelbar. (Sollte zufällig x_0 genau gleich x^{***} sein, dann bleibt die Folge konstant.)

4.3.4 Aufgaben zu 4.3

1. In Abschn. 4.3.1 Beispiel (1) wurde die Polynomgleichung $p(x) = x^3 - 3x^2 + 1 = 0$ in eine Fixpunktgleichung umgewandelt. Hier sind vier andere Möglichkeiten:

$$(1) \quad \varphi_1(x) = 3 - \frac{1}{x^2} \qquad (3) \quad \varphi_3(x) = x^3 - 3x^2 + x + 1$$

$$(2) \quad \varphi_2(x) = \frac{x^3 + 1}{3x} \qquad (4) \quad \varphi_4(x) = \pm\sqrt{\frac{1}{3 - x}}$$

a) Verifizieren Sie, dass die Fixpunkte der Funktionen φ_i genau die Nullstellen von p sind (Vorsicht bei (4)).

b) Zeichnen Sie die Graphen von φ_i über einem geeigneten Intervall. Zeichnen Sie jeweils auch die Diagonale $y = x$ ein. (Ein Funktionenplotter ist dabei sehr hilfreich.)

c) Testen Sie die Iterationsfunktionen mit geeigneten Startwerten! Welche Fixpunkte sind jeweils anziehend, welche abstoßend?

2. Das Problem der Leiter (vgl. Abschn. 4.1 Aufg. 3) führt auf die folgende Gleichung:

$$\frac{x}{x-1} = \sqrt{16 - x^2}$$

Formen Sie die Gleichung auf verschiedene Arten in eine Fixpunktgleichung $x = \varphi(x)$ um. Finden Sie eine, die für die Berechnung der Lösung mit dem Iterationsverfahren geeignet ist? (Auch hier ist ein Funktionenplotter nützlich, weil die Funktionen φ in der Regel nicht einfach gebaut sind.)

3. a) Bestimmen Sie eine Lösung der Gleichung $x = \sqrt{-\ln(\frac{x}{10})}$ mit dem Fixpunktverfahren, beginnend mit $x_0 = 1{,}5$.

b) Versuchen Sie das Gleiche mit $x = 10 \exp(-x^2)$, ebenfalls mit $x_0 = 1{,}5$.

c) Skizzieren Sie die beiden Iterationsfunktionen. Welche Beziehung besteht zwischen ihnen?

4. Die Gleichung $x = \tan(x)$ hat außer der trivialen Lösung $x = 0$ unendlich viele weitere Lösungen. Skizzieren Sie die Funktion $y = \tan(x)$ und bestimmen Sie grafisch grobe Näherungswerte für die ersten drei positiven Lösungen. Versuchen Sie, diese Lösungen mit einem Iterationsverfahren zu finden!

5. Beweisen Sie, dass die Folgen mit $x_0 = 2$ und

$$(1) \quad x_{n+1} = \frac{1}{2}\left(x_n + \frac{2}{x_n^2}\right) \qquad (2) \quad x_{n+1} = \frac{1}{3}\left(2x_n + \frac{2}{x_n^2}\right) \qquad (3) \quad x_{n+1} = \sqrt{\frac{2}{x_n}}$$

konvergent sind! (Vgl. Abschn. 3.2 Aufg. 5; was man für alle drei Folgen leicht beweisen kann, ist: *Wenn sie konvergieren, dann haben sie den Grenzwert* $x^* = \sqrt[3]{2}$.) Bestimmen Sie jeweils ein Kontraktions-Intervall, das $x_0 = 2$ enthält (grafische Analyse genügt). Vergleichen Sie: Wie schnell konvergieren die Folgen? Berechnen Sie dazu $\varphi'(x^*)$ für die jeweilige Iterationsfunktion φ.

6. Es sei $a > 0$ beliebig, aber fest. Bekanntlich konvergiert das Heron-Verfahren zur Bestimmung von $\sqrt{a}$ für *alle* Startwerte $x_0 > 0$. Bestimmen Sie ein Kontraktionsintervall für die Iterationsfunktion $\varphi(x) = \frac{1}{2}(x + \frac{a}{x})$!

7. Lösen quadratischer Gleichungen mit dem Fixpunktverfahren:
Gegeben sei die Gleichung $x^2 + px + q = 0$ mit den reellen Lösungen x_1, x_2 (es gelte $p, q \neq 0$ und $x_1 \neq x_2$).

a) Durch Umformen zu $x = \frac{-q}{x+p}$ erhält man eine Fixpunktgleichung mit $\varphi(x) = \frac{-q}{x+p}$. Bestimmen Sie die Ableitung φ' von φ und zeigen Sie mit dem Vietá'schen

Wurzelsatz:

$$\varphi'(x_1) = \frac{x_1}{x_2} \quad \text{und} \quad \varphi'(x_2) = \frac{x_2}{x_1}$$

Was folgt daraus für die Konvergenz des Fixpunktverfahrens?

b) Eine andere Umformung führt zu $x = -\frac{q}{x} - p$. Gilt für die Ableitung der Iterationsfunktion $\psi(x) = -\frac{q}{x} - p$ eine ähnliche Beziehung wie in a)? Was folgt daraus für die Konvergenz *dieses* Iterationsverfahrens?

c) Zeichnen Sie für $p = -3$ und $q = 1$ die Graphen von φ und ψ über dem Intervall $[0; 3]$. Zeichnen Sie auch die Diagonale $y = x$. Was haben die Funktionen φ und ψ miteinander zu tun?

8. In Abschn. 4.1.1 Beispiel (3) haben wir die Gleichung $\sin(x) = a \cdot x + b$ mit beliebigen $a, b \in \mathbb{R}$ als Kepler'sche Gleichung bezeichnet; wesentlich näher am zugrunde liegenden astronomischen Problem ist jedoch die folgende Gestalt (*spezielle Kepler'sche Gleichung*):

$$x - \varepsilon \cdot \sin(x) = M, \quad x \text{ im Bogenmaß}$$

Dabei ist $M \in \mathbb{R}$ beliebig, aber fest und $\varepsilon \in \mathbb{R}$ mit $0 < \varepsilon < 1$ (numerische Exzentrizität der Ellipsenbahn eines Planeten, Asteroiden oder Kometen beim Umlauf um die Sonne). Auf die Einzelheiten ihrer Herkunft gehen wir nicht ein (vgl. z. B. Wikipedia → Kepler-Gleichung oder [27], S. 83f.).

a) Zeigen Sie: Die Gleichung ist in diesem Fall immer durch eine geeignete Fixpunkt-Iteration lösbar (mit welcher Funktion?), und zwar je kleiner ε, desto besser; ein günstiger Startwert ist $x_0 = M$.

b) Probieren Sie es für verschiedene M mit dem festen Wert $\varepsilon = 0{,}0167$ aus (das ist die numerische Exzentrizität der Erdbahn), auch mit $\varepsilon = 0{,}2488$ (Zwergplanet Pluto) oder mit $\varepsilon = 0{,}967$ (Halley'scher Komet).

4.4 Das Newton-Verfahren

4.4.1 Herleitung und erste Beispiele

Eine Gleichung sei in der *Nullstellen-Form* $f(x) = 0$ gegeben, mit einer stetig differenzierbaren Funktion f. x^* sei eine Nullstelle von f, und x_0 sei eine grobe Näherung für x^* als Startwert.

Idee Ersetze f durch die Tangente an den Graphen in x_0 (siehe Abb. 4.28) und bestimme deren Nullstelle!

Die Gleichung der Tangente lautet in der Punkt-Steigungs-Form mit $y_0 = f(x_0)$:

$$y - y_0 = f'(x_0) \cdot (x - x_0)$$

Abb. 4.28 (©) Newton-
Verfahren

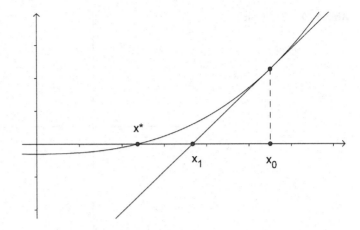

Um die Nullstelle x_1 der Tangente zu bestimmen, setze $y = 0$:

$$-y_0 = f'(x_0) \cdot (x_1 - x_0)$$

$$x_1 = x_0 - \frac{y_0}{f'(x_0)} = x_0 - \frac{f(x_0)}{f'(x_0)}$$

Dazu muss natürlich gelten $f'(x_0) \neq 0$.

x_1 ist im Allgemeinen eine bessere Näherung für x^* als x_0.

Wiederholt man diesen Vorgang mit x_1 usw., so erhält man das

---

Newton-Verfahren

Wähle einen geeigneten Startwert x_0,

berechne die Folge $x_{n+1} = x_n - \frac{f(x_n)}{f'(x_n)}$ für alle $n \geq 0$.

Das Newton-Verfahren ist also im Grunde auch ein Fixpunkt-Iterationsverfahren, mit der speziellen Newton-Iterationsfunktion $\varphi_N(x) = x - \frac{f(x)}{f'(x)}$.

Die Nullstellen von f sind offenbar Fixpunkte von φ_N, vorausgesetzt dass f' an diesen Stellen nicht null ist.

---

1. Beispiel

$$f(x) = x^3 - 3x^2 + 1 = 0$$

Wir haben diese Polynomgleichung bereits in den Abschnitten 4.1 und 4.3 diskutiert.

Die Funktion f hat 3 Nullstellen (siehe Abb. 4.29): $x^* \approx -0{,}5$; $x^{**} \approx 0{,}6$; $x^{***} \approx 2{,}8$.

Abb. 4.29   (©) Graph von f

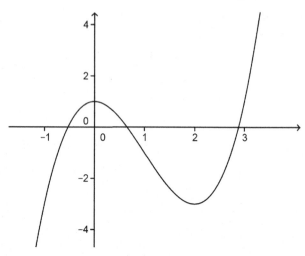

Abb. 4.30   (©) Graph von φ_N

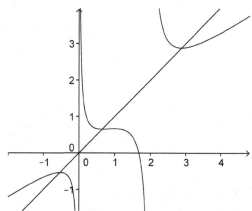

Wegen $f'(x) = 3x^2 - 6x$ ist die Newton-Iterationsfunktion

$$\varphi_N(x) = x - \frac{x^3 - 3x^2 + 1}{3x^2 - 6x} = \frac{2x^3 - 3x^2 - 1}{3x\,(x-2)}$$

Der Graph von φ_N (siehe Abb. 4.30) zeigt einen sehr flachen Verlauf in der Nähe der Fixpunkte, vermutlich sogar waagerechte Tangenten an den Fixpunkten; das lässt auf eine gute Konvergenz hoffen.

Mit den o. g. Schätzwerten für die Lösungen als Startwerte sind tatsächlich in allen drei Fällen bereits nach 5 Schritten 14 Nachkommastellen stabil (siehe Tab. 4.9).

3 Schritte würden demnach für eine normale TR-Genauigkeit ausreichen.

Tab. 4.9 Beispiele zum Newton-Verfahren

n	x_n	x_n	x_n
0	−0,50000000000000	0,60000000000000	2,80000000000000
1	−0,53333333333333	0,65396825396825	2,88452380952381
2	−0,53209064327485	0,65270427409327	2,87940472687952
3	−0,53208888624147	0,65270364466630	2,87938524185362
4	−0,53208888623796	0,65270364466614	2,87938524157182
5	−0,53208888623796	0,65270364466614	2,87938524157182

2. Beispiel

Die Gleichung $\exp(x) = x + 2$ (vgl. Beispiel (3) in Abschn. 4.3.1) hat zwei Lösungen: $x_1 \approx -1{,}8$ und $x_2 \approx 1{,}2$.

Umgeformt in eine Nullstellen-Gleichung lautet sie (Abb. 4.31 zeigt den Graphen von f):

$$f(x) = \exp(x) - x - 2 = 0$$

Auf diese Funktion kann man das Newton-Verfahren anwenden, d. h., die Gleichung wird wieder in eine spezielle Fixpunktform umgewandelt, mit

$$\varphi_N(x) = x - \frac{\exp(x) - x - 2}{\exp(x) - 1} = \frac{(x-1)\exp(x) + 2}{\exp(x) - 1}.$$

Auch hier ist ein sehr flacher Verlauf in der Nähe der Fixpunkte (siehe Abb. 4.32) und demzufolge eine schnelle Konvergenz (siehe Tab. 4.10) zu beobachten.

Insbesondere ist auch der Fixpunkt x^{**}, der vorher abstoßend war, stark anziehend geworden.

Abb. 4.31 (©) Graph von $f(x) = \exp(x) - x - 2$

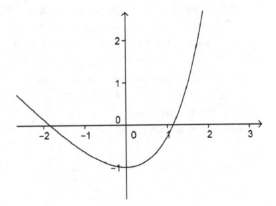

Abb. 4.32 (ⓒ) Graph von φ_N

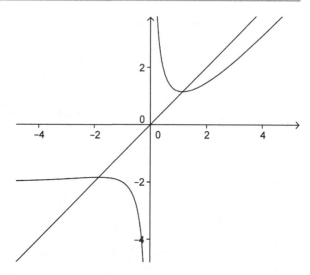

Tab. 4.10 Weitere Beispiele
zum Newton-Verfahren

n	x_n	x_n
0	$-1{,}80000000000000$	$1{,}20000000000000$
1	$-1{,}84157309878800$	$1{,}14822807352533$
2	$-1{,}84140566307876$	$1{,}14619625065067$
3	$-1{,}84140566043696$	$1{,}14619322062731$
4	$-1{,}84140566043696$	$1{,}14619322062058$

4.4.2 Konvergenzkriterien

Satz über die lokale Konvergenz des Newton-Verfahrens

Die Gleichung $f(x) = 0$ sei gegeben; x^* sei die gesuchte Nullstelle von f.

Die Funktion f sei zweimal stetig differenzierbar in einer Umgebung von x^*, und es gelte $f'(x^*) \neq 0$ (*einfache* Nullstelle).

(a) Dann gibt es eine Umgebung I von x^*, sodass das Newton-Verfahren für alle Startwerte $x_0 \in I$ konvergiert, d. h., x^* ist ein *anziehender* Fixpunkt des Newton-Verfahrens.
(b) Für den absoluten Fehler $\Delta_n = x_n - x^*$ gilt in diesem Fall:

$$\lim_{n \to \infty} \frac{\Delta_{n+1}}{\Delta_n^2} = \frac{f''(x^*)}{2\,f'(x^*)}$$

Letzteres bedeutet bezüglich der Güte der Konvergenz Folgendes:

Für jede Newton-Folge x_n ist die Folge $\frac{\Delta_{n+1}}{\Delta_n^2}$ konvergent mit demselben Grenzwert, jetzt C genannt ($C = \frac{f''(x^*)}{2\,f'(x^*)}$). Für genügend große n ist dann

$$\Delta_{n+1} \approx C \cdot \Delta_n^2,$$

d. h., der absolute Fehler konvergiert *quadratisch* gegen 0. Faustregel: Die Anzahl der signifikanten Nachkommastellen *verdoppelt sich* bei jedem Schritt.

Ist z. B. $\Delta_n \approx 0{,}5 \cdot 10^{-4}$ (das bedeutet 4 signifikante Nachkommastellen) und ist C nicht zu groß, etwa $C \leq 2$, so folgt: $\Delta_{n+1} \approx C \cdot (0{,}5 \cdot 10^{-4})^2 \leq 0{,}5 \cdot 10^{-8}$, d. h., 8 Nachkommastellen sind signifikant. Eine Konvergenz von diesem Typ haben wir z. B. beim Heron-Verfahren beobachtet.

Vor dem Beweis des Satzes noch eine wichtige Interpretation: Das Newton-Verfahren funktioniert unter den obigen Voraussetzungen immer, wenn man *hinreichend nahe* bei x^* beginnt (was genau *hinreichend nahe* bedeutet, wird durch diesen Satz nicht spezifiziert). Wenn es nicht funktioniert, ist sozusagen nicht das Verfahren, sondern der Anwender (Startwert) schuld: Der Fixpunkt ist ja anziehend, nur der Startwert wurde nicht nahe genug gewählt.

Beweis des Satzes

a) In der Umgebung I_0 von x^* sei f zweimal stetig differenzierbar. Da f' stetig und $f'(x^*) \neq 0$ ist, gibt es eine Umgebung $I_1 \subseteq I_0$ von x^*, sodass $f'(x) \neq 0$ für alle $x \in I_1$ ist. Die Iterationsfunktion des Newton-Verfahrens $\varphi_N(x) = x - \frac{f(x)}{f'(x)}$ ist dann auf I_1 definiert, dort stetig differenzierbar, und es gilt:

$$\varphi_N'(x) = 1 - \frac{f'(x)^2 - f(x)f''(x)}{f'(x)^2} = \frac{f(x)f''(x)}{f'(x)^2}$$

Wegen $f(x^*) = 0$ ist $\varphi_N'(x^*) = 0$. Da φ_N' stetig auf I_1 ist, gibt es eine Umgebung $I \subseteq I_1$ von x^*, sodass $|\varphi_N'(x)| < 1$ für alle $x \in I$. Damit ist x^* nach dem Satz zur Klassifikation von Fixpunkten anziehend mit I als Kontraktionsintervall (φ ist kontrahierend auf I).

b) Bezüglich der Güte der Fixpunktiteration wurde in Abschn. 4.3 schon die Faustregel formuliert: Je flacher die Kurve beim Fixpunkt, also je kleiner $|\varphi_N'(x^*)|$, desto besser die Konvergenz. Hier ist nun der optimale Fall $\varphi_N'(x^*) = 0$ eingetreten. Im Einzelnen wird b) wie folgt bewiesen:

Sei $x_0 \in I$ ein zulässiger Startwert und $x_n \in I$ ein beliebiges Folgenglied der zugehörigen Newton-Folge (wegen $x_0, x^* \in I$ und φ_N kontrahierend auf I – siehe a) – ist sicher auch jedes $x_n \in I$). Die Taylor-Entwicklung von f um den Punkt x_n ergibt:

$$f(x^*) = f(x_n) + (x^* - x_n) \cdot f'(x_n) + \frac{1}{2} \cdot (x^* - x_n)^2 \cdot f''(\xi_n)$$

Tab. 4.11 Fehler beim
Newton-Verfahren

n	x_n	Δ_n	Δ_{n+1}/Δ_n^2
0	2	8,54E–01	0,4436
1	1,469552928	3,23E–01	0,5847
2	1,207329481	6,11E–02	0,6989
3	1,148805629	2,61E–03	0,7314
4	1,146198212	4,99E–06	0,7330
5	1,146193221	1,83E–11	

mit einem $\xi_n \in [x_n; x^*]$. Wegen $f(x^*) = 0$ folgt daraus mit Division durch $f'(x_n) \neq 0$:

$$0 = \frac{f(x_n)}{f'(x_n)} + x^* - x_n + \frac{1}{2} \cdot (x^* - x_n)^2 \cdot \frac{f''(\xi_n)}{f'(x_n)}$$

$$x_n - \frac{f(x_n)}{f'(x_n)} - x^* = \frac{1}{2} \cdot (x^* - x_n)^2 \cdot \frac{f''(\xi_n)}{f'(x_n)}$$

$$x_{n+1} - x^* = \frac{f''(\xi_n)}{2 f'(x_n)} \cdot (x_n - x^*)^2$$

Mit der obigen Bezeichnung $\Delta_n = x_n - x^*$ folgt:

$$\frac{\Delta_{n+1}}{\Delta_n^2} = \frac{f''(\xi_n)}{2 f'(x_n)}$$

Da f' und f'' stetig sind und mit $x_n \to x^*$ auch $\xi_n \to x^*$ strebt, folgt die Behauptung.

Beispiel Die Tab. 4.11 demonstriert dieses Konvergenzverhalten für die Funktion

$$f(x) = \exp(x) - x - 2$$

(vgl. das 2. Beispiel).
   Übrigens ist hier:

$$\frac{f''(x^*)}{2 f'(x^*)} = \frac{\exp(x^*)}{2(\exp(x^*) - 1)} \approx 0{,}732971$$

Die Bestimmung von Kontraktionsintervallen für das Newton-Verfahren verläuft im Prinzip genauso wie bei jedem Iterationsverfahren. Weil aber die Iterationsfunktion oftmals relativ kompliziert gebaut ist, muss man sich gegebenenfalls mit empirisch ermittelten Werten zufriedengeben, wenn der Aufwand in vertretbaren Grenzen bleiben soll.
   Für das 1. Beispiel $f(x) = x^3 - 3x^2 + 1$ gilt $\varphi_N(x) = \frac{2x^3 - 3x^2 - 1}{3x\,(x-2)}$ (siehe oben).

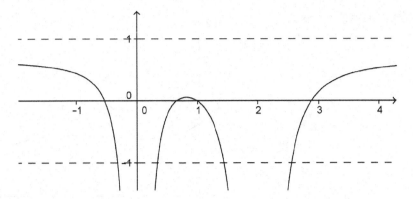

Abb. 4.33 (©) Graph von φ'_N

Die Ableitung von φ_N kann man wegen der allgemeinen Formel $\varphi' = \frac{f \cdot f''}{(f')^2}$ noch relativ leicht ausrechnen:

$$\varphi'_N(x) = \frac{2(x^3 - 3x^2 + 1)(x - 1)}{3x^2(x - 2)^2}$$

Der Graph von φ'_N über dem Intervall $[-2; 4]$ ist in Abb. 4.33 zu sehen (zur Überprüfung der Bedingung $|\varphi'_N(x)| < 1$ sind die Grenzen $y = \pm 1$ mit eingezeichnet):

a)
$$\varphi'_N(x) < 1 \quad \text{für alle } x$$

(Es wäre vermutlich ein beträchtlicher Aufwand, diese anhand des Graphen offensichtliche Eigenschaft rechnerisch nachzuweisen.)

b) Durch Ablesen am Graphen kann man leicht Bereiche bestimmen, für die $\varphi'_N(x) > -1$ ist, hier etwa die folgenden drei (für jeden Fixpunkt einen):

$$(1) \quad x < -0{,}4$$

$$(2) \quad 0{,}4 < x < 1{,}4$$

$$(3) \quad 2{,}6 < x$$

c) $x^* \approx -0{,}53$ ist Hochpunkt von φ_N (die Ableitung ist bei der Nullstelle x^* monoton fallend); $x^{**} \approx 0{,}65$ und $x^{***} \approx 2{,}88$ sind Tiefpunkte von φ_N (wachsende Ableitung bei diesen Nullstellen). Außerdem hat φ_N einen weiteren Hochpunkt, nämlich bei $x = 1$; am Graphen von φ_N (vgl. Abb. 4.30) war das nicht klar zu erkennen, da φ_N hier in einem größeren Bereich sehr flach verläuft.

Die drei in b) genannten Bereiche sind also Kandidaten für Kontraktionsintervalle; man muss nur noch prüfen, ob sie unter φ_N auf sich abgebildet werden. Hier genügen Zoom-Ausschnitte des Graphen von φ_N etwa für die Intervalle $I_1 = [-2; -0{,}4]$, $I_2 = [0{,}4; 1{,}4]$,

Abb. 4.34 (©) Graph von φ_N
über I_2

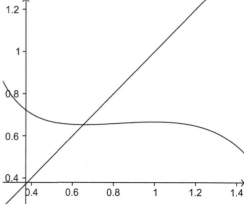

Abb. 4.35 (©) Graph von
$\varphi_N^4(x)$

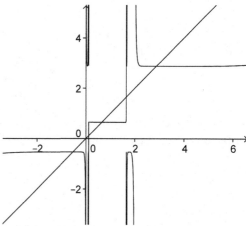

$I_3 = [2{,}6; 4]$. (Im 1. Fall kann die linke Intervallgrenze beliebig weit hinausgeschoben werden, ebenso im 3. Fall die rechte Grenze.) Abbildung 4.34 zeigt den Ausschnitt über I_2.

Um dieses Beispiel abzuschließen, sei noch der Graph von $\varphi_N^4(x)$ gezeichnet (vgl. Abb. 4.35; hier ist nicht $(\varphi_N(x))^4$ gemeint, sondern die viermalige Hintereinanderausführung von φ_N). Man sieht, wie sich schon nach 4 Iterationsschritten die Einzugsbereiche der drei Fixpunkte sehr scharf abzeichnen; das unterstreicht noch einmal die gute Konvergenz des Newton-Verfahrens.

Warnung vor einem möglichen Missverständnis: Die Intervalle mit dem beinahe waagerechten Kurvenverlauf in Abb. 4.35 stellen im Allgemeinen *keine Kontraktionsintervalle* im Sinne von Abschn. 4.3.3 dar, denn Konvergenz kann auch in Bereichen vorliegen, in denen φ_N nicht kontrahierend ist.

Außerhalb dieser Einzugsbereiche verläuft der Graph sehr unregelmäßig: Bei Nicht-Konvergenz ist die Newton-Iteration häufig chaotisch, also „unberechenbar".

Bemerkung Der obige Satz über die *lokale* Konvergenz des Newton-Verfahrens sagt nichts über Konvergenz/Divergenz bei einem konkreten Startwert x_0 aus, nur: *wenn* x_0 hinreichend nahe x^* ist, dann ergibt sich Konvergenz. Soll die Konvergenz bei konkretem x_0 auch theoretisch nachgewiesen werden, so muss man ein kleines Intervall I um x^* finden, von dem nachzuweisen ist, dass es für die Iterationsfunktion φ_N ein geeignetes Kontraktionsintervall ist ($\varphi_N(I) \subseteq I$ und $|\varphi_N'(x)| \leq K < 1$ für alle $x \in I$).

Für eine spezielle, häufig auftretende Situation sichert folgender Satz die Konvergenz für konkrete Startwerte x_0.

Satz: Hinreichende Bedingung für globale Konvergenz

Die reelle Funktion f sei auf $I = [a; b]$ definiert und dort zweimal stetig differenzierbar. Außerdem seien die folgenden (relativ häufig anzutreffenden) Bedingungen erfüllt:

1. f hat bei a und b entgegengesetztes Vorzeichen (d. h. $f(a) \cdot f(b) < 0$)
2. entweder $f'(x) > 0$ oder $f'(x) < 0$ für alle $x \in I$ (d. h. f ist streng monoton auf I)
3. entweder $f''(x) \geq 0$ oder $f''(x) \leq 0$ für alle $x \in I$ (d. h. f' ist monoton auf I; keinen Krümmungswechsel, keine Wendepunkte!)
4. Der Startwert x_0 sei in jenem Intervall $[a; x^*]$ bzw. $[x^*; b]$ gewählt, in dem die Vorzeichen von $f(x)$ und $f''(x)$ gleich sind (auch die Intervallgrenzen a und b selbst sind unter dieser Bedingung als Startwerte zugelassen).

Dann konvergiert die Newton-Folge (quadratisch) gegen die eindeutige Nullstelle $x^* \in I$.

Wegen 1. und 2. gibt es genau eine Nullstelle $x^* \in I$. Die Bedingungen 3. und 4. garantieren, dass die Werte x_n der Newton-Iterationsfolge in jenem Intervall $[a; x^*]$ bzw. $[x^*; b]$ bleiben, in dem auch x_0 liegt, und gegen $x^* \in I$ konvergieren.

Abbildung 4.36 zeigt die vier möglichen Fälle anschaulich.

Anschauliche Begründung für den 1. Fall (Diagramm a in Abb. 4.36; die anderen analog): Es sei $x_0 = a$, und t sei die Tangente an den Graphen von f im Punkt $(a \mid f(a))$.

- Wegen $f' > 0$ ist t *nach rechts geneigt* und daher $a < x_1$.
- Wegen $f'' \leq 0$ (*rechts gekrümmt*) bleibt f sicher *rechts unterhalb* von t und daher ist $x_1 \leq x^*$, insgesamt also $a < x_1 \leq x^*$.

Denkt man sich dies wiederholt, ist klar: Die Newton-Werte können die angegebenen Intervalle nicht verlassen und müssen gegen $x^* \in I$ konvergieren (wir geben keinen formalen Beweis dafür, nur den obigen anschaulichen).

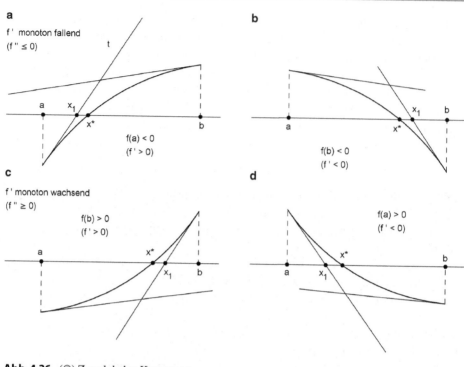

Abb. 4.36 (©) Zur globalen Konvergenz

4.4.3 Ergänzungen

Das Newton-Verfahren bei mehrfachen Nullstellen

Wenn x^* eine mehrfache Nullstelle von f ist, dann konvergiert das Newton-Verfahren bei geeignetem Startwert immer noch (dies ist anschaulich klar, siehe Abb. 4.37).

Es konvergiert aber nur mehr linear statt quadratisch (also langsamer).

Dafür genügt es zu zeigen, dass x^* anziehender Fixpunkt der Newton-Iteration ist, weil das allgemeine Iterationsverfahren im Konvergenzfall immer (mindestens) linear konvergiert (siehe Abschn. 4.3.1).

> **Satz:**
> Sei $f(x) = (x - x^*)^k \cdot g(x)$ mit $k \geq 2$ und $g(x^*) \neq 0$ (*k-fache Nullstelle*), wobei g zweimal stetig differenzierbar ist. Auch dann ist x^* anziehender Fixpunkt.

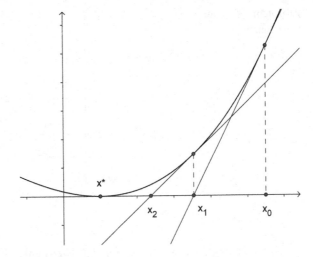

Abb. 4.37 (©) Newton-Verfahren bei mehrfacher Nullstelle

Den Beweis führen wir für den einfachsten Fall $f(x) = (x - x^*)^k$, d. h., $g(x) \equiv 1$. Zunächst zeigen wir, dass x^* Fixpunkt der Newton-Iteration ist, obwohl $f'(x^*) = 0$ ist:

$$f'(x) = k(x - x^*)^{k-1} \quad \text{und}$$

$$\varphi_N(x) = x - \frac{f(x)}{f'(x)} = x - \frac{(x - x^*)^k}{k(x - x^*)^{k-1}} = x - \frac{x - x^*}{k},$$

daher gilt $\varphi_N(x^*) = x^*$.

Für $\quad \varphi'_N(x) = \dfrac{f(x) \cdot f''(x)}{(f'(x))^2} \quad$ ergibt sich

$$\varphi'_N(x) = \frac{(x - x^*)^k \cdot k(k - 1)(x - x^*)^{k-2}}{k^2(x - x^*)^{2k-2}} = \frac{k - 1}{k}$$

und daher ist $|\varphi'_N(x^*)| < 1$, damit folgt die Behauptung.

Im allgemeinen Fall erhält man auch $\varphi'_N(x^*) = \frac{k-1}{k}$ (der Beweis ist nicht grundsätzlich schwieriger, nur formal viel aufwendiger), somit hängt die Konvergenzgeschwindigkeit nur von der Vielfachheit k der Nullstelle ab: Je größer k, desto schlechter.

Das Sekanten-Verfahren

Dies ist eine Variante des Newton-Verfahrens. Hier wählt man für die gesuchte Nullstelle der Funktion f *zwei* Näherungen x_0, x_1 und bestimmt x_2 als Nullstelle der *Sekante*, die durch die Punkte (x_0, y_0) und (x_1, y_1) geht (wie vorher sei $y_i = f(x_i)$; vgl. Abb. 4.38).

Abb. 4.38 (©) Zum Sekantenverfahren

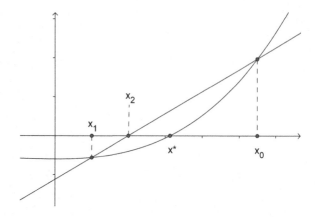

Die Gleichung der Sekante lautet in der Zwei-Punkte-Form:

$$\frac{y - y_1}{x - x_1} = \frac{y_0 - y_1}{x_0 - x_1}$$

Für $x = x_2$ soll $y = 0$ gelten; daraus folgt:

$$\frac{-y_1}{x_2 - x_1} = \frac{y_0 - y_1}{x_0 - x_1}$$

$$x_2 = x_1 - y_1 \cdot \frac{x_1 - x_0}{y_1 - y_0}$$

Wiederholt man das Ganze mit x_1 und x_2, so erhält man eine weitere Näherung x_3 usw.;
die so definierte Folge x_n konvergiert unter ähnlichen Voraussetzungen wie beim Newton-
Verfahren gegen die Nullstelle von f. Wir verzichten hier auf Einzelheiten.

Als Beispiel sei wieder $f(x) = \exp(x) - x - 2$ gewählt, mit den Startwerten $x_0 = 1$ und
$x_1 = 1{,}3$ (vgl. Tab. 4.12; zum Vergleich kann man die analoge Tabelle für das Newton-
Verfahren heranziehen, siehe Tab. 4.11).

Tab. 4.12 Fehler beim Sekantenverfahren

n	x_n	$\Delta_n = x_n - x^*$	Δ_{n+1}/Δ_n^2	Δ_{n+1}/Δ_n
0	1	−1,46E–01	7,196	−1,052079
1	1,3	1,54E–01	−0,692	−0,106446
2	1,12982108	−1,64E–02	−6,521	0,106772
3	1,14444514	−1,75E–03	6,914	−0,012088
4	1,14621435	2,11E–05	−60,679	−0,001282
5	1,14619319	−2,71E–08	−571,730	0,000015
6	1,14619322	−4,20E–13		

Tab. 4.13 Fehlerquotienten beim Sekantenverfahren

Δ_n	$\Delta_{n+1}/(\Delta_n \Delta_{n-1})$
$-1{,}46E{-}01$	
$1{,}54E{-}01$	$0{,}72812$
$-1{,}64E{-}02$	$0{,}69419$
$-1{,}75E{-}03$	$0{,}73831$
$2{,}11E{-}05$	$0{,}73348$
$-2{,}71E{-}08$	$0{,}73306$
$-4{,}20E{-}13$	

Beobachtungen:

- Die Folge konvergiert nicht ganz so schnell wie beim Newton-Verfahren; man beachte, dass die Newton-Tabelle mit dem viel schlechteren Startwert $x_0 = 2$ nach 5 Schritten ein vergleichbares Ergebnis hatte. Ein weiteres Indiz für schwächere Konvergenz: Die Quotienten $\frac{\Delta_{n+1}}{\Delta_n^2}$ wachsen stark an; beim Newton-Verfahren konvergieren sie, nämlich gegen $\frac{f''(x^*)}{2 f'(x^*)}$.

- Dagegen konvergieren die Quotienten $\frac{\Delta_{n+1}}{\Delta_n}$ offenbar gegen 0; d. h., die Fehler Δ_n laufen schneller gegen 0 als bei einem normalen Iterationsverfahren, wo diese Quotienten sich einer von 0 verschiedenen Konstanten nähern (*lineare* Konvergenz). Hier liegt offenbar ein Mittelding zwischen linearer und quadratischer Konvergenz vor; mit anderen Worten: Die Konvergenzordnung liegt zwischen 1 und 2.

- Die Konvergenz der x_n scheint hier nicht monoton zu sein (Δ_n wechselt das Vorzeichen), aber auch nicht oszillierend.

- Die Zehnerexponenten des Fehlers Δ_n bilden den Anfang der Fibonacci-Folge. Zugegeben: Das ist hier durch die Wahl der Anfangswerte so „zurechtgebogen", aber...

Um die letzte Beobachtung zu untermauern, werden in der Tab. 4.13 die Quotienten $\frac{\Delta_{n+1}}{\Delta_n \cdot \Delta_{n-1}}$ ausgerechnet.

Diese Folge scheint zu konvergieren, und zwar mit dem Grenzwert, der schon bei der Fehleranalyse des Newton-Verfahrens aufgetaucht ist:

$$\lim_{n \to \infty} \frac{\Delta_{n+1}}{\Delta_n \cdot \Delta_{n-1}} = \frac{f''(x^*)}{2 f'(x^*)} \approx 0{,}732971$$

Daraus würde folgen: $\Delta_{n+1} \approx C \Delta_n \Delta_{n-1}$, wobei C der obige Grenzwert sei. Geht man zum Logarithmus $\lambda_n = \log(|\Delta_n|)$ über, ergibt sich daraus eine Rekursion ähnlich wie bei der Fibonacci-Folge:

$$\lambda_{n+1} \approx \log(|C|) + \lambda_n + \lambda_{n-1}$$

Solche Folgen haben das gleiche *Wachstumsverhalten* wie die Fibonacci-Folge, d. h., die Quotienten benachbarter Folgenglieder nähern sich dem Teilverhältnis des Goldenen

Schnitts:

$$\frac{\lambda_{n+1}}{\lambda_n} \approx \frac{\sqrt{5}+1}{2} =: \alpha$$

Anders formuliert:

$$\lambda_{n+1} \approx \alpha \cdot \lambda_n \quad \Leftrightarrow \quad |\Delta_{n+1}| \approx |\Delta_n|^\alpha$$

Somit beträgt die Konvergenzordnung $\alpha \approx 1{,}618$.

Fazit Gemessen an der Anzahl der Schritte konvergiert das Sekantenverfahren etwas langsamer als das Newton-Verfahren. Bei Letzterem sind aber in jedem Schritt zwei Funktionsauswertungen nötig ($f(x_n)$ und $f'(x_n)$), hier nur eine: $f(x_n)$. Dadurch ist die etwas höhere Konvergenzordnung des Newton-Verfahrens wieder kompensiert; bei vergleichbarem Aufwand (zwei Funktionsauswertungen) ergibt sich für die Fehler Δ_n (man beachte $\alpha^2 = \alpha + 1 \approx 2{,}618$):

Beim Newton-Verfahren mit *einem* Schritt $\quad \Delta_{n+1} \approx \Delta_n^2$;

beim Sekanten-Verfahren mit *zwei* Schritten $\quad \Delta_{n+2} \approx (\Delta_n^\alpha)^\alpha \approx \Delta_n^{2{,}618}$.

Zusammenfassung Das Sekanten-Verfahren mit Startwerten x_0 und x_1 und der Rekursion

$$x_{n+1} = x_n - f(x_n) \cdot \frac{x_n - x_{n-1}}{f(x_n) - f(x_{n-1})} \quad \text{für} \quad n \geq 1$$

ist ein *Zweischritt-Verfahren*, das bei jedem Schritt auf die beiden vorhergehenden Folgenglieder zurückgreift. Es bietet gegenüber dem Newton-Verfahren den Vorteil, dass die Ableitung nicht benutzt wird; man braucht also f' nicht zu kennen. Bei komplizierten Funktionen kann das ein entscheidender Pluspunkt sein. Theoretisch ist das Verfahren sogar bei nicht differenzierbaren Funktionen anwendbar (ob es dann jedoch *sinnvoll* einsetzbar ist, muss von Fall zu Fall geprüft werden).

4.4.4 Aufgaben zu 4.4

1. Newton-Verfahren zur Wurzelberechnung:
   Es sei $a > 0$ beliebig. Für $k \in \mathbb{N}$ ist $\sqrt[k]{a}$ die positive Lösung der Gleichung $x^k - a = 0$.
   a) Lösen Sie diese Gleichung mit dem Newton-Verfahren! Zeigen Sie, dass dies äquivalent ist zu der folgenden Iteration:

$$x_{n+1} = \frac{1}{k}\left((k-1)\, x_n + \frac{a}{x_n^{k-1}}\right)$$

   b) Berechnen Sie $\sqrt[4]{7}$ mit dieser Methode! Probieren Sie verschiedene Startwerte aus.

c) Beweisen Sie: Dieses Newton-Verfahren konvergiert für alle Startwerte $x_0 > 0$ gegen $x^* = \sqrt[k]{a}$, und zwar monoton fallend (evtl. bis auf den 1. Schritt).
Tipp: Gehen Sie analog zum Konvergenzbeweis des Heron-Verfahrens in Abschn. 3.2.5 vor; Sie brauchen dazu die Mittelungleichung zwischen k Werten: Für $y_1, \ldots, y_k \geq 0$ gilt:

$$\frac{1}{k}(y_1 + \ldots + y_k) \geq \sqrt[k]{y_1 \cdot \ldots \cdot y_k};$$

$$x_{n+1} = \frac{1}{k}\left((k-1)\,x_n + \frac{a}{x_n^{k-1}}\right) \quad \text{kann man schreiben als}$$

$$x_{n+1} = \frac{1}{k}\left(\underbrace{x_n + \ldots + x_n}_{(k-1)\text{-mal}} + \frac{a}{x_n^{k-1}}\right).$$

d) Bestimmen Sie ein Kontraktions-Intervall für die zugehörige Iterationsfunktion φ.

e) Was ergibt sich für den Fall $k = 2$?

f) Prüfen Sie, ob das Verfahren auch für den Fall $k = -1$ anwendbar ist! Rechnen Sie ein Beispiel. Was für ein Wert wird dann mit dem Verfahren berechnet?

2. Lösen von Fixpunktgleichungen mit dem Newton-Verfahren:
Es sei die Fixpunktgleichung $x = \varphi(x)$ vorgegeben; φ sei zweimal stetig differenzierbar, und es gelte $\varphi'(x^*) \neq 1$ für alle Fixpunkte von φ.
Man setze $f(x) = x - \varphi(x)$ und bestimme die Nullstellen von f mit dem Newton-Verfahren!

a) Zeigen Sie, dass man die Iterationsfunktion $\psi(x) = x - \frac{f(x)}{f'(x)}$ des Newton-Verfahrens direkt aus φ berechnen kann, nämlich als $\psi(x) = \frac{\varphi(x) - x \cdot \varphi'(x)}{1 - \varphi'(x)}$.

b) Berechnen Sie mit diesem Verfahren den Fixpunkt von $x = 10\exp(-x^2)$ (vgl. Abschn. 4.3 Aufg. 3b).

c) Beweisen Sie, dass φ und ψ dieselben Fixpunkte haben und dass die Iteration mit ψ für *alle* Fixpunkte von φ konvergiert (auch wenn sie bezüglich φ abstoßend sind)!

3. Bestimmen Sie die kleinste positive Lösung der Gleichung $x = \tan(x)$ mit dem Newton-Verfahren (vgl. Abschn. 4.3 Aufg. 4)! Geben Sie ein Kontraktionsintervall an. (Eine grafische Analyse reicht aus.)

4. Die Dichte einer bestimmten Holzart sei $\rho = 0{,}4\,\text{g/cm}^3$, jene von Wasser bekanntlich $1\,\text{g/cm}^3$.

a) Wie tief taucht eine schwimmende *Kugel* aus diesem Holz (Radius R) ins Wasser ein?
Hinweis: $V(\text{Kugelsegment}) = (\pi/3)h^2(3R - h)$. Verwenden Sie zur Lösung der entstehenden Gleichung das Newton-Verfahren mit einem geeigneten Startwert.

b) Wie tief taucht ein *drehzylindrischer Stamm* (Radius R; Länge L: kommt es auf diese an?) aus diesem Holz ins Wasser ein? Tiefer oder weniger tief als die Kugel?
Hinweis: Sei x der Öffnungswinkel (Zentriwinkel, im *Bogenmaß*!) jenes Kreissegmentes (in einem Querschnittbild), das unter Wasser ist. Zeigen Sie zunächst: Der

Abb. 4.39 **a** Gleichmäßige
Abhebung **b** Abhebung an
einem Punkt

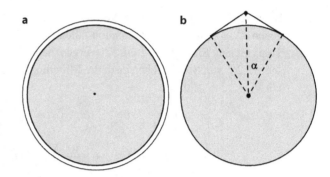

Flächeninhalt des Kreissegmentes (unter Wasser) beträgt: $A = (R^2/2) \cdot (x - \sin(x))$.
Verwenden Sie zur Lösung der entstehenden Gleichung das Newton-Verfahren mit
einem geeigneten Startwert!

5. Ein Seil liege gespannt um den Äquator der Erde. Dieses wird nun um einen Meter
   verlängert. *Schätzen* Sie vor der Rechnung die jeweiligen Abhebewerte.

   a) Eine sehr bekannte (leichte) Aufgabe ist: Das Seil wird *gleichmäßig* (entlang des
      ganzen Äquators; Abb. 4.39a) von der Erde abgehoben; kann dann eine Maus unten
      durchkriechen?

   b) Eine etwas weniger bekannte und etwas schwierigere Aufgabe: Das Seil wird nur
      an *einer Stelle* möglichst weit abgehoben (Abb. 4.39b); kann dann ein LKW un-
      ten durch fahren? Lösen Sie die entstehende Gleichung in α mit dem Newton-
      Verfahren und einem geeigneten Startwert! Berechnen Sie daraus die Abhebedi-
      stanz.

6. a) Lösen Sie die allgemeine Kepler'sche Gleichung $\sin(x) = a \cdot x + b$ mit dem
      Newton-Verfahren.

   b) Was ergibt sich für $a = 0$? Die Gleichung sieht zwar einfach aus, aber immerhin
      kann man so die Umkehrfunktion von sin berechnen: $\sin(x) = b \Leftrightarrow x = \sin^{-1}(b)$

   c) Was ergibt sich für $b = 0$? Offenbar hat die Gleichung immer die triviale Lösung
      $x = 0$, aber für manche Werte von a gibt es weitere Lösungen. Für welche a trifft
      das zu? Für welche a gibt es genau eine (zwei, drei, ...) weitere Lösungen? Tipp:
      Verschaffen Sie sich zunächst einen Überblick über die Lösungen der Gleichung
      $\sin(x) = a \cdot x$ mit der grafischen Methode.

7. Die kleinste positive Nullstelle der Funktion $y = \sin(x)$ ist π. Ergibt sich aus dem
   Newton-Verfahren zur Berechnung dieser Nullstelle eine sinnvolle Methode zur π-
   Berechnung?

Numerische Integration 5

5.1 Beschreibung der grundsätzlichen Problematik

Wie berechnet man den Inhalt krummlinig begrenzter Flächen (vgl. Abb. 5.1)?

Wenn man den Rand durch einen geschlossenen Polygonzug approximieren kann, dann ergibt der Flächeninhalt innerhalb dieses Polygonzuges einen Näherungswert. So kann man z. B. den Kreis durch regelmäßige Polygone annähern (vgl. Abschn. 2.3.3 und 3.3.2; dort wurde zwar der Umfang berechnet, aber der Flächeninhalt ließe sich ähnlich bestimmen). Aber je komplexer die Figuren werden, desto schwieriger werden solche geometrischen Methoden.

Die Analysis hilft, wenn man den Rand durch eine passende Funktion $f : [a; b] \to \mathbb{R}$ beschreiben kann, sodass die betreffende Fläche „unterhalb" des Graphen (siehe Abb. 5.2) von f ist und sich der Inhalt A als Integral schreiben lässt:

$$A = \int_a^b f(x)\,\mathrm{d}x$$

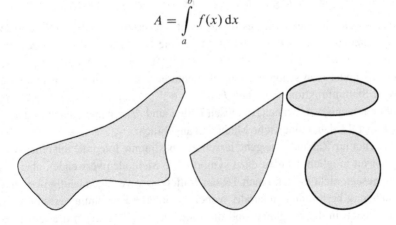

Abb. 5.1 Krummlinig begrenzte Flächen

© Springer-Verlag Berlin Heidelberg 2015
B. Schuppar, H. Humenberger, *Elementare Numerik für die Sekundarstufe*,
Mathematik Primarstufe und Sekundarstufe I + II, DOI 10.1007/978-3-662-43479-6_5

Abb. 5.2 (©) Fläche „unterhalb" des Funktionsgraphen

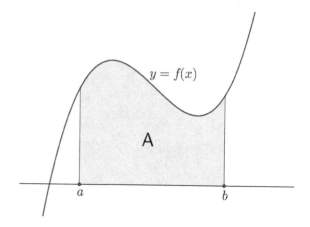

Nun kommt der 2. Hauptsatz der Differential- und Integralrechnung ins Spiel: Man kann (zumindest für stetige Funktionen f – und das wollen wir im Folgenden voraussetzen) so ein bestimmtes Integral berechnen durch „Stammfunktion an der Obergrenze minus Stammfunktion an der Untergrenze" (Hauptinhalt der schulischen Integralrechnung):

$$A = \int\limits_a^b f(x)\,\mathrm{d}x = F(b) - F(a)$$

Man braucht also *eine* Stammfunktion F zu f (diese ist bekanntlich bis auf eine additive Konstante eindeutig bestimmt, und auf diese additive Konstante kommt es bei bestimmten Integralen nicht an), aber genau darin kann ein großes Problem liegen. Der 1. Hauptsatz der Differential- und Integralrechnung lehrt zwar, dass es zu gegebenem stetigen f immer eine Stammfunktion F gibt, nämlich $F(x) = \int\limits_a^x f(t)\,\mathrm{d}t$; davon hat man jedoch im Konkreten nicht sehr viel, wenn es darum geht, ein bestimmtes Integral auszurechnen. Wenn f elementar integrierbar ist, kann man eine Stammfunktion F in geschlossener Form hinschreiben: $f(x) = 3x^2 \Rightarrow F(x) = x^3$; $f(x) = \sin(x) \Rightarrow F(x) = -\cos(x)$. Andererseits findet man schon bei sehr elementaren Funktionen f manchmal keine geschlossene Stammfunktion, z. B. bei $f(x) = e^{-x^2}$, $f(x) = \sqrt{1 + \sin^2(x)}$, $f(x) = \frac{\sin(x)}{x}$, um nur wenige zu nennen. In diesen Fällen sind dann näherungsweise Berechnungen der Integrale, d. h. numerische Methoden angebracht.

Wenn es nur um Zahlenwerte geht, lassen sich bestimmte Integrale mit einem CAS auswerten; soweit möglich, werden dazu symbolische Methoden verwendet, aber das geht, wie oben gesagt, nicht immer. Auch TR der Mittelklasse verfügen häufig über eine Taste zur Berechnung bestimmter Integrale, wobei das interne Programm vermutlich rein numerisch arbeitet; in diesem Sinne sind die folgenden Ausführungen u. a. dazu geeignet, die TR-Taste ein wenig zu „entzaubern".

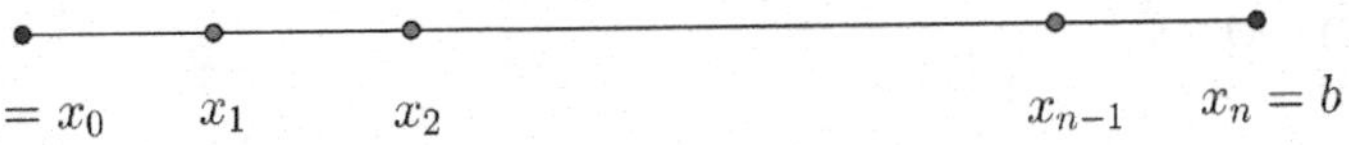

$$a = x_0 \qquad x_1 \qquad x_2 \qquad\qquad\qquad x_{n-1} \qquad x_n = b$$

Abb. 5.3 (©) Teilintervalle

Ab jetzt sei also $f : [a;b] \to \mathbb{R}$ eine stetige Funktion über einem Intervall $[a;b]$. (Es gibt zwar auch unstetige Funktionen, die integrierbar sind, z. B. Treppenfunktionen, aber wir gehen hier auf den Begriff der *integrierbaren Funktion* in voller Allgemeinheit nicht weiter ein.) Wir wollen das Integral $\int_a^b f(x)\,dx$ bzw. in abgekürzter Schreibweise $\int_a^b f$ berechnen.

Idee Zerteile das Intervall $[a;b]$ in n gleich große kleine Teilintervalle der Länge $h = \frac{b-a}{n}$ (vgl. Abb. 5.3).

Man zerlegt die in Rede stehende Fläche in gleich breite Streifen und ersetzt f dort jeweils durch einfachere Funktionen (*konstante, lineare, quadratische*), deren Inhalt man näherungsweise berechnen kann. Dafür gibt es verschiedene Möglichkeiten.

5.2 Die Rechteckformeln

Dabei ersetzen wir in jedem Teilintervall die Funktion f durch eine konstante Funktion. Die Streifen sind dann näherungsweise Rechtecke ($\to$ Name der zugehörigen Formeln):

Rechteckformel-Links Wenn man die Funktionswerte an den *linken* Intervallenden für das jeweils ganze Intervall nimmt (vgl. Abb. 5.4), so erhalten wir als Näherungswert für den gesuchten Flächeninhalt: $RL_n(f) := f(x_0) \cdot h + f(x_1) \cdot h + \ldots + f(x_{n-1}) \cdot h$

Abb. 5.4 (©) Rechteck-formel-Links

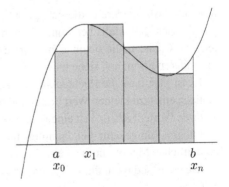

Abb. 5.5 (©) Rechteckformel-Rechts

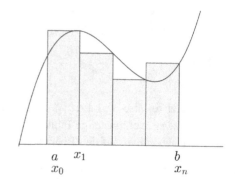

$$
\begin{array}{cc}
a & x_1 \\
x_0 & \\
\end{array}
\qquad
\begin{array}{c}
b \\
x_n
\end{array}
$$

Rechteckformel-Links:

$$
RL_n(f) := h \cdot \left[\underbrace{f(x_0)}_{a} + f(x_1) + \ldots + f(x_{n-1}) \right] = h \cdot \sum_{i=0}^{n-1} f(x_i)
$$

Rechteckformel-Rechts Wenn man die Funktionswerte an den *rechten* Intervallenden
für das jeweils ganze Intervall nimmt (vgl. Abb. 5.5), so erhalten wir als Näherungswert
für den gesuchten Flächeninhalt: $RR_n(f) := f(x_1) \cdot h + f(x_2) \cdot h + \ldots + f(x_n) \cdot h$
Rechteckformel-Rechts:

$$
RR_n(f) := h \cdot \left[f(x_1) + f(x_2) + \ldots + \underbrace{f(x_n)}_{b} \right] = h \cdot \sum_{i=1}^{n} f(x_i)
$$

Diese Formeln lassen sich leicht mit einem CAS, einer Tabellenkalkulation oder einem TR
mit Summen-Taste auswerten, sodass man auf Knopfdruck die zugehörigen Zahlen hat.
Dies wäre im schulischen Analysisunterricht sogar als Einstieg in die Integralrechnung
möglich, insbesondere in diesen Zeiten, in denen Computer und geeignete TR zur Verfügung stehen. Jedenfalls bekommt die numerische Integration dadurch (auch im Schulunterricht) Chancen, die sie ohne die Geräte nicht hatte. Dies gilt selbstverständlich auch für
die anderen Formeln – siehe unten.

Es ist klar, dass die Rechteckformel-Links bei monoton steigenden Funktionen systematisch einen zu kleinen Wert liefert und die Rechteckformel-Rechts einen zu großen; mit
anderen Worten: $RL_n(f)$ ist eine *Untersumme*, $RR_n(f)$ eine *Obersumme* für das bestimmte Integral (umgekehrt bei monoton fallenden Funktionen). Bei Funktionen mit nicht
einheitlicher Monotonie im betrachteten Intervall können die Fehler einander teilweise
ausgleichen, sodass in diesen Fällen eine höhere Genauigkeit durch die Rechteckformeln
zu erwarten ist.

Abb. 5.6 (©) Mittelpunktformel

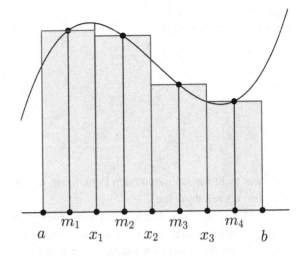

Es ist klar, dass beide Formeln strukturell sehr ähnlich sind; das zeigt sich u. a. darin, dass ihr Unterschied eine ganz einfache Gestalt hat:

$$RR_n(f) - RL_n(f) = h \cdot [f(b) - f(a)]$$

(Wie kann man dies *geometrisch* interpretieren?)

5.3 Mittelpunkt- und Trapezformel

5.3.1 Mittelpunktformel

Auch hier wird f in den einzelnen Teilabschnitten durch eine konstante Funktion ersetzt, sodass wieder Rechtecke als Streifen entstehen. Der zugehörige Funktionswert wird aber nicht durch die Ränder bestimmt, sondern durch den Funktionswert in den Mittelpunkten $m_i = x_i - \frac{h}{2}$ der Intervalle (wie oben sei $h = \frac{b-a}{n}$):

Wenn man f in jedem Teilintervall durch die konstante Funktion mit $f(m_i)$ als Funktionswert ersetzt, so erhält man die *Mittelpunktformel*:

$$MI_n(f) := h \cdot [f(m_1) + f(m_2) + \ldots + f(m_n)]$$
$$= h \cdot \sum_{i=1}^{n} f(m_i) = \frac{b-a}{n} \cdot \sum_{i=1}^{n} f(m_i)$$

Anschaulich ist klar, dass diese Formel numerisch viel bessere Werte für das Integral liefern wird als die Rechteckformeln in Abschn. 5.2, weil in jedem schmalen Rechteck die überschüssigen und die fehlenden Flächenstücke einander weitgehend ausgleichen,

Abb. 5.7 (©) Mittelpunktformel mit Tangententrapezen

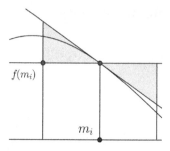

$f(m_i)$

m_i

und zwar nicht nur bei monotonen Funktionen wie in Abb. 5.6 (jede „brave" Funktion ist *lokal* fast überall monoton).

Die Mittelpunktformel kann man geometrisch auch anders als mit Rechtecken interpre-tieren: Ersetze den Graphen von f in den jeweiligen Teilintervallen durch die *Tangente* im Intervallmittelpunkt (das wird später noch wichtig). Dass sich hier derselbe Wert ergibt, ist durch die Kongruenz der grau gezeichneten Dreiecke in Abb. 5.7 klar. Manchmal heißt diese Formel deshalb auch *Tangenten*-Trapezformel.

Klarerweise könnte aus demselben Grund jede andere lineare Funktion durch $(m_i | f(m_i))$ zur geometrischen Interpretation der *MI*-Formel dienen; das würde aber inhaltlich weniger Sinn haben.

5.3.2 Trapezformel

Hier wird der Graph von f in jedem Teilintervall durch die zugehörige Sehne ersetzt, wodurch der manchmal auch gebräuchliche Name *Sehnen*-Trapezformel erklärt wird (dies ist dann keine konstante Funktion mehr, sondern eine lineare – wie schon oben bei der Tangenten-Trapezformel).

Damit wird f durch einen Polygonzug ersetzt, und die Fläche unterhalb des Graphen wird durch gleich breite trapezförmige Streifen approximiert:

Durch die Flächenformel für Trapeze ergibt sich daraus unmittelbar:

$$TR_n(f) = \frac{f(x_0) + f(x_1)}{2} \cdot h + \frac{f(x_1) + f(x_2)}{2} \cdot h + \ldots + \frac{f(x_{n-1}) + f(x_n)}{2} \cdot h$$

$$TR_n(f) = \frac{h}{2} \cdot [f(x_0) + 2 \cdot (f(x_1) + \ldots + f(x_{n-1})) + f(x_n)]$$

Trapezformel:

$$TR_n(f) = \underbrace{\frac{h}{2}}_{\frac{b-a}{2n}} \cdot \left[f(a) + f(b) + 2 \cdot \sum_{i=1}^{n-1} f(x_i) \right]$$

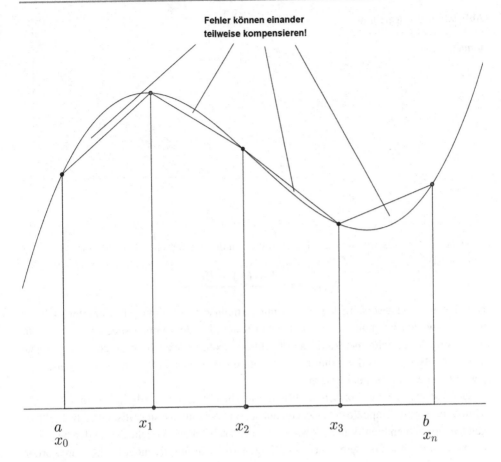

Abb. 5.8 (©) Trapezformel

Anschaulich ist klar, dass der Fehler bei der Trapezformel vom *Krümmungsverhalten* der Funktion bestimmt wird: Bei *links*gekrümmtem Funktionen (in Richtung wachsender x gesehen) wird $TR_n(f)$ einen *größeren* Wert als das Integral liefern, bei *rechts*gekrümmten Funktionen einen *kleineren*). Bei nicht einheitlicher Krümmung werden die Fehler einander teilweise kompensieren (vgl. Abb. 5.8).

Wenn man im Nachhinein die Mittelpunktformel entsprechend befragt, dann sieht man: Der Fehler hängt qualitativ ebenfalls von der Krümmung der Funktion ab, nur umgekehrt: Bei *links*gekrümmten Funktionen ist $MI_n(f)$ *kleiner* als das Integral (am besten zu sehen beim Tangenten-Trapez, vgl. Abb. 5.7), bei *rechts*gekrümmten Funktionen *größer*.

In jedem Teilintervall liegt der Flächeninhalt des entsprechenden Streifens bei dieser Methode genau in der Mitte der entsprechenden Werte der Rechteckformeln-Links bzw. -Rechts, was durch Abb. 5.9 klar wird.

Abb. 5.9 (©) Trapezformel
als Mittelwert der Rechteckformeln

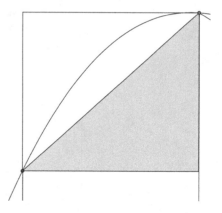

Daher gilt insgesamt (was auch algebraisch an den entsprechenden Formeln nachvollziehbar ist):

$$TR_n(f) = \frac{RL_n(f) + RR_n(f)}{2}$$

Nun haben wir vier verschiedene Näherungsformeln zur Berechnung bestimmter Integrale. Diese wollen wir nun an einem Beispiel testen, bei dem numerische Integration gar
nicht nötig wäre, denn hier kann man leicht den exakten Wert bestimmen. Wir nehmen
aber so ein Beispiel, weil wir durch das Wissen um den exakten Wert auch genau über die
jeweiligen Fehler Bescheid wissen.

Qualitativ ist leicht einzusehen, dass die Rechteckformeln i. Allg. schlechter sind als
Mittelpunkt- bzw. Trapezformel (wegen der schon erwähnten systematischen Abweichungen bei monotonen Funktionen). Aber um wie viel schlechter? Welche der beiden besseren
Formeln ist die noch bessere? Dies sind Fragen, die man intuitiv nicht leicht beantworten
kann.

Beispiel 1

$$f(x) = x^4 \text{ mit } [a; b] = [0; 2] \ \Rightarrow \ A = \int_0^2 x^4 \, dx = \left.\frac{x^5}{5}\right|_0^2 = \frac{32}{5} = 6{,}4 \quad \text{(exakter Wert)}$$

Wir vergleichen zunächst die Rechteckformeln-Links bzw. -Rechts bei verschiedenen Anzahlen n von Teilintervallen (diese Anzahl wurde dabei von Schritt zu Schritt
verdoppelt, d. h. die Breite h der entsprechenden Teilintervalle halbiert); insbesondere vergleichen wir die Fehler (Tab. 5.1).

Tab. 5.1 Rechteckformeln im Beispiel 1

n	$RL_n(f)$	Fehler	$RR_n(f)$	Fehler
4	3,063	−3,337	11,06	+4,660
8	4,566	−1,834	8,566	+2,166
16	5,442	−0,9583	7,442	+1,042
32	5,910	−0,4896	6,910	+0,5104

	n	$MI_n(f)$	Fehler	$TR_n(f)$	Fehler
Tab. 5.2 Mittelpunkt- und Trapezformel im Beispiel 1	4	6,070	−0,330	7,063	+0,663
	8	6,317	−0,083	6,566	+0,166
	16	6,3792	−0,0208	6,4417	+0,0417
	32	6,3948	−0,00521	6,4104	+0,0104

Man erkennt:

- Bei Verdoppelung von n wird der Fehler hier ungefähr halbiert. Dies würde bedeuten, dass der Fehler ungefähr proportional zu h ist, denn bei jedem Schritt wird h halbiert. Wenn das so weiter ginge, dann reduzierte sich der Fehler nach zehn solchen Schritten ca. um den Faktor $\frac{1}{2^{10}} \approx \frac{1}{1000}$, was einen Gewinn von drei signifikanten Dezimalstellen bedeutete.
- Da hier f streng monoton wachsend ist, liefert $RL_n(f)$ immer einen zu kleinen Wert, $RR_n(f)$ immer einen zu großen ($RL_n(f)$ scheint hier etwas besser zu sein – betraglich etwas kleinere Fehler).
- Die Differenz zwischen den beiden Rechtecksummen beträgt immer $\frac{32}{n}$ (warum?).

Die Fehlerabschätzungen in Abschn. 5.5 werden diese Beobachtung auch von der Theorie her bestätigen.

Nun die analoge Tab. 5.2 bezogen auf die vermutlich besseren Formeln (Mittelpunkt- und Trapezformel).

Man erkennt an dieser Tabelle:

- $MI_n(f)$ ist hier genauer als $TR_n(f)$.
- Die Fehler von $TR_n(f)$ sind hier betraglich ungefähr doppelt so groß wie bei $MI_n(f)$ und haben entgegengesetzte Vorzeichen.
- Bei Verdoppelung von n werden die Fehler ungefähr geviertelt (dies gilt sowohl für die Mittelpunkt- als auch für die Trapezformel). Dies würde bedeuten, dass der Fehler ungefähr proportional zu h^2 ist, denn bei jedem Schritt wird h halbiert. Wenn das so weiter ginge, dann reduzierte sich der Fehler schon nach fünf solchen Schritten ca. um den Faktor $\frac{1}{4^5} \approx \frac{1}{1000}$, was einen Gewinn von drei signifikanten Dezimalstellen bedeutete.

Die Fehlerabschätzungen in Abschn. 5.5 werden auch diese Phänomene von der Theorie her bestätigen.

Dazu nun aber noch ein 2. Beispiel.

Beispiel 2

$$f(x) = \frac{\sin(x)}{x} \quad \text{über} \quad I = [0; \pi]$$

Vgl. dazu auch Abb. 5.10. f lässt sich für $x = 0$ stetig ergänzen durch $f(0) = 1$.

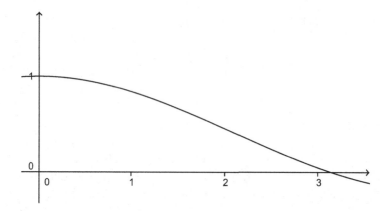

Abb. 5.10 (©) Graph von $f(x) = \frac{\sin(x)}{x}$ auf $[0; \pi]$

Das Besondere an diesem Beispiel ist: f ist nicht elementar integrierbar (vgl. die Einleitung zu diesem Kapitel); die Stammfunktion von f ist als *Integralsinus* $\mathrm{Si}(x)$ bekannt. Für $\int_0^\pi \frac{\sin(x)}{x}\,dx$ bekommt man mit einem TR oder einem CAS den Näherungswert 1,851937052; diesen wollen wir als den „exakten" betrachten, um die jeweiligen Fehler zu bestimmen. (Technischer Hinweis: Die stetige Ergänzung an der Stelle $x = 0$ wird vom CAS in der Regel automatisch gesetzt; beim TR muss man als untere Intervallgrenze statt 0 eine sehr kleine positive Zahl einsetzen, etwa 10^{-33}.)

In den Tab. 5.3 und 5.4 werden die zugehörigen Rechteckformeln, die Mittelpunkt- und die Trapezformel für $n = 2, 4, 8, \ldots, 64$ ausgerechnet (d. h., die Streifenbreite h wird bei jedem Schritt halbiert).

Hier erkennt man:

- Bei Verdoppelung von n wird der Fehler wieder in den Rechtecksummen ungefähr halbiert, in den MI- und TR-Summen ungefähr geviertelt.
- Da hier f streng monoton fallend ist, liefert $RL_n(f)$ immer einen zu großen Wert, $RR_n(f)$ immer einen zu kleinen (betraglich bei der TR-Formel wieder etwa doppelt so große Fehler wie bei der MI-Formel).

Tab. 5.3 Rechteckformeln im Beispiel 2

n	$RL_n(f)$	abs. Fehler	$RR_n(f)$	abs. Fehler
2	2,570796327	0,718859275	1,000000000	−0,851937052
4	2,228207205	0,376270153	1,442809042	−0,409128010
8	2,044191848	0,192254796	1,651492766	−0,200444286
16	1,949088911	0,097151859	1,752739370	−0,099197682
32	1,900768758	0,048831706	1,802593987	−0,049343065
64	1,876416829	0,024479777	1,827329443	−0,024607609

Tab. 5.4 Mittelpunkt- und Trapezformel im Beispiel 2

n	MI-Formel	abs. Fehler	TR-Formel	abs. Fehler
2	1,885618083	0,034	1,785398163	−0,067
4	1,860176490	0,0082	1,835508123	−0,016
8	1,853985974	0,0020	1,847842306	−0,0041
16	1,852448604	0,00051	1,850914140	−0,0010
32	1,852064898	0,00013	1,851681372	−0,00026
64	1,851969011	0,000032	1,851873135	−0,000064

Abb. 5.11 (©) $\tilde{A}$ als $1 : 2$-Teilungspunkt

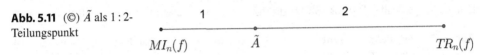

Es ergeben sich die analogen Beobachtungen zur obigen Vergleichstabelle zwischen Mittelpunkt- und Trapezformel.

Verbesserung der Werte Sollten diese Beobachtungen stimmen, dann kann man sich leicht eine wesentliche Verbesserung der Werte überlegen (gegenüber Mittelpunkt- und Trapezformel): Wenn sich deren Fehler betraglich wirklich ungefähr wie $1 : 2$ verhalten und entgegengesetzte Vorzeichen haben, dann ist jener Wert $\tilde{A}$, der das Intervall $[MI_n(f)\,;\,TR_n(f)]$ genau im Verhältnis $1 : 2$ teilt, sicher ein viel besserer Näherungswert für den exakten Flächeninhalt A (siehe Abb. 5.11).

Dieser Wert $\tilde{A}$ ist das gewichtete Mittel aus $MI_n(f)$ und $TR_n(f)$:

$$\tilde{A} = \frac{2}{3} MI_n(f) + \frac{1}{3} TR_n(f)$$

Dass dieser Wert eine ganz spezielle, jetzt noch gar nicht absehbare Interpretation hat, wird sich im nächsten Abschnitt herausstellen.

Algorithmischer Standpunkt Die Mittelpunktformel ist zwar i. Allg. genauer (siehe auch die späteren Fehlerabschätzungen), aber die Trapezformel hat einen wichtigen algorithmischen Vorteil, wenn man eine *Folge* von Näherungswerten berechnen möchte (z. B. zum Erstellen eines Integrationsprogramms, „bis sich die Werte nicht mehr ändern – innerhalb einer vorgegebenen Toleranzgrenze"):

Man kann die Funktionswerte, die in $TR_n(f)$ stecken, auch in $TR_{2n}(f)$ weiterverwenden (immerhin $n + 1$ Werte!). Für $TR_{2n}(f)$ braucht man nur noch die Funktionswerte in den Intervallmitten neu zu bestimmen; die alten Stützstellen kann man weiterverwenden (Abb. 5.12a).

Bei der Mittelpunktformel ist das nicht der Fall: Bei $MI_{2n}(f)$ muss man alle $2n$ Funktionswerte neu berechnen (die Funktionswerte bei $MI_n(f)$ kann man nicht weiter

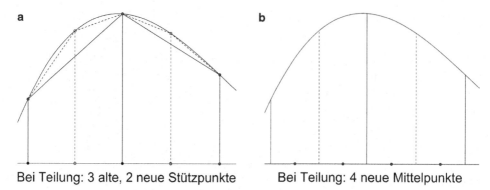

Bei Teilung: 3 alte, 2 neue Stützpunkte   Bei Teilung: 4 neue Mittelpunkte

Abb. 5.12 **a** (©) Funktionswerte bei $TR_n \to TR_{2n}$ wiederverwendbar, **b** (©) Funktionswerte bei $MI_n \to MI_{2n}$ neu zu berechnen

verwenden), denn die Mittelpunkte werden beim Halbieren der Intervalle zu Randpunkten (Abb. 5.12b).

Zusammenhang zwischen Trapez- und Mittelpunktformel Hier gibt es einen sehr *engen Zusammenhang*, der durch folgende Beziehung ausgedrückt wird:

$$TR_{2n} = \frac{1}{2}\left(TR_n + MI_n\right)$$

Beweis Für das 1. Teilintervall gilt $TR = h \cdot \frac{f(x_0)+f(x_1)}{2}$.

Bei Teilung in der Mitte erhält man für die Summe der neuen Trapezflächen (vgl. Abb. 5.13 a, b):

$$TR' + TR'' = \frac{h}{2} \cdot \frac{f(x_0) + f(m_1)}{2} + \frac{h}{2} \cdot \frac{f(m_1) + f(x_1)}{2}$$

$$= \frac{1}{2}\left(\underbrace{h \cdot \frac{f(x_0) + f(x_1)}{2}}_{TR} + \underbrace{h \cdot f(m_1)}_{MI} \right)$$

Diese Beziehung gilt in jedem Teilintervall, also auch insgesamt!

Dieser enge Zusammenhang kann ausgenutzt werden, um MI_n ausgehend von TR_{2n} und TR_n zu berechnen (die Werte der Trapezformeln sind ja algorithmisch leichter zu bestimmen – siehe oben): $MI_n = 2 \cdot TR_{2n} - TR_n$

Extrapolation Folgen von Näherungen sind, wenn sich der Fehler regelmäßig verhält, für *Extrapolation* prädestiniert. Wir zeigen dies am Beispiel der Trapezsummen.

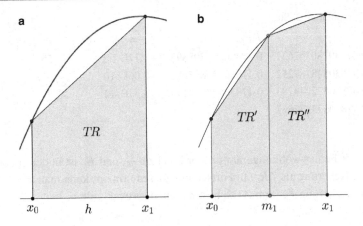

Abb. 5.13 a, b (©) Trapeze bei Teilung in der Mitte

Es sei $A = \int_a^b f$ das zu berechnende bestimmte Integral. Wir gehen davon aus, dass der Fehler $TR_n(f) - A$ ungefähr proportional zu $\frac{1}{n^2}$ ist, dass also gilt: $TR_{2n}(f) - A \approx \frac{1}{4}(TR_n(f) - A)$

Wenn diese beiden Trapezsummen bekannt sind, dann kann man E_n so bestimmen, dass *exakt* gilt: $TR_{2n}(f) - E_n = \frac{1}{4}(TR_n(f) - E_n)$

Dann ist E_n eine bessere Näherung für A als die Trapezsummen (vgl. Abb. 5.14). Durch Auflösen der obigen linearen Gleichung nach E_n erhält man:

$$E_n \;\; = \;\; \frac{4TR_{2n} - TR_n}{3}$$

Wie die Tab. 5.5 für das Beispiel $f(x) = \sqrt{1 - x^2}$ über $I = [0; 0{,}5]$ zeigt, ist nun

$$E_{2n} - A \approx \frac{1}{16}(E_n - A)$$

Abb. 5.14 (©) Extrapolation mit Trapezsummen

$$\overset{\textstyle TR_n}{\bullet}\hspace{6cm}\overset{\textstyle TR_{2n}}{\bullet}\;\;\overset{\textstyle \substack{A\\E_n}}{\bullet}$$

Tab. 5.5 Extrapolation mit Trapezsummen

n	Trapezsumme TR_n	E_n	$\Delta_n = E_n - A$	Δ_n / Δ_{2n}
2	0,47531463461102	0,47830180362637	−3,94E–06	15,3
4	0,47755501137253	0,47830548187252	−2,57E–07	15,8
8	0,47811786424752	0,47830572249783	−1,62E–08	16,0
16	0,47825875793526	0,47830573772667	−1,02E–09	
32	0,47829399277882			

Tab. 5.6 Extrapolation 2. Stufe

n	E_n	F_n	$\Delta_n = F_n - A$	Δ_n / Δ_{2n}
2	0,47830180362637	0,47830572708893	$-1,17\text{E}{-}08$	56,7
4	0,47830548187252	0,47830573853952	$-2,06\text{E}{-}10$	61,8
8	0,47830572249783	0,47830573874193	$-3,33\text{E}{-}12$	
16	0,47830573772667			

Also ist der Fehler wohl ungefähr proportional zu $\frac{1}{n^4}$, und E_n ist in der Tat eine qualitativ bessere Näherung als TR_n. In Fortsetzung dieses Prinzips kann man aus E_n und E_{2n} eine weitere Näherung F_n (von A) so bestimmen, dass exakt gilt:

$$E_{2n} - F_n = \frac{1}{16}(E_n - F_n)$$

Durch Auflösen dieser Gleichung ergibt sich $F_n = \frac{16\,E_{2n} - E_n}{15}$. Tabelle 5.6 setzt das Beispiel von Tab. 5.5 fort.

Mit F_8 ist die Grenze der Rechengenauigkeit schon beinahe erreicht. In unserem Beispiel hat die Näherung F_8, berechnet im 2. Schritt der Extrapolation (man könnte natürlich auch noch weitere Schritte der Extrapolation $\rightarrow G_n, H_n, \dots$ durchführen), also im Prinzip aus den vier Trapezsummen TR_n für $n = 4, 8, 16$ und 32, eine Genauigkeit von elf signifikanten Nachkommastellen. Zum Vergleich: TR_{32} hat nur drei solche. (Wie groß müsste n sein, damit TR_n die Genauigkeit von F_8 erreicht?)

5.3.3   Aufgaben zu 5.3

1. a) Berechnen Sie Näherungen für $\ln(2) = \int\limits_1^2 \frac{1}{x}\,dx$ mit Mittelpunkt- und Trapezformel
    für $n = 2$ und $n = 5$. Wie genau sind sie? Berechnen Sie die absoluten und relativen Fehler durch Vergleich mit dem TR-Wert von $\ln(2)$.
    b) Berechnen Sie in beiden Fällen das gewichtete Mittel $\frac{2}{3}MI_n(f) + \frac{1}{3}TR_n(f)$. Wie genau sind diese Näherungen?

    c) Zeigen Sie für beliebige n: $TR_n(f) = \frac{1}{4n} + \sum\limits_{k=n+1}^{2n} \frac{1}{k}$ (d. h., $TR_n(f)$ besteht im Wesentlichen aus einem Abschnitt der harmonischen Reihe).
    Gibt es eine ähnliche Beziehung für $MI_n(f)$?
2. Es ist (bis auf die Integrationskonstante) $\arctan(x) = \int \frac{1}{1+x^2} dx$.
    Zeichnen Sie den Graphen des Integranden über dem Intervall $[0; 2]$!
    Wegen $\arctan(1) = \frac{\pi}{4}$, also $\pi = 4 \cdot \int\limits_0^1 \frac{1}{1+x^2}\,dx$, kann man mit Hilfe dieses Integrals
    Näherungen für π bestimmen. Führen Sie das durch, analog zu Aufg. 1 a) und b)!
    Wie viele signifikante Stellen haben die Näherungen jeweils?

3. Es ist $\int\limits_{-\infty}^{\infty} \exp(-x^2)\mathrm{d}x = \sqrt{\pi}$.

Man kann auch solche *uneigentlichen* Integrale näherungsweise berechnen, indem man die Integrationsgrenzen auf geeignete *endliche* Werte setzt und dann Rechteck- oder Trapezsummen ausrechnet (in dieser Approximation steckt also ein doppelter Abbrechfehler).

a) Zeichnen Sie den Graphen des Integranden über dem Intervall [0; 4]!

b) Berechnen Sie $\int\limits_0^4 \exp(-x^2)\mathrm{d}x$ näherungsweise durch die Mittelpunkt- und Trapez- formel für $n = 4$ sowie das zugehörige im Verhältnis 2 : 1 gewichtete Mittel. Leiten Sie daraus eine Näherung für π ab.

(Warum ist wohl die untere Integrationsgrenze auf 0 gesetzt?)

c) Ebenso für $n = 8$ (das ist mit einem TR gerade noch zumutbar, dafür aber *wesentlich* genauer).

5.4 Die Simpsonformel

Bei der Simpsonformel wird f in jedem Intervall durch eine Parabel ersetzt, die an den Intervallenden und in der Intervallmitte mit f übereinstimmt. In der Abb. 5.15 sind stellvertretend zwei Teilintervalle mit den jeweiligen Parabelstücken p_i zu sehen.

Zum Thema Parabeln brauchen wir im Folgenden eine *geometrische Vorbemerkung*: Gegeben sei eine Parabel $y = p(x) = cx^2 + dx + e$ und ein Intervall $[a; b]$ mit Mittelpunkt $m = \frac{a+b}{2}$. Dann gilt (vgl. Abb. 5.16):

a) Die Tangente in R ist parallel zu PQ

b) Im Parabelbogen QRP liegen 2/3 der Fläche des Parallelogramms $Q'P'PQ$ (siehe Abb. 5.16).

Abb. 5.15 (©) Simpsonformel

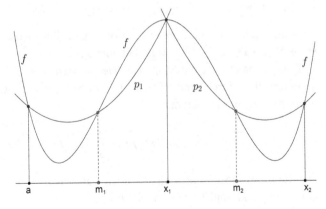

Abb. 5.16 (©) Parabelbogen

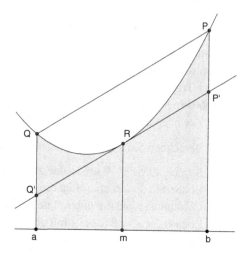

Bemerkung Es genügt, dies für $p(x) = cx^2$ zu zeigen, denn „$+dx + e$" bewirkt nur eine Verschiebung der Parabel. Der Beweis ist als Übungsaufgabe gedacht (vgl. Aufg. 1).

Daraus erhält man ohne weitere Rechnung eine Näherungsformel für $A = \int_a^b f$, wenn man f stückweise durch Parabeln ersetzt, die mit f an den Intervallenden und in der -mitte übereinstimmen, wie es bei der Simpsonformel verlangt wird.

Hier (Abb. 5.17) sei das 1. Teilintervall herausgezeichnet:

$$A_1 = \int_a^{x_1} f(x)\, dx \approx \int_a^{x_1} p_1(x)\, dx = MI(f) + \frac{1}{3}\left[TR(f) - MI(f)\right]$$

$$\boxed{A_1 \approx \frac{2}{3} MI(f) + \frac{1}{3} TR(f)}$$

Die Beziehung $A_i \approx \int_{x_{i-1}}^{x_i} p_i(x)\, dx = MI(f) + \frac{1}{3}[TR(f) - MI(f)]$ gilt in jedem Teilintervall, auch wenn die Parabel nach oben gewölbt ist (dann ist $TR(f) - MI(f) < 0$, siehe Abb. 5.18), d. h., die Formel gilt auch insgesamt.

Damit erhalten wir die *Simpsonformel*: Ersetzt man f stückweise (in den einzelnen Teilintervallen) durch Parabelbögen, die an den Intervallenden bzw. -mittelpunkten mit f übereinstimmen, so erhält man:

$$A \approx SI_n(f) = \frac{2}{3} MI_n(f) + \frac{1}{3} TR_n(f)$$

Die Simpsonformel ist also nichts anderes als das im Verhältnis 2 : 1 gewichtete Mittel aus Mittelpunkt- und Trapezformel!

Abb. 5.17 (©) 1. Teilintervall mit approximierendem
Parabelbogen

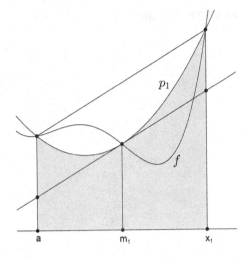

Abb. 5.18 (©) Wölbung nach
oben

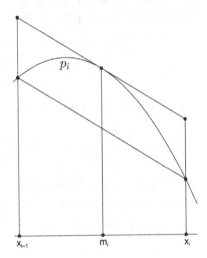

Man hat damit eine bequeme Berechnungsformel für $SI_n(f)$, wenn man $MI_n(f)$ und
$TR_n(f)$ kennt. Es gibt auch eine bekannte andere (explizite) Formel dafür, ohne vorher
$TR_n(f)$, $MI_n(f)$ zu berechnen. Wir erhalten sie, indem wir obige Formeln für $MI_n(f)$
und $TR_n(f)$ einsetzen:

$$SI_n(f) = \frac{2}{3} \cdot \frac{b-a}{n} \cdot \sum_{i=1}^{n} f(m_i) + \frac{1}{3} \cdot \frac{b-a}{2n} \cdot \left[f(a) + f(b) + 2 \cdot \sum_{i=1}^{n-1} f(x_i) \right]$$

$$SI_n(f) = \frac{b-a}{6n} \cdot \left[f(a) + f(b) + 2 \cdot \sum_{i=1}^{n-1} f(x_i) + 4 \cdot \sum_{i=1}^{n} f(m_i) \right]$$

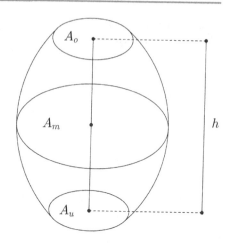

Kepler'sche Fassregel Im Fall $n = 1$ (d. h. $[a; b]$ als einziges Intervall) erhält man die
Kepler'sche Fassregel (Abb. 5.19):

$$KE(f) = \frac{b-a}{6} \cdot \left[f(a) + 4 \cdot f\left(\frac{a+b}{2}\right) + f(b) \right] \tag{5.1}$$

Für das Volumen bei einem Weinfass gab Kepler eine Näherungsformel an:

$$V \approx \frac{h}{6} (A_u + 4 \cdot A_m + A_o) \tag{5.2}$$

Dabei ist A_u die Querschnittsfläche unten, A_o die Querschnittsfläche oben und A_m
die Querschnittsfläche in der Mitte. Das Volumen eines Körpers ist ja das Integral der
Querschnittsfunktion $A(x)$ für $x \in [0; h]$: $V = \int_0^h A(x)\, dx$ (vgl. Abb. 5.20).

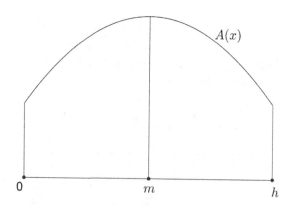

Abb. 5.21 (©) $SI_n(f) = \tilde{A}$

Tab. 5.7 Fehler bei der Simpsonformel

n	$SI_n(f)$	Fehler
2	6,417	+0,017
4	6,401	+0,001
8	6,400065	+0,000065
16	6,4000041	+0,0000041
32	6,40000025	+0,00000025

Wendet man auf dieses bestimmte Integral die Kepler'sche Fassregel (5.1) an, so ergibt sich:

$$V = \int_0^h A(x)\,dx \approx \frac{h}{6}[A(0) + 4 \cdot A(m) + A(h)]$$

Damit sollte klar sein, warum die obige Formel (5.1) allgemein als Kepler'sche Fassregel bezeichnet wird (Strukturgleichheit von Gl. (5.1) und (5.2)).

Genauigkeit der Simpsonformel Sie ist genauer als $TR_n(f)$, $MI_n(f)$. Oben haben wir festgestellt: Fehler($TR_n(f)$) $\approx -2 \cdot$ Fehler($MI_n(f)$), d. h., der exakte Wert wird *ungefähr* $1:2$ zwischen $MI_n(f)$ und $TR_n(f)$ liegen (näher bei $MI_n(f)$).

$SI_n(f)$ liegt *genau* $1:2$ zwischen $MI_n(f)$ und $TR_n(f)$ und entspricht dem obigen Wert $\tilde{A}$.

$SI_n(f) = \tilde{A}$ liegt i. Allg. schon sehr genau beim exakten Wert! (Vgl. Abb. 5.21). Dazu betrachten wir in obigem Beispiel $f(x) = x^4$ (vgl. Abschn. 5.3.2) nun die Werte von $SI_n(f)$ samt den zugehörigen Fehlern (siehe Tab. 5.7).

Exakte Werte der Simpsonformel für Polynomfunktionen 3. Grades Dass die Simpsonformel für quadratische Funktionen f exakte Werte liefert, ist klar. Es gilt aber auch der vielleicht überraschende

Satz:
Die Simpsonformel liefert auch für Polynomfunktionen 3. Grades $f(x) = ax^3 + bx^2 + cx + d$ exakte Werte für bestimmte Integrale. Die Anzahl der Teilintervalle ist dabei irrelevant, d. h., in jedem Fall genügt die Kepler'sche Fassregel (Simpsonformel für $n = 1$).

Abb. 5.22 (©) Punktsymme-
trie zur mittleren Nullstelle

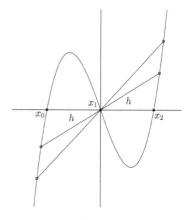

Um das zu begründen, beschäftigen wir uns zunächst mit einem dafür gut brauchbaren
(und auch sonst wichtigen)

Hilfssatz:
Wenn eine Polynomfunktion 3. Grades drei äquidistante Nullstellen (Abstand h)
hat, so ist der Graph punktsymmetrisch bzgl. der mittleren Nullstelle.

Beweis des Hilfssatzes O. B. d. A. sei die mittlere Nullstelle $x_0 = 0$ (denn sonst ver-
schiebe den Koordinatenursprung nach x_0 durch die Transformation $x \to x - x_0$). Dann
hat f die Nullstellen $h, 0, -h$; daher gilt:

$$f(x) = a(x - h)x(x + h)$$

Daraus folgt $f(-x) = f(x)$, also ist f eine *ungerade* Funktion, d. h. punktsymmetrisch
zum Ursprung, der mittleren Nullstelle (Vgl. Abb. 5.22).

Beweis des Satzes f sei eine Polynomfunktion 3. Grades. Wenn man nun durch die Intervallenden r bzw. s und den Mittelpunkt $\frac{r+s}{2}$ einen Parabelbogen legt, dann haben f und
p bei r, $\frac{r+s}{2}$, s jeweils gleiche Funktionswerte. $f - p$ ist ebenfalls eine Polynomfunktion
3. Grades, und sie hat bei r, $\frac{r+s}{2}$, s (äquidistante!) Nullstellen (Abb. 5.23).

Aus dem Hilfssatz folgt: Der Graph von $f - p$ ist punktsymmetrisch zu $(\frac{r+s}{2} \mid 0)$.
Somit gilt $\int_{r}^{s}(f - p) = 0$ ($A_2 = -A_1$ in Abb. 5.23), daraus folgt wegen der Linearität des

Integrals sofort die Behauptung: $\int_{r}^{s} f = \int_{r}^{s} p = KE(f)$

Bei mehreren Teilintervallen ($n > 1$) ergäbe sich in jedem Teilintervall der exakte Wert
und daher auch insgesamt.

Abb. 5.23 (©) Gleiche
Flächeninhalte

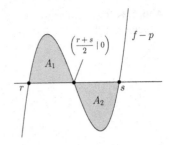

Folgerung Bei *höchstens kubischen Polynomfunktionen* gilt nicht nur ungefähr, sondern *exakt*

$$\boxed{\text{Fehler}\,(TR_n(f)) = -2 \cdot \text{Fehler}\,(MI_n(f))}.$$

Denn $SI_n(f)$ ist einerseits exakt und andererseits liegt es im Abstandsverhältnis $1:2$ zwischen $MI_n(f)$ und $TR_n(f)$.

Schlussbemerkung Ohne Computereinsatz sind die Formeln zur numerischen Integration einfach nur Formeln, aber mit Computereinsatz lassen diese sich besser „zum Leben erwecken". Man kann diese Formeln mit geringem Aufwand *programmieren*, Werte auf Knopfdruck bestimmen, Experimente durchführen (Situationen explorieren: Wie viele Teilintervalle braucht man, um eine bestimmte Genauigkeit zu erreichen?) etc. Dies kann mit CAS geschehen (z. B. MAPLE) oder mit Tabellenkalkulationen. Hier geben wir die zugehörigen MAPLE-Befehle an: Nach der Eingabe der Intervallgrenzen a und b (hier 0 und π), der Anzahl n der Teilintervalle (hier 64) und der Funktion f (hier $x \mapsto \sin(x)$) erfolgt die Berechnung der Werte („exakter" Wert und Näherungswerte nach den verschiedenen Methoden) automatisch.

```
a:=0:
b:=Pi:
n:=64:
f:=x->sin(x):
h:=(b-a)/n:
Integral:=evalf(int(f(x),x=a..b));
Rechteckformel_Links:=h*sum(f(a+k*h),k=0..n-1);
Rechteckformel_Rechts:=h*sum(f(a+k*h),k=1..n);
Trapezformel:=(h/2)*(f(a)+f(b)+2*sum(f(a+k*h),k=1..n-1));
Mittelpunktformel:=h*sum(f(a+h/2+k*h),k=0..n-1);
Simpsonformel:=(h/6)*(f(a)+f(b)+2*sum(f(a+k*h),k=1..n-1)+4*sum(f(a+h/2+k*h),k=0..n-1));
```

Abb. 5.24 (©) Symmetrischer
Parabelbogen

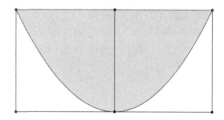

5.4.1 Aufgaben zu 5.4

1. Zeigen Sie mittels Analysis für Parabeln $p(x) = cx^2$ (vgl. Abb. 5.16 für eine beliebige
   Parabel; schon Archimedes konnte dies – auf sehr elegante Weise sogar ohne Analysis
   – zeigen):
   a) Die Tangente in R ist parallel zu PQ.
   b) Im Parabelbogen QRP liegen 2/3 der Fläche des Parallelogramms $Q'P'PQ$.
2. Zeigen Sie ohne Integralrechnung, dass die Fläche innerhalb eines (symmetrischen)
   Bogens bei der Normalparabel genau $\frac{2}{3}$ des umbeschriebenen Rechtecks beträgt
   (Abb. 5.24).
   Hinweise: Man kann sich auf die Untersuchung eines halben solchen symmetrischen
   Parabelbogens (z. B. bei der Normalparabel zwischen 0 und 1) beschränken. Die blatt-
   förmige Fläche im linken Bild von Abb. 5.25 (Flächeninhalt R) ist genauso groß wie
   die Fläche unter der kleinen Parabel (Mitte; warum?); die drei Bilder sollen das Ein-
   heitsquadrat darstellen.
3. Quadratische Interpolation bei der Simpsonregel (andere Herleitung):
   Die Funktion $f(x)$ soll auf einem Intervall der Länge h durch eine Parabel $p(x) =
   ax^2 + bx + c$ interpoliert werden, die an den Intervallenden und beim Intervallmit-
   telpunkt dieselben Funktionswerte wie $f(x)$ hat. Wir können dabei o. B. d. A. das
   Intervall symmetrisch um den Nullpunkt annehmen: $[-\frac{h}{2}; \frac{h}{2}]$ (Warum ist dies erlaubt?)
   Die (bekannten) Funktionswerte von f seien: $f(-\frac{h}{2}) = f_0, f(0) = f_1, f(\frac{h}{2}) = f_2$.
   a) Bestimmen Sie die Gleichung der interpolierenden Parabel $p(x) = ax^2 + bx + c$
   (d. h. die Koeffizienten in Abhängigkeit von f_0, f_1, f_2, h).

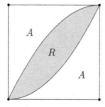  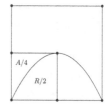

Abb. 5.25 (©) Flächeninhalt eines Parabelbogens

b) Zeigen Sie dann:

$$\left(A = \int\limits_{-h/2}^{+h/2} f(x)\,\mathrm{d}x \approx \right) \int\limits_{-h/2}^{+h/2} p(x)\mathrm{d}x = \frac{h}{6}(f_0 + 4f_1 + f_2).$$

Damit wäre die Kepler'sche Fassregel bewiesen ($n = 1$). Wie kann man daraus die volle Simpsonformel mit n Teilintervallen gewinnen?

5.5 Einfache Fehlerabschätzungen und Verbesserungen der Mittelpunkt- und Trapezregel

Wir hatten oben ein Beispiel, bei dem wir die jeweiligen Fehler der einzelnen Formeln angegeben haben. Dies konnten wir deswegen tun, weil man das Integral auch exakt ausrechnen konnte. In den meisten Fällen bei numerischer Integration kennt man aber den wahren Wert des Integrals nicht (sonst bräuchte man ja gar nicht Näherungsverfahren anzuwenden), sodass man auch über die wirklichen Fehler nicht Bescheid weiß.

Es gibt aber (meist relativ grobe) Abschätzungen, um wie viel die jeweiligen Werte der einzelnen Formeln *höchstens* vom exakten Wert abweichen. Solche *Fehlerabschätzungen* bzw. *Fehlerschranken* sind in vielen Fällen nur relativ kompliziert, manche aber auch relativ einfach zu erhalten. Sie sind ein ganz zentraler Punkt in der numerischen Mathematik, weil sie Aussagen darüber treffen, wie gut eine Formel ist (was bei ihr im Worst Case passieren kann). Und genau darüber möchte der Anwender i. Allg. ja Bescheid wissen.

Bei diesen Fehlerabschätzungen kommt wieder etwas elementare Analysis ins Spiel (Ableitungsregeln, beide Versionen des Hauptsatzes der Differential- und Integralrechnung etc.), es wird aber nur selten ein wenig über Schulniveau hinausgegangen (z. B. Taylor-Reihen). Den Fehler wollen wir mit E bezeichnen (Error) und eine obere Schranke für $|E|$ erarbeiten. Es handelt sich dabei immer um Abschätzungen des *Verfahrensfehlers* (Fehler, die durch Anwendung des jeweiligen Verfahrens entstehen), Rundungsfehler während der Rechnung etc. sind davon nicht berührt.

5.5.1 Fehlerabschätzungen bei den Rechteckformeln

Wir setzen die Funktion f als stetig differenzierbar voraus. Mit

$$M_1 := \max_{x\in[a;b]} |f'(x)| \quad (\text{d. h. } |f'(x)| \le M_1 \text{ für alle } x \in [a;b])$$

Abb. 5.26 (©) Rechteckformel-Rechts

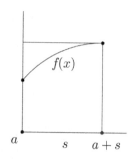

gilt für den Fehler E in beiden Fällen (Rechteckformel-Links und Rechteckformel-Rechts; E kann auch negativ sein):

$$\left.\begin{array}{c} |E(RR_n)| \\ |E(RL_n)| \end{array}\right\} \leq M_1 \cdot \frac{(b-a)^2}{2n} = M_1 \cdot (b-a) \cdot \frac{h}{2} \qquad (5.3)$$

Die Rechteckformeln sind ein sogenanntes *Verfahren 1. Ordnung*: Der Exponent von n bzw. h ist 1, somit bewirkt eine Verdopplung der Intervallzahl nur eine Halbierung der Fehlerschranke (mit anderen Worten: die Fehlerschranke ist proportional zu h). Daran erkennt man auch, dass die Approximation durch Rechtecksummen relativ bescheidene Ergebnisse liefert. Bei der Mittelpunkt- und Trapezformel haben wir oben schon vermutet, dass der Fehler bei Verdoppelung der Intervallzahl geviertelt wird (proportional zu h^2 ist), dies wird sich auch als richtig herausstellen – siehe unten!

Wir bleiben aber vorerst bei den Rechteckformeln und wollen eine *Begründung für* Gl. (5.3) angeben.

Rechteckformel-Rechts (vgl. Abb. 5.26)

Für beliebiges $0 \leq s \leq b-a$ gilt: $E(a+s) = s \cdot f(a+s) - \int_a^{a+s} f(x)\mathrm{d}x$

Ableitung nach s ergibt:

$$E'(a+s) = f(a+s) + s \cdot f'(a+s) - \underbrace{f(a+s)}_{\substack{\text{1. Hauptsatz der} \\ \text{DI-Rechnung}}} = s \cdot f'(a+s)$$

$$\Rightarrow \quad \text{für alle} \quad 0 \leq s \leq b: \quad \boxed{|E'(a+s)| \leq s \cdot M_1}$$

Integration ergibt für alle $0 \leq h \leq b$ (d. h., 1. Teilintervall):

$$|E(a+h)| = |E(a+h) - \underbrace{E(a)}_{0}| \overset{\substack{\text{2. Hauptsatz der} \\ \text{DI-Rechnung}}}{=} \left| \int_0^h E'(a+s)\mathrm{d}s \right|$$

$$\leq \int_0^h |E'(a+s)|\mathrm{d}s \leq M_1 \cdot \int_0^h s\,\mathrm{d}s = M_1 \frac{h^2}{2}$$

Tab. 5.8 Fehlerschranken bei Rechteckformeln

n	$RL_n(f)$	Fehler	Fehler-schranke	$RR_n(f)$	Fehler	Fehler-schranke
4	3,063	−3,337	16	11,06	+4,660	16
8	4,566	−1,834	8	8,566	+2,166	8
16	5,442	−0,9583	4	7,442	+1,042	4
32	5,910	−0,4896	2	6,910	+0,5104	2

Insgesamt also für das 1. Teilintervall $|E(a + h)| \leq M_1 \cdot \frac{h^2}{2}$, dies gilt analog in jedem der n Teilintervalle, d. h. $|E(RR_n)| \leq n \cdot M_1 \cdot \frac{h^2}{2}$. Setzt man hier noch $h = \frac{b-a}{n}$ ein, so ergibt sich unmittelbar Gl. (5.3), einmal mit n (Anzahl der Teilintervalle) und einmal mit h (Länge der Teilintervalle) ausgedrückt!

Rechteckformel-Links Diesen Fall kann man auf die Abschätzung bei der Rechteck-formel-Rechts zurückführen. Dazu stellen wir uns die Rechteckformel-Rechts für $x \in [-b; -a]$ vor. Spiegeln wir nun den Funktionsgraphen an der y-Achse, so ist – wie ge-wünscht – erstens der betrachtete x-Bereich gleich $[a; b]$, und zweitens werden die Funk-tionswerte an den *linken* Intervallenden genommen. Die Werte der Ableitungen der be-trachteten Funktion ändern dabei zwar ihr Vorzeichen, aber die *Abschätzungen* für den *Betrag der Ableitung* und somit für den *Gesamtfehler* bleiben dabei „in natürlicher Wei-se" erhalten, damit ist Gl. (5.3) bewiesen.

Fehlerschranken Obige Tabelle mit den wirklichen Fehlern bei den Rechteckformeln (Tab. 5.1) soll nun durch die Fehlerschranken ergänzt werden. Zur Erinnerung: $f(x) = x^4$, $[a; b] = [0; 2]$. Dafür müssen wir zunächst einmal $M_1 = \max_{x \in [a;b]} |f'(x)|$ be-stimmen. Dies ist hier leicht möglich: $f'(x) = 4x^3$ ist streng monoton wachsend auf $[a; b] = [0; 2]$, daher ist $M_1 = f'(2) = 32$, und wir können die Fehlerschranken mit Gl. (5.3) leicht berechnen. Man sieht auch, dass die tatsächlichen Fehler betraglich deut-lich kleiner als die Fehlerschranken sind (die Fehlerschranken sind ja auch nur für den Worst Case zuständig, der ja nur selten vorliegt), vgl. Tab. 5.8.

5.5.2 Fehlerabschätzungen bei der Mittelpunkt- und Trapezformel

Voraussetzungen:

- f ist 2-mal stetig differenzierbar
- $M_2 = \max_{x \in [a;b]} |f''(x)|$ (d. h. $|f''(x)| \leq M_2$ für alle $x \in [a; b]$)

Wie immer sei $n \in \mathbb{N}$ beliebig und $h = \frac{b-a}{n}$ (Anzahl bzw. Länge der Teilintervalle). Für die Fehler gelten dann die Abschätzungen:

$$\boxed{|E(MI_n)| \leq M_2 \cdot \frac{(b-a)^3}{24n^2} = M_2 \cdot (b-a) \cdot \frac{h^2}{24}}$$

$$\boxed{|E(TR_n)| \leq M_2 \cdot \frac{(b-a)^3}{12n^2} = M_2 \cdot (b-a) \cdot \frac{h^2}{12}}$$

Trapez- und Mittelpunktregel sind Verfahren 2. Ordnung: Der Exponent von h bzw. n in den Formeln für die Fehlerschranken ist 2. Dies bedeutet: Bei $n \to 2n$ ($h \to h/2$) wird die Fehlerschranke geviertelt! Dagegen sind die Rechteckformeln nur Verfahren 1. Ordnung: Bei $n \to 2n$ ($h \to h/2$) wird die Fehlerschranke nur halbiert. Die zugehörigen Beweise verschieben wir etwas nach hinten.

Simpsonformel Bei der Simpsonformel haben wir oben schon festgestellt, dass sie i. Allg. näher am exakten Ergebnis liegt als Mittelpunkt- bzw. Trapezformel (wahrer Wert in der Nähe des $1 : 2$-Teilungspunktes zwischen *MI* und *TR*, *SI* liegt genau bei diesem Teilungspunkt). Dies spiegelt sich auch in der zugehörigen Fehlerabschätzung wider, die wir hier ohne Beweis angeben.

Ist f 4-mal stetig differenzierbar, dann ist die *Simpsonformel* $SI_n(f)$ sogar von *4. Ordnung*, d. h., mit $M_4 = \max\limits_{x \in [a;b]} |f^{(4)}(x)|$ gilt:

$$\boxed{|E(SI)| \leq M_4 \cdot \frac{(b-a)^5}{2880 \cdot n^4} = M_4 \cdot (b-a) \cdot \frac{h^4}{2880}}$$

Bei $n \to 2n$ ($h \to h/2$) wird also die Fehlerschranke durch 16 dividiert.

Bemerkungen

- Die Fehlerschranke für $MI_n(f)$ ist genau *halb* so groß wie jene für $TR_n(f)$.
- Es ist anschaulich verständlich, dass die 2. Ableitung eine Rolle spielt, denn $|f''(x)|$ ist eng verbunden mit der Krümmung κ von $f : \kappa(x) = \frac{f''(x)}{(1+(f'(x))^2)^{3/2}}$

Siehe dazu Abb. 5.27.

- Die Formeln geben nur *Schranken* an, der tatsächliche Fehler ist meist deutlich geringer! Man beachte jedoch: Bei der numerischen Berechnung können wir *nicht* davon ausgehen, dass der exakte Wert bekannt ist, damit kennen wir auch nicht den tatsächlichen Fehler.

Abb. 5.27 (©) Zusammenhang Krümmung – Fehler

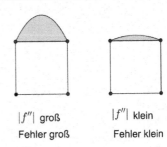

$|f''|$ groß $|f''|$ klein
Fehler groß   Fehler klein

Fehlerabschätzung bei Beispiel 1 $f(x) = x^4, [a;b] = [0;2]$ Hier ergänzen wir zunächst wieder in der Tab. 5.2 die Fehlerschranken (vgl. Tab. 5.9):

$$f'(x) = 4x^3 \quad \Rightarrow \quad f''(x) = 12x^2 \quad \Rightarrow \quad M_2 = \max_{x \in [0;2]} |12x^2| = f''(2) = 48$$

In wie viele Teilintervalle müsste man $[0;2]$ teilen, sodass die Fehlerschranke höchstens $0{,}5 \cdot 10^{-3}$ beträgt (mindestens drei signifikante Nachkommaziffern)?

$$MI: \quad 48 \cdot \frac{2^3}{24 \cdot n^2} \leq 0{,}5 \cdot 10^{-3} \quad \Rightarrow \quad \ldots \quad \Rightarrow \quad n \geq 179$$

$$TR: \quad 48 \cdot \frac{2^3}{24 \cdot n^2} \leq 0{,}5 \cdot 10^{-3} \quad \Rightarrow \quad \ldots \quad \Rightarrow \quad n \geq 253$$

Damit der *wirkliche* Fehler $\leq 0{,}5 \cdot 10^{-3}$ ist, sind natürlich deutlich weniger Intervalle nötig, es handelt sich dabei ja nur um *Schranken*.

Fehlerabschätzung bei Beispiel 2 Die Abschätzung für die Fehlerschranken von MI_n wenden wir nun auch auf unser Beispiel 2 an: $\int_0^\pi \frac{\sin(x)}{x} dx$

Der Integrand $f(x) = \frac{\sin(x)}{x}$ hat bei $x = 0$ die stetige Ergänzung $f(0) = 1$, und auch die Ableitungen sind stetig ergänzbar in $x = 0$:

$$f'(x) = \frac{x \cdot \cos(x) - \sin(x)}{x^2} \quad \text{für} \quad x \neq 0; \qquad \lim_{x \to 0} f'(x) = 0$$

$$f''(x) = \frac{-2x \cdot \cos(x) - x^2 \cdot \sin(x) + 2\sin(x)}{x^3} \quad \text{für} \quad x \neq 0; \quad \lim_{x \to 0} f''(x) = -\frac{1}{3}$$

Tab. 5.9 Fehlerschranken bei MI- und TR-Formeln

n	$MI_n(f)$	Fehler	Fehler-schranke	$TR_n(f)$	Fehler	Fehler-schranke
4	6,070	−0,330	1	7,063	+0,663	2
8	6,317	−0,083	0,25	6,566	+0,166	0,5
	6,3792	−0,0208	0,0625	6,4417	+0,0417	0,125
	6,3948	−0,00521	0,0156	6,4104	0,0104	0,0313

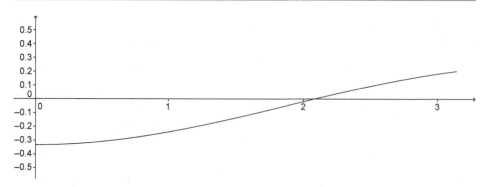

Abb. 5.28 (©) Graph von f''

n	Fehlerschranke	Fehler
2	0,11	0,034
4	0,027	0,0082
8	0,0067	0,0020
16	0,0017	0,00051
32	0,00042	0,00013
64	0,000105	0,000032

Tab. 5.10 Fehlerschranken und Fehler im Beispiel 2

Damit ist f über dem gesamten Intervall $I = [0; \pi]$ 2-mal stetig differenzierbar.

Der Graph von f'' (Abb. 5.28) zeigt, dass $|f''|$ bei $x = 0$ den größten Wert hat; die zur Fehlerabschätzung benötigte obere Grenze ist also $M_2 = \frac{1}{3}$. (Mit analytischen Mitteln wird die Bestimmung dieser Schranke sehr aufwendig, deshalb begnügen wir uns hier mit der grafischen Methode.)

Die Fehlerschranke für die Mittelpunktformel berechnet sich damit wie folgt:

$$|E(MI_n)| = \frac{M_2 \cdot (b-a)^3}{24} \cdot \frac{1}{n^2} = \frac{\pi^3}{72} \cdot \frac{1}{n^2} \approx 0{,}431 \cdot \frac{1}{n^2}$$

Vergleicht man diese Werte (Tab. 5.10) mit Tab. 5.4, so fällt auf, dass die Fehlerschranken etwa 3-mal so groß sind wie die tatsächlichen Fehler.

Wie oben gesagt, ist die Fehlerschranke proportional zu $\frac{1}{n^2}$; daraus folgt, dass man bei fünf Verdopplungsschritten einen Gewinn von mindestens drei Dezimalstellen erzielt. In Tab. 5.10 findet man das bestätigt (Vergleich $n = 64$ mit $n = 2$).

Wie groß muss n mindestens sein, damit die Mittelpunktformel MI_n einen Näherungswert für das Integral mit mindestens fünf signifikanten Nachkommastellen liefert? Solche Aufwandsuntersuchungen dürfen natürlich nicht von der Kenntnis des exakten Integralwertes ausgehen, wenn sie realistisch sein sollen; stattdessen muss man von der

Abb. 5.29 (©) Fehler bei der
Trapezformel

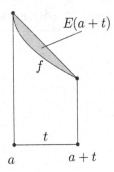

Fehlerschranke ausgehen. In diesem Fall soll gelten:

$$|E(MI_n)| \approx 0{,}431 \cdot \frac{1}{n^2} \le 0{,}5 \cdot 10^{-5} \quad \Rightarrow \quad n^2 \ge 0{,}862 \cdot 10^5 \quad \Rightarrow \quad n \ge 294$$

Man braucht also ca. 300 Teilintervalle.

Beweis der Fehlerabschätzung für $TR_n(f)$ Dieser funktioniert analog zum Beweis
bei den Rechteckformeln. Wir beschränken uns zunächst wieder auf das 1. Teilintervall
$[a; a+h]$, nur müssen wir 2-*mal* ableiten und dann entsprechend 2-mal integrieren (siehe
Abb. 5.29).

Für alle $0 \le t \le b - a$ erhalten wir:

$$E(a+t) = t \cdot \frac{f(a+t) + f(a)}{2} - \int\limits_a^{a+t} f(x)\mathrm{d}x$$

$$E'(a+t) = \frac{1}{2}\big[f(a+t) + f(a) + t \cdot f'(a+t)\big] - f(a+t)$$

$$= \frac{1}{2}\big[f(a) + t \cdot f'(a+t) - f(a+t)\big]$$

$$E''(a+t) = \frac{1}{2}\big[f'(a+t) + t \cdot f''(a+t) - f'(a+t)\big] = \frac{1}{2} \cdot t \cdot f''(a+t)$$

$$\Rightarrow \quad \text{für alle} \quad 0 \le t \le b: \quad \boxed{|E''(a+t)| \le M_2 \cdot \frac{t}{2}}$$

2-*malige* Integration ergibt zunächst für alle $0 \le s \le b - a$:

$$\boxed{|E'(a+s)|} = |E'(a+s) - \underbrace{|E'(a)|}_{0}| = \left|\int\limits_0^s E''(a+t)\mathrm{d}t\right|$$

$$\boxed{\le} \quad \int\limits_0^s |E''(a+t)|\mathrm{d}t \le \frac{M_2}{2} \cdot \int\limits_0^s t\,\mathrm{d}t = \boxed{M_2 \cdot \frac{s^2}{4}}$$

Abb. 5.30 (©) Fehler bei der Mittelpunktformel

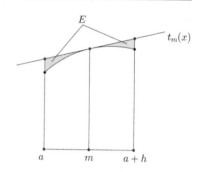

Und mit nochmaliger Integration für alle $0 \leq h \leq b - a$ (1. Teilintervall):

$$\boxed{|E(a + h)|} = |E'(a + h) - \underbrace{\lfloor E'(a) \rfloor}_{0}| = \left| \int_0^h E'(a + s)\mathrm{d}s \right|$$

$$\boxed{\leq} \int_0^h |E'(a + s)|\mathrm{d}s \leq \frac{M_2}{4} \cdot \int_0^h s^2\,\mathrm{d}s = \boxed{M_2 \cdot \frac{h^3}{12}}$$

Diese Abschätzung gilt in jedem der n Teilintervalle, daher erhalten wir:

Gesamtfehler: $$\boxed{|E(TR_n)| \leq n \cdot M_2 \cdot \frac{h^3}{12} = M_2 \cdot \frac{(b-a)^3}{12n^2} = M_2 \cdot (b-a) \cdot \frac{h^2}{12}}$$

Beweis der Fehlerabschätzung für $MI_n(f)$ Wieder beschränken wir uns zunächst auf das 1. Teilintervall $[a; a + h]$, der zugehörige Intervallmittelpunkt sei mit m bezeichnet: $m = a + \frac{h}{2}$. Hier werden wir die Taylorentwicklung aus der Analysis benötigen, vgl. dazu Abb. 5.30.

Die Gleichung der Tangente in $(m \mid f(m))$ ist gegeben durch: $t_m(x) = f(m) + f'(m) \cdot (x - m)$

Wir brauchen eine Abschätzung dem Betrage nach von

$$E := \int_a^{a+h} (t_m(x) - f(x))\mathrm{d}x \tag{5.4}$$

Dazu benützen wir zunächst die Taylorentwicklung von f um den Punkt m. Für $x \in [a; a + h]$ gilt:

$$f(x) = \underbrace{f(m) + f'(m) \cdot (x - m)}_{t_m(x)} + \frac{f''(\xi)}{2!}(x - m)^2 \quad \text{mit } \xi \text{ zwischen } m \text{ und } x$$

Daher gilt $t_m(x) - f(x) = -\frac{f''(\xi)}{2!}(x-m)^2$ und damit für $|E|$ (siehe Gl. (5.4)):

$$|E| = \left| \int_a^{a+h} -\frac{f''(\xi)}{2!} \underbrace{(x-m)^2}_{\geq 0} dx \right| \leq \int_a^{a+h} \underbrace{\left| -\frac{f''(\xi)}{2} \right|}_{\leq M_2/2} (x-m)^2 dx$$

$$\leq \frac{M_2}{2} \int_a^{a+h} (x-m)^2 dx = \frac{M_2}{6} \cdot (x-m)^3 \Big|_a^{a+h} = \frac{M_2}{6} \cdot \left[\left(\frac{h}{2} \right)^3 - \left(-\frac{h}{2} \right)^3 \right]$$

$$= M_2 \cdot \frac{h^3}{24}$$

Insgesamt also $|E| \leq M_2 \cdot \frac{h^3}{24}$, und diese Abschätzung gilt in jedem der n Teilintervalle, sodass wir für den Gesamtfehler erhalten:

$$\boxed{|E(MI_n)| \leq n \cdot M_2 \cdot \frac{h^3}{24} = M_2 \cdot \frac{(b-a)^3}{24n^2} = M_2 \cdot (b-a) \cdot \frac{h^2}{24}}$$

5.5.3 Verbesserte Mittelpunkt- und Trapezformeln

Die MI- und die TR-Formel lassen sich durch kleine Zusätze zu $\overline{MI}_n(f)$ bzw. $\overline{TR}_n(f)$ erheblich verbessern, sodass ihre Güte jener der Simpsonformel gleichkommt (4. Ordnung).

$$\boxed{\begin{aligned} \overline{MI}_n(f) &= MI_n(f) + \frac{h^2}{24} \cdot \left[f'(b) - f'(a) \right] \\ &= MI_n(f) + \frac{(b-a)^2}{24n^2} \cdot \left[f'(b) - f'(a) \right] \end{aligned}}$$

$$\boxed{\begin{aligned} \overline{TR}_n(f) &= TR_n(f) - \frac{h^2}{12} \cdot \left[f'(b) - f'(a) \right] \\ &= TR_n(f) - \frac{(b-a)^2}{12n^2} \cdot \left[f'(b) - f'(a) \right] \end{aligned}}$$

Also braucht man nur die entsprechenden Formeln mit einem Korrekturglied zu versehen, das sich relativ leicht berechnen lässt, und zwar aus zwei Werten der Ableitung. Zudem muss man es, wenn man die Werte für mehrere n ausrechnet, nicht jedes Mal ganz neu berechnen, sondern nur mit einem passenden Faktor multiplizieren (Faktor 1/4 bei Halbierung von h bzw. Verdopplung von n).

Es wundert nach dem Vorangehenden wohl wenig, dass sich die beiden Korrekturglieder wie 1 : 2 verhalten und entgegengesetzte Vorzeichen haben.

Allein dadurch ist schon plausibel: $\overline{MI_n}(f) \approx SI_n(f) \approx \overline{TR_n}(f)$, weil $SI_n(f)$ genau im Verhältnis $1:2$ zwischen $MI_n(f)$ und $TR_n(f)$ liegt.

Wir werden nur die Formel für $\overline{MI_n}(f)$ plausibel machen, bei jener für $\overline{TR_n}(f)$ bräuchte man weitere Hilfsmittel, die uns hier nicht zur Verfügung stehen, sodass wir auf eine Herleitung verzichten.

Bei der *MI-* und *TR*-Formel wurde der Integrand f stückweise durch Geraden approximiert (auch bei den Rechteckformeln), bei der Simpsonformel durch Parabeln, dort hatten wir bessere Ergebnisse. Nun versuchen wir erneut, *Parabeln* zur Approximation ins Spiel zu bringen:

Wir betrachten zunächst das 1. Teilintervall $[a; a + h]$ mit der Mitte $m = a + \frac{h}{2}$. Dann ist für $x \in [a; a + h]$ nach dem Satz von Taylor *ungefähr* ($L(x)$ bezeichne den „*L*inearen" Anteil):

$$f(x) \approx \underbrace{f(m) + f'(m) \cdot (x - m)}_{=:L(x)} + \frac{f''(m)}{2} \cdot (x - m)^2$$

$$= L(x) + \frac{f''(m)}{2} \cdot (x - m)^2$$

Das Integral $\int\limits_a^{a+h} L(x)\,dx$ ist bekanntlich die Rechteckfläche $h \cdot f(m)$, also ist (vgl. den obigen Beweis der Fehlerabschätzung für $MI_n(f)$)

$$\int\limits_a^{a+h} f(x)dx \approx h \cdot f(m) + \frac{f''(m)}{2} \cdot \int\limits_a^{a+h} (x - m)^2\,dx = h \cdot f(m) + \frac{f''(m)}{2} \cdot \frac{h^3}{12}$$

Die neue Näherung besteht also lokal aus dem alten Rechteck (wie bei der *MI*-Formel) und einem Korrekturglied, in dem die 2. Ableitung vorkommt. Die wesentliche Verbesserung ergibt sich aber erst, wenn man diese lokalen Korrekturen über alle Teilintervalle aufsummiert. Dann ist nämlich, wenn man jetzt mit m_k die Mitte des k-ten Teilintervalls bezeichnet:

$$\int\limits_a^b f(x)dx \approx \sum_{k=1}^n h \cdot f(m_k) + \sum_{k=1}^n \frac{f''(m_k)}{2} \cdot \frac{h^3}{12} = MI_n(f) + \frac{h^2}{24} \cdot \sum_{k=1}^n h \cdot f''(m_k)$$

Die letzte Summe ist nichts anderes als $MI_n(f'')$ für das Integral von f'':

$$\sum_{k=1}^n h \cdot f''(m_k) \approx \int\limits_a^b f''(x)\,dx = f'(b) - f'(a)$$

Letztlich ergibt sich daraus die obige Formel für $\overline{MI_n}(f)$:

$$\int\limits_a^b f(x)\,dx \approx MI_n(f) + \frac{h^2}{24}\cdot\left[f'(b) - f'(a)\right]$$

Wir haben damit auch gesehen, dass die geometrische Bedeutung von $\overline{MI_n}(f)$ in speziellen Parabeln liegt, jene von $\overline{TR_n}(f)$ liegt auch in speziellen (anderen) Parabeln (ohne Beweis).

5.5.4 Aufgaben zu 5.5

1. Bestimmen Sie eine obere Schranke für den Fehler, wenn man das Integral $\int_1^2 x^2 dx$ mit den Rechteckformeln berechnet ($n = 4$ Teilintervalle). Berechnen Sie auch den exakten Wert des Integrals und vergleichen Sie die wirklichen Fehler mit den eben berechneten Schranken.
2. Berechnen Sie Fehlerschranken für die Mittelpunkt- und die Trapezformel zu den Aufg. 1, 2 und 3b aus Abschn. 5.3! Vergleichen Sie die Fehlerschranken mit dem tatsächlichen Fehler.
3. Berechnen Sie bessere Näherungswerte für die Integrale in den Aufg. 1, 2 und 3b aus Abschn. 5.3 mittels der verbesserten Mittelpunktformel, der verbesserten Trapezformel und der Simpsonformel.
4. a) Berechnen Sie $\int_1^2 \frac{1}{x} dx$ näherungsweise mit der Trapezformel $TR_n(f)$ bzw. mit der Mittelpunktformel $MI_n(f)$ für $n = 4$ und 8 Teilintervalle.
   b) Wie genau sind die Näherungen jeweils? Berechnen Sie zum einen die zugehörigen Fehlerschranken und zum anderen die wirklichen Fehler.
   c) Wie groß muss die Anzahl n der Teilintervalle mindestens sein, sodass man garantieren kann, bei der Berechnung von $\ln(2)$ mittels $TR_n(f)$ bzw. $MI_n(f)$ mindestens sechs signifikante Nachkommastellen zu erhalten?
5. Zeigen Sie, dass die *verbesserte Mittelpunkt-* und die *verbesserte Trapezregel*

$$\overline{MI_n}(f) = MI_n(f) + \frac{h^2}{24}\cdot\left[f'(b) - f'(a)\right] ;$$

$$\overline{TR_n}(f) = TR_n(f) - \frac{h^2}{12}\cdot\left[f'(b) - f'(a)\right]$$

auch für Polynome 3. Grades das Integral *exakt* berechnen! Hinweise:
a) Es reicht, dies für den Fall $n = 1$ (ein einziges Teilintervall) zu zeigen (warum?).
b) Es reicht, dies für das Polynom $f(x) = x^3$ zu zeigen.

Verbessern Sie so die Werte aus Aufg. 4a); vergleichen Sie die *neuen* Fehler mit den *alten*.

6. Der auf sechs signifikante Ziffern gerundete Wert von $A = \int\limits_0^{0,4} \sqrt{1 + \cos^2 x}\, dx$ beträgt $A = 0{,}558294$ (dies entspricht der Bogenlänge der Sinuskurve zwischen $x = 0$ und $x = 0{,}4$). Berechnen Sie das Integral mit $n = 4$ Teilintervallen mittels der *TR*- bzw. *MI*-Formel und auch mittels der jeweils *verbesserten* Version. Wie groß sind die jeweiligen wirklichen Fehler? Um eine obere Schranke für die Fehler angeben zu können (wenn der *exakte* Wert nicht angegeben wäre), braucht man $M_2 := \max\limits_{x \in [0;0,4]} |f''(x)|$.

   Begründen Sie, dass $M_2 = \frac{1}{\sqrt{2}}$ ist, geben Sie damit Fehlerschranken für obige Werte bei der normalen *TR*- bzw. *MI*-Formel an und vergleichen Sie mit den tatsächlichen Fehlern.

7. a) Berechnen Sie $\int\limits_0^1 \sqrt{1 - x^2}\, dx$ mit der *TR*-Formel für $n = 2, 4, 8$ und 16. Der exakte Wert des Integrals ist $\frac{\pi}{4}$ (warum?); berechnen Sie damit die Fehler $\Delta_n = TR_n - \frac{\pi}{4}$ sowie die Fehlerquotienten $\frac{\Delta_n}{\Delta_{2n}}$. (Man beachte: Der Integrand ist für $x = 1$ nicht differenzierbar!) Bestimmen Sie aus TR_{16} eine Näherung für π. Wie viele signifikante Ziffern hat sie?

   b) Zeigen Sie geometrisch $\int\limits_0^{0,5} \sqrt{1 - x^2}\, dx = \frac{\pi}{12} + \frac{\sqrt{3}}{8}$. Berechnen Sie das Integral, die Fehler und Fehlerquotienten sowie eine Näherung für π analog zu a).

Lineare Gleichungssysteme

6

6.1 Algebraisch alles im Griff, aber . . .

Für lineare Gleichungssysteme (LGS) mit beliebiger Anzahl von Gleichungen bzw. Unbekannten gibt es algebraische Lösungsverfahren, die mit Sicherheit die gesamte Lösungsmenge produzieren (entweder eine eindeutige Lösung oder unendlich viele) bzw. die Nichtlösbarkeit diagnostizieren. Das geläufigste unter ihnen ist die Gauß-Elimination (vgl. Abschn. 6.2). Wenn man ein LGS lösen muss, kann man sich also beruhigt zurücklehnen – könnte man meinen.

Doch selbst einfache Standard-Schulbuchaufgaben erweisen sich zuweilen als tückisch, wenn man sie unter *numerischen* Aspekten betrachtet.

> **Beispiel**
>
> Ein Goldschmied möchte den Feingehalt eines silbernen Armbandes bestimmen, das aus einer Silber-Kupfer-Legierung besteht. Die Masse des Armbands wird bestimmt zu $M = 22{,}0\,\text{g}$, sein Volumen zu $V = 2{,}15\,\text{cm}^3$.
> Die Dichte von Silber beträgt $10{,}5\,\text{g/cm}^3$, von Kupfer $9{,}0\,\text{g/cm}^3$.

Der Feingehalt ist der (Massen-)Anteil des Edelmetalls an der Legierung, gemessen in Tausendsteln, d. h. in Promille; z. B. bedeutet *Feingehalt 800*, dass der Anteil des Silbers an der Gesamtmasse $800/1000 = 80\,\%$ beträgt.

Lösungsansatz: Es seien x und y die Massen von Silber bzw. Kupfer im Armband. Dann ist

$$\text{I:}\quad x + y = 22{,}0 \qquad \text{(1. Gleichung: Masse)}$$

Die Dichte D einer Substanz beträgt $D = \frac{M}{V}$, wenn M ihre Masse und V ihr Volumen ist. Also ist $V = \frac{M}{D}$. Für das Gesamtvolumen des Armbandes ergibt sich $V_{\text{Silber}} + V_{\text{Kupfer}} = 2{,}15\,\text{cm}^3$ und daher

$$\text{II:}\quad \frac{x}{10{,}5} + \frac{y}{9{,}0} = 2{,}15 \qquad \text{(2. Gleichung: Volumen)}$$

© Springer-Verlag Berlin Heidelberg 2015
B. Schuppar, H. Humenberger, *Elementare Numerik für die Sekundarstufe*,
Mathematik Primarstufe und Sekundarstufe I + II, DOI 10.1007/978-3-662-43479-6_6

Das sind die beiden linearen Gleichungen für die Unbekannten x, y. Setzt man $x = 22{,}0 - y$ in die 2. Gleichung ein, so ergibt sich mit der Abkürzung $c = \frac{1}{9{,}0} - \frac{1}{10{,}5}$ die Lösung (nachrechnen!):

$$y = \frac{1}{c} \cdot \left(2{,}15 - \frac{22{,}0}{10{,}5} \right) = 3{,}45 \, ; \qquad x = 22{,}0 - \frac{1}{c} \cdot \left(2{,}15 - \frac{22{,}0}{10{,}5} \right) = 18{,}55$$

Somit beträgt der Feingehalt: $\frac{18{,}55}{22{,}0} \cdot 1000 = 843$

So weit, so gut. Die Probleme beginnen jedoch, wenn man Masse und Volumen als gemessene, also fehlerbehaftete Größen ansieht, etwa mit den Fehlerschranken:

$$M = 22{,}0 \pm 0{,}1 \, \mathrm{g} \, ; \quad V = 2{,}15 \pm 0{,}01 \, \mathrm{cm}^3$$

Der relative Fehler beträgt in beiden Fällen weniger als 0,5 %, zweifellos ein akzeptabler Wert. Die beiden Zahlenwerte für die Dichten nehmen wir der Einfachheit halber als exakt an (obwohl sie streng genommen auch etwas ungenau sind), somit ist auch der Wert von c fehlerfrei.

Mittels Intervallrechnung kann man dann Fehlerschranken für x und y bestimmen:

$$y_{\max} = \frac{1}{c} \cdot \left(2{,}16 - \frac{21{,}9}{10{,}5} \right) = 4{,}68$$

$$y_{\min} = \frac{1}{c} \cdot \left(2{,}14 - \frac{22{,}1}{10{,}5} \right) = 2{,}22 \qquad \text{also} \quad y = 3{,}45 \pm 1{,}23$$

$$x_{\max} = 22{,}1 - \frac{1}{c} \cdot \left(2{,}14 - \frac{22{,}1}{10{,}5} \right) = 19{,}88$$

$$x_{\min} = 21{,}9 - \frac{1}{c} \cdot \left(2{,}16 - \frac{21{,}9}{10{,}5} \right) = 17{,}22 \qquad \text{also} \quad x = 18{,}55 \pm 1{,}33$$

Das ergibt bei y eine *relative* Fehlerschranke von satten 36 %, bei x immerhin noch 7,2 %. Damit ist der Wert von y praktisch unbrauchbar, und x hat im Vergleich zu den relativen Fehlerschranken der Messwerte immer noch einen viel zu großen Maximalfehler. Zwar wird im vorliegenden Kontext nur der Wert von x benötigt, aber in ähnlichen Aufgaben zu einem anderen Kontext könnte y einen wesentlichen Bestandteil der Lösung ausmachen, sodass man die Brauchbarkeit infrage stellen muss.

Und auch hier wäre mit x der Feingehalt $F = \frac{x}{M}$ nur sehr unsicher bestimmt: Hier soll bei der Berechnung von $F_{\max}$ nicht $x_{\max}$ und $M_{\min}$ eingesetzt werden, sondern $x_{\max}$ und $M_{\max}$, denn bei der Berechnung von $x_{\max}$ ist $M_{\max}$ eingeflossen, und man soll nicht zwei verschiedene Werte für dieselbe Variable (hier M) in einer Rechnung einsetzen; dies würde das resultierende Intervall (hier für F) unnötig groß machen. In der Form $F = \frac{x}{M}$ ist a priori zunächst nicht klar, ob man für die Berechnung von $F_{\max}$ die Werte $x_{\max}$ und $M_{\max}$ oder $x_{\min}$ und $M_{\min}$ einsetzen soll. Eine Umformung bringt aber die Erkenntnis,

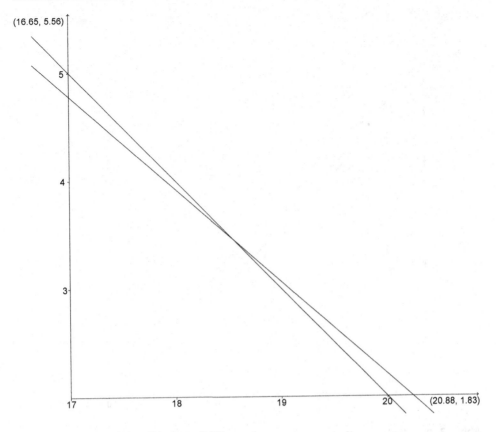

Abb. 6.1 (©) Schlecht konditioniertes LGS

dass M_{max} zu F_{max} führt:

$$F = \frac{x}{M} = \frac{M - \frac{1}{c}\left(V - \frac{M}{10,5}\right)}{M} = 1 + \frac{1}{c \cdot 10,5} - \frac{1}{c} \cdot \frac{V}{M}$$

Also ist M_{max} für F_{max} einzusetzen:

$$F_{max} = \frac{x_{max}}{M_{max}} \cdot 1000 = 900; \qquad F_{min} = \frac{x_{min}}{M_{min}} \cdot 1000 = 786$$

Der Grund für diese großen Fehlerschranken wird sofort klar, wenn man die Gleichungen grafisch darstellt: Abb. 6.1 zeigt die Geraden

$$\text{I: } y = 22,0 - x \quad \text{und} \quad \text{II: } y = 9,0 \cdot \left(2,15 - \frac{x}{10,5}\right).$$

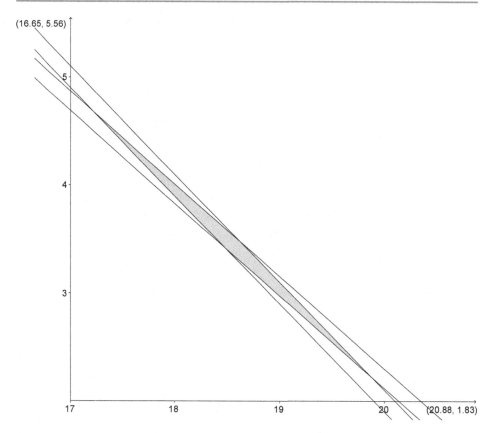

Abb. 6.2 (©) Mögliche Lösungen des schlecht konditionierten LGS

Diese beiden Geraden, die einander im Lösungspunkt schneiden, bilden dort einen sehr kleinen Winkel (*schleifender Schnitt*), sodass kleine Änderungen der rechten Seiten (d. h. der Messwerte) relativ große Änderungen des Schnittpunkts (x, y) nach sich ziehen. Zeichnet man die Geraden jeweils mit den maximalen und minimalen Messwerten, so sieht man, dass die Lösung innerhalb eines *Parallelogramms* liegt, und im vorliegenden Fall ist dieses Parallelogramm eben sehr spitz (Abb. 6.2). Man sagt: Das Gleichungssystem ist *schlecht konditioniert*.

Wenn die Geraden der beiden Gleichungen nahezu senkrecht aufeinanderstehen, dann ist das Gebiet möglicher Lösungen eher rechteckig und nicht so ausgedehnt (Abb. 6.3); in diesem Fall hat man ein *gut konditioniertes* LGS.

Dies ist ein *grundsätzliches* Problem bei schleifenden Schnitten (annähernd gleichen Steigungen), nicht abhängig vom speziellen Lösungsverfahren (z. B. Gauß-Elimination).

Wenn man z. B. die Cramer'sche Regel zur Lösung verwendet, so kommt man mit Intervallrechnung zu denselben Ergebnissen.

Abb. 6.3 (©) Mögliche
Lösungen eines gut kondi-
tionierten LGS

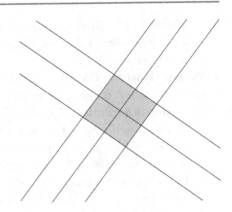

Einschub: Die Cramer'sche Regel   Wenn A eine nichtsinguläre quadratische Matrix ist,
so ist die Lösung des Gleichungssystems $A \cdot \vec{x} = \vec{b}$ gegeben durch $x_n = \frac{\det A_i}{\det A}$, wobei A_i
jene Matrix ist, die man erhält, wenn man in A die i-te Spalte durch $\vec{b}$ ersetzt.

$$\text{Beispiel:}\quad \begin{matrix} 4x + 2y = 3 \\ 7x + 4y = 4 \end{matrix}\ :\quad x = \frac{\begin{vmatrix} 3 & 2 \\ 4 & 4 \end{vmatrix}}{2} = 2;\quad y = \frac{\begin{vmatrix} 4 & 3 \\ 7 & 4 \end{vmatrix}}{2} = -\frac{5}{2}$$

Vom numerischen Standpunkt aus bringt diese Berechnung der Lösungen keine Vorteile. Die effiziente und numerisch verlässliche Berechnung der Determinanten ist gar nicht
so leicht, denn Fehler in den Einträgen von $\vec{b}$ können sich verheerend auswirken. Auch
und besonders die Berechnung der Inversen (vom algebraischen Standpunkt aus gesehen
braucht man ja „nur" A^{-1}, denn $\vec{x} = A^{-1} \cdot \vec{b}$) ist ein nichttriviales numerisches Problem insbesondere bei großen Matrizen, denn der Rechenaufwand ist immens hoch, ganz
abgesehen von Fehlerauswirkungen!

Numerische Schwierigkeiten   Schon bei kleinen LGS kann es also zu großen numerischen Schwierigkeiten kommen, erst recht bei größeren LGS. Je mehr Gleichungen, desto
komplizierter ist der Algorithmus und desto zahlreicher sind die Fehlerquellen. Bisher war
nur die rechte Seite $\vec{b}$ des LGS mit Fehlern behaftet; noch viel schlimmer ist die numerische Situation, wenn auch noch die Koeffizienten der Matrix A mit Fehlern behaftet sind.
Die Lösung kann dann völlig unbrauchbar werden.

Fazit   Lineare Gleichungssysteme machen zwar algebraisch wenige Probleme. Wenn aber
$\vec{b}$ oder A ungenaue Einträge enthalten, so muss man die Lösung kritisch hinterfragen,
sonst kann man u. U. böse Überraschungen erleben.

Bemerkungen
- Die Gauß-Elimination ist ein probates algebraisches Verfahren. Für große LGS, etwa
  mit 100 Gleichungen und Unbekannten (oder auch 1000), lohnt es sich aber zu fragen:

- Wie groß ist der *Rechenaufwand*, wie viele Rechenoperationen braucht man?
- Welchen Einfluss haben die *Rundungsfehler*? (Die Wirkung steigt mit der Zahl der Operationen.)

- Manchmal sind die LGS einfach gebaut, dann gibt es spezielle Lösungsverfahren (nicht unser Thema!). Z. B., wenn die Koeffizientenmatrix A
  - *symmetrisch* (zur Hauptdiagonale) ist,
  - eine *Bandmatrix* ist (z. B. eine *Tridiagonalmatrix*, in der nur die Hauptdiagonale und die beiden Nebendiagonalen besetzt sind),
  - *schwach besetzt* ist (d. h., nur wenige Koeffizienten sind verschieden von 0).

- Im Gegensatz zu den sogenannten *direkten* Verfahren (z. B. Gauß-Algorithmus, Cramer'sche Regel) gibt es auch *Iterationsverfahren*, die ein LGS „nur" *näherungsweise* lösen. In bestimmten Fällen kann dies sogar besser sein, etwa wenn eine Iterationsmethode schneller ist als eine direkte.

- Hinzu kommt, dass man zuweilen Systeme zu lösen hat, die einerseits sehr groß und andererseits *überbestimmt* sind (mit mehr Gleichungen als Unbekannten), sodass sie algebraisch gar nicht lösbar sind; dann kann man grundsätzlich nur eine *Näherungs*lösung erreichen (vgl. Abschn. 6.5).

6.1.1 Aufgaben zu 6.1

1. Eine goldene Halskette habe die Masse $120\,\mathrm{g}$ und das Volumen $6{,}9\,\mathrm{cm}^3$. Bestimmen Sie den Feingehalt sowie eine Fehlerschranke für diesen mit Intervallrechnung!
   (Dichte von Gold $19{,}3\,\mathrm{g/cm}^3$, von Kupfer $9{,}0\,\mathrm{g/cm}^3$. Fehlerschranken für Masse und Volumen seien wie oben $0{,}1\,\mathrm{g}$ bzw. $0{,}01\,\mathrm{cm}^3$.)
   Zeichnen Sie die Graphen der zugehörigen Gleichungen, und beurteilen Sie die Kondition des Systems.

2. Ein 2×2-System $\begin{aligned} a_{11}\,x + a_{12}\,y &= b_1 \\ a_{21}\,x + a_{22}\,y &= b_2 \end{aligned}$ wird mit der Cramer'schen Regel wie folgt gelöst: Es sei $D = a_{11}\,a_{22} - a_{21}\,a_{12}$ die Determinante des Systems; wenn $D \neq 0$, so ist
$$x = \frac{b_1 a_{22} - b_2 a_{12}}{D} \quad \text{und} \quad y = \frac{a_{11} b_2 - a_{21} b_1}{D}.$$
   a) Beweisen Sie die Cramer'sche Regel.
   b) Führen Sie die Intervallrechnung in Aufg. 1 mit dieser Formel aus.

3. a) Lösen Sie das System $\begin{aligned} 3x - y &= 5 \\ x + 3y &= 4 \end{aligned}$ grafisch. Zeichnen Sie den Bereich möglicher Lösungen, wenn $b_1 = 5 \pm 0{,}5$ und $b_2 = 4 \pm 0{,}5$. Welche Gestalt hat dieser Bereich? Bestimmen Sie grafisch Intervalle für x und y.
   b) Bestimmen Sie Fehlerschranken für x und y mit Intervallrechnung (beliebiges Lösungsverfahren). Wie verhält sich dieses System bezüglich der Fehlerfortpflanzung?

6.2 Gauß-Elimination

Wir gehen aus von einem LGS mit n Gleichungen in n Variablen:

$$a_{11}x_1 + a_{12}x_2 + \ldots + a_{1n}x_n = b_1$$
$$\vdots \qquad \vdots \qquad \qquad \vdots \qquad \quad \vdots$$
$$a_{i1}x_1 + a_{i2}x_2 + \ldots + a_{in}x_n = b_i$$
$$\vdots \qquad \vdots \qquad \qquad \vdots \qquad \quad \vdots$$
$$a_{n1}x_1 + a_{n2}x_2 + \ldots + a_{nn}x_n = b_n$$

Wir nehmen außerdem an, dass das System *eindeutig lösbar* ist. (Fälle von Nichtlösbarkeit oder mehrdeutiger Lösbarkeit wollen wir als Ausnahmefälle ansehen.) Üblicherweise wird das LGS in *Matrixform* geschrieben als

$$A\,\vec{x} = \vec{b} \quad \text{mit} \quad A = \begin{pmatrix} a_{11} & \ldots & a_{1n} \\ \vdots & & \vdots \\ a_{n1} & \ldots & a_{nn} \end{pmatrix}, \quad \vec{x} = \begin{pmatrix} x_1 \\ \vdots \\ x_n \end{pmatrix}, \quad \vec{b} = \begin{pmatrix} b_1 \\ \vdots \\ b_n \end{pmatrix}$$

A ist in diesem Fall eine *quadratische* $n \times n$-Matrix.

Fügt man der Matrix A den Spaltenvektor $\vec{b}$ an der rechten Seite hinzu, so erhält man die *erweiterte Matrix*:

$$A|\,\vec{b} = \left(\begin{array}{ccc|c} a_{11} & \ldots & a_{1n} & b_1 \\ \vdots & & \vdots & \vdots \\ a_{n1} & \ldots & a_{nn} & b_n \end{array} \right)$$

Mögliche *Zeilenoperation* in der erweiterten Matrix sind:

1. zwei Zeilen vertauschen,
2. eine Zeile mit einer Konstanten $\neq 0$ multiplizieren,
3. eine Zeile zu einer anderen Zeile addieren.

Durch solche Zeilenoperationen ändert sich die Lösungsmenge des LGS nicht. Bei der Gauß-Elimination wird nun die erweiterte Matrix durch passende Zeilenoperationen in eine *obere Dreiecksmatrix* umgewandelt, in der alle Matrixelemente unterhalb der Hauptdiagonale gleich 0 sind:

$$\left(\begin{array}{cccc|c} \times & \cdots & \cdots & \times & \times \\ 0 & \times & & \vdots & \vdots \\ \vdots & \ddots & \times & \vdots & \vdots \\ 0 & \cdots & 0 & \times & \times \end{array} \right)$$

Anschließend wird das Gleichungssystem von unten nach oben aufgelöst.

Im Einzelnen

1. Schritt: Lasse die 1. Zeile unverändert.

Für $i = 2, \dots, n$: Addiere zur Zeile i das $(-\frac{a_{i1}}{a_{11}})$-Fache der Zeile 1

$\rightarrow$ Nullen in der 1. Spalte unter der Hauptdiagonale.

Die 1. Zeile heißt hier *Arbeitszeile* oder *working row*.

Dazu muss $a_{11} \neq 0$ sein. Ist das nicht der Fall, vertauscht man vorher zwei Zeilen, sodass $a_{11} \neq 0$ ist (das ist bei unseren Voraussetzungen immer möglich, sonst wäre das LGS nicht eindeutig lösbar). Wir erhalten dadurch eine *neue Matrix*; wir verwenden jedoch keine neuen Bezeichnungen für die geänderten Einträge in der neuen Matrix.

2. Schritt: Lasse die 1. und 2. Zeile unverändert.

Für $i = 3, \dots, n$:

In der *neuen Matrix* addiere zur Zeile i das $(-\frac{a_{i2}}{a_{22}})$ -Fache der Zeile 2

$\rightarrow$ Nullen in der 2. Spalte unter der Hauptdiagonale (falls $a_{22} = 0$, vorher passenden Zeilentausch durchführen!). Die 2. Zeile ist nun die *Arbeitszeile*.

$\vdots$

$(n-1)$. *Schritt*: Lasse die 1. bis $(n-1)$. Zeile unverändert.

Addiere in der neuen Matrix zur Zeile n das $(-\frac{a_{n(n-1)}}{a_{(n-1)(n-1)}})$ -Fache der Zeile $(n-1)$.

Dann hat die Matrix Dreiecksform, und es sind alle Diagonalelemente $a_{ii} \neq 0$.

Das anschließende Auflösen durch *Rückeinsetzen* kann ebenfalls in der Matrixform durchgeführt werden:

n. Schritt: Dividiere Zeile n durch a_{nn} (Auflösen nach x_n) $\rightarrow$ neue Zeile n.

Für $i = 1, \dots, n - 1$: Addiere das $(-a_{in})$-Fache der neuen Zeile n zu Zeile i

$\rightarrow$ in der Spalte n sind alle Elemente *oberhalb* der Diagonale gleich 0.

$(n + 1)$. *Schritt*: analog mit der $(n - 1)$. Spalte

$\vdots$

$(2n - 1)$. *Schritt*: analog mit der 1. Spalte (nur noch eine Division)

Wichtig: *Alle* Operationen sind in der *erweiterten* Matrix auszuführen!

Nach Beenden des Verfahrens enthält die rechte Spalte der erweiterten Matrix den Lösungsvektor $\vec{x}$.

Beispiel 4×4-Gleichungssystem (in Matrixform, leere Zellen enthalten Nullen):

2	– 1	– 3	2	16,5	
2	– 1	– 2	– 1	7,5	+ (– 2/2) · Zeile 1
4	2	2	– 3	– 7	+ (– 4/2) · Zeile 1
3	2	– 1	– 1	4,5	+ (– 3/2) · Zeile 1

2	– 1	– 3	2	16,5	
	0	1	– 3	– 9	Zeilentausch,
	4	8	– 7	– 40	da $a_{22} = 0$
	3,5	3,5	– 4	– 20,25	

2	– 1	– 3	2	16,5	
	4	8	– 7	– 40	
	0	1	– 3	– 9	+ (– 0/4) · Zeile 2
	3,5	3,5	– 4	– 20,25	+ (– 3,5/4) · Zeile 2

2	– 1	– 3	2	16,5	
	4	8	– 7	– 40	
		1	– 3	– 9	
		– 3,5	2,125	14,75	+ (+ 3,5/1) · Zeile 3

2	– 1	– 3	2	16,5
	4	8	– 7	– 40
		1	– 3	– 9
			– 8,375	– 16,75

Beim anschließenden Rückeinsetzen sind *zuerst die Divisionen* auszuführen:

2	− 1	− 3	2	16,5	+ (− 2) · neue Zeile 4
	4	8	− 7	− 40	+ 7 · neue Zeile 4
		1	− 3	− 9	+ 3 · neue Zeile 4
			− 8,375	− 16,75	: (− 8,375)(*zuerst!*)

2	− 1	− 3		12,5	+ 3 · neue Zeile 3
	4	8		− 26	+ (− 8) · neue Zeile 3
		1		− 3	: 1 (*zuerst!*)
			1	2	

2	− 1			3,5	+ 1 · neue Zeile 2
	4			− 2	: 4 (*zuerst!*)
		1		− 3	
			1	2	

2				3	: 2
	1			− 0,5	
		1		− 3	
			1	2	

Bemerkung Rechnet man mit der Hand, so kann man manchmal Tricks verwenden, um die Rechnung zu vereinfachen. Ein *Algorithmus* (so wie im Beispiel) muss aber *allgemein* funktionieren und kann daher auf besondere Situationen keine Rücksicht nehmen.

Wie viele Rechenoperationen braucht man zum Lösen eines solchen Gleichungssystems?

Ein kleines System ($n = 4$ oder $n = 10$) bringt einen Computer nicht zum Schwitzen, aber bei großen Systemen ($n = 100$ oder $n = 1000$) lohnt es sich, über den Aufwand nachzudenken.

Wie steigt der Aufwand mit wachsendem n?

Wir zählen jetzt nur die *wesentlichen* Operationen, nämlich Multiplikationen und Divisionen. Denn Additionen nehmen wesentlich weniger Zeit in Anspruch (das ist beim maschinellen Rechnen nicht anders als beim schriftlichen), und außerdem weiß man, dass bei den Zeilenoperationen zu jeder Multiplikation eine Addition gehört, sodass man ungefähr so viele Additionen wie wesentliche Operationen auszuführen hat.

1. Schritt: Eine Zeilenoperation (in der erweiterten Matrix) benötigt
1 Division zur Berechnung des Multiplikators $-\frac{a_{i1}}{a_{11}}$ sowie
n Multiplikationen dieses Faktors mit den Koeffizienten.
Es werden $n - 1$ Zeilenoperationen ausgeführt
$\rightarrow (n - 1) \cdot (n + 1) = n^2 - 1$ *wesentliche* Operationen.

2. Schritt: In jeder Zeilenoperation gibt es eine Multiplikation weniger als im vorigen Schritt, insgesamt auch eine ganze Zeilenoperation weniger
$\rightarrow (n - 2) \cdot n = (n - 1)^2 - 1$ wesentliche Operationen.

$\vdots$

$(n - 1)$. *Schritt*: $\rightarrow 2^2 - 1$ wesentliche Operationen.

Das macht insgesamt für die *Triangulierung* (Umformung der Matrix auf Dreiecksgestalt):
$\sum_{i=2}^{n} (i^2 - 1)$ wesentliche Operationen.

Mit Hilfe der Formel für die Summe der ersten n Quadratzahlen ist klar: Diese Summe beträgt

$$\sum_{i=2}^{n} (i^2 - 1) = \sum_{i=1}^{n} (i^2 - 1) = \frac{n(n + 1)(2n + 1)}{6} - n.$$

Beim folgenden Rückeinsetzen wird praktisch nur noch in der rechten Spalte der erweiterten Matrix gerechnet (alle anderen Werte bleiben ja entweder gleich oder werden 0):

n. Schritt: 1 Division sowie $n - 1$ Multiplikationen $\rightarrow n$ wesentliche Operationen

Die Anzahl der Multiplikationen nimmt in jedem weiteren Schritt um 1 ab:

$(n + 1)$. *Schritt*: $\rightarrow n - 1$

$\vdots$

$(2n - 1)$. *Schritt*: $\rightarrow 1$

Also insgesamt noch einmal

$$n + (n - 1) + (n - 2) + \ldots + 2 + 1 = \frac{n(n + 1)}{2} \quad \text{wesentliche Operationen.}$$

Für große n ist die Anzahl der Operationen für die Triangulierung ungefähr gleich $\frac{n^3}{3}$; demgegenüber ist der Aufwand von ca. $\frac{n^2}{2}$ Operationen für das nachfolgende Auflösen der Gleichungen verschwindend gering (man mache sich das für $n = 100$ einmal klar: 330.000 und 5000!). Außerdem sieht man: Eine Verdopplung der Anzahl von Gleichungen / Unbekannten kostet ungefähr den 8-fachen Aufwand. Es könnte sich also gegebenenfalls lohnen, über eine Verkleinerung von großen LGS nachzudenken.

Divisionen durch betraglich kleine Zahlen sind ein großes numerisches Risiko (vgl. Abschn. 2.4.2):

$$z = \frac{x}{y} \quad \Rightarrow \quad \Delta z \approx \frac{\Delta x}{y} - \frac{x \cdot \Delta y}{y^2}$$

Der absolute Fehler des Quotienten ist stark vom Nenner y abhängig! Beim Gauß-Algorithmus muss ständig durch Koeffizienten dividiert werden, sodass es nicht günstig sein wird, wenn diese sehr klein sind. Die *Rundungsfehler* können sich sonst sehr unangenehm bemerkbar machen. Rundungsfehler sind aber unvermeidbar, weil man eben nur mit endlich vielen Stellen rechnen kann.

Beispiel 1

$$0,1\,x + 10\,y = 2$$
$$10\,x + 0,1\,y = 3$$

Dieses 2×2-System hat die exakten Lösungen $x = 0,\overline{2980}$, $y = 0,\overline{1970}$.

Rechnet man mit 3-stelliger Gleitkomma-Arithmetik, so ergibt sich Folgendes (überprüfen Sie die Rechnung!):

0,100	10,0	2,00	
10,0	0,100	3,00	+ (− 10,0/0,100) · Zeile 1

0,100	10,0	2,00	
	−100·10¹	− 197	: (−100·10¹)
	gerundet		

0,100	10,0	2,00	+ (− 10,0) · Zeile 2
	1,00	0,197	

0,100		0,0300	:(0,100)
	1,00	0,197	

Damit ist $y = 0{,}197$ der korrekt gerundete Wert (drei signifikante Nachkommaziffern), aber $x = 0{,}300$ hat nur noch zwei signifikante Nachkommaziffern.

Grund: Der Wert $-100 \cdot 10^1$ ist ja ein gerundeter Wert, sodass das Ergebnis $0{,}197$ der Division natürlich auch mit Fehlern behaftet ist; beim Rückeinsetzen passiert eine *Auslöschung* von Ziffern, denn bei der Subtraktion etwa gleich großer (Näherungs-)Werte $(2{,}00 - 1{,}97 = 0{,}0300)$ gehen signifikante Stellen verloren.

Der Fehler sieht in diesem Fall nicht schlimm aus, aber:

- Bei größeren Systemen kann sich der Fehler weiter aufschaukeln.
- Man kann ohne Mühe noch extremere Beispiele konstruieren, bei denen die Lösungen völlig falsch sind (siehe Beispiel 2).

Beispiel 2 mit 3-stelliger Gleitkommarechnung:

$$0{,}001\,x + 1\,y = 0{,}6$$
$$1\,x + 1\,y = 1$$

Dieses 2×2-System hat die exakten Lösungen $x = 0{,}\overline{400}$, $y = 0{,}\overline{599}$.

0,00100	1,00	0,600	
1,00	1,00	1,00	+ (– 1,00/0,00100) · Zeile 1

0,00100	1,00	0,600	
	– 999	– 599	: (– 999)

0,00100	1,00	0,600	+ (– 1,00) · Zeile 2
	1,00	0,600	

0,00100		0	:(0,00100)
	1,00	0,600	

Damit ergibt sich für x der unsinnige Wert $x = 0$ (sehr weit weg von der eigentlichen Lösung!).

Grund: $0{,}600$ ist fehlerbehaftet, dann kommt eine Differenz annähernd gleicher (Näherungs-)Werte im 3. Schritt!

Diesen Stellenverlust kann man hier einfach vermeiden, indem man die Zeilen vertauscht, sodass das größere Element in der 1. Spalte zum Diagonalelement wird:

Beispiel 1:

$$10\,x + 0{,}1\,y = 3$$
$$0{,}1x + 10\,y = 2$$

Beispiel 2:

$$1\,x + 1\,y = 1$$
$$0{,}001x + 1y = 0{,}6$$

Beispiel 1 in normaler Schreibweise (keine durchgehende Kennzeichnung der Dreistelligkeit!)

10	0,1	3	
0,1	10	2	$+\,(-\,0{,}1/10)\cdot$ Zeile 1

10	0,1	3	
	10	1,97	$:\,(10)$

10	0,1	3	$+\,(-\,0{,}1)\cdot$ Zeile 2
	1	0,197	

10		2,98	$:\,(10)$
	1	0,197	

1		0,298	
	1	0,197	

Beispiel 2 in normaler Schreibweise (keine durchgehende Kennzeichnung der Dreistelligkeit!)

1	1	1	
0,001	1	0,6	+ (− 0,001/1) · Zeile 1

1	1	1	
	0,999	0,599	: (0,999)

1	1	1	
	1	0,600	+ (− 1) · Zeile 2

1		0,400	
	1	0,600	

Beide Lösungen ergeben sich jetzt mit drei signifikanten Nachkommastellen!

Gauß-Elimination mit Teil-Pivotsuche (Spalten-Pivotsuche) Allgemein kann bei einem $n \times n$-Gleichungssystem das Gauß-Verfahren folgendermaßen modifiziert werden: die beteiligten betragsgrößten Matrixelemente heißen *Pivotelemente* (engl., franz.: „pivot" = Zapfen; Dreh-, Angelpunkt):

1. Schritt: Bestimme in der 1. Spalte das betragsgrößte Element; vertausche dessen Zeile in der erweiterten Matrix mit der 1. Zeile.
Führe dann in der 1. Spalte die Elimination durch wie vorher.

2. Schritt: In der neuen Matrix bestimme das betragsgrößte Element in der 2. Spalte von der Diagonale abwärts, also aus $a_{22}, \ldots, a_{n2}$; vertausche dessen Zeile mit der 2. Zeile und eliminiere.

...*i. Schritt*: Bestimme das betragsgrößte Element in der i. Rest-Spalte aus $a_{ii}, \ldots, a_{ni}$; vertausche dessen Zeile mit der i. Zeile und eliminiere.

Nach $n − 1$ Schritten (Triangulierung) geschieht das Rückeinsetzen wie vorher.

Beispiel eines 3×3-LGS (die Pivotelemente sind doppelt umrandet):

2	-3	0	3	Tausche Zeilen 1 und 2
4	-5	1	7	
2	-1	3	5	

4	-5	1	7	
2	-3	0	3	$+ (-2/4) \cdot$ Zeile 1
2	-1	3	5	$+ (-2/4) \cdot$ Zeile 1

4	-5	1	7	(*)
	$-0{,}5$	$-0{,}5$	$-0{,}5$	Tausche Zeilen 2 und 3
	$1{,}5$	$2{,}5$	$1{,}5$	

4	-5	1	7	
	$1{,}5$	$2{,}5$	$1{,}5$	
	$-0{,}5$	$-0{,}5$	$-0{,}5$	$+ (0{,}5/1{,}5) \cdot$ Zeile 2

4	-5	1	7	
	$1{,}5$	$2{,}5$	$1{,}5$	
		$1/3$	0	Lösung: $z = 0$, $y = 1$, $x = 3$

(*) Im 2. Schritt wird bei der Pivotsuche die 1. Zeile nicht mehr beachtet.

Durch die Zeilenvertauschungen werden die Multiplikatoren für die Zeilenoperationen sämtlich ≤ 1 (keine Zeile wird mehr mit einer großen Zahl multipliziert).

Durch die Spalten-Pivotsuche können die Auswirkungen der unvermeidlichen Rundungsfehler eingedämmt werden (keine Division durch betraglich sehr kleine Zahlen mehr), ein Allheilmittel ist die Spalten-Pivotsuche allerdings auch nicht.

Dazu eine Variante unseres Systems von *Beispiel 1*:

$$\begin{array}{rcl} 0{,}1x + 10y &=& 2 \\ 10x + 0{,}1y &=& 3 \end{array} \quad\longrightarrow\quad \begin{array}{rcl} 10x + 1000y &=& 200 \\ 10x + 0{,}1y &=& 3 \end{array}$$

Die 1. Zeile wurde mit dem Faktor 100 multipliziert, was offenbar die exakte Lösung nicht ändert. Eine Spalten-Pivotsuche würde im ursprünglichen (linken) System den oben genannten Zeilentausch auslösen, im modifizierten (rechten) System aber nicht. Löst man das modifizierte System mit dem Gauß-Algorithmus in 3-stelliger Arithmetik, so ergibt sich der gleiche Rundungsfehler wie im ursprünglichen System (nachrechnen!).

Gauß-Verfahren mit vollständiger Pivotsuche Zur Sicherheit kann man das *Gauß-Verfahren mit vollständiger Pivotsuche* durchführen: Im i. Schritt ($i = 1, \ldots, n - 1$) bestimmt man als Pivotelement das betragsgrößte Element in der ganzen *Restmatrix*

$$\begin{pmatrix} a_{ii} & \cdots & a_{in} \\ \vdots & & \vdots \\ a_{ni} & \cdots & a_{nn} \end{pmatrix}$$

(statt nur in der i. Restspalte); dann vertauscht man dessen Zeile mit der i. Zeile *und* dessen Spalte mit der i. Spalte, sodass das Pivotelement zum führenden Diagonalelement a_{ii} der Restmatrix wird. Dann wird wie vorher in der i. Spalte eliminiert.

(Zeilen- und Spaltentausch sind natürlich in der *gesamten* erweiterten Matrix auszuführen.)

Achtung: Ein Zeilentausch ändert am Gleichungssystem gar nichts, ein Spaltentausch bewirkt jedoch eine Vertauschung der Unbekannten. Über die *Spaltentausch-Operationen* muss man also *Protokoll* führen!

Als Beispiel nehmen wir das gleiche 3×3-System wie bei der Spalten-Pivotsuche. Auch hier sind die Pivotelemente doppelt umrandet. Um die Spaltenvertauschungen zu notieren, sind die Spalten mit den Variablen x, y, z bezeichnet.

x	y	z	
2	− 3	0	3
4	− 5	1	7
2	− 1	3	5

Tausche Zeilen 1 und 2

sowie Spalten 1 und 2

y	x	z	
− 5	4	1	7
− 3	2	0	3
− 1	2	3	5

$+ (− 3/5) \cdot$ Zeile 1

$+ (− 1/5) \cdot$ Zeile 1

y	x	z	
− 5	4	1	7
	− 0,4	− 0,6	− 1,2
	1,2	2,8	3,6

Tausche Zeilen 2 und 3

sowie Spalten 2 und 3

y	z	x	
− 5	1	4	7
	2,8	1,2	3,6
	− 0,6	− 0,4	− 1,2

$+ (0,6/2,8) \cdot$ Zeile 2

y	z	x	
− 5	1	4	7
	2,8	1,2	3,6
		− 1/7	− 3/7

Lösung: $x = 3$, $z = 0$, $y = 1$

Die vollständige Pivotsuche ist natürlich aufwendiger als die Teil-Pivotsuche, insbesondere bei großen Systemen.

6.2.1   Aufgaben zu 6.2

1. Berechnen Sie die Anzahl der wesentlichen Operationen beim Gauß-Algorithmus für $n = 5, 10, 50, 100$. Vergleichen Sie mit der Näherung $\frac{n^3}{3}$.

2. Häufig kommt es vor, dass man ein LGS mit der gleichen Matrix A, aber verschiedenen rechten Seiten lösen muss. In diesem Fall kann man die Systeme simultan lösen: Man erweitert A um *mehrere* Spalten und führt die Gauß-Elimination wie üblich durch.

   a) Um wie viele wesentliche Operationen erhöht sich der Rechenaufwand, wenn man der erweiterten Matrix noch eine Spalte hinzufügt?

   b) Wie viele wesentliche Operationen braucht man, um die inverse Matrix A^{-1} zu berechnen? (Hierzu erweitert man A um die $n \times n$-Einheitsmatrix I, also um n Spalten; nach Beenden des Gauß-Algorithmus steht links die Einheitsmatrix und rechts A^{-1}.)

3. Zwei Gleichungssysteme, die sehr ähnlich aussehen:

$$\begin{array}{ll}
(1) \quad 0{,}1x + 100y = 2 & \qquad (2) \quad 0{,}1x + 10y = 2 \\
 \quad 10\,x + 0{,}1y = 3 & \qquad \quad 100x + 0{,}1y = 3
\end{array}$$

   a) Bestimmen Sie die exakten Lösungen.

   b) Lösen Sie beide Gleichungssysteme mit 3-stelliger Gleitkomma-Arithmetik. (Eines von ihnen liefert korrekt gerundete Lösungen, das andere einen völlig falschen Wert.)

   c) Lösen Sie das „schlechte" Gleichungssystem mit Zeilentausch.

4. Lösen Sie das Gleichungssystem

$$\begin{aligned}
x + 2y - 3z &= -4 \\
2x + 3y - 5z &= -7 \\
4x - 8y + 5z &= 4
\end{aligned}$$

   a) mit der einfachen Gauß-Elimination,

   b) mit Spalten-Pivotsuche,

   c) mit vollständiger Pivotsuche. Vergleichen Sie die Rechenwege!

6.3   Gut und schlecht konditionierte lineare Gleichungssysteme

Schon zu Beginn des Abschn. 6 hatten wir ein Beispiel eines schlecht konditionierten linearen 2×2-Gleichungssystems. In diesem Fall (2×2) konnten wir auch leicht grafische Darstellungen benutzen, um das Phänomen klarzumachen. Im Folgenden soll es um eine Verallgemeinerung auf ($n \times n$)-Gleichungssysteme gehen, wobei man hier die Verhältnisse nicht mehr so einfach grafisch darstellen kann, hier müssen wir rein algebraisch arbeiten.

6.3.1 Die Kondition einer Matrix

In diesem Abschnitt soll das Problem der *Fehlerfortpflanzung* bei linearen Gleichungssystemen genauer untersucht werden. Denn i. Allg. muss man bei praktischen Problemen
davon ausgehen, dass sowohl die Koeffizienten als auch die rechte Seite des LGS fehlerbehaftete Größen sind, und man muss sich fragen, wie sich diese Fehler auf die Lösung
auswirken.

Ein LGS $A\vec{x} = \vec{b}$ mit einer $n \times n$-Matrix A sei gegeben, und wir nehmen an, dass es
eindeutig lösbar ist. Der Einfachheit halber gehen wir jetzt davon aus, dass A fehlerfrei
ist, d. h., wir untersuchen nur die Frage:

▶   Wie wirkt sich eine Änderung von $\vec{b}$ auf den Lösungsvektor $\vec{x}$ aus?

Genauer: Wenn sich die rechte Seite $\vec{b}$ ändert zu $\vec{b} + \Delta\vec{b}$, so erhält man eine neue
Lösung $\vec{x} + \Delta\vec{x}$, für die somit gilt: $A(\vec{x} + \Delta\vec{x}) = \vec{b} + \Delta\vec{b}$

Wie „groß" ist $\Delta\vec{x}$ im Vergleich zu $\Delta\vec{b}$? Wie misst man überhaupt die „Größe" eines
Vektors?

$\Delta\vec{b}$ und $\Delta\vec{x}$ sind quasi die *absoluten* Fehler von $\vec{b}$ und $\vec{x}$; der absolute Fehler ist aber
nicht immer sehr aussagekräftig. Kann man den *relativen* Fehler vernünftig messen? Diese
scheinbar einfachen Fragen bergen eine Reihe von Fallstricken.

Größe **eines Vektors – Vektornorm**   Verallgemeinert man den geometrischen Begriff der
Länge eines Vektors in der Ebene oder im Raum auf beliebige Dimensionen, so erhält man
die *euklidische Norm*

$$\left\| \vec{x} \right\|_e = \sqrt{x_1^2 + \ldots + x_n^2}$$

Eine andere Möglichkeit: Ein Vektor wird gemessen an seiner (betrags-)größten Komponente; so erhält man die *Maximum-Norm*

$$\left\| \vec{x} \right\|_m = \max\{|x_1|, \ldots, |x_n|\}$$

Allgemein ist eine *(Vektor-)Norm* eine Funktion, die jedem Vektor $\vec{x} \in \mathbb{R}^n$ eine reelle Zahl
$\left\| \vec{x} \right\|$ zuordnet und die folgenden Rechenregeln erfüllt:

(V1) $\left\| \vec{x} \right\| \geq 0$; $\left\| \vec{x} \right\| = 0$ $\Leftrightarrow$ $\vec{x} = \vec{0}$

(V2) $\left\| a\vec{x} \right\| = |a| \cdot \left\| \vec{x} \right\|$ für jede reelle Zahl a und jeden Vektor $\vec{x} \in \mathbb{R}^n$

(V3) $\left\| \vec{x} + \vec{y} \right\| \leq \left\| \vec{x} \right\| + \left\| \vec{y} \right\|$ für alle Vektoren $\vec{x}, \vec{y} \in \mathbb{R}^n$ (*Dreiecksungleichung*)

Außer den beiden genannten gibt es noch eine Vielzahl anderer Normen; wir werden im
Folgenden jedoch *ausschließlich die Maximum-Norm* verwenden.

Matrix-Norm Auch Matrizen lassen sich auf die gleiche Weise *messen*: Eine *Matrix-Norm* ordnet jeder $n \times n$-Matrix A eine reelle Zahl $\|A\|$ zu, die die analogen Bedingungen zu (V1)–(V3) erfüllt:

(M1) $\|A\| \geq 0$; $\|A\| = 0$ $\Leftrightarrow$ $A = 0$

(M2) $\|aA\| = |a| \cdot \|A\|$ für jede reelle Zahl a und jede $n \times n$-Matrix A

(M3) $\|A + B\| \leq \|A\| + \|B\|$

   für alle $n \times n$-Matrizen A und B (*Dreiecksungleichung*)

Bei LGS spielt das Produkt von *Matrizen und Vektoren* eine Rolle, es ist dann wichtig, dass Vektor- und Matrixnorm zueinander passen. Ist eine Vektornorm $\|\cdot\|$ gegeben, so definiert man die *zugehörige* Matrixnorm wie folgt:

$$\|A\| := \max_{\vec{x} \neq \vec{0}} \frac{\|A\vec{x}\|}{\|\vec{x}\|}$$

Aus dieser Definition folgen unmittelbar:

(M4) $\|A\vec{x}\| \leq \|A\| \cdot \|\vec{x}\|$

(M5) $\|AB\| \leq \|A\| \cdot \|B\|$

Beweis:

(M4)   Für $\vec{x} = \vec{0}$ lautet die Aussage $0 \leq 0$, und diese ist richtig; für $\vec{x} \neq \vec{0}$ gilt:

$$\|A\| = \max_{\vec{x} \neq \vec{0}} \frac{\|A\vec{x}\|}{\|\vec{x}\|} \quad \Rightarrow \quad \|A\| \geq \frac{\|A\vec{x}\|}{\|\vec{x}\|} \quad \Rightarrow \quad \|A\vec{x}\| \leq \|A\| \cdot \|\vec{x}\|$$

(M5)   Für alle $\vec{x}$ gilt nach (M4), 2-mal angewendet:

$$\|(AB)\vec{x}\| = \|A(B\vec{x})\| \leq \|A\| \cdot \|B\vec{x}\| \leq \|A\| \cdot \|B\| \cdot \|\vec{x}\|$$

Somit gilt für alle $\vec{x} \neq \vec{0}$ die Ungleichung $\frac{\|(AB)\vec{x}\|}{\|\vec{x}\|} \leq \|A\| \cdot \|B\|$, und daraus folgt sofort die Behauptung.

Beispielsweise gehört zur Maximum-Norm für Vektoren die folgende Matrixnorm, genannt *Zeilen-Norm* (ohne Beweis):

$$\|A\| = \max_{i=1,\ldots,n} \sum_{j=1}^{n} |a_{ij}|$$

In Worten: Zur Bestimmung der Zeilen-Norm einer Matrix addiert man in jeder Zeile die Beträge der Elemente und wählt unter diesen Zeilensummen die größte.

„Absoluter Fehler" $\left\|\Delta\vec{b}\right\|$ misst den größten Betrag des absoluten Fehlers in den Komponenten. Das sagt über die *einzelnen* Fehler in den Komponenten nicht viel aus, z. B.:

$$\vec{b} = \begin{pmatrix} 1 \\ 2 \\ 3 \end{pmatrix} \quad \text{und} \quad \Delta\vec{b} = \begin{pmatrix} 0{,}5 \\ 0 \\ 0 \end{pmatrix}$$

Dann ist $\left\|\Delta\vec{b}\right\| = 0{,}5$ trotz der *exakten* Werte in b_2 und b_3!

„Relativer Fehler" $\dfrac{\left\|\Delta\vec{b}\right\|}{\left\|\vec{b}\right\|}$

Das ist jedoch nicht zu verwechseln mit dem maximalen relativen Fehler in den Komponenten.

Ein extremes Beispiel:

$$\text{Für} \quad \vec{b} = \begin{pmatrix} 1000 \\ 0{,}2 \\ 0{,}01 \end{pmatrix} \quad \text{und} \quad \Delta\vec{b} = \begin{pmatrix} 0{,}1 \\ 0{,}1 \\ 0{,}1 \end{pmatrix}$$

ist $\left\|\vec{b}\right\| = 1000$ und $\left\|\Delta\vec{b}\right\| = 0{,}1$. Also gilt $\dfrac{\left\|\Delta\vec{b}\right\|}{\left\|\vec{b}\right\|} = 10^{-4}$, was eine hohe Genauigkeit vorspiegelt, aber verschleiert, dass der Wert von b_2 praktisch unbrauchbar (relativer Fehler von 50 %) und b_3 völlig unsinnig ist (relativer Fehler von 1000 %).

Nur wenn die Komponenten von $\vec{b}$ und $\Delta\vec{b}$ jeweils ungefähr die gleiche *Größenordnung* haben, sind die Maße $\left\|\Delta\vec{b}\right\|$ für den absoluten Fehler und $\dfrac{\left\|\Delta\vec{b}\right\|}{\left\|\vec{b}\right\|}$ für den relativen Fehler *auch komponentenweise* brauchbar. Trotzdem verwenden wir diese Fehlermaße; man sollte sich jedoch über ihre Bedeutung im Klaren sein, um Missinterpretationen zu vermeiden!

Zurück zum Gleichungssystem $A\vec{x} = \vec{b}$: Wie eingangs skizziert, sei jetzt $\Delta\vec{x}$ der aus $\Delta\vec{b}$ resultierende Fehler in der Lösung, d. h., es gelte:

$$A(\vec{x} + \Delta\vec{x}) = \vec{b} + \Delta\vec{b} \quad \text{und wegen} \quad A\vec{x} = \vec{b} \quad \text{daher} \quad A \cdot \Delta\vec{x} = \Delta\vec{b}$$

Gemäß unserer Annahme ist das LGS $A\vec{x} = \vec{b}$ eindeutig lösbar, daher existiert die inverse Matrix A^{-1}, und damit folgt:

$$\Delta\vec{x} = A^{-1}\Delta\vec{b} \quad \Rightarrow \quad \left\|\Delta\vec{x}\right\| \le \left\|A^{-1}\right\| \cdot \left\|\Delta\vec{b}\right\| \qquad \text{wegen Regel (M4)}$$

Ebenso folgt aus $\vec{b} = A\vec{x}$ und (M4) die Ungleichung:

$$\left\|\vec{b}\right\| \le \|A\| \cdot \left\|\vec{x}\right\|$$

Multiplikation dieser beiden Ungleichungen ergibt:

$$\|\Delta \vec{x}\| \cdot \|\vec{b}\| \leq \|A\| \cdot \|A^{-1}\| \cdot \|\Delta \vec{b}\| \cdot \|\vec{x}\|$$

$$\underset{\vec{b} \neq \vec{0}}{\overset{\vec{x} \neq \vec{0}}{\Longleftrightarrow}} \qquad \boxed{\frac{\|\Delta \vec{x}\|}{\|\vec{x}\|} \leq \|A\| \cdot \|A^{-1}\| \cdot \frac{\|\Delta \vec{b}\|}{\|\vec{b}\|}} \tag{6.1}$$

Damit hat man eine Abschätzung für den relativen Fehler. Der beteiligte Faktor $k(A) := \|A\| \cdot \|A^{-1}\|$ heißt *Konditionszahl* der Matrix A.

Satz:
1) Allgemein gilt $k(A) \geq 1$.
2) $k(A)$ ändert sich nicht, wenn die *ganze* Matrix A mit $\alpha \in \mathbb{R}$, $\alpha \neq 0$ multipliziert wird.

Beweis:

1) $\quad 1 = \|I\| = \|A \cdot A^{-1}\| \leq \|A\| \cdot \|A^{-1}\| = k(A)$

2) $\quad$ Wegen $\quad (\alpha A)^{-1} = \dfrac{1}{\alpha} A^{-1} \quad$ gilt:

$$k(\alpha A) = \|\alpha A\| \cdot \|(\alpha A)^{-1}\| = |\alpha| \cdot \|A\| \cdot \frac{1}{|\alpha|} \cdot \|A^{-1}\| = \|A\| \cdot \|A^{-1}\| = k(A)$$

Ist $k(A)$ groß (viel größer als 1), so kann sich der *relative Fehler* in $\vec{x}$ gegenüber jenem in $\vec{b}$ stark vergrößern; man sagt: Das Gleichungssystem ist *schlecht konditioniert*. Ist umgekehrt $k(A)$ klein (nahe bei 1), so ist das System *gut konditioniert* (daher der Name *Konditionszahl*).

Als Beispiel untersuchen wir das 2×2-Gleichungssystem aus Abschn. 6.1 (*Goldschmied*), das wir dort bereits als numerisch bedenklich (schlecht konditioniert) bezeichnet haben:

$$x + y = 22{,}0$$
$$\frac{x}{10{,}5} + \frac{y}{9{,}0} = 2{,}15$$

Berechnung der Konditionszahl der Matrix:

$$\text{Mit} \quad A = \begin{pmatrix} 1 & 1 \\ \frac{1}{10{,}5} & \frac{1}{9{,}0} \end{pmatrix} \quad \text{ist} \quad A^{-1} = \begin{pmatrix} 7 & -63 \\ -6 & 63 \end{pmatrix}.$$

Als Zeilen-Normen erhält man $\|A\| = 2$ und $\|A^{-1}\| = 70$, sodass $k(A) = 140$ ist, was wohl eine schlechte Kondition bedeutet.

Um die obige Fehlerabschätzung (Ungl. (6.1)) mit $k(A) = 140$ zu testen, setzen wir jetzt (siehe Abschn. 6.1)

$$\Delta \vec{b} = \begin{pmatrix} 0{,}1 \\ 0{,}01 \end{pmatrix}$$

und lösen das System mit der rechten Seite $\vec{b} + \Delta \vec{b}$:

$$\vec{b} = \begin{pmatrix} 22{,}0 \\ 2{,}15 \end{pmatrix} \qquad \rightarrow \quad \text{Lösung} \qquad \vec{x} = \begin{pmatrix} 18{,}55 \\ 3{,}45 \end{pmatrix}.$$

$$\vec{b} + \Delta \vec{b} = \begin{pmatrix} 22{,}1 \\ 2{,}16 \end{pmatrix} \qquad \rightarrow \quad \text{Lösung} \qquad \vec{x} + \Delta \vec{x} = \begin{pmatrix} 18{,}62 \\ 3{,}48 \end{pmatrix}.$$

$$\Delta \vec{b} = \begin{pmatrix} 0{,}1 \\ 0{,}01 \end{pmatrix} \quad \text{verursacht also die Änderung} \quad \Delta \vec{x} = \begin{pmatrix} 0{,}07 \\ 0{,}03 \end{pmatrix}.$$

Damit ist $\quad \dfrac{\left\| \Delta \vec{b} \right\|}{\left\| \vec{b} \right\|} = \dfrac{0{,}1}{22{,}0} \approx 0{,}0045 \quad$ und $\quad \dfrac{\left\| \Delta \vec{x} \right\|}{\left\| \vec{x} \right\|} = \dfrac{0{,}07}{18{,}55} \approx 0{,}0038\,.$

Der *relative Fehler* in $\vec{x}$ ist also nicht größer als in $\vec{b}$. Die Abschätzung (Ungl. (6.1)) ist erfüllt, mit dem Faktor $k(A) = 140$ sogar viel zu pessimistisch!

Dies widerspricht nicht der schlechten Kondition von A, denn Ungl. (6.1) ist ja nur eine *Worst Case*-Abschätzung, die für *alle* Fehler $\Delta \vec{b}$ erfüllt sein muss; die wirklichen Fehler dürfen auch bei schlecht konditionierten LGS in vielen Fällen wesentlich geringer ausfallen.

So ergab sich bei der Intervallrechnung der größte Fehler, wenn man b_1 und b_2 *gegenläufig* veränderte:

Mit $\Delta \vec{b} = \begin{pmatrix} 0{,}1 \\ -0{,}01 \end{pmatrix}$, also $\vec{b} + \Delta \vec{b} = \begin{pmatrix} 22{,}1 \\ 2{,}14 \end{pmatrix}$

erhält man als Lösung $\quad \vec{x} + \Delta \vec{x} = \begin{pmatrix} 19{,}88 \\ 2{,}22 \end{pmatrix}.$

Somit verursacht $\quad \Delta \vec{b} = \begin{pmatrix} 0{,}1 \\ -0{,}01 \end{pmatrix} \quad$ die Änderung $\quad \Delta \vec{x} = \begin{pmatrix} 1{,}33 \\ -1{,}23 \end{pmatrix}.$

(Diese Werte wurden auch bei der Intervallrechnung als Fehlerschranken ermittelt.)

Damit ist $\quad \dfrac{\left\| \Delta \vec{b} \right\|}{\left\| \vec{b} \right\|} = \dfrac{0{,}1}{22{,}0} \approx 0{,}0045 \quad$ wie oben, aber $\quad \dfrac{\left\| \Delta \vec{x} \right\|}{\left\| \vec{x} \right\|} = \dfrac{1{,}33}{18{,}55} \approx 0{,}072\,.$

Der *relative Fehler* in $\vec{x}$ ist ungefähr 16-mal so groß wie der *relative Fehler* in $\vec{b}$. Die Abschätzung (6.1) mit dem Faktor $k(A) = 140$ ist immer noch locker erfüllt!

Bemerkung Die hohe *Unschärfe* von Ungl. (6.1) liegt hier auch darin begründet, dass die Koeffizienten in der 1. Gleichung eine andere Größenordnung haben als in der 2. Dies kann man dadurch beheben, dass man die 2. Gleichung mit 10 multipliziert:

$$B = \begin{pmatrix} 1 & 1 \\ \frac{10}{10,5} & \frac{10}{9,0} \end{pmatrix} \quad \text{und} \quad \vec{c} = \begin{pmatrix} 22,0 \\ 21,5 \end{pmatrix}$$

Dann hat das System $B\vec{x} = \vec{c}$ die gleiche Lösung

$$\vec{x} = \begin{pmatrix} 18,55 \\ 3,45 \end{pmatrix} \quad \text{(Äquivalenzumformung!)}.$$

Aber die Konditionszahl hat sich geändert: Es ist

$$B^{-1} = \begin{pmatrix} 7 & -6,3 \\ -6 & 6,3 \end{pmatrix}, \quad \|B\| \approx 2,06, \ \|B^{-1}\| = 13,3, \quad \text{also} \quad k(B) \approx 27,4.$$

Änderungen der Konditionszahl durch Äquivalenzumformungen Eine *Äquivalenzumformung* des Gleichungssystems kann durchaus zu einer anderen Konditionszahl führen; in diesem Sinne kann man $k(A)$ nicht als *absolutes* Maß für die Fehlerempfindlichkeit eines LGS ansehen.

Damit ist die Abschätzung (Ungl. (6.1)) zumindest etwas schärfer: 27,4 ist schon näher bei 16.

(Zur Erinnerung:

$$\Delta\vec{c} = \begin{pmatrix} 0,1 \\ -0,1 \end{pmatrix}, \quad \text{weiterhin} \quad \frac{\|\Delta\vec{c}\|}{\|\vec{c}\|} = \frac{0,1}{22,0} \approx 0,0045$$

$$\text{und} \quad \frac{\|\Delta\vec{x}\|}{\|\vec{x}\|} = \frac{1,33}{18,55} \approx 0,072\,)$$

D. h., wenn $k(A)$ groß ist, dann muss das LGS noch nicht zwingend „numerisch bösartig" sein, es ist nur ein sehr starker Hinweis darauf: Vielleicht gibt es Matrizen von äquivalenten LGS mit einer kleineren Konditionszahl?

Umgekehrt kann die Konditionszahl der Matrix eines gutartigen LGS durch „Hochmultiplizieren" einer Zeile beliebig gesteigert werden!

Praxis In der Praxis ist die Berechnung der Konditionszahl einer großen Matrix nicht so einfach, weil man i. Allg. die inverse Matrix nicht kennt; man kann dann bestenfalls *Abschätzungen* für $\|A^{-1}\|$ und damit für $k(A)$ finden.

Bei großen LGS ist gar nicht leicht festzustellen, ob sie überhaupt schlecht konditioniert sind. Bei einem System mit vielen Gleichungen und Variablen hat man es ja nicht so leicht wie bei einem 2 × 2- oder 3 × 3-System, bei denen man die schleifenden Schnitte auch geometrisch erkennen kann. Zumindest kann man aber festhalten:

▶   *Wenn k(A) klein ist, dann verhält sich das LGS sicher gutartig.*

6.3.2   Residuen

Oben haben wir uns bei $A\vec{x} = \vec{b}$ und gegebenem $\Delta\vec{b}$ für $\Delta\vec{x}$ interessiert. Man kann sich auch quasi umgekehrt bei gegebenem $\Delta\vec{x}$ für $\Delta\vec{b}$ interessieren (leichtere Richtung!):

$$A(\vec{x} + \Delta\vec{x}) = \vec{b} + \Delta\vec{b} \quad \Rightarrow \quad \boxed{\Delta\vec{b} = A\Delta\vec{x}}$$

Wenn für einen Vektor $\vec{v}$ gilt: $A \cdot \vec{v} \approx \vec{b}$, so sollte man doch annehmen können, dass $\vec{v} \approx \vec{x}$ ist, aber das ist bei schlecht konditionierten LGS nicht zu erwarten: Kleine Veränderungen in $\vec{b}$ können große Veränderungen im Lösungsvektor $\vec{x}$ bedeuten – siehe oben.

Zu einem gegebenen Vektor $\vec{v} = \vec{x} + \Delta\vec{x}$ heißt $\Delta\vec{b} = A\Delta\vec{x}$ in diesem Zusammenhang auch der *Residuenvektor* von $\vec{v}$.

Kleine Residuen müssen nicht notwendig Nähe zur wirklichen Lösung bedeuten (schlecht konditionierte LGS), dazu ein einfaches

Beispiel   Das LGS

$$
\begin{aligned}
x + \qquad y &= 2 \\
x + 1{,}00001y &= 2{,}00001
\end{aligned}
$$

hat die exakte Lösung $\vec{x} = \begin{pmatrix} 1 \\ 1 \end{pmatrix}$; die zu den Gleichungen gehörenden Geraden haben offenbar nahezu die gleiche Steigung, also einen sehr schleifenden Schnitt.

Setzt man hier $\vec{v} = \begin{pmatrix} 1 + e \\ 1 + f \end{pmatrix}$, so ist $\Delta\vec{x} = \begin{pmatrix} e \\ f \end{pmatrix}$, und man erhält die Residuen

$$\Delta\vec{b} = A\Delta\vec{x} = \begin{pmatrix} 1 & 1 \\ 1 & 1{,}00001 \end{pmatrix} \begin{pmatrix} e \\ f \end{pmatrix} = \begin{pmatrix} e + f \\ e + 1{,}00001 \cdot f \end{pmatrix}.$$

Wählt man e und f nun so, dass $e + f = 0$ gilt, z. B. $e = 100;\ f = -100$, so ergibt sich $\vec{v} = \begin{pmatrix} 101 \\ -99 \end{pmatrix}$, ein Vektor, der mit der eigentlichen Lösung NICHTS mehr zu tun hat, seine Residuen betragen aber nur $\Delta\vec{b} = \begin{pmatrix} 0 \\ -0{,}001 \end{pmatrix}$. Die viel bessere Näherungslösung

$\vec{w} = \begin{pmatrix} 1,1 \\ 1,1 \end{pmatrix}$ hat die viel größeren Residuen:

$$\Delta \vec{b} = \begin{pmatrix} 1 & 1 \\ 1 & 1,00001 \end{pmatrix} \cdot \begin{pmatrix} 0,1 \\ 0,1 \end{pmatrix} = \begin{pmatrix} 0,2 \\ 0,200001 \end{pmatrix}.$$

Auch die riesige Konditionszahl $k(A) \approx 400.000$ deutet auf diese Misere schon hin:

$$A = \begin{pmatrix} 1 & 1 \\ 1 & 1,00001 \end{pmatrix}; \quad A^{-1} = \begin{pmatrix} 100.001 & -100.000 \\ -100.000 & 100.000 \end{pmatrix}$$

$$\|A\| = 2,00001;$$

$$\|A^{-1}\| = 200.001$$

D. h., bei schlecht konditionierten LGS kann man durch *Probieren* (probierter Lösungs-vektor ergibt ungefähr $\vec{b}$) noch so gut wie gar nichts sagen.

6.3.3   Aufgaben zu 6.3

1. a) Berechnen Sie die Konditionszahl für die Matrix des 2×2-Gleichungssystems aus Aufg. 3 im Abschn. 6.1. (Die grafische Darstellung sowie die Intervallrechnung ließen ein gutartiges Verhalten dieses Systems erkennen.)

   b) Ebenso für die Matrix des Gleichungssystems in Aufg. 1 im Abschn. 6.1; vergleichen Sie mit dem Beispiel im Text!

2. Berechnen Sie $k(A)$ für $A = \begin{pmatrix} 0,1 & 10 \\ 10 & 0,1 \end{pmatrix}$.

   (Dies ist die Matrix eines Systems, das sich in Abschn. 6.2 als empfindlich gegen Rundungsfehler herausstellte.) Ändert sich $k(A)$, wenn man die Zeilen vertauscht?

3. a) Im $\mathbb{R}^2$ ist der Einheitskreis die Menge der Vektoren mit der euklidischen Norm 1, ebenso die Einheitskugel im $\mathbb{R}^3$.

   Wie sieht der Einheitskreis bezüglich der *Maximum-Norm* aus, welche geometrische Gestalt hat die Menge $\{\vec{x} \in \mathbb{R}^2 \mid \|\vec{x}\| = 1\}$? Wie ist es im $\mathbb{R}^3$?

   b) Beweisen Sie die Dreiecksungleichung für die Maximum-Norm!

4. Gegeben ist das lineare Gleichungssystem

$$12x + 23y = 4,7$$
$$23x + 44y = 9,0$$

Bestimmen Sie den Residuenvektor von $\vec{v} = \begin{pmatrix} 2,5 \\ -1,1 \end{pmatrix}$; dieser lässt vermuten, dass $\vec{v}$ sehr *nahe* der wirklichen Lösung ist. Das ist aber nicht der Fall; bestimmen Sie auch die exakte Lösung, und machen Sie sich dieses Phänomen auch grafisch klar.

5. Bestimmen Sie die exakte Lösung von

$$0{,}89x + 0{,}53y = 0{,}36$$
$$0{,}47x + 0{,}28y = 0{,}19$$

Welche Residuen ergibt $\vec{v}_1 = \begin{pmatrix} 0{,}47 \\ 0{,}11 \end{pmatrix}$? Begründen Sie, dass es keine anderen 2-stelligen Dezimalzahlen mit kleineren Residuen gibt als in diesem Fall. Trotzdem ist $\vec{v}_1$ nicht nahe der exakten Lösung. $\vec{v}_2 = \begin{pmatrix} 0{,}99 \\ -1{,}01 \end{pmatrix}$ liegt der exakten Lösung bei weitem näher; berechnen Sie wieder die zugehörigen Residuen! Was beobachten Sie?

6.4 Iterationsverfahren

Das Prinzip beim iterativen Lösen besteht darin, das LGS $A\vec{x} = \vec{b}$ in eine *Fixpunktgleichung* $\vec{x} = \Phi(\vec{x})$ mit einer passenden Funktion $\Phi : \mathbb{R}^n \longrightarrow \mathbb{R}^n$ umzuwandeln. Ausgehend von einem Startvektor $\vec{x}^{(0)}$ wird dann eine Folge $\vec{x}^{(k)}$ von Vektoren berechnet durch $\vec{x}^{(k+1)} = \Phi(\vec{x}^{(k)})$, die unter gewissen Voraussetzungen gegen die Lösung konvergiert. (Die Analogie zum Lösen nichtlinearer Gleichungen ist offensichtlich; vgl. Kap. 4.)

Die zwei geläufigsten Methoden, die einander im Übrigen stark ähneln, sind das *Jacobi-Verfahren* und das *Gauß-Seidel-Verfahren*. Hier an einem einfachen 3×3-System erklärt: Das System

$$a_{11}x_1 + a_{12}x_2 + a_{13}x_3 = b_1$$
$$a_{21}x_1 + a_{22}x_2 + a_{23}x_3 = b_2$$
$$a_{31}x_1 + a_{32}x_2 + a_{33}x_3 = b_3$$

sei eindeutig lösbar und die Diagonalelemente $a_{ii} \neq 0$ (notfalls kann man dies durch Zeilen- bzw. Spaltentausch erreichen). Die i-te Gleichung wird nun nach x_i aufgelöst, für jedes i:

$$x_1 = (\qquad -a_{12}x_2 - a_{13}x_3 + b_1)/a_{11}$$
$$x_2 = (-a_{21}x_1 \qquad -a_{23}x_3 + b_2)/a_{22}$$
$$x_3 = (-a_{31}x_1 - a_{32}x_2 \qquad + b_3)/a_{33}$$

Als Startvektor für die Iteration wählt man jetzt $\vec{x}^{(0)} = \vec{0}$ oder, falls bekannt, eine bessere Näherung für die Lösung. $\vec{x}^{(k+1)}$ ergibt sich aus $\vec{x}^{(k)}$ wie folgt:

Jacobi-Verfahren Beim Jacobi-Verfahren werden die Komponenten $x_i^{(k)}$ von $\vec{x}^{(k)}$ in die rechte Seite des *aufgelösten Systems* eingesetzt:

$$\begin{aligned}
x_1^{(k+1)} &= (\quad\quad\quad -a_{12}x_2^{(k)} -a_{13}x_3^{(k)} +b_1)/a_{11} \\
x_2^{(k+1)} &= (-a_{21}x_1^{(k)} \quad\quad\quad -a_{23}x_3^{(k)} +b_2)/a_{22} \\
x_3^{(k+1)} &= (-a_{31}x_1^{(k)} -a_{32}x_2^{(k)} \quad\quad\quad +b_3)/a_{33}
\end{aligned}$$

Hier gibt es auch eine einfache vektorielle Beschreibung:

$$\vec{x}^{(k+1)} = \underbrace{C \cdot \vec{x}^{(k)} + \vec{d}}_{\Phi(\vec{x}^{(k)})} \quad \text{mit} \quad C = \begin{pmatrix} 0 & -\frac{a_{12}}{a_{11}} & -\frac{a_{13}}{a_{11}} \\ -\frac{a_{21}}{a_{22}} & 0 & -\frac{a_{23}}{a_{22}} \\ -\frac{a_{31}}{a_{33}} & -\frac{a_{32}}{a_{33}} & 0 \end{pmatrix}, \quad \vec{d} = \begin{pmatrix} \frac{b_1}{a_{11}} \\ \frac{b_2}{a_{22}} \\ \frac{b_3}{a_{33}} \end{pmatrix}$$

Die zugehörige Fixpunktgleichung lautet $\vec{x} = \underbrace{C \cdot \vec{x} + \vec{d}}_{\Phi(\vec{x})}$.

Allgemeine Beschreibung (auch für mehr als drei Variablen) mit Matrizen und Vektoren für ein LGS $A \cdot \vec{x} = \vec{b}$:

Die Matrix

$$A = \begin{pmatrix} a_{11} & a_{12} & \cdots & a_{1n} \\ a_{21} & a_{22} & \cdots & a_{2n} \\ \vdots & \vdots & \vdots & \vdots \\ a_{n1} & a_{n2} & \cdots & a_{nn} \end{pmatrix}$$

werde additiv zerlegt in zwei Dreiecksmatrizen L, R und eine Diagonalmatrix D (mit $a_{ii} \neq 0$), d.h. $A = L + D + R$:

$$\underbrace{\begin{pmatrix} a_{11} & a_{12} & \cdots & a_{1n} \\ a_{21} & a_{22} & \cdots & a_{2n} \\ \vdots & \vdots & \vdots & \vdots \\ a_{n1} & a_{n2} & \cdots & a_{nn} \end{pmatrix}}_{A} = \underbrace{\begin{pmatrix} 0 & 0 & \cdots & 0 \\ a_{21} & 0 & \cdots & 0 \\ \vdots & \vdots & \vdots & \vdots \\ a_{n1} & a_{n2} & \cdots & 0 \end{pmatrix}}_{L} + \underbrace{\begin{pmatrix} a_{11} & 0 & \cdots & 0 \\ 0 & a_{22} & \cdots & 0 \\ \vdots & \vdots & \vdots & \vdots \\ 0 & 0 & \cdots & a_{nn} \end{pmatrix}}_{D}$$

$$+ \underbrace{\begin{pmatrix} 0 & a_{12} & \cdots & a_{1n} \\ 0 & 0 & \cdots & a_{2n} \\ \vdots & \vdots & \vdots & \vdots \\ 0 & 0 & \cdots & 0 \end{pmatrix}}_{R}$$

Dann lautet die Gleichung:

$$(L + D + R) \cdot \vec{x} = \vec{b} \quad \Leftrightarrow \quad D \cdot \vec{x} = -(L + R) \cdot \vec{x} + \vec{b}$$

$$\Leftrightarrow \quad \boxed{\vec{x}^{(k+1)} = -D^{-1} \cdot (L + R) \cdot \vec{x}^{(k)} + D^{-1} \cdot \vec{b}}$$

Beim Jacobi-Verfahren können wegen der leichten Beschreibung der Iteration $\vec{x}_{n+1} = C \cdot \vec{x}_n + \vec{d}$ mittels Vektoren und Matrizen auch normale CAS gut eingesetzt werden, die Berechnung der Inversen einer Diagonalmatrix ist ja auch leicht:

$$D^{-1} = \begin{pmatrix} a_{11} & 0 & \cdots & 0 \\ 0 & a_{22} & \cdots & 0 \\ \vdots & \vdots & \vdots & \vdots \\ 0 & 0 & \cdots & a_{nn} \end{pmatrix}^{-1} = \begin{pmatrix} 1/a_{11} & 0 & \cdots & 0 \\ 0 & 1/a_{22} & \cdots & 0 \\ \vdots & \vdots & \vdots & \vdots \\ 0 & 0 & \cdots & 1/a_{nn} \end{pmatrix}.$$

Das Verfahren heißt auch *Gesamtschrittverfahren*.

Gauß-Seidel-Verfahren Beim Gauß-Seidel-Verfahren (oder *Einzelschrittverfahren*) wird $x_1^{(k+1)}$ genau so berechnet, jedoch wird diese (vermutlich bessere) Näherung für x_1 bereits bei der Berechnung von $x_2^{(k+1)}$ benutzt, analog werden in den folgenden Komponenten die vorher berechneten $x_i^{(k+1)}$ eingesetzt. Im Ganzen:

$$x_1^{(k+1)} = (\qquad\qquad -a_{12}x_2^{(k)} \quad -a_{13}x_3^{(k)}+b_1)/a_{11}$$
$$x_2^{(k+1)} = (-a_{21}x_1^{(k+1)} \qquad\qquad -a_{23}x_3^{(k)}+b_2)/a_{22}$$
$$x_3^{(k+1)} = (-a_{31}x_1^{(k+1)}-a_{32}x_2^{(k+1)} \qquad\qquad +b_3)/a_{33}$$

(Die vektorielle Beschreibung gestaltet sich hier nicht so einfach wie oben, deswegen verzichten wir darauf.)

1. Beispiel

$$\begin{aligned} 7x_1 - 2x_2 + x_3 &= 6 \\ 3x_1 - 8x_2 + 2x_3 &= -7 \qquad \text{Lösungen:} \quad x_1 = 1, \; x_2 = 2, \; x_3 = 3. \\ -2x_1 + x_2 + 5x_3 &= 15 \end{aligned}$$

Die Tabellen 6.1 und 6.2 wurden mit Excel erstellt. (Dies ist ein Paradebeispiel für den Einsatz von Tabellenkalkulationsprogrammen wie Excel, die ihre Stärken vor allem bei iterativen Verfahren zeigen können!)

Tab. 6.1 Jacobi-Verfahren

k	$x_1^{(k)}$	$x_2^{(k)}$	$x_3^{(k)}$
0	0	0	0
1	0,85714286	0,875	3
2	0,67857143	1,94642857	3,16785714
3	0,96071429	1,92142857	2,88214286
4	0,99438776	1,95580357	3
5	0,98737245	1,99789541	3,00659439
6	0,99845663	1,99691327	2,99536990
7	0,99977952	1,99826371	3
8	0,99950392	1,99991732	3,00025907
9	0,99993937	1,99987874	2,99981810
10	0,99999134	1,99993179	3

Tab. 6.2 Gauß-Seidel-Verfahren

k	$x_1^{(k)}$	$x_2^{(k)}$	$x_3^{(k)}$
0	0	0	0
1	0,85714286	1,19642857	3,10357143
2	0,75561224	1,93424745	2,91539541
3	0,99329993	1,97633632	3,00205271
4	0,99294571	1,99786782	2,99760472
5	0,99973299	1,99930105	3,00003299
6	0,99979559	1,99993159	2,99993192
7	0,99999018	1,99997930	3,00000021
8	0,99999405	1,99999782	2,99999806
9	0,99999966	1,99999939	2,99999999
10	0,99999983	1,99999993	2,99999994

Beobachtungen

- In beiden Fällen liegt vermutlich Konvergenz vor, und zwar beim Gauß-Seidel-Verfahren schneller als beim Jacobi-Verfahren.
- Das Verhalten der Folgen ist uneinheitlich (i. Allg. nicht monoton, aber auch nicht oszillierend).
- Merkwürdig: Bei (1) tritt in x_3 schon nach einem einzigen Schritt der exakte Wert 3 auf, der dann aber nicht beibehalten wird, sondern sich nur periodisch nach je drei Schritten wiederholt; die Folge $x_3^{(k)}$ als ganze ist jedoch nicht periodisch. (Allerdings ist das wohl eher ein Ausnahmefall.)

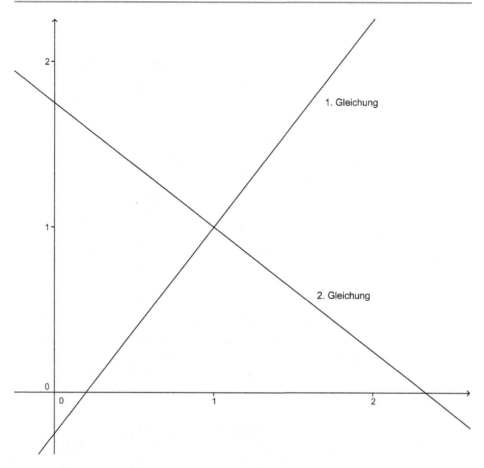

Abb. 6.4 (©) Schnitt zweier Geraden

Im Zweidimensionalen kann man die Vorgänge leichter geometrisch veranschaulichen, deswegen nehmen wir als *2. Beispiel* ein 2×2-System

$$5\,x - 4\,y = 1$$
$$3\,x + 4\,y = 7$$

mit den Lösungen $x = 1$, $y = 1$ (vgl. Abb. 6.4).

Die 1. Gleichung wird nun nach x, die 2. nach y aufgelöst. Dabei erhält man:

$$x = 0{,}8\,y + 0{,}2$$
$$y = -0{,}75\,x + 1{,}75$$

Jede Näherung $\vec{x}^{(k)} = (x^{(k)}, y^{(k)})$ beschreibt einen Punkt P_k in der Ebene. Startpunkt P_0 ist der Nullpunkt.

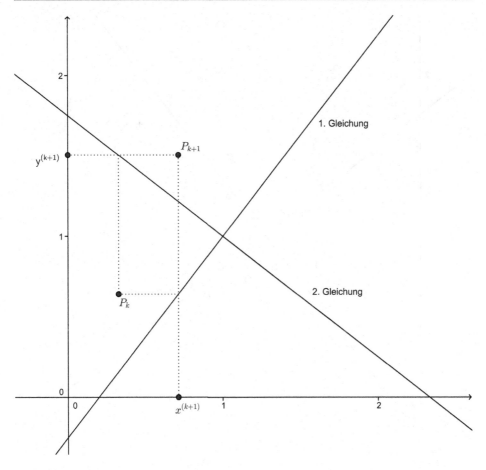

Abb. 6.5 (©) Jacobi-Verfahren

(1) Jacobi-Verfahren:

$$x^{(k+1)} = 0{,}8\,y^{(k)} + 0{,}2 \qquad \text{„neues } x \text{ aus der 1. Gleichung (Gerade)"}$$
$$y^{(k+1)} = -0{,}75\,x^{(k)} + 1{,}75 \qquad \text{„neues } y \text{ aus der 2. Gleichung (Gerade)"}$$

Grafische Interpretation (vgl. Abb. 6.5):

Vom Punkt P_k aus gehe

- waagerecht bis zur 1. Gerade, bestimme die x-Koordinate $x^{(k+1)}$,
- senkrecht bis zur 2. Gerade, bestimme die y-Koordinate $y^{(k+1)}$.

Diese beiden Koordinaten definieren P_{k+1}.

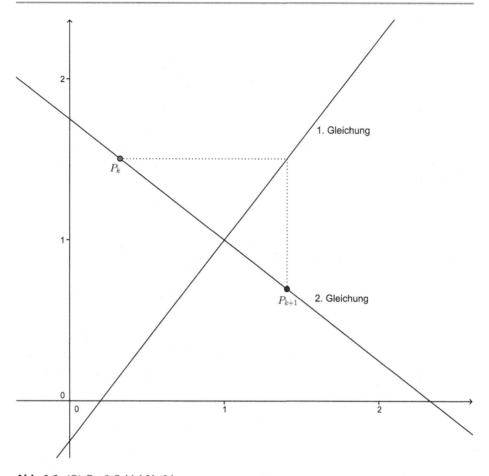

Abb. 6.6 (©) Gauß-Seidel-Verfahren

(2) Gauß-Seidel-Verfahren:

$$x^{(k+1)} = 0,8\, y^{(k)} + 0,2 \qquad \text{„neues } x \text{ aus der 1. Gleichung (Gerade)“}$$

$$y^{(k+1)} = -0,75\, x^{(k+1)} + 1,75 \quad \text{„\textit{damit} dann neues } y \text{ aus der 2. Gleichung (Gerade)“}$$

Grafische Interpretation (vgl. Abb. 6.6):

> Vom Punkt P_k aus gehe waagerecht bis zur 1. Gerade,
>
> *von da aus* senkrecht bis zur 2. Gerade. Dieser Punkt ist P_{k+1}.

Damit liegen alle Punkte P_k – i. Allg. bis auf den Startpunkt – auf der 2. Geraden. Die Punkte auf der 1. Geraden beschreiben jeweils nur ein Zwischen-Stadium, gehören also eigentlich nicht zu den Näherungen P_k.

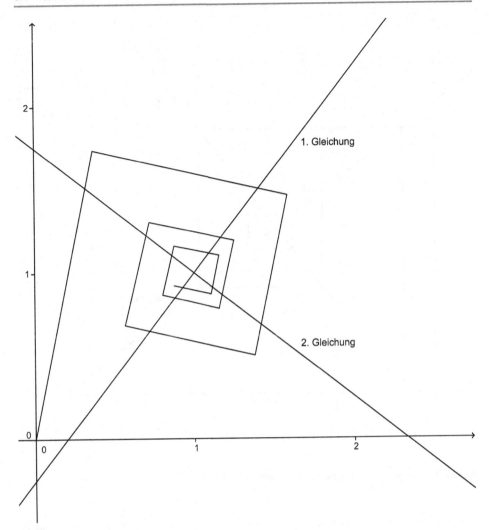

Abb. 6.7 (©) Spinnweb-Diagramm zum Jacobi-Verfahren

Spinnweb-Diagramme In beiden Fällen erhält man Spinnweb-Diagramme ähnlich wie beim Iterationsverfahren in Kap. 4. Die Grafiken in den Abb. 6.7 und 6.8 zeigen je einige Iterationsschritte:

Beide Spiralen laufen auf den Schnittpunkt der Geraden zu, jedoch beim Gauß-Seidel-Verfahren schneller als beim Jacobi-Verfahren.

Grafisch ist das Gauß-Seidel-Verfahren zweifellos leichter zu realisieren, denn man läuft abwechselnd waage- und senkrecht zwischen den Geraden hin und her. Übrigens ist der Streckenzug nicht immer spiralförmig, je nach Lage der Geraden (vgl. Aufg. 2). Außerdem wäre noch zu klären, unter welchen Bedingungen die Iteration auf die Lösung

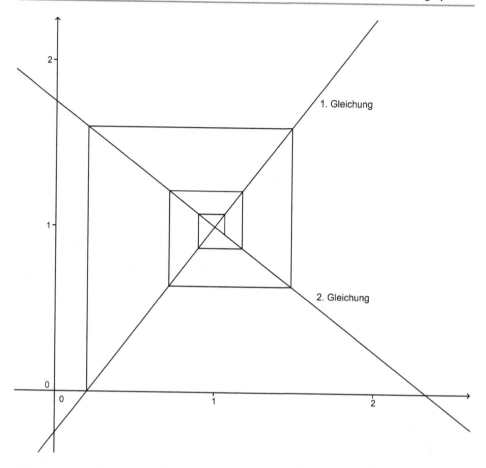

1. Gleichung

2. Gleichung

Abb. 6.8 (©) Spinnweb-Diagramm zum Gauß-Seidel-Verfahren

zu- und nicht von ihr wegläuft (was passiert z. B., wenn man die Rollen der 1. und 2. Geraden vertauscht?).

Genauere Untersuchung der Konvergenzfrage Dafür wählen wir jetzt das Jacobi-Verfahren, weil es sich leichter vektoriell darstellen lässt:

Das LGS $A\vec{x} = \vec{b}$ wird wie anfangs beschrieben in die Fixpunktform $\vec{x} = C\vec{x} + \vec{d}$ umgewandelt, wobei die Elemente von C und $\vec{d}$ berechnet werden als

$$c_{ij} = -\frac{a_{ij}}{a_{ii}} \text{ für } i \neq j, \; c_{ii} = 0; \quad d_i = \frac{b_i}{a_{ii}}.$$

Dann ist $\Phi : \mathbb{R}^n \longrightarrow \mathbb{R}^n, \vec{x} \mapsto C \cdot \vec{x} + \vec{d}$ die Iterationsfunktion des Jacobi-Verfahrens. Wenn man den Vektorraum $\mathbb{R}^n$ mit einer Norm zum metrischen Raum macht, so besagt der *Banach'sche Fixpunktsatz* (vgl. Abschn. 4.3.3):

▶ Die Iteration konvergiert bei beliebigem Startvektor, wenn Φ kontrahierend ist, d. h. wenn es eine Konstante $0 \leq K < 1$ gibt, sodass $\left\| \Phi(\vec{x}) - \Phi(\vec{y}) \right\| \leq K \cdot \left\| \vec{x} - \vec{y} \right\|$ für alle $\vec{x}, \vec{y} \in \mathbb{R}^n$ ist.

Diagonaldominanz Φ ist als affin-lineare Abbildung überall definiert, sodass man als Definitionsbereich $I = \mathbb{R}^n$ setzen kann; damit ist Φ sicher eine *Selbstabbildung* („Abbildung in sich", $\Phi(I) \subseteq I$).

In diesem Fall bedeutet die Kontraktionsbedingung Folgendes:

$$\Phi(\vec{x}) - \Phi(\vec{y}) = (C\vec{x} + \vec{d}) - (C\vec{y} + \vec{d}) = C\vec{x} - C\vec{y} = C(\vec{x} - \vec{y})$$

Somit gilt, wenn man eine zu der Vektor-Norm passende Matrix-Norm wählt:

$$\left\| \Phi(\vec{x}) - \Phi(\vec{y}) \right\| = \left\| C\, (\vec{x} - \vec{y}) \right\| \leq \left\| C \right\| \cdot \left\| \vec{x} - \vec{y} \right\|$$

Diese Bedingung ist also mit Sicherheit erfüllt, wenn $\left\| C \right\| < 1$.

Wählt man für die Vektoren die *Maximum-Norm*, so ist die zugehörige Matrix-Norm die *Zeilen-Norm* (siehe oben), und dann lautet die Bedingung $\left\| C \right\| < 1$:

$$\max_{i=1,\ldots,n} \sum_{j=1}^{n} \left| c_{ij} \right| < 1$$

Das ist genau dann der Fall, wenn für alle $i = 1, \ldots, n$ gilt:

$$\sum_{j=1}^{n} \left| c_{ij} \right| < 1$$

$$\Leftrightarrow \sum_{\substack{j=1 \\ j \neq i}}^{n} \frac{\left| a_{ij} \right|}{\left| a_{ii} \right|} < 1 \quad (\text{beachte: } c_{ii} = 0)$$

$$\Leftrightarrow \sum_{\substack{j=1 \\ j \neq i}}^{n} \left| a_{ij} \right| < \left| a_{ii} \right|$$

In Worten: In jeder Zeile der Matrix A ist das Diagonalelement dem Betrag nach größer als die Betragssumme aller übrigen Elemente der Zeile.

Matrizen, die diese Bedingung erfüllen, heißen *diagonaldominant*.

Mit dem Banach'schen Fixpunktsatz erhalten wir also in diesem Fall:

▶ Für jedes LGS $A\vec{x} = \vec{b}$, dessen Matrix A diagonaldominant ist, konvergiert das Jacobi-Verfahren gegen die (eindeutig bestimmte) Lösung.

Bemerkenswert ist, dass in dieser hinreichenden Bedingung die rechte Seite $\vec{b}$ des LGS nicht vorkommt.

Tab. 6.3 Rechenaufwand im Vergleich

Größe des LGS	Anzahl der wesentlichen Operationen beim Jacobi- bzw. Gauß-Seidel-Verfahren mit zehn Schritten	Anzahl der wesentlichen Operationen beim Gauß-Algorithmus
n	$10n^2$	$\approx \frac{n^3}{3}$
100	100.000	≈ 330.000, d. h. ca. 3,3-mal so viel!
1000	10.000.000	$\approx 330.000.000$, d. h. ca. 33-mal so viel!

Weitere Anmerkungen

- Bezüglich der Konvergenzgeschwindigkeit des Jacobi-Verfahrens ist zu erwarten: Je kleiner $\|C\|$ ist, desto schneller konvergiert es. Mit anderen Worten: Je „dominanter" die Diagonale in einem LGS, desto besser. Wenn also in jeder Zeile $|a_{ii}|$ *viel* größer ist als $\sum_{j \neq i} |a_{ij}|$, so kann das Jacobi-Verfahren sinnvoll eingesetzt werden (oder auch das Gauß-Seidel-Verfahren, denn hierfür gilt Ähnliches).

- Noch einmal: Die Eigenschaft, dass A diagonaldominant ist, impliziert die Konvergenz des Jacobi-Verfahrens; die Bedingung ist also *hinreichend*, aber *nicht notwendig*. Es gibt Gleichungssysteme, deren Matrix die Eigenschaft nicht hat, für die das Verfahren aber trotzdem konvergiert (vgl. Aufg. 2).

- Man könnte auch andere Normen für den $\mathbb{R}^n$ wählen (z. B. die euklidische Norm); sie führen zu anderen, etwas komplizierteren, hinreichenden Bedingungen für die Konvergenz.

- Im Vergleich der beiden Verfahren schneidet Gauß-Seidel zwar meistens, aber nicht immer besser ab. Es gibt LGS, für die das Jacobi-Verfahren konvergiert, das Gauß-Seidel-Verfahren aber nicht (und umgekehrt).

Rechenaufwand Wie viele wesentliche Operationen werden beim Jacobi- oder Gauß-Seidel-Verfahren für einen Iterationsschritt bei einem $n \times n$-LGS benötigt?

In jeder Zeile $n - 1$ Multiplikationen und 1 Division, d. h. n wesentliche Operationen pro Zeile; da es immer n Zeilen gibt, hat man also in beiden Fällen in einem Schritt n^2 wesentliche Operationen (Tab. 6.3 zeigt den Vergleich zum Gauß-Algorithmus).

6.4.1 Aufgaben zu 6.4

1. Zeichnen Sie zu den folgenden 2×2-Systemen jeweils das zugehörige Geradenpaar in der Ebene und führen Sie die beiden Iterationsverfahren (nach Jacobi und Gauß-

Seidel) grafisch durch.

a) $\begin{aligned} 8\,x - 4\,y &= 2 \\ 7\,x + 5\,y &= 8 \end{aligned}$

b) $\begin{aligned} 7\,x + 4\,y &= 5 \\ 5\,x + 8\,y &= 9 \end{aligned}$

c) $\begin{aligned} 8\,x + 4\,y &= 1 \\ 4\,x + 2\,y &= 7 \end{aligned}$

d) $\begin{aligned} 8\,x - 4\,y &= 1 \\ 4\,x + 2\,y &= 7 \end{aligned}$

(Hinweis zu a: Die Matrix des LGS ist nicht diagonaldominant.) Fällt Ihnen bei dem einen oder anderen Beispiel etwas auf? Können Sie Ihre Beobachtungen verallgemeinern?

2. Lösen Sie das LGS

$$10\,x - 2\,y + z = 27$$
$$-x + 20\,y - z = 36$$
$$2\,x + y - 50\,z = -42$$

iterativ mit dem TR. Benutzen Sie ein Iterationsverfahren Ihrer Wahl.

6.5 Vereinfachte Computertomografie und ein anderes Iterationsverfahren

Die mathematischen Grundlagen der heutigen Computertomografie wurden 1917 durch den österreichischen Mathematiker Johann Radon entwickelt (*Radontransformation* für *räumliche Aufnahmen* eines Objektes). Wir beschränken uns im Folgenden auf *ebene Schnittbilder*, wie sie auch häufig eingesetzt bzw. (durch Computer) *errechnet* werden. Es werden dabei 2-dimensionale Schnittbilder des menschlichen Körpers erzeugt, primär als diagnostisches Hilfsmittel in der Medizin. In vielen Fällen werden vom Gehirn solche Querschnittbilder erzeugt, aber auch von anderen Körperregionen (Bauch, Brust etc.). Diese Technik hat zwar auch mit Röntgenstrahlen zu tun, es sind aber durch sehr intensive Rechnerarbeit erstellte Bilder, anders als bei einfachen *Röntgenaufnahmen*, die keine Computer zu ihrer Entstehung brauchen (wie z. B. bei Zahnärzten oder in der Unfallmedizin bei Beinbrüchen).

Stellen mit verschiedener Dichte haben im Bild unterschiedliche Grauwerte (Tumor, Blutgerinnsel, Verkalkung etc.), und in der Computertomografie geht es um das Errechnen dieser unterschiedlichen Dichten (Grauwerte). Man muss also in sehr vielen Punkten der Schnittebene die *lokale Dichte* annähernd bestimmen.

Vereinfachte Methode Die Schnittfläche (z. B. durch den Schädel) wird mit einem feinen Raster von einigen Tausend Kästchen überdeckt (vgl. Abb. 6.9).

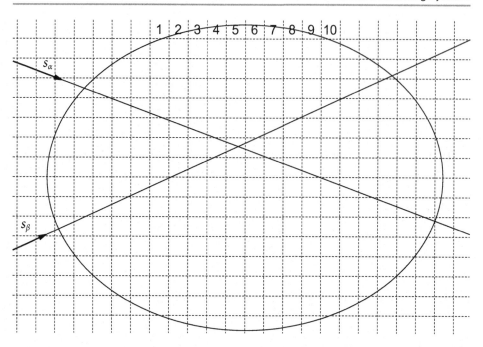

Abb. 6.9 (©) Feines Raster – Röntgenstrahlen

Die Unbekannten sind die Werte $x_i :=$ Dichte im Kästchen i.

Ein Röntgenstrahl s_α wird durch die betreffende Körperregion geschickt, und die *Absorption* p_α kann als Differenz der Intensität beim Abschicken des Strahls und beim Austritt aus dem Körper gemessen werden (wie viel an Intensität verliert der Röntgenstrahl beim Durchgang durch den Körper?). Bei dichterem Material und bei längerer Durchgangsstrecke verliert ein Röntgenstrahl klarerweise mehr an Intensität.

Wir nehmen zunächst an, dass die Absorption im Kästchen i proportional zur Dichte x_i und zur Durchgangslänge ℓ_i ist. Damit kann man (die Proportionalitätskonstante weglassen) schreiben:

$$p_\alpha = \sum_{i=1}^{n} \ell_{\alpha,i} x_i \, , \quad n = \text{Anzahl der Kästchen}$$

Der Einfachheit halber werden alle $\ell_{\alpha,i}$ entweder 0 oder 1 gesetzt, je nachdem, ob der Strahl durch das Kästchen i geht oder nicht (es sind ja sowieso winzige Kästchen).

Dies ist eine lineare Gleichung in den Unbekannten x_i.

Durch Drehen der Strahlrichtung erhält man mittels eines anderen Strahls eine zweite solche lineare Gleichung $p_\beta = \sum_{i=1}^{n} \ell_{\beta,i} x_i$ mit anderen Koeffizienten $\ell_{\beta,i}$, weil der Strahl ja durch andere Kästchen geht usw.

Abb. 6.10 (©) Raster und
Strahlen – einfaches Beispiel

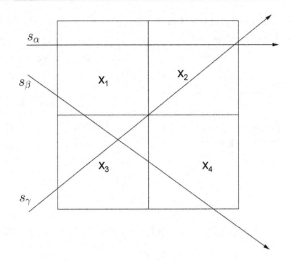

Auf diese Art kann man kann sich theoretisch beliebig viele solche Gleichungen verschaffen (mehr als Unbekannte, *überbestimmtes LGS*) und erhält z. B. ein Gleichungssystem aus 20.000 linearen Gleichungen in 10.000 Unbekannten. So ein riesiges LGS kann aber nicht mehr auf herkömmliche Weise (z. B. mittels Gauß-Algorithmus, siehe oben) gelöst werden. Man weiß aber, dass es eine Lösung mit Sicherheit geben muss, nämlich die tatsächlich existierenden Dichten in den Kästchen, und dieser Lösung versucht man iterativ (Schritt für Schritt) näher zu kommen. Im Folgenden wird ein elementares iteratives Verfahren geschildert, das auch bei riesigen Gleichungssystemen – auch bei überbestimmten – eingesetzt werden könnte. In der Praxis der Computertomografie wird allerdings die oben erwähnte Radontransformation eingesetzt.

Prinzip Wir machen das Prinzip an einem einfachen Beispiel klar, nämlich an einem 2×2-Raster mit drei Strahlen (Abb. 6.10):

Durch Messen der Absorptionen p_α, p_β, p_γ erhält man die folgenden Gleichungen:

$$\text{I.} \quad x_1 + x_2 = p_\alpha = 0{,}8$$
$$\text{II.} \quad x_1 + x_3 + x_4 = p_\beta = 0{,}7$$
$$\text{III.} \quad x_2 + x_3 = p_\gamma = 0{,}4$$

Zunächst werden alle $x_i = 0$ gesetzt. Der Fehler in Gleichung I beträgt dann $+0{,}8$.

Gleichmäßige Fehleraufteilung auf die in der Gleichung auftretenden Variablen ergibt: $x_1 = x_2 = 0{,}4$

In Gleichung II beträgt dann der Fehler $+0{,}3$ (der momentane Stand ist ja $x_1 = 0{,}4$ und $x_3 = x_4 = 0$). Gleichmäßige Fehleraufteilung auf die drei Variablen ergibt:

$$x_1 = 0{,}5; \quad x_3 = x_4 = 0{,}1$$

Tab. 6.4 Praktische Durchführung – ohne Computer

		I	II	III	I	II	III
x_1	0	0,4	0,5		0,475	0,5	
x_2	0	0,4		0,35	0,325		0,325
x_3	0		0,1	0,05		0,075	0,075
x_4	0		0,1		0,125		

Tab. 6.5 Praktische Durchführung – kompakt

x_1	0	0,4	0,5	0,475	0,5
x_2	0	0,4	0,35	0,325	
x_3	0	0,1	0,05	0,075	
x_4	0	0,1	0,125		

Der Fehler in Gleichung III ist dann $-0,1$. Gleichmäßige Fehleraufteilung führt zu

$$x_2 = 0,35; \quad x_3 = 0,05$$

Dann beginnt man wieder von vorn.

Alle Gleichungen werden der Reihe nach so durchgegangen, die Fehler werden immer gleichmäßig auf die vorhandenen Unbekannten aufgeteilt. Nach einem vollen Durchgang kann man weitere Durchgänge absolvieren, so lange, bis sich die Werte nur noch wenig ändern, z. B. um höchstens $\varepsilon = 0,01$.

Für die praktische Durchführung bei kleineren Systemen (noch ohne Computer, um das Verfahren selber mal zu erproben und zu begreifen) eignet sich am besten eine Tabelle (vgl. Tab. 6.4), in der die aus der jeweiligen Gleichung (1. Zeile der Tabelle) resultierenden Änderungen protokolliert werden. Leere Felder bedeuten: Die Variable hat sich in diesem Schritt nicht geändert.

Wenn man mit dem Verfahren vertraut ist, kann man die Tabelle kompakter gestalten, indem man nur die neuen Werte jeweils eine Spalte weiter einträgt; die jeweils am weitesten rechts befindlichen Werte sind dann die *momentan* gültigen Werte dieser Unbekannten (Tab. 6.5).

Satz (ohne Beweis):

Das Verfahren konvergiert bei einem solchen Gleichungssystem mit Koeffizienten $\in \{0,1\}$ immer, vorausgesetzt es gibt überhaupt eine eindeutige Lösung!

Geometrischer Hintergrund des Verfahrens Lineare Gleichungen der Art $a_1 x_1 + \cdots + a_n x_n = b$ stellen immer eine Hyperebene im $\mathbb{R}^n$ dar (Gerade für $n = 2$, Ebene für $n = 3$), wobei der Vektor $\vec{n} = (a_1, \ldots, a_n)$ der zugehörige Normalvektor ist. Wenn die Koeffizienten $a_i \in \{0,1\}$ sind, dann hat der Normalvektor dieser Hyperebene die Gestalt

Abb. 6.11 (©) Normalprojektion auf die Hyperebene

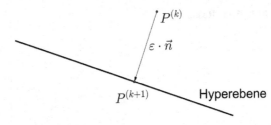

Abb. 6.12 (©) Konvergenz im 2-dimensionalen Fall

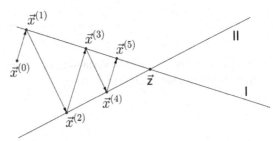

$\vec{n} = (\ldots, 1, \ldots, 0, \ldots)$, wobei die i-te Komponente genau dann 1 ist, wenn x_i in der Gleichung vorkommt, sonst 0.

Was geschieht nun beim gleichmäßigen Aufteilen des Fehlers in einer Gleichung?

$\overrightarrow{x^{(k)}} = (x_1^{(k)}, \ldots, x_n^{(k)})$ sei eine Näherungslösung bzw. der Ortsvektor eines Punktes $P^{(k)}$, der nicht in der betreffenden Hyperebene liegt, also die betreffende Gleichung nicht erfüllt.

Beim gleichmäßigen Aufteilen des Fehlers verändern sich dabei genau jene x_i, die in der betreffenden Gleichung vorkommen, alle um den gleichen Betrag, z. B. um ε.

$\vec{n}$ hat genau an den passenden Stellen die Einsen, d. h., für die neue Näherungslösung $\overrightarrow{x^{(k+1)}} = (x_1^{(k+1)}, \ldots, x_n^{(k+1)}) = P^{(k+1)}$ gilt: $\overrightarrow{x^{(k+1)}} = \overrightarrow{x^{(k)}} + \varepsilon \cdot \vec{n}$ ($P^{(k+1)}$ liegt nun in der Hyperebene).

D. h., $P^{(k+1)}$ ist die *Normalprojektion* von $P^{(k)}$ auf die Hyperebene! Vgl. hierzu Abb. 6.11.

Im Fall von zwei Gleichungen in zwei Unbekannten kann die Konvergenz $\overrightarrow{x^{(k)}} \to \vec{z}$ zur Lösung gut veranschaulicht werden (vgl. Abb. 6.12).

Für weitere Informationen zu diesem Thema vgl. [25], S. 254f, [26] oder [12], S. 130ff.

Aufgabe zu 6.5

Gegeben ist ein LGS mit sechs Unbekannten und neun Gleichungen, die aus dem Raster in Abb. 6.13 resultieren.

(1)	$x + y + z = 7{,}5$	(2)	$u + v + w = 7{,}2$	(3)	$x + u = 2{,}6$
(4)	$y + v = 4{,}5$	(5)	$z + w = 7{,}6$	(6)	$x + v = 3{,}0$
(7)	$y + w = 6{,}1$	(8)	$z + v = 6{,}0$	(9)	$y + u = 4{,}1$

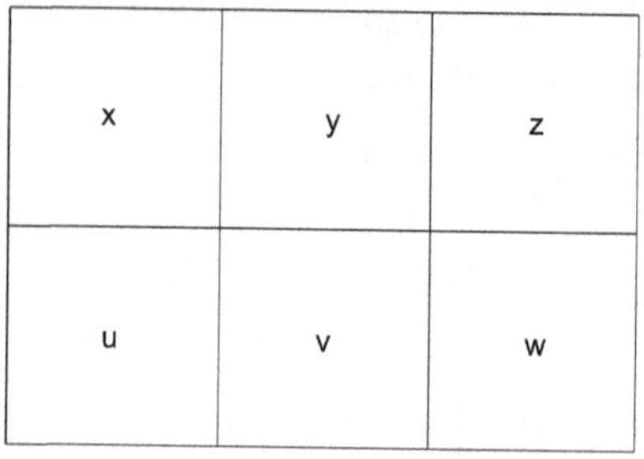

Abb. 6.13 Raster

x	y	z
u	v	w

Verwenden Sie das angegebene Verfahren. Zeichnen Sie die zugehörigen Strahlen ein und machen Sie zwei *Durchgänge* (Tabelle).

Literatur

1. Alder, K.: Das Maß der Welt. C. Bertelsmann, München (2003)

2. Bailey, D., Borwein, P. & Plouffe, S. (1997): On the Rapid Computation of Various Polyloga-rithmic Constants. *Math. Computation* **66**, pp. 903–913 (auch in Berggren et al. 1997)

3. Beckmann, P.: A History of π. The Golem Press, New York (1971)

4. Benford, F.: The law of anomalous numbers. Proceedings of the American Philosophical Society **78**, 551–572 (1938)

5. Berggren, L., Borwein, P., Borwein, J.: Pi – A Source Book. New York. Springer, Berlin-Heidelberg (1997)

6. Borwein, J. & Borwein, P. (1984): The Arithmetic-Geometric Mean and Fast Computation of Elementary Functions. *SIAM Review* **26**, pp. 351–366 (auch in Berggren et al. 1997)

7. Büchter, A., Herget, W., Leuders, T. & Müller, J. (2007, 2011): Fermi-Box I, II. Stuttgart: Klett

8. Dworschak, M.: Weiter Weg zur Zwei – ein kurioses Gesetz der Wahrscheinlichkeitstheorie kann Finanzbeamten helfen Steuersünder aufzuspüren. Der Spiegel **47**, 228–229 (1998)

9. Graham, K., Knuth, D.E., Patashnik, O.: Concrete Mathematics, 2. Aufl. Addison-Wesley, Reading, Massachusetts (1994)

10. Henn, H.-W.: Warum manchmal Katzen vom Himmel fallen, oder: Von guten und von schlech-ten Modellen. In: Meyer, J., Leydecker, F. (Hrsg.) Modellieren im Mathematikunterricht, S. 4–17. Schroedel, Hannover (2013)

11. Herget, W. (Hrsg.): Ganz genau und ungefähr. Themenheft mathematiklehren **93** (1999)

12. Humenberger, H., Reichel, H.-C.: Fundamentale Ideen der Angewandten Mathematik und ihre Umsetzung im Unterricht. BI-Verlag, Mannheim u. a. (1995)

13. Humenberger, H., Schuppar, B.: Irrationale Dezimalbrüche – nicht nur Wurzeln! In: Realitätsna-her Mathematikunterricht – vom Fach aus und für die Praxis. Franzbecker, Hildesheim-Berlin, S. 232–245 (2006)

14. Humenberger, H.: Eine elementarmathematische Begründung des Benford-Gesetzes. Der Ma-thematikunterricht **54**(1), 24–34 (2008)

15. Hunke, S.: Überschlagsrechnen in der Grundschule. Springer, Berlin-Heidelberg-New York (2012)

16. Ifrah, G.: Universalgeschichte der Zahlen, 2. Aufl. Campus Verlag, Frankfurt/M-New York (1991)

17. Klein, F. (1933): Elementarmathematik vom höheren Standpunkte aus. 4. Aufl. Berlin (Nach-druck 1968: Springer)

© Springer-Verlag Berlin Heidelberg 2015

B. Schuppar, H. Humenberger, *Elementare Numerik für die Sekundarstufe*,

Mathematik Primarstufe und Sekundarstufe I + II, DOI 10.1007/978-3-662-43479-6

18. Kroll, W.: Trigonometrie entwickelt aus der Kreisberechnung nach Archimedes – ein Unterrichtskonzept. Praxis der Mathematik **24**, 1–17 (1982)

19. Mittring, G.: Rechnen mit dem Weltmeister. S. Fischer-Verlag, Frankfurt/M (2011)

20. Muller, J.-M.: Elementary Functions, Algorithms and Implementation, 2. Aufl. Birkhäuser, Boston-Basel-Berlin (2006)

21. Peter-Koop, A., et al.: „Das sind so ungefähr 30.000" – Schätzen und Überschlagsrechnen „aus der Sache heraus". In: Selter, (Hrsg.) Mathematiklernen auf eigenen Wegen. Grundschulzeitschrift Sammelband. Friedrich-Verlag, Velber (2001)

22. Pöppe, C.: Mathematische Unterhaltungen. Spektrum der Wissenschaft **5/1997**, 10–12 (1997)

23. Ptolemäus, C. (1963): Handbuch der Astronomie (Übersetzung K. Manitius; Bearbeitung O. Neugebauer). Leipzig: B. G. Teubner

24. Rauch, B., et al.: Fact and Fiction in EU-Governmental Economic Data. German Economic Review **12**(3), 243–255 (2011)

25. Reichel, H.-C., Zöchling, J.: Tausend Gleichungen – und was nun? Computertomographie als Einstieg in ein aktuelles Thema des Mathematikunterrichts. Didaktik der Mathematik **18**(4), 245–270 (1990)

26. Reichel, H.-C., Zöchling, J.: Iteratives Lösen größerer Linearer Gleichungssysteme (zur Förderung der Numerischen Mathematik im Unterricht). Der mathematische und naturwissenschaftliche Unterricht **47**(1), 20–25 (1994)

27. Schuppar, B.: Elementare Numerische Mathematik. Vieweg, Braunschweig-Wiesbaden (1999)

28. Schuppar, B.: Die Leiter – ein beziehungsreiches elementarmathematisches Problem. Internat. Math. Nachrichten **222**, 1–12 (2013)

29. Stewart, I.: Mathematische Unterhaltungen. Spektrum der Wissenschaft **4/1994**, 16–20 (1994)

30. Tompkins, P.: Cheops, 6. Aufl. Scherz-Verlag, Bern-München-Wien (1978)

31. Wittmann, E.C.: Elementargeometrie und Wirklichkeit. Vieweg, Braunschweig-Wiesbaden (1987)

32. Wynands, A., Wickmann, D.: Rechenfertigkeit und Taschenrechner Istzustand 1979/80. Zentralblatt für Didaktik der Mathematik **12**, 162–166 (1980)

Sachverzeichnis

Printed in the United States
By Bookmasters